Otto Henker
Einführung in die Brillenle

I0034433

SE**V**ERUS
Verlag

Henker, Otto: Einführung in die Brillenlehre
Hamburg, SEVERUS Verlag 2011.
Nachdruck der Originalausgabe von 1921.

ISBN: 978-3-86347-026-5
Druck: SEVERUS Verlag, Hamburg 2011

Der SEVERUS Verlag ist ein Imprint der Diplomica Verlag GmbH.

Bibliografische Information der Deutschen Nationalbibliothek:
Die Deutsche Nationalbibliothek verzeichnet diese Publikation in der
Deutschen Nationalbibliografie; detaillierte bibliografische Daten sind
im Internet über http://dnb.d-nb.de abrufbar.

SEVERUS
Verlag

Vorwort.

Das vorliegende Buch verdankt seine Entstehung einerseits dem Wunsche vieler Teilnehmer meiner Brillenkurse, die Vorträge über die Brille gedruckt zu besitzen, zum andern Teil auch meinem Wunsche, das in meinen Vorlesungen behandelte Thema noch weiter auszugestalten, um ein Lehrbuch zu schaffen, das als Grundlage für weiteres Studium dienen kann. Wie in meinen Vorlesungen, so habe ich mich auch hier bemüht, alle Fragen so einfach wie möglich zu beantworten und nur die notwendigsten mathematischen Formeln anzuwenden. Andererseits ist an Abbildungen nicht gespart worden. Rücksichten auf Einfachheit der Darstellung zum möglichst leichten Verständnis machten es nötig, dann und wann ein wenig von der streng wissenschaftlichen Form abzuweichen. Ein Literaturverzeichnis habe ich absichtlich weggelassen; denn da das Buch, wie schon sein Titel sagt, nur eine Einführung in die Brillenlehre sein soll, so kann der, der es mit Verständnis gelesen hat und tiefer in dieses Gebiet eindringen will, M. v. Rohrs Buch: „Die Brille als optisches Instrument" studieren. Dort findet er alle Literaturangaben und kann bis zu den Quellen vordringen.

Ich möchte nicht unterlassen, an dieser Stelle noch einmal Herrn Konstrukteur H. Meyer für das Zeichnen der meisten Textabbildungen zu danken, Herrn Dr. A. Sonnefeld für eine ganze Reihe von Berechnungen und vor allem meiner Assistentin Fräulein W. Geise, die mir bei der Herausgabe meines Buches behilflich war.

Jena, im Dezember 1920.

O. Henker.

Inhalt.

Einleitung.

Die Entstehung und Ausbreitung des Lichtes.

Alle Sinneseindrücke, die uns unser Auge vermittelt, nennen wir
Lichterscheinungen. Sie stammen von den sogenannten Lichtquellen,
die nach allen Richtungen Licht aussenden. Der Lichtäther, der
überall im Weltenraum angenommen werden muß, übernimmt dabei
die Fortpflanzung. Die Lichtquellen, deren kleinste Teilchen sehr
schnelle Schwingungen um ihre Ruhelagen ausführen, bringen die
unmittelbar benachbarten Aetherteilchen zum Schwingen, die wieder
ihre benachbarten zum Mitschwingen veranlassen. So vollzieht sich
die Ausbreitung ähnlich wie die einer Wasserwelle auf der Oberfläche
eines stehenden Gewässers. Von der Stelle aus, wo beispielsweise
ein Stein in die Wasseroberfläche eindringt, breiten sich ringförmige
Wellen aus, die sich nach dem Ufer zu bewegen. Dabei verlaufen die
Wellenzüge in allen Richtungen
der wagerechten Wasseroberfläche,
während die einzelnen an der Wellenbewegung beteiligten Wasser-
teilchen um ihre Ruhelage am
Orte auf- und abschwingen. Eine

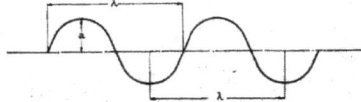

Abb. 1. Eine transversale Welle.

solche transversale Wellenbewegung (Abb. 1) geht nun auch von
jeder Lichtquelle aus, nur breiten sich solche Wellenzüge nicht nur
in einer Ebene, sondern in jeder Richtung des Raumes aus. Diese
Schwingungen der Aetherteilchen sind außerordentlich klein und sehr
rasch. Den Abstand zweier im gleichen Schwingungszustand befind-
licher Punkte nennt man die Wellenlänge λ. Diese Strecke wird in
der Zeit einer Schwingung durchlaufen. Die Wellenlängen des sichtbaren Lichtes liegen zwischen 300 und 400 Millionstel-Millimetern ($\mu\mu$).
In einer Sekunde durchläuft das Licht eine Strecke von 300000 km.
Infolgedessen werden in dieser Zeit 400—800 Billionen Schwingungen
ausgeführt. Von der Wellenlänge oder der Schwingungszahl hängt
die Farbe des Lichtes ab. Das rote Licht hat die größte und das
violette die kürzeste Wellenlänge. Farbiges Licht von einer Wellenlänge kann man sich schwierig schaffen. Meist ist Licht von verschiedener Wellenlänge miteinander vermischt. Licht aller Wellenlängen ergibt ein reines Weiß.

Henker, Einführung in die Brillenlehre.

1

Alle Aetherteilchen, die zu einem bestimmten Zeitpunkte gerade von der Wellenbewegung erreicht werden, befinden sich in ein und demselben Schwingungszustand und bilden eine Wellenfläche. Solange sich das Licht in ein und demselben Mittel ausbreitet, z. B. in Luft, sind die Wellenflächen wirkliche Kugeln und die Wellenbahnen, die stets senkrecht auf der Wellenfläche stehen, gerade Linien. Wollte man alle Lichterscheinungen so behandeln, daß man immer Rücksicht auf ihre Wellennatur nähme, so würden die Erklärungen teilweise schwierig und umständlich werden. Viele optische Vorgänge bedürfen zu ihrer Erläuterung dieser Berücksichtigung nicht. Die außerordentliche Kleinheit der Schwingungsweiten a und Wellenlängen λ der Aetherteilchen lassen die Vorstellung leicht zu, daß man es bei einem Wellenzuge mit einer geraden Linie — einem Lichtstrahl — zu tun habe. An Stelle der eigentlichen Wellenbahn kann man also den Lichtstrahl annehmen. Diese vereinfachende Annahme ist für die Erklärung fast aller optischen Abbildungen zulässig und ausreichend. Bei der Behandlung der Brille werden wir davon Gebrauch machen, uns also ganz auf den Boden der geometrischen Optik stellen.

Wohl kann man von einem einzelnen Strahl sprechen, aber verwirklichen lassen sich immer nur Strahlenmengen — die Strahlenbüschel. Nicht nur Lichtquellen senden Strahlenbüschel aus, sondern auch an sich dunkle Körper, wenn sie nämlich von Strahlen, die von Lichtquellen kommen, getroffen werden. Diese Körper werfen dann einen Teil der auf sie fallenden Lichtstrahlen zurück, leuchten also mit erborgtem Licht, werden so für unser Auge sichtbar und wirken dann ganz ähnlich wie Lichtquellen. Diese von unmittelbaren oder mittelbaren Lichtquellen ausgehenden Strahlenbüschel können ungehindert in einem Mittel, z. B. in Luft, fortlaufen, bis sie auf einen Körper treffen, der ihre weitere Ausbreitung beeinflußt. Die verschiedenen Körper verhalten sich den Lichtstrahlen gegenüber unterschiedlich, und wir müssen in dieser Hinsicht zwischen undurchsichtigen und durchsichtigen Körpern unterscheiden. Die ersteren, wie z. B. Holz, Metalle und ähnliche Stoffe, lassen im allgemeinen überhaupt kein Licht durch, während andere Körper, wie z. B. Glas, Wasser usw., ihm den Durchgang nicht verweigern und deshalb durchsichtig genannt werden. Freilich muß man dabei bedenken, daß es weder vollständig durchsichtige, noch vollständig undurchsichtige Körper gibt, daß vielmehr die eine wie die andere Art allmählich ineinander übergeht, also nur ein gradweiser Unterschied besteht. Denn während z. B. Silber in ganz dünnen Schichten auch für das Licht durchlässig ist, ist z. B. Wasser in sehr dicken Schichten undurchsichtig. Außer durchsichtigen und undurchsichtigen Körpern seien noch die durchscheinenden erwähnt, wie z. B. Stearin, Milch usw., Körper, die das Licht nach allen Seiten zerstreuen.

Solange sich Licht in ein und demselben Mittel ausbreiten kann, verläuft es geradlinig. Das läßt sich auf verschiedene Weise einfach beweisen. Von einem undurchsichtigen Gegenstand, der den von der Lichtquelle L ausgehenden Strahlen in den Weg tritt, entsteht auf einem dahinterliegenden Schirm ein dem Dinge ähnliches Schattenbild (Abb. 2).

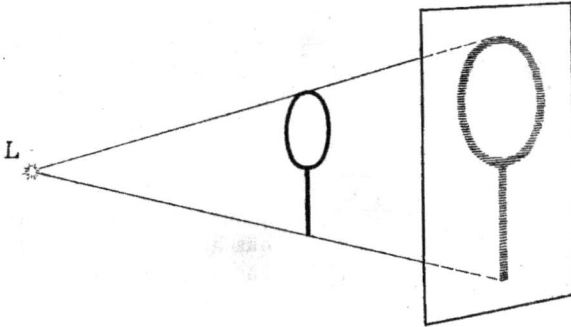

Abb. 2. Die Entstehung eines Schattenbildes.

In einem Kasten, dessen Rückwand eine mattierte Glasscheibe ist, und dessen Vorderwand eine kleine Oeffnung Ö (Abb. 3) hat — einer sogenannten Lochkamera — entsteht infolge der geradlinigen Ausbreitung des Lichtes auf der Mattscheibe eine umgekehrte Dar-

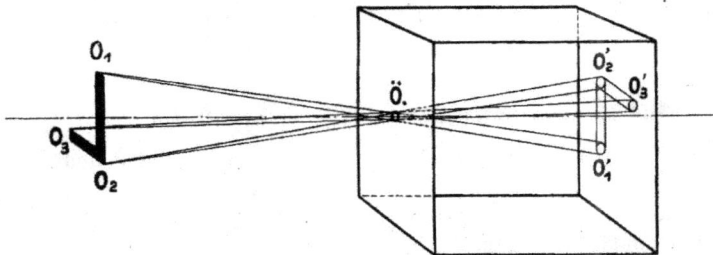

Abb. 3. Strahlengang in der Lochkamera.

stellung O'_1 O'_2 O'_3 eines davorliegenden leuchtenden Gegenstandes O_1 O_2 O_3. Dabei wird die Wiedergabe des Dinges auf der Matt- scheibe um so größer, je weiter der Abstand der Mattscheibe und je geringer der Abstand des Dinges von dem Loch ist. Dieser Zu- sammenhang ist nur erklärlich, wenn die von den einzelnen Punkten des Dinges ausgehenden Strahlen gerade Linien sind, wie aus der Abb. 3 einfach zu ersehen ist.

1*

Treffen Lichtstrahlen unser Auge, so sucht es den Ausgangspunkt der Strahlen stets in der Richtung, in der sie in unser Auge eintreten

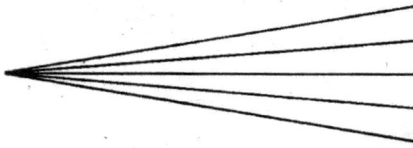

Abb. 4. Divergentes Strahlenbüschel.

Abb. 5. Parallelstrahlenbüschel.

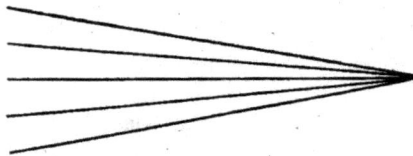

Abb. 6. Konvergentes Strahlenbüschel.

Ein Strahlenbüschel, das aus geradlinigen Strahlen besteht, die von einem in endlicher Entfernung gelegenen leuchtenden Punkte ausgehen, nennt man ein divergentes Strahlenbüschel (Abb. 4). Liegt der leuchtende Punkt unendlich weit entfernt, so ist das Auseinanderlaufen der Strahlen für uns unmerklich. Wir nennen ein solches Strahlenbüschel ein Parallelstrahlenbüschel (Abb. 5). Strahlen, die nach einem Punkte zusammenlaufen, nennen wir ein konvergentes Strahlenbüschel (Abb. 6). Bei allen unseren Darstellungen und Berechnungen nehmen wir an, daß das Licht von links nach rechts verläuft. Alle Strecken, die dann in der Lichtrichtung gemessen werden, rechnen wir positiv, während die Strecken, die in der entgegengesetzten Richtung durchlaufen werden, als negative Größen angesehen werden.

Die Grundgesetze der geometrischen Optik.

Trifft irgendein Lichtbüschel auf seinem Wege einen anderen Gegenstand, so wird die auffallende Lichtmenge stets in drei Teile zerlegt. Ein Teil wird zurückgeworfen, ein zweiter wird zwar von dem Gegenstand aufgenommen, aber darin festgehalten, während ein dritter Teil durch den Körper hindurchgeht. Die einzelnen Beträge dieser Teile sind bei den verschiedenen Körpern natürlich sehr verschieden. Manche Körper werfen sehr viel Licht zurück und können infolgedessen nur wenig festhalten und durchlassen. Andere wieder lassen das meiste Licht hindurchgehen, halten also wenig fest und werfen nicht viel zurück. Wieder andere halten das meiste Licht fest, werfen wenig zurück und lassen auch wenig durch.

Für den Aufbau der Brillenlehre sind die durchgelassenen Strahlen am wichtigsten; wenn auch die zurückgeworfenen und festgehaltenen nicht vernachlässigt werden dürfen. Von größter Bedeutung ist es daher, die Grundgesetze zu kennen, nach denen das Zurückwerfen, das Hindurchgehen und das Festhalten des Lichtes erfolgt. Der Vollständigkeit halber seien sie hier noch einmal kurz erwähnt.

Die Reflexion.

Fällt ein Lichtstrahl auf ein winzig kleines Stück der Begrenzungsfläche eines Körpers — auf ein Flächenelement — so bildet die auf dem Flächenelement senkrecht stehende Gerade — das Einfallslot — A B (Abb. 7) mit dem einfallenden Strahl C A den Einfallswinkel i. Der Strahl C A wird dann so zurückgeworfen, daß der ausfallende Strahl A D mit dem Einfallslot A B einen Winkel i'

Abb. 7. Strahlenverlauf eines reflektierten Strahls.

bildet, der gerade so groß wie der Einfallswinkel i ist. Der einfallende Strahl, das Einfallslot und der ausfallende Strahl liegen in ein und derselben Ebene. Dinge, die eine solche Oberfläche haben, daß die kleinsten Flächenstückchen — die Flächenelemente — und ebenso die Einfallslote alle möglichen Richtungen zeigen, werfen ein Strahlenbüschel so zurück, daß die Strahlen nach allen Seiten zerstreut werden. Solche Körper nennt man diffus reflektierende Körper. Dazu gehören die Dinge, die nicht selbst Lichtquellen sind, sondern nur durch geborgtes Licht erst sichtbar werden. Körper, bei denen die benachbarten Flächenelemente gleiche Neigungen haben, reflektieren regelmäßig, wie z. B.

Abb. 8. Reflexion eines divergenten Strahlenbüschels an einem Planspiegel.

Plan- und Kugelspiegel. Sie verändern zwar auffallende Strahlenbüschel auch, aber in ganz bestimmter gesetzmäßiger Weise, und zerstreuen sie nicht nach allen möglichen Richtungen wie die diffus reflektierenden Körper. So werden die von dem Punkte L (Abb. 8) ausgehenden Strahlen an dem Planspiegel S so zurückgeworfen, daß die Ausfallswinkel i'_1, i'_2, i'_3 gleich den entsprechenden Einfallswinkeln

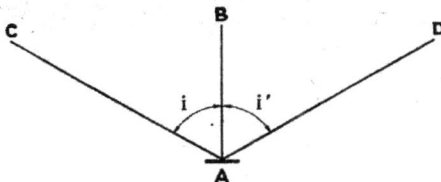

i_1, i_2, i_3 sind. Das Büschel bleibt nach der Reflexion ebenso divergent
wie vorher, nur die Richtung hat sich geändert, so daß ein in A befindliches Auge annehmen muß, die Strahlen kommen von dem hinter
dem Spiegel gelegenen Punkt L′ her. L′ ist aber gar kein wirklich
vorhandener leuchtender Punkt. Wir nennen ihn den scheinbaren
Bildpunkt von L. Unschwer läßt sich aus der Abbildung ablesen,
daß dieser scheinbare Bildpunkt gerade so weit hinter dem Spiegel
zu liegen scheint, als der Dingpunkt L davor liegt. Das gilt von
jedem Dingpunkt, und deshalb ist es sehr leicht, von einem Ding
das scheinbare Bild zu zeichnen, das ein Planspiegel entwirft (Abb. 9).
Daraus erkennt man, daß ein Planspiegel von einem Ding ein scheinbares Bild gleicher Größe zu entwerfen vermag, das ebenso weit
hinter dem Spiegel liegt wie das Ding vor ihm.

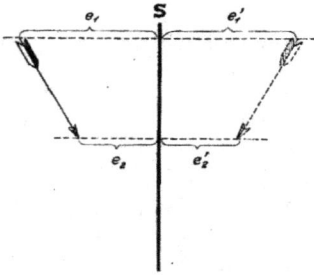

Abb. 9. Das durch einen Planspiegel
erzeugte Bild; e = e′.

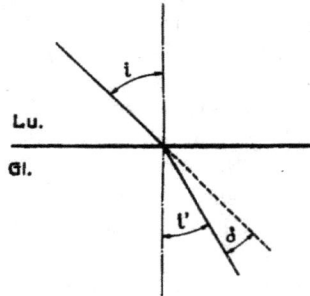

Abb. 10. Die Brechung eines Lichtstrahls
beim Uebergang aus Luft in Glas.

Die Brechung.

Von besonderer Wichtigkeit ist, wie schon gesagt, der Teil des
Lichtes, der durch einen durchsichtigen Körper hindurchgehen kann.
Der Durchgang erfolgt nach dem Brechungsgesetz. Trifft ein in Luft
laufender Lichtstrahl beispielsweise eine ebene Glasfläche, so bildet
er mit dem in seinem Fußpunkt errichteten Einfallslot den Einfallswinkel i (Abb. 10). Beim Eintritt in das Glas läuft nun der Lichtstrahl nicht in der ursprünglichen, gestrichelt gezeichneten Richtung
weiter. Er wird vielmehr zu dem Einfallslot hingebrochen, und der
Winkel i′ zwischen dem gebrochenen Strahl und dem Einfallslot ist
kleiner als der Einfallswinkel i. Dabei liegen wieder der einfallende
Strahl, das Lot und der gebrochene Strahl in einer Ebene. Der
Winkel zwischen der ursprünglichen Richtung und zwischen der Richtung nach der Brechung ist der Ablenkungswinkel δ. Er ist Null,
wenn der Einfallswinkel Null ist. Bei senkrechtem Lichteinfall läuft
also der Lichtstrahl ohne Richtungsänderung in dem anderen durch-

sichtigen Mittel weiter. Mit wachsendem Einfallswinkel nimmt aber die Ablenkung zu. Sie ist also am größten, wenn der Einfallswinkel 90° groß ist, oder wie man sagt, wenn das Licht streifend eintritt. Dabei ist der Winkel i' gegenüber dem Winkel i bei ein und denselben durchsichtigen Mitteln so groß, daß $\frac{\sin i}{\sin i'} = n$ ist, wobei „n" eine feste Zahl ist. Wenn das erste durchsichtige Mittel Luft ist, so nennt man die Zahl „n" den Brechungsexponenten des zweiten Mittels..

Das Licht kann man natürlich auch umgekehrt laufen lassen, also aus Glas in Luft (Abb. 11). Das Licht wird dann vom Lote weggebrochen, der Brechungswinkel i' ist also jetzt größer als der Einfallswinkel i.

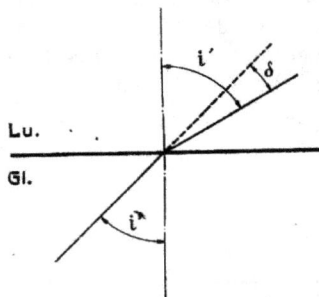

Abb. 11. Die Brechung eines Lichtstrahls beim Uebergang aus Glas in Luft.

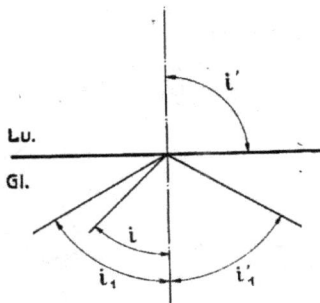

Abb. 12. Die totale Reflexion eines Lichtstrahls.

Immer wieder ist aber die Ablenkung so, daß $\frac{\sin i'}{\sin i} = n$ ist. Der Ausfallswinkel i' (Abb. 12) kann in diesem Falle höchstens 90° groß werden, dann tritt das Licht streifend aus. Dabei ist der Einfallswinkel im Glase i noch ein spitzer Winkel. Bei gewöhnlichem Spiegelglase ist dieser Winkel i etwa 41° groß. Wird nun der Einfallswinkel im Glase noch größer, z. B. $= i_1$, so kann auch nicht ein einziger Strahl in das zweite Mittel, also hier in Luft, austreten. Alle Lichtstrahlen werden dann nach dem Reflexionsgesetz in dasselbe Mittel zurückgeworfen. Diese Zurückwerfung nennt man die totale Reflexion und den Winkel i, bei dem sie beginnt, den Grenzwinkel der totalen Reflexion. Er wird häufig benutzt, um den Brechungsexponenten zu bestimmen; denn dem Grenzwinkel der totalen Reflexion entspricht ja in Luft gerade ein Winkel von 90°. Es ist also

$$\frac{\sin i'}{\sin i} = \frac{\sin 90°}{\sin i} = \frac{1}{\sin i} = n.$$

Man braucht also nur den Grenzwinkel der totalen Reflexion i zu messen und kann dann den Brechungsexponenten n einfach berechnen.

Die totale Reflexion wird bei der Ausführung optischer Geräte häufig angewendet, z. B. bei den Umkehrprismen in den Fernrohren (Abb. 13).

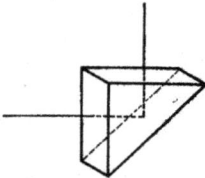

Abb. 13. Totalreflek-tierendes 90°-Prisma.

Die durchsichtigen lichtbrechenden Körper sind so gut wie immer zweiseitig begrenzt. Das Licht tritt also nicht nur ein, es tritt auch wieder aus. Sind die beiden Grenzflächen des durchsichtigen Körpers einander parallel, so wird die Richtung des einfallenden Strahls überhaupt nicht geändert, es findet nur eine seitliche Verschiebung statt, wenn der Strahl schräg auf die Begrenzungsfläche auffällt. Wie aus der Abb. 14 ohne weiteres zu ersehen ist, ist ja doch der Winkel i' gleich i_1 und folglich auch der Winkel i gleich i'_1. Je größer der Einfallswinkel i, die Dicke der Platte d und der Brechungsexponent n ist, desto größer ist die seitliche Verschiebung v.

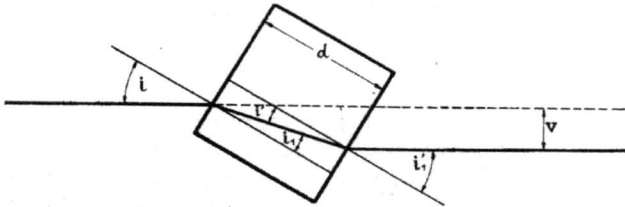

Abb. 14. Die seitliche Verschiebung eines einen planparallelen Körper durch-laufenden Lichtstrahls.

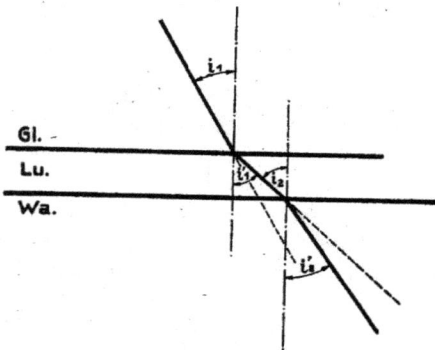

Abb. 15. Die Brechung eines Lichtstrahls beim Uebergang aus Glas in Wasser, wenn zwischen den beiden durchsichtigen Mitteln eine parallele Luftschicht liegt.

Tritt ein Lichtstrahl aus Glas in Luft, so wird er vom Lote weggebrochen (Abb. 15), und es ist

$$\frac{\sin i'_1}{\sin i_1} = n_{Gl} =$$

dem Brechungsexponenten des Glases. Trifft er nach dem Durchlaufen einer parallelen Luftschicht auf Wasser, so wird er zum Lote hingebrochen, aber so, daß $\frac{\sin i_2}{\sin i'_2} = n_{Wa} =$ dem Brechungsexponenten von Wasser ist. Dabei ist

$i'_1 = i_2$. Dividiert man die beiden Brechungsverhältnisse durcheinander, so erhält man:

$$\frac{\dfrac{\sin i'_1}{\sin i_1}}{\dfrac{\sin i_2}{\sin i'_2}} = \frac{n_{Gl}}{n_{Wa}} = \frac{\sin i'_1}{\sin i_1} \cdot \frac{\sin i'_2}{\sin i_2} = \frac{\sin i'_2}{\sin i_1}.$$

In anderer Form geschrieben ergibt sich:

$n_{Gl} \cdot \sin i_1 = n_{Wa} \cdot \sin i'_2$ oder allgemein: $n_{Gl} \cdot \sin i_{Gl} = n_{Wa} \cdot \sin i_{Wa}$.

Das gilt auch dann, wenn die parallele Luftschicht Lu unendlich dünn geworden ist und schließlich Glas und Wasser unmittelbar aneinander grenzen. Damit haben wir das Brechungsgesetz in der allgemeinsten Form.

Ist bei einem durchsichtigen Körper die Eintrittsfläche der Austrittsfläche nicht parallel, so daß also die beiden Grenzflächen einen Winkel miteinander bilden, so wird unter allen Umständen die Richtung des durchgehenden Strahls geändert. Solche Körper nennt man Keile oder Prismen. Der Winkel α (Abb. 16), den die beiden Begrenzungsflächen einschließen, heißt der Keilwinkel, die Schnittkante der beiden Begrenzungsflächen ist

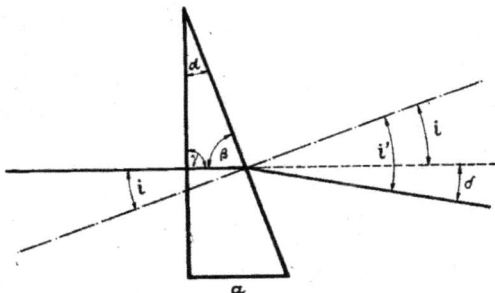

Abb. 16. Die Ablenkung eines Lichtstrahls durch ein Prisma bei senkrechtem Eintritts.

die Keilkante, und die der Keilkante gegenüberliegende Begrenzungsfläche a heißt die Basis. Am einfachsten gestaltet sich die rechnerische Bestimmung der Ablenkung, wenn man den Lichtstrahl senkrecht durch die erste Fläche eintreten läßt. Dann ist der Einfallswinkel im Prisma i, und der Ausfallswinkel in Luft i'. Die Ablenkung ist δ. Aus der Abbildung erkennt man, daß $\alpha + \beta = 90^0$, da der Winkel γ ja nach der Voraussetzung ein rechter ist. Ferner ist $i + \beta = 90^0$, da ja das Lot senkrecht zur Fläche steht. Daraus ergibt sich, daß $\alpha = i$. Aus der Abbildung ist abzulesen: $i' = i + \delta = \alpha + \delta$.

Das Brechungsgesetz $\dfrac{\sin i'}{\sin i} = n$ kann man also auch schreiben $\dfrac{\sin (\alpha + \delta)}{\sin \alpha} = n$. Sind die Winkel klein, so kann man anstelle der Sinus der Winkel unmittelbar die Winkel einsetzen, und es ergibt sich dann:

$$\frac{\alpha + \delta}{\alpha} = n; \text{ oder } \alpha + \delta = \alpha \cdot n; \text{ oder } \delta = \alpha n - \alpha = \alpha (n - 1).$$

In der Brillenpraxis werden im allgemeinen so schwache Prismen gebraucht, daß diese Vereinfachungen Geltung haben. Man hat die Prismen fast immer nach der Größe der brechenden Winkel geordnet und spricht von einem 5^0-Prisma, wenn der brechende Winkel 5^0 groß ist. Das ist keinesfalls eine glückliche Benennung; denn wenn z. B. das Glas, aus dem das Prisma hergestellt ist, einen Brechungsexponenten von 1,65 hat und der brechende Winkel $\alpha = 10^0$ groß ist, so wird der Winkel $\delta = \alpha\,(n-1) = 10^0 \cdot 0,65 = 6,5^0$; während bei dem gleichen Prisma aus Glas mit dem Brechungsexponenten $n = 1,52$ der Ablenkungswinkel $\delta = \alpha\,(n-1) = 10^0 \cdot 0,52 = 5,2^0$ groß wird. Man kann deshalb Prismen einzig und allein nach der Ablenkung bezeichnen. Davon ist später noch zu reden.

Ferner ist noch zu bedenken, daß sich die Ablenkung des Strahles mit dem Einfallswinkel ändert. Sie wird dann am kleinsten, wenn das Prisma so durchlaufen wird, daß der Strahl die Halbierungslinie des Keilwinkels senkrecht trifft (Abb. 17). Dann ist der Einfallswinkel i und der Ausfallswinkel i'_1 gleich groß, und δ_1 ist das Minimum der Ablenkung. Bei jedem anderen Einfall des Strahles auf die erste Begrenzungsfläche wird der Ablenkungswinkel δ größer als δ_1. Bei den kleinen, in der Brillenpraxis gebräuchlichen Prismen ist diese Berücksichtigung des Einfallswinkels i nicht notwendig. Das

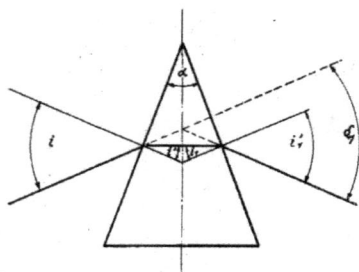

Abb. 17. Der Durchgang eines Lichtstrahls durch ein Prisma im Minimum der Ablenkung.

Prisma wird im Probiergestell oder in der Brille meist so getragen, daß die augennahe Fläche etwa senkrecht vom Lichte getroffen wird. Der Unterschied der Ablenkung bei senkrechtem Einfall gegenüber der geringsten Ablenkung ist so klein, daß er vernachlässigt werden kann, wie das folgende Beispiel zeigt:

Wird ein Prisma mit 10^0 brechendem Winkel aus Glas vom Brechungsexponenten 1,52 im Minimum der Ablenkung von einem Strahlenbüschel durchlaufen, so ist der Ablenkungswinkel $\delta_1 = 5^0{,}227$, während er $5^0{,}303$ beträgt, wenn das Büschel eine Fläche senkrecht trifft.

Beim Durchgang des Lichtes durch Prismen ist noch ein Umstand zu berücksichtigen. Wird ein Spalt, der durch einen lichtspendenden festen Körper, z. B. den Krater einer Bogenlampe, ausgeleuchtet ist, durch ein Prisma abgebildet, so entsteht ein mehr oder weniger breites farbiges Band — das Spektrum —, das der Reihe nach die Farben rot, orange gelb, grün, blau, indigo und violett zeigt. Das

Farbband ist im allgemeinen um so breiter, je größer der brechende Winkel des Prismas und je höher sein Brechungsexponent ist. Das Spektrum entsteht, weil die Ablenkung für die einzelnen Farben verschieden groß ist; rot wird am wenigsten, violett am meisten abgelenkt. Da der brechende Winkel des Prismas für alle Farben derselbe ist, so muß der Brechungsexponent für die verschiedenen Farben verschieden groß sein, und zwar für rot am kleinsten, für violett am größten. Daraus ergibt sich, daß man den Brechungsexponenten eines durchsichtigen Mittels nur dann genau angeben kann, wenn gleichzeitig die Farbe genau bekannt ist, für die er Geltung hat. Im Spektrum eines weißglühenden festen oder flüssigen Körpers gibt es aber eine unzählige Menge von Farben, richtiger gesagt, von Lichtarten verschiedener Wellenlänge. Benutzt man dagegen glühende Dämpfe als Lichtquellen, wie z. B. glühenden Natriumdampf oder glühendes Wasserstoffgas, so bekommt man als Spektrum nicht mehr ein breites ununterbrochenes Farbband, sondern nur einige voneinander getrennt liegende farbige Spaltbilder, deren Farbe durch die Wellenlänge des entsprechenden Lichtes genau angegeben ist. Zur Bestimmung der Brechungsexponenten benutzt man deshalb derartige Lichtquellen, die sogenannte Linienspektren geben; man kann dann den Brechungsexponenten eines durchsichtigen Mittels für eine bestimmte Farbe genau angeben. Wie schon erwähnt, werden die Farben nach Wellenlängen bezeichnet, einzelne auch noch durch einen Buchstaben, so heißt z. B. das rote Spaltbild des leuchtenden Wasserstoffes — die rote Wasserstofflinie — von 656 $\mu\mu$ Wellenlänge die C-Linie, die gelbe Natriumlinie von 589 $\mu\mu$ Wellenlänge die D-Linie und die blaugrüne Wasserstofflinie von 487 $\mu\mu$ Wellenlänge die F-Linie. Spricht man im allgemeinen von dem Brechungsexponenten eines Mittels, so meint man den Brechungsexponenten für das gelbe Natriumlicht. Man bezeichnet ihn durch n_D. Für den rechnenden Optiker ist außer dem Brechungsexponenten für das gelbe Natriumlicht der Unterschied der Brechungsexponenten für Licht verschiedener Wellenlängen wichtig. Vielfach wird der Unterschied der Brechungsexponenten für die Linien C und F, also der Wert $n_F - n_C$ angegeben. Er ist ein Maß für die Breite des Spektrums, und man nennt ihn die Farbenzerstreuung oder die mittlere Dispersion eines durchsichtigen brechenden Mittels. In den Preisverzeichnissen für optische Glasarten ist die Dispersion meist für mehrere Farben angegeben und außerdem noch das Verhältnis des Unterschiedes der Brechungsexponenten zwischen der Linie C und F zu dem um 1 verminderten Brechungsexponenten für gelbes Licht, also $\dfrac{n_D - 1}{n_F - n_C}$. In diesen Verzeichnissen sind eine ganze Reihe von Glasarten aufgeführt, die sehr verschiedene Brechungsexponenten und verschiedene Dispersionen haben. Im allgemeinen zeigen die Krongläser bei verhältnismäßig niedrigen Brechungsexponenten eine geringe Dispersion, während die schweren Flintgläser einen hohen Brechungsexponenten und starke Dispersion aufweisen. Für Brillengläser verwendet man am liebsten Glasarten mit möglichst geringer Farbenzerstreuung, um möglichst geringe Farbenabweichungen zu erhalten.

Die Absorption.

Alle durchsichtigen Mittel lassen von dem eintretenden weißen Licht die Strahlen verschiedener Wellenlänge nicht wieder gleichmäßig austreten, sondern halten einzelne mehr, andere weniger zurück. Der Rest der durchgehenden Strahlen mischt sich dann, und als. Mischfarbe ergibt sich, wenn nicht von allen Farben gleiche Teile zurückgehalten werden, eine von weiß abweichende Farbe. So ist z. B. das Licht, das durch ein Stück schweren Flintglases hindurchgegangen ist, gelblich gefärbt, weil das Flintglas die blauen und violetten Strahlen in höherem Maße zurückhält als die übrigen. Von einem optischen Glas verlangt man natürlich im allgemeinen, daß es so wenig wie möglich Licht zurückhält, und wenn es das schon in geringem Maße tut, daß dann die Anteile von allen Farben gleich groß sind. Ein solches Glas färbt das durchgehende Licht nicht. Ganz anders verhalten sich die Farbgläser, die gerade die Aufgabe haben, Licht von bestimmten Wellenlängen stark zurückzuhalten. Ein gutes rotes Farbglas läßt beispielsweise nur das rote Licht hindurchgehen und hält das Licht aller übrigen Farben zurück. Die farbigen durchsichtigen Körper haben also eine Farbe, die den durchgelassenen Strahlen entspricht. Von der Absorption bestimmter Glasarten werden wir noch bei der Besprechung der Schutzgläser hören. Dadurch, daß auch undurchsichtige Körper die verschiedenfarbigen Strahlen verschieden stark zurückhalten und zurückwerfen, kommen die Körperfarben zustande. So sieht z. B. ein rotes Tuch deshalb rot aus, weil von den auffallenden weißen Strahlen im wesentlichen die roten zurückgeworfen werden, während die anderen zurückgehalten werden. Wird deshalb ein solches rotes Tuch von grünem Licht beleuchtet, so sieht es schwarz aus; denn es vermag die grünen Strahlen nicht zurückzuwerfen.

Die Bilderzeugung durch einfache Linsen.

Nach der kurzen Erklärung der Grundgesetze der Reflexion, Brechung und Absorption wollen wir unsere Aufmerksamkeit der Veränderung der Lichtstrahlenbüschel durch optische Systeme zuwenden. Das einfachste optische System ist die sphärische Linse, mit deren Wirkung wir uns zunächst beschäftigen wollen. Die

Hauptbegrenzungsflächen einer solchen Linse bilden zwei Kugelflächen. Die Verbindungslinie der beiden Kugelmittelpunkte C_1 und C_2 (Abb. 18) ist die **Achse** der Linse. Die Punkte S und S', an denen die Achse die Begrenzungsflächen durchstößt, heißen die **Linsenscheitel**. Der Rand der Linse ist gewöhnlich eine Walzen- oder Kegelfläche. Ist jeder Punkt des Linsenrandes gleich weit von der Achse entfernt, so nennt

Abb. 18. Querschnitt durch eine von zwei Kugelflächen begrenzten Linse.

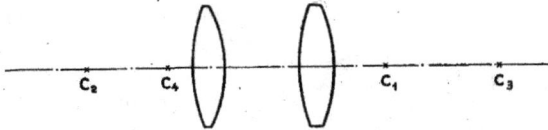

man die Linse **zentriert**. Wir wollen uns zunächst nur mit zentrierten sphärischen Linsen beschäftigen. Werden mehrere Linsen

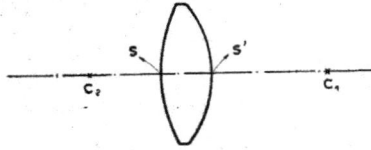

Abb. 19. Ein zentriertes Linsensystem im Schnitt.

hintereinander verwendet, so sollen ihre Achsen zusammenfallen (Abb. 19), man spricht dann von einem zentrierten Linsensystem.

Die Linsen werden in zwei Gruppen eingeteilt, in sammelnde und zerstreuende oder positive und negative Linsen. Die sammelnden Linsen sind in der Mitte dicker als am Rande und verwandeln ein paralleles Strahlenbüschel in ein konvergentes (Abb. 20). Sie vermindern die Divergenz (Abbildung 21) und vermehren die Konvergenz der Strahlenbüschel (Abb. 22). Die Zerstreuungslinsen sind dagegen in der Mitte dünner als am Rande, sie verwandeln ein paralleles Strahlenbüschel in ein divergentes (Abb. 23). Sie

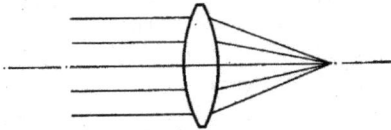

Abb. 20. Die Aenderung eines Parallelstrahlenbüschels durch eine Sammellinse.

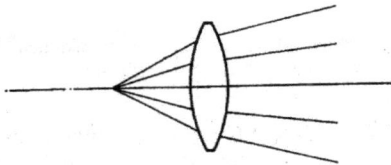

Abb. 21. Die Aenderung eines divergenten Strahlenbüschels durch eine Sammellinse.

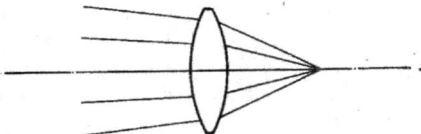

Abb. 22. Die Aenderung eines konvergenten Strahlenbüschels durch eine Sammellinse.

vermindern die Konvergenz (Abb. 24) und vermehren die Divergenz eines Strahlenbüschels (Abb. 25). Der Form nach gibt es dreierlei Arten von Sammel- und Zerstreuungslinsen. Die Schnitte der verschiedenen Linsenformen sind in der Abb. 26 dargestellt. Man bezeichnet sie der Reihe nach als bikonvexe (a), plankonvexe (b), konkavkonvexe (c), bikonkave (d), plankonkave (e) und konvexkonkave (f) Linsen. Die konkavkonvexen Linsen (c) heißen auch noch positive Menisken und die konvexkonkaven (f) negative Menisken. Außerdem nennt man die positiven Menisken auch noch sammelnde mondförmige und dementsprechend die negativen Menisken zerstreuende mondförmige Gläser.

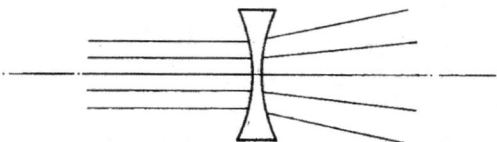

Abb. 23. Die Aenderung eines Parallelstrahlenbüschels durch eine Zerstreuungslinse.

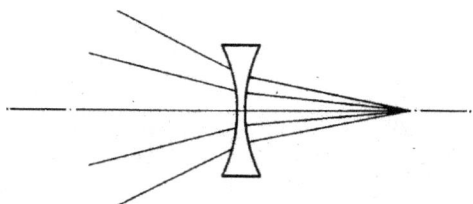

Abb. 24. Die Aenderung eines konvergenten Strahlenbüschels durch eine Zerstreuungslinse.

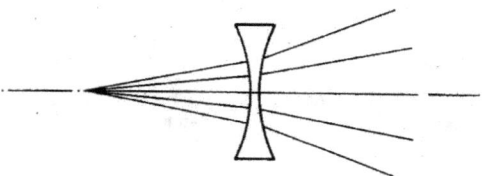

Abb. 25. Die Aenderung eines divergenten Strahlenbüschels durch eine Zerstreuugslinse.

Die Linsen haben im allgemeinen die Aufgabe Bilder zu erzeugen. Bei allen Abbildungen, von denen wir jetzt sprechen, ist zu berücksichtigen, daß sie nur in einem engen, die optische Achse umgebenden Raume, dem sogenanuten Gaussischen Raume, Geltung haben.

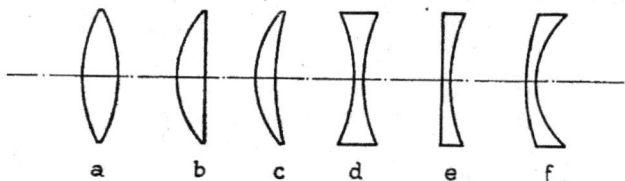

Abb. 26. Die Querschnitte durch die verschiedenen Linsenformen.

Ein Strahlenbüschel, das von einem Punkte eines leuchtenden Körpers ausgeht und auf eine Linse fällt, wird durch sie in seiner Form verändert. Kommen die Strahlen, nachdem sie die Linse durchlaufen haben, in einem Orte zum Schnitt, so nennen wir diese Stelle den Bildpunkt. Jedem Dingpunkt entspricht ein bestimmter Bildpunkt. Die Gesamtheit aller Dingpunkte, die durch eine Linse abgebildet werden können, nennen wir den Dingraum und entsprechend die Gesamtheit aller Bildpunkte den Bildraum. Um die Beziehungen zwischen Ding- und Bildraum zeichnerisch und rechnerisch ableiten zu können, brauchen wir einige besondere Punkte — die Grund- oder Kardinalpunkte — der Linsen.

Die Grundpunkte der Sammellinsen.

Wir betrachten zunächst die Sammellinse. Fällt auf eine solche ein Strahlenbüschel von einem in weiter, weiter Ferne — also im Unendlichen — liegenden Achsenpunkt, das also aus lauter achsen-

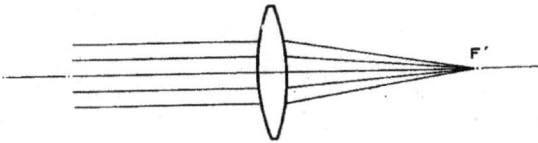

Abb. 27. Die Vereinigung achsenparallel einfallender Strahlen im bildseitigen Brennpunkt einer Sammellinse.

parallelen Strahlen besteht, so werden sie im Bildraum auf der Achse in einem Punkte vereinigt (Abb. 27). Der diesem unendlich fernen Dingpunkte entsprechende Bildpunkt heißt der bildseitige Brennpunkt F'. Ferner gibt es auf der Achse einen besonderen Punkt vor der Linse, den man den dingseitigen Brennpunkt F nennt. Das von ihm ausgehende Strahlenbüschel verläuft nach dem Durchgange achsenparallel, schneidet also die Achse im Bildraum im Unendlichen (Abb. 28).

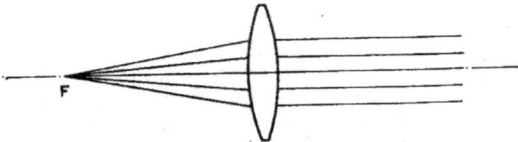

Abb. 28. Vom dingseitigen Brennpunkt einer Sammellinse ausgehende, im Bildraum achsenparallel verlaufende Strahlen.

Von Dingpunkten, die unendlich weit vor der Linse, aber seitlich der Achse liegen, fallen zur optischen Achse geneigte Parallelstrahlenbüschel ein (Abb. 29), die sich im Bildraum seitlich der Achse zu Bildpunkten (wie z. B. O') vereinigen, und zwar liegen die Bildpunkte alle in einer den bildseitigen Brennpunkt F' enthaltenden achsensenkrechten Ebene, der bildseitigen Brennebene F'O'. Da alle Strahlenbüschel im Bildraum zum tatsächlichen Schnitt kommen, so nennt man ein solches Bild ein reelles oder wirkliches Bild. Die Bildpunkte der oberhalb der Achse gelegenen Dingpunkte liegen unterhalb der Achse, und die rechts der Achse gelegenen Dingpunkte werden auf die linke Seite der Achse abgebildet. Das heißt, es entsteht von

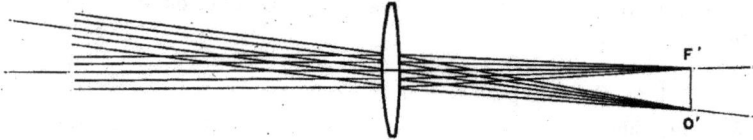

Abb. 29. Abbildung weit entfernter Dingpunkte in der bildseitigen Bildebene.

einem unendlich weit entferntem Ding ein umgekehrtes Bild in der Brennebene. Außerdem ist das Bild verkleinert. Liegen die Dinge in achsensenkrechten Ebenen in endlichen Entfernungen, aber noch vor dem dingseitigen Brennpunkt F, so erzeugt die Sammellinse, wie wir noch genauer sehen werden, je nach der Lage der Dingebenen, wirkliche verkleinerte, gleich große oder vergrößerte umgekehrte Bilder. Dabei entspricht jedesmal eine bestimmte Dingebene einer ganz bestimmten Bildebene. Ein gleich großes umgekehrtes Bild erhält man nur einmal in einer ganz bestimmten Entfernung, und zwar muß der Abstand des Dinges und der Abstand des Bildes von der Linse gleich groß sein. Für jede Linse und jedes Linsensystem gibt es nun noch ein zweites Paar von Ebenen, die sich wie Bild und Ding verhalten, wo Bild und Ding auch gleich groß, aber nicht umgekehrt, sondern gleich gerichtet sind. Diese besonderen Ebenen liegen vielfach innerhalb der Linse. Es ist das Hauptebenenpaar, und die Punkte, in denen die Linsenachse die Hauptebenen durchstößt, heißen die

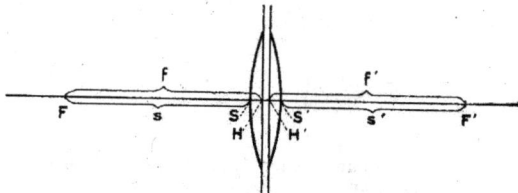

Abb. 30. Die Lage der Grundpunkte einer gleichseitigen Sammellinse.

Hauptpunkte. Den dingseitigen bezeichnet man mit H, und den bildseitigen durch H'. Der dingseitige Brennpunkt F, der dingseitige Hauptpunkt H, der bildseitige Hauptpunkt H' und der bildseitige Brennpunkt F' sind die sogenannten vier Grund- oder Kardinalpunkte. Ihre Lage ist aus der Abb. 30 zu ersehen. Der Abstand des dingseitigen Brennpunktes F vom dingseitigen Hauptpunkte H heißt die dingseitige Brennweite. Dementsprechend heißt die Strecke vom bildseitigen Hauptpunkt H' bis zum bildseitigen Brennpunkt F' die bildseitige Brennweite. Grenzt die Linse auf beiden Seiten an ein und dasselbe durchsichtige Mittel, also, wie das meist der Fall ist, an Luft, so sind die beiden Brennweiten einander gleich. Die dingseitige Brennweite bezeichnet man mit f, die bildseitige mit f'. Es ist also H'F' = f' und HF = f, demnach ist f' = — f, weil ja doch die Strecke HF entgegengesetzt der Lichtrichtung durchlaufen wird. Außer der Brennweite braucht man vielfach den Abstand der Brennpunkte von den Linsenscheiteln S und S', diese Strecken nennt man die Schnittweiten und bezeichnet sie mit s und s'. Es ist also S'F' = s' die bildseitige Schnittweite und SF = s die dingseitige Schnittweite. Wie wir sehen werden, brauchen die beiden Schnittweiten einander durchaus nicht gleich zu sein.

Die Wirkung einer Linse ist um so größer, je stärker die Form eines Strahlenbüschels geändert wird, also je kürzer ihre Brennweite ist. Die Brennweite selbst ist deshalb kein gutes Maß, um die Stärke einer Linse auszudrücken; denn sie ist gering, wenn die Stärke groß ist und groß, wenn die Stärke gering ist. Man hat deshalb den Kehrwert der Brennweite $\frac{1}{f'}$ eingeführt und nennt ihn die Brechkraft D.

Es ist also $\frac{1}{f'}$ = D. Die Einheit der Brechkraft ist die Dioptrie, abgekürzt dptr geschrieben, und die Linse, die die Brennweite 1 hat, besitzt eine Dioptrie Brechkraft. Dabei wird die Linsenbrennweite in Metern gemessen.

$$\text{Ist } f' = 1 \quad \text{m, so ist die Brechkraft } D = \frac{1}{f'} = \frac{1}{1 \text{ m}} = 1 \text{ dptr,}$$

$$\text{„} \quad f' = 0,5 \quad \text{„ „ „ „} \quad \text{„} \quad D = \frac{1}{f'} = \frac{1}{0,5 \text{ m}} = 2 \text{ „}$$

$$\text{„} \quad f' = 0,333 \text{ „ „ „ „} \quad \text{„} \quad D = \frac{1}{f'} = \frac{1}{0,333 \text{ m}} = 3 \text{ „}$$

$$\text{„} \quad f' = 0,1 \quad \text{„ „ „ „} \quad \text{„} \quad D = \frac{1}{f'} = \frac{1}{0,1 \text{ m}} = 10 \text{ „ usw.}$$

Die Brennweite ist die wichtigste Größe der Linse. Da man aber die Lage der Hauptpunkte nicht ohne weiteres kennt, so ist es oft vorteilhafter, den Abstand des Brennpunktes vom Scheitel, die Schnittweite, einzuführen. Ganz entsprechend hat man auch den Kehrwert der Schnittweite gebildet und nennt ihn nach M. v. Rohr den Scheitelbrechwert der Linse. Der Kehrwert der bildseitigen Schnittweite $\frac{1}{s'}$ wird mit A'_∞ bezeichnet, häufig auch nur durch A_∞, weil man den dingseitigen Scheitelbrechwert $\frac{1}{s}$, den man entsprechend

lurch A_∞ angeben müßte, kaum braucht. Will man aber den bildseitigen Scheitelbrechwert $\frac{1}{s'}$ vom dingseitigen Scheitelbrechwert $\frac{1}{s}$
unterscheiden, so muß man beide Bezeichnungen anwenden, also A'_∞
für den bildseitigen und A_∞ für den dingseitigen Scheitelbrechwert. Auch der Scheitelbrechwert wird in Dioptrien gemessen.

$$\text{Ist } s' = 1 \quad \text{m, so ist } A'_\infty = \frac{1}{s'} = \frac{1}{1\text{ m}} = 1 \text{ dptr,}$$

$$\text{„ } s' = 0,5 \quad \text{„ „ „ } A'_\infty = \frac{1}{s'} = \frac{1}{0,5\text{ m}} = 2 \text{ „}$$

$$\text{„ } s' = 0,333 \text{ „ „ „ } A'_\infty = \frac{1}{s'} = \frac{1}{0,333\text{ m}} = 3 \text{ „ usw.}$$

Nimmt man die Linsen unendlich dünn an, so sind die Schnitt- und
Brennweiten einander gleich, folglich auch die Brechkräfte und Scheitelbrechwerte. Das gilt aber nicht für Linsen mit wirklichen Dicken, und
mit solchen haben wir es ausschließlich zu tun. Man muß deshalb
namentlich bei Sammellinsen zwischen Schnitt- und Brennweiten und
zwischen Scheitelbrechwerten und Brechkräften unterscheiden. Um
das zu verdeutlichen, seien die entsprechenden Werte für 4 verschiedene sammelnde Brillengläser von 10 dptr in der kleinen Tabelle 1
angegeben (siehe auch Abb. 30 bis 33).

Tabelle 1.
Die Brenn- und Schnittweiten und ihre Kehrwerte verschiedener
sammelnder 10 dptr-Linsen.

Benennung	f' in mm	D in dptr	s' in mm	A'_∞ in dptr	s in mm	A_∞ in dptr	d in mm	$A'_\infty + A_\infty$ in dptr	H'_{12} in mm	H''_{12} in mm
+10 bi.	101,83	+ 9,82	100,20	+ 9,98	−100,20	−9,98	4,9	0,00	+1,63	−1,63
+10 plan.	100,20	+ 9,98	97,28	+10,28	−100,20	−9,98	4,5	0,30	0	−2,92
+10 perisk.	99,90	+10,01	96,43	+10,37	−100,20	−9,98	4,6	0,39	−0,30	−3,47
+10 halbm.	98,33	+10,17	93,20	+10,73	−100,20	−9,98	5,0	0,75	−1,87	−5,13

Während das gleichseitige oder bikonvexe Glas, also das Glas, das
auf beiden Seiten dieselben Flächenkrümmungen zeigt, gleiche Schnittweiten hat, die infolge der im Glas liegenden Hauptpunkte etwas
kürzer als die Brennweiten sind (Abb. 30), fällt beim plankonvexen
Glas der dingseitige Hauptpunkt H mit dem dingseitigen Scheitel S zusammen (Abb. 31), so daß die dingseitige Brenn- und Schnittweite
einander gleich sind, dagegen ist die bildseitige Schnittweite kürzer,
der bildseitige Scheitelbrechwert also größer als die Brechkraft. Beim

periskopischen Glase (Abb. 32), dessen zweite Fläche einen Halbmesser von 400 mm Länge hat, liegt der dingseitige Hauptpunkt H vor dem Glase. Die dingseitige Schnittweite ist größer als die Brenn-

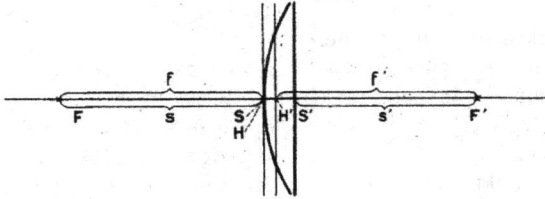

Abb. 31. Die Lage der Grundpunkte bei einer plankonvexen Linse.

weite, während die bildseitige Schnittweite kleiner als die Brennweite ist. Beim Halbmuschelglas (Abb. 33), das noch stärkere Flächenkrümmungen zeigt, und dessen innere Fläche einen Halbmesser von rund 90 mm hat, liegen beide Hauptpunkte vor dem Glase. Die

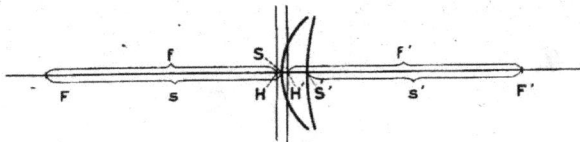

Abb. 32. Die Lage der Grundpunkte bei einem sammelnden periskopischen Glase.

Unterschiede der beiden Schnittweiten untereinander und gegenüber der Brennweite ist noch größer als beim periskopischen Glase. Entsprechend groß ist der Unterschied zwischen den Scheitelbrechwerten. Bei einem 10 dptr-Glase ist er, wie wir sehen, 0,75 dptr. Er wächst aber schnell mit wachsender Stärke des Glases, wie das aus der Tabelle 15 zu sehen ist. Die in vorstehender Tabelle 1 mit d bezeichnete Strecke ist die Mitteldicke der

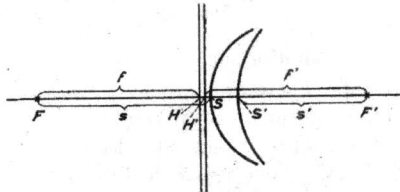

Abb. 33. Die Lage der Grundpunkte bei einem sammelnden Halbmuschelglase.

Linse, also die Strecke SS'. Die Größe H'_{12} (lies H Strich eins zwei) ist der Abstand des dingseitigen Hauptpunktes H vom dingseitigen Scheitel S, also $H'_{12} = SH$, und H''_{12} ist der Abstand des bildseitigen Hauptpunktes H' vom bildseitigen Scheitel S', also die Strecke S'H'.

Das Zeichnen der durch Sammellinsen entworfenen Bilder.

Mit Hilfe der Grundpunkte ist es leicht möglich, zeichnerisch von einem gegebenen Dingpunkt den entsprechenden Bildpunkt zu finden.

2*

Wir müssen dabei zweierlei berücksichtigen: erstens, daß wir zur
Aufsuchung eines Bildpunktes nur zwei sich schneidende Strahlen
brauchen; denn in einer Ebene wird ein Punkt eindeutig durch
den Schnitt zweier gerader Linien bestimmt, und zweitens, daß
jede achsensenkrechte Dingebene, wie der Versuch lehrt, in eine
achsensenkrechte Bildebene abgebildet wird. Die Zeichnungen
führen wir immer in einer Ebene aus. Wenn wir deshalb
den Bildpunkt durch zwei sich schneidende Strahlen gefunden
haben, so wissen wir, daß auch alle übrigen unzähligen Strahlen
durch den Bildpunkt laufen müssen. Nehmen wir in der Abb. 34
die achsensenkrechte Linie OO_1 als Ding an und wollen von dem
Punkte O_1 das Bild aufsuchen, dann wählen wir aus den unendlich
vielen von O_1 ausgehenden Strahlen zunächst den Strahl aus, der
achsenparallel verläuft. Wir verfolgen ihn bis zur dingseitigen Hauptebene, die er im Punkt P durchstößt. Um den entsprechenden Strahl
im Bildraume zu finden, brauchen wir zwei Punkte, die die Lage des

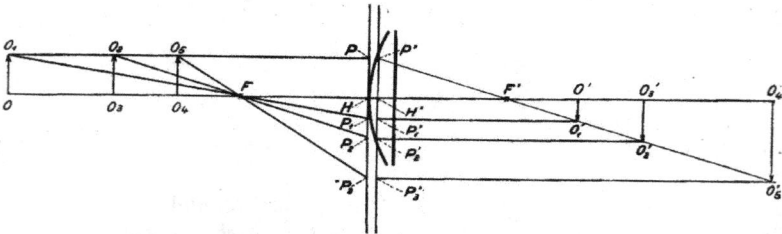

Abb. 34. Die zeichnerische Auffindung von Bildern, die eine Sammellinse von im
Endlichen gelegenen Dingen entwirft.

Strahles eindeutig bestimmen. Da wir wissen, daß die dingseitige
Hauptebene bei einfacher Vergrößerung und gleicher Bildlage in die
bildseitige Hauptebene abgebildet wird, so muß dem Punkte P in der
dingseitigen Hauptebene der Punkt P' in der bildseitigen Hauptebene
entsprechen, der ebenso weit von der Achse entfernt ist, wie der
Punkt P. Da wir auf der Dingseite den von O_1 achsenparallel
laufenden Strahl ausgewählt haben, können wir auch denken, der
Strahl käme gar nicht von O_1, sondern von dem unendlich entfernten
Achsenpunkt her, denn die von ihm ausgehenden Strahlen laufen ja
sämtlich achsenparallel. Sie vereinigen sich alle nach dem Durchgange in dem bildseitigen Brennpunkte F'. Der dem dingseitigen
Strahl O_1P entsprechende bildseitige Strahl muß also die beiden
Punkte P'F' enthalten, damit haben wir seine Lage eindeutig bestimmt. Ein dingseitiger Achsenparallelstrahl wird also zum bildseitigen Brennstrahl. Als zweiten Strahl nehmen wir im Dingraume
den von O_1 ausgehenden Strahl an, der gleichzeitig den dingseitigen
Brennpunkt F trifft. Er durchstößt die dingseitige Hauptebene im

Punkte P_1. Der dem Punkte P_1 entsprechende Bildpunkt liegt in der bildseitigen Hauptebene gleich weit von der Achse entfernt in P_1. Durch diesen Punkt muß also unbedingt der entsprechende Bildstrahl laufen. Erinnern wir uns nun noch daran, daß sich alle von dem dingseitigen Brennpunkt F ausgehenden Strahlen in dem unendlich fernen Achsenpunkte vereinigen, so wissen wir, daß alle vom Punkte F ausgehenden Strahlen nach dem Durchgange achsenparallel verlaufen müssen. Wir merken die Regel: Ein dingseitiger Brennstrahl wird zum bildseitigen Achsenparallelstrahl. Wir brauchen also im Bildraume nur durch den Punkt P'_1 eine achsenparallele Grade zu ziehen. Sie schneidet die durch die Punkte $P'F'$ gehende Grade im Punkt O'_1. Also ist O'_1 das Bild vom O_1. Ebenso könnte man von sämtlichen Punkten der Dinglinie OO_1 jeden Bildpunkt auf gleiche Weise zeichnerisch ermitteln, und man würde dann dadurch die Bildlinie $O'O'_1$ erhalten.

Läßt man die Dinglinie im Sinne der Lichtrichtung etwas wandern, so daß sie in die Stellung O_2O_3 gelangt, so kann man die Konstruktion in gleicher Weise mit Hilfe des Achsenparallelstrahls und des Brennstrahles wiederholen. Der Achsenparallelstrahl bleibt derselbe. Der dem Brennstrahl entsprechende bildseitige Achsenparallelstrahl schneidet den Strahl $P'F'$ in dem Punkte O'_2, das ist der gesuchte Bildpunkt von O_2, und das Ding O_2O_3 wird nach $O'_2O'_3$ abgebildet. Rückt das Ding noch näher an die Linse heran in die Lage O_4O_5, dann entsteht sein Bild bei $O'_4O'_5$. Bei der Konstruktion des Bildes verfährt man genau wie vorher. Wir sehen also, daß man mit Hilfe von zwei Strahlen den Bildpunkt eines gegebenen Dingpunkts zeichnerisch finden kann. Alle übrigen von dem Dingpunkt ausgehenden Strahlen müssen sich natürlich auch in demselben Bildpunkt schneiden. Die Zeichnung beweist, daß eine sammelnde Linse von vor ihr liegenden wirklichen Dingen wirkliche Bilder erzeugt. Diese wirklichen Bilder sind immer umgekehrt; je nach dem Abstand sind sie verkleinert wie $O'O'_1$, gleich groß wie $O'_2O'_3$, oder vergrößert wie $O'_4O'_5$. Bewegt sich ein Ding im Sinne der Lichtrichtung, so bewegt sich auch das Bild im gleichen Sinne. Dieser wichtige Satz gilt für alle in der Brillenlehre vorkommenden Abbildungen. Je weiter das Ding von der Linse entfernt liegt, desto kleiner ist sein Bild, und desto näher liegt es hinter dem bildseitigen Brennpunkt.

Liegt das Ding im Unendlichen, so muß — wie wir schon sahen (Abb. 29) — das Bild in der bildseitigen Brennebene liegen. Von einem unendlich fernen Ding lassen sich natürlich bei der Konstruktion unmittelbar keine Strahlen ziehen, denn das Ding ist ja nicht zu erreichen, auch seine wirkliche Größe läßt sich nicht mehr bestimmen, es ist vielmehr nur möglich anzugeben, unter welchem

Winkel uns dieses unendlich ferne Ding erscheint. Von allen Punkten
dieses weit entfernten Dinges gehen Parallelstrahlenbüschel aus und
die beiden von dem höchsten und tiefsten Punkte herkommenden
Strahlenbüschel schließen einen bestimmten Winkel ein. Für unsere
Konstruktion wollen wir der Einfachheit halber annehmen, daß der
untere Punkt des weit entfernten Dinges gerade auf der Linsenachse
liege, so daß von ihm ein achsenparalleles Strahlenbüschel einfällt.
Das wird, wie wir bereits wissen, im bildseitigen Brennpunkt F' vereinigt. Daraus ergibt sich, daß sein Bild in der den bildseitigen
Brennpunkt enthaltenden achsensenkrechten Bildebene, der bildseitigen
Brennebene, zu suchen ist. Den Ort der Bildebene kennen wir also
schon. Es handelt sich nur noch um die Größe des Bildes in der
Brennebene. Wir finden sie leicht, wenn wir von all den von dem
oberen weit entfernten Punkt einfallenden Strahlen, die alle mit der
Achse den Winkel w bilden, den Strahl herausgreifen, der durch den
dingseitigen Brennpunkt F geht (Abb. 35). Er durchstößt die ding-

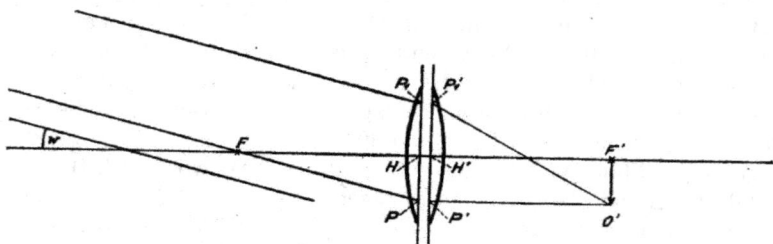

Abb. 35. Die zeichnerische Auffindung eines durch eine Sammellinse erzeugten
Bildes bei unendlich großem Dingabstande.

seitige Hauptebene im Punkte P, und wir wissen, daß jeder Strahl,
der vom dingseitigen Brennpunkt ausgeht, in der gleichen Achsen-
entfernung, wie der Punkt P, durch den Punkt P' achsenparallel im
Bildraum verlaufen muß. Er schneidet die Brennebene im Punkte O'.
In dieser Ebene entsteht also das Bild F'O'. Alle von dem oberen
weit entfernten Dingpunkt ausgehenden Strahlen müssen sich nach
dem Durchgang in O' schneiden.

Rückt jetzt das Ding aus dem Unendlichen ins Endliche
etwa nach OO$_1$ in der Abbildung 34, so läuft das Bild im Sinne
der Lichtrichtung von F' um einen kleinen Betrag nach rechts
nach O'O'$_1$. Ist das Ding bis nach O$_2$O$_3$ gekommen, so hat
das Bild die Stelle O'$_2$O'$_3$ erreicht. In diesem besonderen Falle
ist das Bild gerade gleich dem Ding, wir haben also das Ver-
größerungsverhältnis 1, und die Entfernung des Dinges und des
Bildes von den entsprechenden Hauptpunkten sind gleich und dabei
gleich der doppelten Brennweite. Während also das Ding aus dem

Unendlichen bis zur doppelten Brennweite gelaufen ist, durchwandert
das Bild die kurze Strecke von der einfachen bis zur doppelten
Brennweite. Läuft aber jetzt das Ding von der dingseitigen doppelten
Brennweite weiter auf die Linse zu, so entfernt sich das Bild rasch
aus der doppelten Brennweite. Wenn das Ding in der dingseitigen
Brennebene angelangt ist, dann liegt das Bild im Unendlichen. Für
diesen besonderen Fall muß auch noch die Konstruktion angegeben
werden (Abb. 36). Von dem Punkte O ziehen wir wieder, wie immer,
den Achsenparallelstrahl bis zur Hauptebene. Der entsprechende
Strahl wird im Bildraum zum Brennstrahl und läuft durch P'F'. Das
Bild liegt, wie wir wissen, im Unendlichen. Den Brennstrahl, den
wir sonst immer im Dingraum gezogen haben, können wir in diesem
Sonderfall nicht zeichnen, denn er würde die Linse ja überhaupt
nicht treffen. Wir brauchen ihn aber auch nicht; denn durch

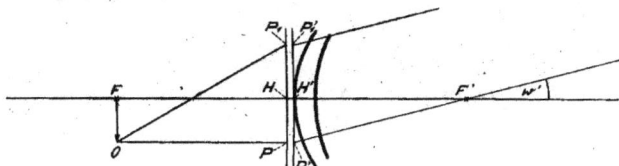

Abb. 36. Die zeichnerische Auffindung eines durch eine Sammellinse erzeugten
Bildes bei der Anordnung des Dinges in der dingseitigen Brennebene.

den Strahl P'F' haben wir ja schon die Richtung, in der das Bild
des Punktes O zu suchen ist. Alle übrigen Strahlen, die von O ausgehen, müssen nach dem Durchgange diesem Strahle parallel verlaufen; denn sie schneiden sich ja erst im Unendlichen. Die vom
Achsenpunkte F ausgehenden Strahlen schneiden sich auf der Achse
im Unendlichen, die wirkliche Bildgröße ist also in dem Falle nicht
mehr zu erfassen. Man kann nur noch feststellen, unter welchem
Winkel w' das unendlich weit entfernte Bild erscheint.

Nähert sich das Ding der Linse noch mehr, so daß es zwischen
dem Brennpunkt F und dem Hauptpunkt H liegt, so muß nach
unserer bisherigen Erfahrung das Bild auf der Bildseite ebenfalls
weiter nach rechts wandern. Es liegt aber bereits im Unendlichen,
wenn sich das Ding in der vorderen Brennebene befindet. Daraus
ergibt sich, daß es nicht möglich ist, jetzt noch ein wirkliches Bild
zu erhalten. Wenn wir das Bild nach denselben Grundsätzen zeichnen,
wie wir das bisher getan haben, so müssen wir zunächst vom Dingpunkt O_1 (Abb. 37) aus eine achsenparallele Grade bis zur dingseitigen Hauptebene ziehen. Ein achsenparalleler Strahl auf der
Dingseite wird bekanntlich zum Brennstrahl auf der Bildseite, er
muß also durch den bildseitigen Brennpunkt F' gehen. Als zweiten
Strahl wählen wir wieder von den unendlich vielen, vom Dingpunkt

O_1 ausgehenden Strahlen den aus, der gleichzeitig durch den dingseitigen Brennpunkt F hindurchgeht. Kein Strahl, der von O_1 aus
nach rechts verläuft, kann den vor ihm liegenden Brennpunkt treffen,
wohl aber kann man einen Strahl aussuchen, der rückwärts verlängert von F herzukommen scheint. Ein solcher Strahl FP_1 muß
nach dem Durchgange durch das Linsensystem achsenparallel verlaufen. Betrachtet man jetzt die beiden im Bildraum verlaufenden
Strahlen, so sieht man ohne weiteres, daß sie sich voneinander entfernen, also überhaupt nicht zum wirklichen Schnitt kommen können.
Das gilt von allen aus der Linse austretenden, von O_1 stammenden
Strahlen. Würde man ein Auge in dieses Strahlenbüschel bringen,

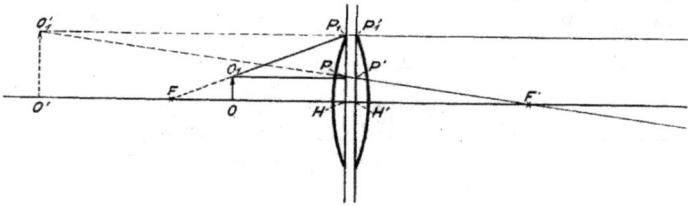

Abb. 37. Die zeichnerische Auffindung eines durch eine Sammellinse erzeugten
Bildes, wenn das Ding innerhalb der dingseitigen Brennweite liegt.

so würde es den Ausgangspunkt der Strahlen in der Richtung der
einfallenden Strahlen suchen. Verlängert man also die beiden auseinander laufenden Strahlen nach rückwärts, so schneiden sie sich
scheinbar am Orte O'_1. Diesen scheinbaren Schnittpunkt nennt man
deshalb das Bild von O_1, nur ist es jetzt nicht reell, sondern s c h e i n -
b a r oder v i r t u e l l. Das dort liegende Bild $O'O'_1$ des Dinges OO_1 ist
aufrecht und größer als das Ding und liegt im allgemeinen vor ihm.
Die alte Regel von der gleichsinnigen Verschiebung von Ding und
Bild stimmt auch jetzt noch, man muß aber daran denken, daß es in
der Mathematik nur einen unendlich fernen Punkt gibt. Geht man
also auf der optischen Achse nach rechts bis ins Unendliche, so
kommt man an denselben unendlich fernen Punkt, als wenn man
sich auf der Achse nach links ins Unendliche bewegt. Man muß sich
das etwa so vorstellen, als wenn man auf einem Erdmeridian von
einem Punkte aus in den beiden entgegengesetzten Richtungen wan-
derte und schließlich an die gleiche, dem Ausgangspunkt auf der
Erdkugel gegenüberliegende Stelle gelangte. Ist also das Bild in
das positiv Unendliche gewandert, wenn das Ding vor der Linse in
der Brennebene angekommen ist, so läuft es aus dem positiven Unendlichen stetig weiter in das negative endliche Gebiet, sowie sich
das Ding nur ein wenig auf die Linse zu bewegt. Je näher das Ding
der Linse kommt, desto näher kommt auch das scheinbare aufrechte

vergrößerte Bild auf die Linse zu, so daß auch hier eine Verschiebung des Dinges von links nach rechts einer Bildverschiebung von links nach rechts entspricht. Ist schließlich das Ding bis zur dingseitigen Hauptebene gewandert, so liegt das Bild in der bildseitigen Hauptebene. Dabei sind dann Bild und Ding gleich groß geworden, und die achsensenkrechte Dingebene, die scheinbar in gleicher Größe in einer achsensenkrechten Bildebene abgebildet wird, heißt eben die dingseitige Hauptebene. Die entsprechende Bildebene ist die bildseitige Hauptebene. Die beiden von der Achse getroffenen Durchstoßungspunkte der beiden Ebenen sind die beiden wichtigen Hauptpunkte H und H', wie wir schon früher sahen.

Es ist durchaus nicht gesagt, daß eine Sammellinse immer nur wirkliche Dinge abzubilden hat. Es kann auch vorkommen, daß sie von einem bereits durch eine Linse erzeugten Bild wiederum eine Abbildung geben soll. Von einem solchen Bild, daß der Linse gegenüber die Stelle eines Dinges vertritt und vor ihr liegt, vollzieht sich die Abbildung ganz ähnlich, jedenfalls nach denselben Zeichen-

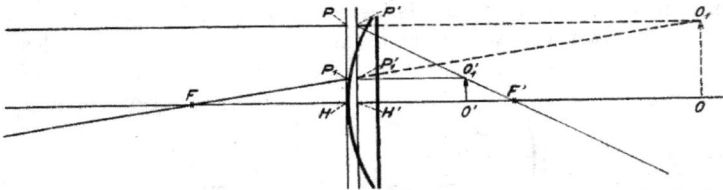

Abb. 38. Die zeichnerische Auffindung eines Bildes, das eine Sammellinse von einem scheinbaren Ding erzeugt.

regeln wie bei einem wirklichen Ding. Ein als Ding dienendes Bild kann aber auch hinter der Linse liegen, wir nennen es dann ein virtuelles oder scheinbares Ding, weil dieses Bild durch das Dazwischentreten der Linse nicht erst zustande kommt, sondern durch die Linse an einem anderen Ort abgebildet wird. Nehmen wir einmal an (Abb. 38), daß ohne das Vorhandensein der Linse ein wirkliches Bild am Orte OO_1 zustande käme. Nach dem Punkte O_1 verlaufe ein weites Strahlenbüschel, das von irgendeinem optischen System ausgehe. Wird jetzt die Linse in den Strahlengang eingeschaltet, so dient ihr das Bild OO_1 als Ding. Sie erzeugt von ihm an anderer Stelle ein Bild, dessen Konstruktion nach unseren alten Regeln ganz einfach ist. Aus den nach dem Punkt O_1 hinzielenden Strahlen nehmen wir wieder zuerst den Achsenparallelstrahl heraus und verfolgen ihn bis zum Punkte P in der dingseitigen Hauptebene. Durch den entsprechenden Punkt P' und den bildseitigen Brennpunkt F' muß der Strahl im Bildraum weiterlaufen. Als zweiten Strahl wählen wir den aus, der den dingseitigen Brennpunkt F trifft. Er schneidet die dingseitige Hauptebene im Punkte P_1 und verläuft nach unseren alten Regeln im Bildraum achsenparallel. Die zwei Strahlen schneiden sich im Bildraum am Orte O'_1. In der den Punkt O'_1 enthaltenden Ebene liegt also das Bild $O'O'_1$ des scheinbaren Dinges OO_1. Es ist ein wirkliches Bild und ist aufrecht und verkleinert. Auch bei derartigen Abbildungen wandern Ding und Bild im gleichen Sinne. Durchläuft das scheinbare Ding die Strecke vom bildseitigen Hauptpunkt bis zum unendlich fernen Punkt, so wandert das Bild vom dingseitigen Hauptpunkt H' bis zum bildseitigen Brennpunkt F' und ist immer wirklich, aufrecht und verkleinert. Während also die durch Sammellinsen entstehenden Bilder wirklicher Dinge die Strecke von F' bis in das positiv Unendliche und von dem negativ Unendlichen bis zur dingseitigen Hauptebene durchlaufen, durchlaufen die Bilder von scheinbaren Dingen nur die kurze Strecke von H' bis F'.

Die Grundpunkte der Zerstreuungslinsen.

Um die Bilder, die eine zerstreuende Linse erzeugen kann, zu zeichnen, verfahren wir ähnlich wie bei der sammelnden Linse. Wir suchen uns dieselben vier Grundpunkte auf. Fällt ein achsenparalleles Strahlenbüschel auf eine Zerstreuungslinse (Abb. 39), so strebt es auseinander und scheint von dem vor der Linse liegenden Punkt F', dem bildseitigen Brennpunkt, herzukommen. Trifft die Linse ein zusammenlaufendes Strahlenbüschel, das durch ihre zerstreuende Wirkung zu einem Parallelstrahlenbüschel wird (Abb. 40), so nennen wir diesen Punkt, nach dem die Strahlen scheinbar hinzielen, den dingseitigen Brennpunkt F. — Der bildseitige Brennpunkt der Zerstreuungslinse liegt also vor, der dingseitige hinter ihr. Die Hauptebenen liegen im allgemeinen ähnlich wie bei den Sammellinsen, die dingseitige vor der bildseitigen, so daß also aufeinanderfolgen: der bildseitige Brenn-

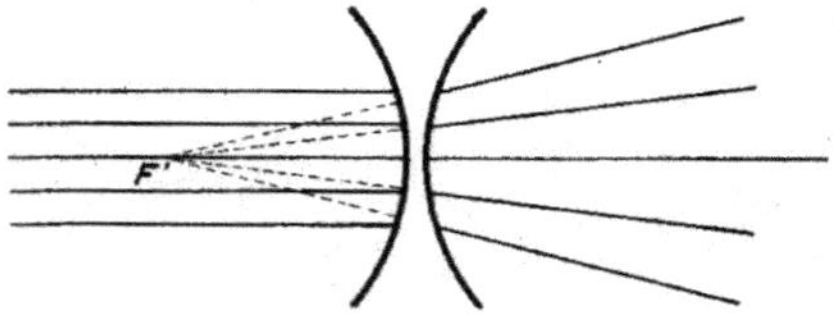

Abb. 39. Der bildseitige Brennpunkt einer Zerstreuungslinse als scheinbarer Schnittpunkt des achsenparallel ein- und divergent ausfallenden Strahlenbüschels.

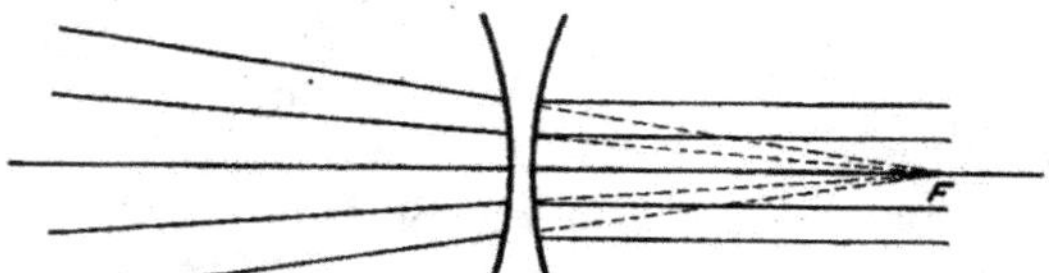

Abb. 40. Der dingseitige Brennpunkt einer Zerstreuungslinse als scheinbarer Schnittpunkt eines konvergent ein- und achsenparallel ausfallenden Strahlenbüschels.

punkt F′, der dingseitige Hauptpunkt H, der bildseitige Hauptpunkt H′ und der dingseitige Brennpunkt F (Abb. 41). Die bildseitige Brennweite f′ ist selbstverständlich hier ebenfalls der Abstand des bildseitigen Brennpunktes F′ vom bildseitigen Hauptpunkte H′, die Strecke H′F′. Sie ist, wie man ohne weiteres aus der Abbildung sieht, negativ, während die dingseitige Brennweite f die Strecke HF positiv ist. Die bildseitige Schnittweite s′ ist wieder der Abstand des bildseitigen Brennpunktes F′ vom bildseitigen Scheitel S′, und die dingseitige Schnittweite s ist der Abstand des dingseitigen Brennpunktes F vom Scheitel S, so daß bei gleichseitigen Zerstreuungslinsen die Schnittweiten länger sind als die Brennweiten, gerade umgekehrt wie bei den Sammellinsen.

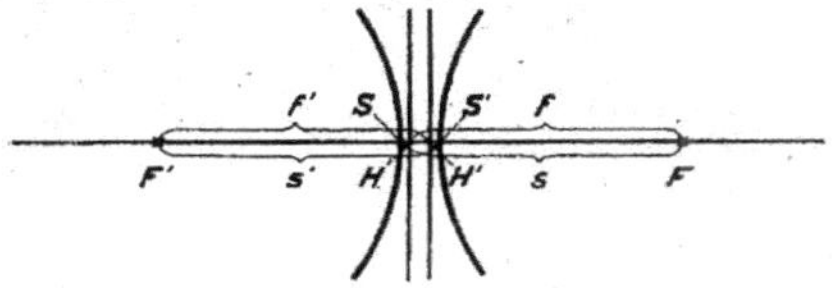

Abb. 41. Die Lage der Grundpunkte einer gleichseitigen Zerstreuungslinse.

Bei der plankonkaven Linse liegt ein Hauptpunkt im Scheitel der hohlen Fläche (Abbildung 42), der andere in der Linse, so daß bei unserem Beispiel die bildseitige Brenn- und Schnittweite einander gleich sind.

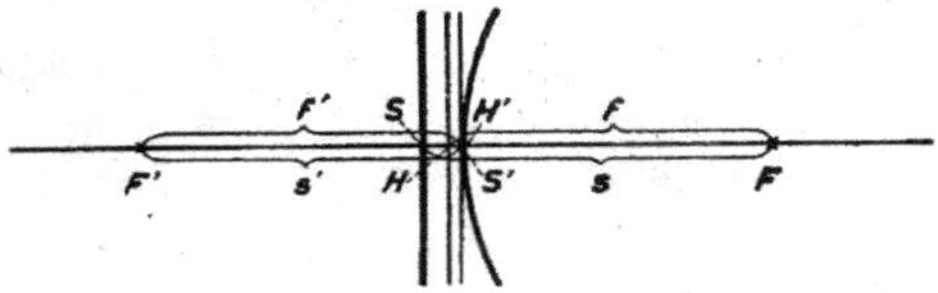

Abb. 42. Die Lage der Grundpunkte einer plankonkaven Linse.

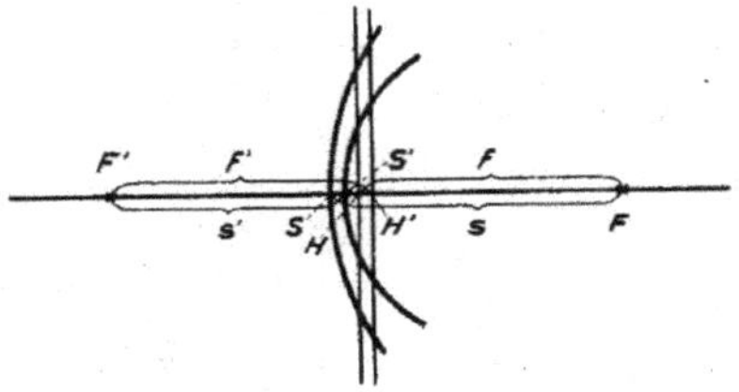

Bei mondförmigen Zerstreuungslinsen können die Hauptebenen

Abb. 43. Die Lage der Grundpunkte eines zerstreuenden Meniskus.

auch außerhalb der Linse liegen (Abb. 43), dann ist es möglich, daß die bildseitige Brennweite länger ist als die bildseitige Schnittweite, wie wir aus unserer Zeichnung ersehen.

Infolge der geringen Mitteldicke der zerstreuenden Brillengläser liegen die Hauptpunkte den Scheiteln sehr nahe, so daß man bei zerstreuenden Brillengläsern praktisch keinen Unterschied zwischen Brenn- und Schnittweite, also auch zwischen Brechkraft und Scheitelbrechwert, zu machen braucht. Um die verschiedene Anordnung der Kardinalpunkte zu erläutern, sei die Lage bei vier verschiedenen Linsen von —10 dptr in der Tabelle 2 zahlenmäßig angegeben.

Tabelle 2.

Die Brenn- und Schnittweiten und ihre Kehrwerte verschiedener zerstreuender 10 dptr-Linsen.

Benennung	f' in mm	D in dptr	s' in mm	A'_∞ in dptr	V_∞ in mm	A_∞ in dptr	d in mm	$A'_\infty + A_\infty$ in dptr	H'_{12} in mm	H''_{12} in mm
—10 bi.	—100,00	—10,00	—100,20	—9,98	100,20	9,98	0,7	0,00	0,2	—0,2
—10 plan.	—100,20	— 9,98	—100,20	—9,98	100,70	9,93	0,7	—0,05	0,5	0
—10 perisk.	—100,30	— 9,97	—100,20	—9,98	100,81	9,92	0,7	—0,06	0,51	0,1
—10 halbm.	—100,50	— 9,95	—100,20	—9,98	101,24	9,88	0,7	—0,10	0,74	0,3

Das Zeichnen der von Zerstreuungslinsen entworfenen Bilder.

Soll ein vor der Linse liegendes wirkliches Ding abgebildet werden, so kann man das Bild nach denselben Zeichenregeln aufsuchen, die man bei der Sammellinse verwendet. Aus dem vom Dingpunkte O_1 (Abb. 44) ausgehenden Strahlenbüschel wählt man zuerst

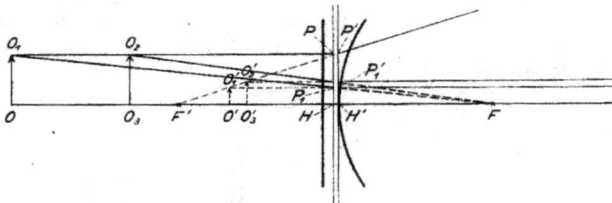

Abb. 44. Die zeichnerische Auffindung eines Bildes, das eine Zerstreuungslinse von einem im Endlichen vor ihr liegenden Ding erzeugt.

den Achsenparallelstrahl heraus und verfolgt ihn bis zum Schnitt mit der dingseitigen Hauptebene im Punkte P. Der entsprechende Strahl verläuft dann im Bildraum durch den gleich weit von der Achse entfernten, in der bildseitigen Hauptebene liegenden Punkt P′ und durch den bildseitigen Brennpunkt F′. Da hier aber F′ vor P′ liegt, so kann die Strecke F′P′ nur scheinbar durchlaufen werden. Sie ist deshalb auch nur punktiert gezeichnet, und erst die Strecke, die tatsächlich vom Lichte durchlaufen wird, ist in der Abbildung ausgezogen dargestellt. Als zweiten Strahl wählen wir den aus, der vom Dingpunkt O_1 gleichzeitig durch den dingseitigen Brennpunkt F läuft. Den Strahl können wir freilich nur bis zum Punkte P_1 in der dingseitigen Hauptebene verfolgen. Das übrige Stück bis zum Punkte F wird in Wirklichkeit gar nicht durchlaufen, es wird deshalb wieder nur punktiert gezeichnet. Der entsprechende Strahl im Bildraum verläuft durch den Punkt P'_1 achsenparallel weiter, da wir ja wissen, daß alle nach dem dingseitigen Brennpunkt hinzielenden Strahlen im Bildraum achsenparallel verlaufen. Aus der Konstruktion sieht man, daß die beiden Bildstrahlen auseinanderlaufen, also überhaupt niemals zu einem wirklichen Schnitt kommen können. Verlängert man sie dagegen rückwärts — diese beiden Verlängerungen werden wieder punktiert gezeichnet — so kommen sie beide von dem scheinbaren Schnittpunkt O'_1 her. Dort liegt das scheinbare Bild $O'O'_1$. Es ist aufrecht und verkleinert. Nähert sich das Ding der Linse und kommt etwa in die Lage O_2O_3, dann nähert sich ihr auch das Bild $O'_2O'_3$. Auch bei der Zerstreuungslinse gilt immer die Regel, daß einer Verschiebung des Dinges von links nach rechts eine Bildverschiebung von links nach rechts entspricht.

Ist ein Ding so weit entfernt, daß man seine Größe nur dem Winkel nach bestimmen kann, so muß man gerade wie bei den Sammellinsen das Bild etwas anders zeichnen. Nehmen wir an, das Ding liege im Unendlichen, und zwar der untere Punkt auf der

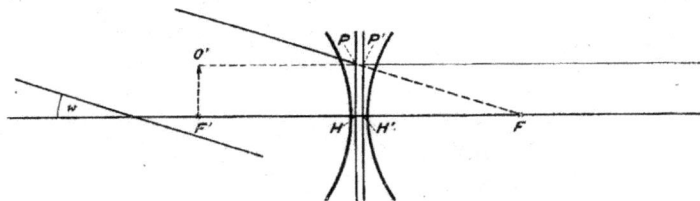

Abb. 45. Die zeichnerische Auffindung eines Bildes, das eine Zerstreuungslinse von einem unendlich weit entfernten Ding entwirft.

optischen Achse, der obere über der optischen Achse, und erscheine uns unter dem Winkel w (Abb. 45), dann ist unter den von dem oberen Punkte herkommenden Parallelstrahlen auch einer, der in seiner Verlängerung den dingseitigen Brennpunkt F treffen würde. Dieser Strahl schneidet die dingseitige Hauptebene in dem Punkte P und verläuft nach dem Durchgange achsenparallel durch den Punkt P'. Das Bild des weit entfernten, wirklichen Dinges muß in der bildseitigen Brennebene entstehen. Verlängert man den durch P' gehenden und achsenparallel verlaufenden Strahl rückwärts, so bestimmt er die Größe des Bildes F'O'.

Rückt das wirkliche Ding aus dem Unendlichen allmählich bis zum dingseitigen Hauptpunkt, so wandert das Bild vom Brennpunkt F' bis zum Hauptpunkt H', bleibt immer scheinbar, aufrecht und verkleinert, bis es gerade in der Hauptebene gleich groß wird.

Viel größer ist die Mannigfaltigkeit der Bilder, die eine Zerstreuungslinse erzeugen kann, wenn es sich um virtuelle oder scheinbare Dinge handelt. Wir erinnern uns daran, daß scheinbare Dinge nur Bilder sein können. Nehmen wir zunächst an, das scheinbare Ding liege nicht weit hinter der Linse (Abb. 46), noch innerhalb der dingseitigen Brennweite der Linse. Um das Bild des scheinbaren Dingpunktes O_1 zeichnen zu können, nehmen wir wieder aus dem gesamten Strahlenbüschel den Achsenparallelstrahl heraus, der die dingseitige Hauptebene in P schneidet und im Bildraum durch P' und F' verläuft. Das rückwärts bis F' verlängerte Stück des Strahles ist punktiert gezeichnet. Als zweiten Strahl wählen wir den nach

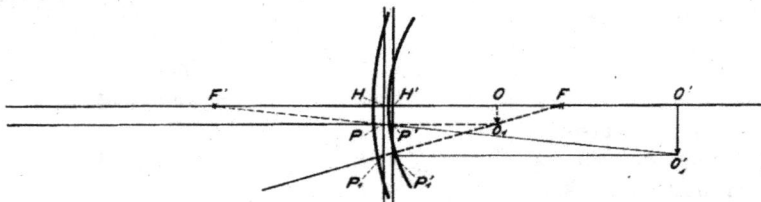

Abb. 46. Die zeichnerische Auffindung eines Bildes, das eine Zerstreuungslinse von einem scheinbaren, innerhalb der Brennweite liegenden Ding erzeugt.

dem dingseitigen Brennpunkt F hinzielenden Strahl, der die dingseitige Hauptebene in P_1 trifft und dann durch P'_1 achsenparallel im Bildraum verläuft. Die beiden aus der Linse austretenden Strahlen schneiden sich im Punkte O'_1 und erzeugen dort ein wirkliches aufrechtes vergrößertes Bild $O'O'_1$, das sich weiter nach rechts verschiebt, wenn das Ding OO_1 nach rechts wandert.

Ist das scheinbare Ding in der dingseitigen Brennebene angekommen, so liegt das wirkliche Bild im Unendlichen (Abb. 47). Dies ist einfach zu zeichnen, denn man braucht jetzt nur einen Strahl

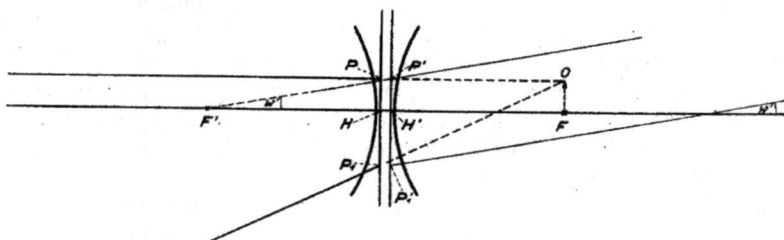

Abb. 47. Die zeichnerische Auffindung eines Bildes, das eine Zerstreuungslinse von einem scheinbaren, in der dingseitigen Brennebene liegenden Ding erzeugt.

zu verfolgen. Wir wählen von den nach dem scheinbaren Dingpunkt O hinzielenden Strahlen den Achsenparallelstrahl aus, der die Hauptebene im Punkte P trifft und im Bildraum durch die Punkte F'P' verläuft. Da das Bild vom Punkte O im Unendlichen liegt, so müssen alle nach ihm hinzielenden Strahlen nach dem Durchgang durch die Linse zu dem Strahl F'P' parallel laufen. Die Bildgröße selbst ist nicht zu ermitteln, sondern nur der Winkel w', unter dem das weit entfernte Bild erscheint.

Bewegt sich das scheinbare Ding über ̶d̶e̶n̶ ̶u̶m̶g̶e̶k̶e̶h̶r̶t̶e̶n̶ ̶B̶r̶e̶n̶n̶-̶ punkt F hinaus, so kommt das Bild aus dem negativ Unendlichen wieder auf die Linse zu (Abb. 48). Um das Bild zu zeichnen, wählen wir wieder aus dem nach dem Punkte O_1 laufenden Strahlenbüschel den Achsenparallelstrahl aus, der die dingseitige Hauptebene bei P schneidet und durch P' und F' im Bildraum weiterläuft. Die rückwärts verlängerten, nicht durchlaufenden Teile der Strahlen sind wie immer punktiert wiedergegeben. Der zweite Strahl ist der, der gleichzeitig den dingseitigen Brennpunkt F trifft, die Hauptebene in P_1 schneidet und im Bildraum durch P'_1 achsenparallel weiterläuft. Die beiden im Bildraum verlaufenden Strahlen streben auseinander, kommen also nicht zum Schnitt. Verlängert man sie aber rückwärts, so scheinen sie von dem scheinbaren Schnittpunkt O'_1 herzukommen. Dort liegt das scheinbare Bild $O'O'_1$ des scheinbaren Dinges OO_1.

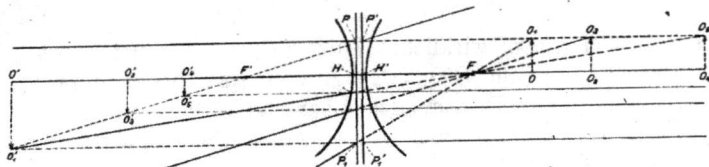

Abb. 48. Die zeichnerische Auffindung von Bildern, die eine Zerstreuungslinse von scheinbaren, außerhalb ihrer dingseitigen Brennweite liegenden Dingen entwirft.

Es ist in diesem Falle umgekehrt und vergrößert. Wandert das scheinbare Ding weiter nach rechts bis in die doppelte Brennweite nach O_2O_3, so erhält man ebenfalls in doppelter Brennweite vor der Linse ein scheinbares umgekehrtes gleich großes Bild $O'_2O'_3$. Verschiebt sich das scheinbare Ding noch weiter nach rechts, nach O_4O_5, dann entsteht, wie man aus der Zeichnung sieht, vor der Linse ein umgekehrtes scheinbares verkleinertes Bild O'_4O_5'. Man sieht daraus, daß die Zerstreuungslinse von scheinbaren Dingen gerade so verschiedene Bilder erzeugen kann, wie die Sammellinse von wirklichen. Während die Sammellinse von wirklichen Dingen verkleinerte, gleich große und vergrößerte umgekehrte wirkliche Bilder und vergrößerte aufrechte scheinbare Bilder erzeugt, kann die Zerstreuungslinse von scheinbaren Dingen verkleinerte, gleich große und vergrößerte umgekehrte scheinbare Bilder und vergrößerte wirkliche Bilder erzeugen. Vermag die Sammellinse von scheinbaren Dingen nur aufrechte verkleinerte wirkliche Bilder wiederzugeben, so kann die Zerstreuungslinse von wirklichen Dingen nur aufrechte verkleinerte scheinbare Bilder erzeugen.

Wir haben auf diese Weise gesehen, was für Bilder Sammel- und
Zerstreuungslinsen von Dingen erzeugen können, die an beliebigen
Orten liegen. Wenn man die Regeln kennt, nach denen man ein
Bild von einem wirklichen oder scheinbaren Ding zeichnet, so ist es
auch leicht, nacheinander die Bilder darzustellen, die durch mehrere
Linsen entstehen. Ganz einfach ist es, wenn z. B. (Abb. 49) eine

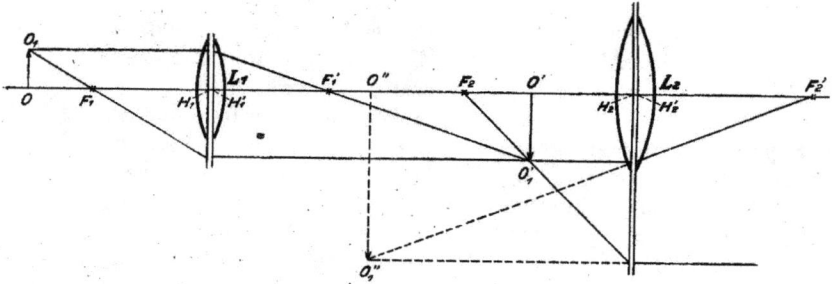

Abb. 49. Die zeichnerische Auffindung eines Bildes, das zwei hintereinander stehende
Sammellinsen von einem Ding entwerfen.

Sammellinse L_1 von einem wirklichen Ding OO_1 ein wirkliches umgekehrtes vergrößertes Bild $O'O'_1$ erzeugt und eine zweite darauffolgende Sammellinse L_2 davon ein scheinbares aufrechtes Bild $O''O''_1$
hervorbringt. Als zweites Beispiel wählen wir die Abbildung eines
wirklichen Dinges OO_1 durch eine Sammellinse und eine darauffolgende
Zerstreuungslinse (Abb. 50). Die Sammellinse L_1 allein würde von

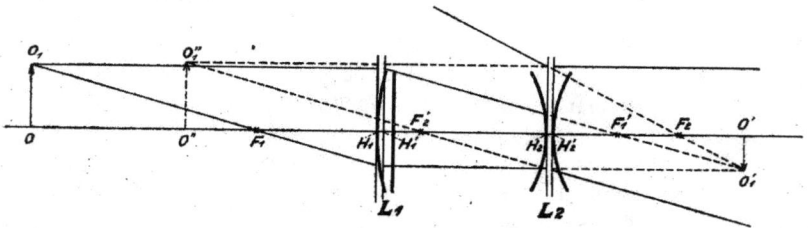

Abb. 50. Die zeichnerische Auffindung eines Bildes, das ein aus einer Sammel-
und einer Zerstreuungslinse bestehendes Linsensystem von einem Ding erzeugt.

dem Ding OO_1 das umgekehrte wirkliche Bild $O'O'_1$ erzeugen. Durch
das Dazwischentreten der Zerstreuungslinse L_2 wird es am Entstehen
verhindert, und die Linse bildet jetzt das für sie als scheinbares
Ding dienende Bild $O'O'_1$ nach $O''O''_1$ ab. Nach diesen allgemeinen
Zeichenregeln für die Abbildung durch Linsen sind wir imstande,
alle bei der Behandlung von Auge und Brille vorkommenden Bild-
konstruktionen auszuführen. Bei den bisherigen Darstellungen haben

wir nie darauf Rücksicht genommen, ob die zum Zeichnen verwendeten Strahlen auch wirklich die Linse durchlaufen können. Darauf muß später auch noch geachtet werden.

Die Berechnung der Abbildungsgrößen.

Die Lage, Größe und Art der Bilder, die Linsen von wirklichen und scheinbaren Dingen erzeugen, kann man auch rechnerisch auf einfache Weise ermitteln. Dabei rechnen wir die Strecken von den Hauptpunkten aus. Den Abstand des Dinges O vom dingseitigen Hauptpunkte H, die Strecke HO, bezeichnet man mit a (Abb. 51) und den Abstand des Bildes O′ vom bildseitigen Hauptpunkt H′, die Strecke H′O′, mit b. Auch von diesen Strecken führt man die Kehrwerte, gemessen in Dioptrien ein und nennt $\frac{1}{a} = A$, und $\frac{1}{b} = B$.

Nach Gullstrand heißen diese Werte die Konvergenzen, sie werden auch häufig als Vergenzen bezeichnet. Der Ding- und Bildabstand und die Brennweite eines Systems oder ihre Kehrwerte stehen durch die einfache Formel in Beziehung:

$$\frac{1}{b} = \frac{1}{a} + \frac{1}{f'}, \text{ wofür man auch schreiben kann:}$$

$$B = A + D.$$

Mit Hilfe dieser einfachen, aber viel verwendbaren Formel kann man den Ort des Bildes oder des Dinges oder die Brechkraft des Systems berechnen, wenn zwei der Werte bekannt sind. Die Formel selbst muß man also kennen, nicht aber ihre Ableitung. (Leser, die gern wissen möchten, wieso dieser mathematische Zusammenhang der 3 Größen besteht, finden die Herleitung in der Anmerkung) [1]).

1) Konstruiert man nach den bekannten Regeln von dem Ding OO$_1$ das Bild O′O$_1$′, das eine Sammellinse von ihm erzeugt, so erkennen wir aus der Abb. 51,

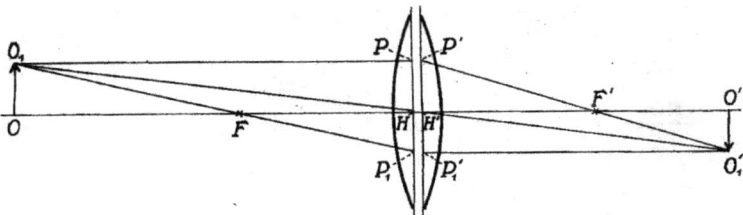

Abb. 51. Der Zusammenhang von Ding- und Bildabstand und Ding- und Bildgröße.

daß das Dreieck FOO$_1$ dem △FHP$_1$ und das △F′H′P′ dem △F′O′O$_1$′ ähnlich ist; denn es ist ∢FOO$_1$ = ∢FHP$_1$ und ∢F′H′P′ = ∢F′O′O$_1$′ als rechte Winkel, und ferner ∢OFO$_1$ = ∢HFP$_1$ und ∢H′F′P′ = ∢O′F′O$_1$′ als Scheitelwinkel. Infolge der Aehnlichkeit gilt in beiden Dreiecken des Dingraumes:

Hat man z. B. eine Sammellinse von 10 dptr Brechkraft und vor ihr in 25 cm Abstand ein wirkliches Ding, so ist:

$$a = -25 \text{ cm} = -0{,}25 \text{ m}; \quad A = \frac{1}{a} = \frac{1}{-0{,}25 \text{ m}} = -4 \text{ dptr};$$

$D = +10 \text{ dptr}$. Wir finden also: $B = A + D = (-4 + 10) \text{ dptr} = +6 \text{ dptr}$ und $b = \frac{1}{B} = \frac{1}{6 \text{ dptr}} = 0{,}166 \text{ m} = \mathbf{16{,}6 \text{ cm}}$. Das Bild liegt also 16,6 cm

---

$OO_1 : HP_1 = FO : FH$, und aus den Dreiecken des Bildraumes ergibt sich: $H'P' : O'O'_1 = F'H' : F'O'$; da nun $OO_1 = H'P'$ und $O'O'_1 = HP_1$ ist, so ist auch $OO_1 : HP_1 = F'H' : F'O'$. Daraus folgt:

$FO : FH = F'H' : F'O'$, oder etwas anders geschrieben

$$\frac{FO}{FH} = \frac{F'H'}{F'O'}.$$ Wenn wir die Strecken FH und F'H' entgegengesetzt durchlaufen, erhalten wir:

$$\frac{FO}{-HF} = \frac{-H'F'}{F'O'}$$ und können dafür schreiben, wenn wir beide Seiten mit -1 multiplizieren:

$$\frac{FO}{HF} = \frac{H'F'}{F'O'}.$$ Durch korrespondierende Addition erhalten wir:

$$\frac{HF + FO}{HF} = \frac{H'F' + F'O'}{F'O'}.$$ Das ist:

$$\frac{HO}{HF} = \frac{H'O'}{F'O'}.$$ Also ist:

$$\frac{HO}{H'O'} = \frac{HF}{F'O'} = \frac{-H'F'}{F'O'} = \frac{F'H'}{F'O'} = \frac{OO_1}{HP_1},$$ denn es ist $HF = -H'F'$.

Da $HO = a$, $H'O' = b$, $OO_1 = \alpha$ und $HP_1 = O'O'_1 = \beta$, so können wir statt

$$\frac{HO}{H'O'} = \frac{OO_1}{HP_1}$$ schreiben:

$$\frac{a}{b} = \frac{\alpha}{\beta}.$$

Die Form $\dfrac{HO}{H'O'} = \dfrac{-H'F'}{F'O'}$ kann man auch noch anders schreiben:

$$\frac{H'O'}{HO} = \frac{F'O'}{-H'F'};$$ durch korrespondierende Subtraktion erhalten wir:

$$\frac{HO - H'O'}{HO} = \frac{-H'F' - F'O'}{-H'F'} = \frac{-(H'F' + F'O')}{-H'F'}.$$ Das ist

$$\frac{HO - H'O'}{HO} = \frac{H'O'}{H'F'}.$$ Setzen wir für $HO = a$, für $H'O' = b$ und für $H'F' = f'$, so erhalten wir:

$$\frac{a - b}{a} = \frac{b}{f'}$$

$$\frac{a - b}{a b} = \frac{1}{f'}$$

$$\frac{1}{b} - \frac{1}{a} = \frac{1}{f'}$$

$$\frac{1}{b} = \frac{1}{a} + \frac{1}{f'}$$

$$\mathbf{B = A + D}$$

hinter dem bildseitigen Hauptpunkt. Soll eine Zerstreuungslinse von — 10 dptr Brechkraft dasselbe Ding abbilden, so ist A wieder — 4 dptr und wir erhalten:

$B = A + D = -4\,\text{dptr} - 10\,\text{dptr} = -14\,\text{dptr}$ und

$b = \dfrac{1}{B} = \dfrac{1}{-14\,\text{dptr}} = -0{,}0714\,\text{m} = -\mathbf{71{,}4\ mm}$, und wir sehen, daß

jetzt das Bild **71,4 mm** vor dem bildseitigen Hauptpunkt liegt.

Erzeugt eine Sammellinse von $+ 12$ dptr Brechkraft in 111 mm Abstand hinter dem bildseitigen Hauptpunkt ein Bild, so findet man die Lage des Dinges folgendermaßen: $b = 111$ mm $= 0{,}111$ m;

$B = \dfrac{1}{b} = \dfrac{1}{0{,}111\,\text{m}} = +9\,\text{dptr}$. Aus der Formel $B = A + D$ ergibt sich:

$A = B - D = 9\,\text{dptr} - 12\,\text{dptr} = -3$ dptr und

$a = \dfrac{1}{A} = \dfrac{1}{-3\,\text{dptr}} = 0{,}333\,\text{m} = -\mathbf{333\,mm}$. Das Ding liegt also 333 mm

vor dem dingseitigen Hauptpunkt.

Kennt man den Ort des Dinges und Bildes, aber die Brechkraft nicht, so erlaubt die Formel sie zu finden. Liegt z. B. ein Ding 50 cm vor und das Bild 20 cm hinter der Linse, so ist:

$a = -50$ cm $= -0{,}5$ m und $A = \dfrac{1}{a} = \dfrac{1}{-0{,}5\,\text{m}} = -2$ dptr und

$b = \quad 20$ cm $= -0{,}2$ m und $B = \dfrac{1}{b} = \dfrac{1}{0{,}2\,\text{m}} = \quad 5$ dptr. Aus

$B = A + D$ ergibt sich $D = B - A = (5 + 2)\,\text{dptr} = \mathbf{7\ dptr}$, die Brechkraft der bilderzeugenden Linse.

Liegt das Ding unendlich weit, so ist $a = \infty$; dann ist:

$A = \dfrac{1}{a} = \dfrac{1}{\infty} = 0$, und es wird $B = D$; also $\dfrac{1}{b} = \dfrac{1}{f'}$ und somit $b = f'$.

Das heißt: das Bild liegt in der bildseitigen Brennebene.

Ist der Abstand des Dinges gleich der doppelten Brennweite, ist also $a = -2f'$, so ist $A = \dfrac{1}{a} = \dfrac{1}{-2f'} = -\dfrac{1}{2}\,D$, dann ist:

$B = A + D = -\tfrac{1}{2}\,D + D = \tfrac{1}{2}\,D$ und $b = \dfrac{1}{B} = \dfrac{1}{\frac{1}{2}D} = \dfrac{2}{D} = 2f'$.

Das Bild entsteht auch in doppelter Brennweite.

Befindet sich das Ding in der dingseitigen Brennebene, ist also $a = -f'$, so ist $A = \dfrac{1}{a} = \dfrac{1}{-f'} = -D$ und es wird

$B = A + D = -D + D = 0$; $b = \dfrac{1}{B} = \dfrac{1}{0} = \infty$. Das Bild liegt unendlich weit entfernt.

Ebenso wie man sehr einfach den Ort des Bildes errechnen kann, läßt sich auch die Vergrößerung und die Bildlage rechnerisch ermitteln. Wird die Dinggröße OO_1 mit α und die Bildgröße $O'O'_1$ mit β bezeichnet, dann gilt die Beziehung: $a : b = \alpha : \beta$, also: Der Dingabstand verhält sich zum Bildabstand, wie die Dinggröße zur Bildgröße. (Die Ableitung siehe in der Anmerkung S. 34.)

$$\frac{a}{b} = \frac{\alpha}{\beta} \qquad \text{kann man auch schreiben:}$$

$$\frac{1}{b} \cdot \frac{a}{1} = \frac{\alpha}{\beta} \qquad \text{oder}$$

$$\frac{\frac{1}{b}}{\frac{1}{a}} = \frac{\alpha}{\beta} \qquad \text{das ist}$$

$$\frac{B}{A} = \frac{\alpha}{\beta}$$

$$\beta\, \mathbf{B} = \alpha\, \mathbf{A}$$

Ist, wie in unserem ersten Beispiel, $A = -4$ dptr und $B = +6$ dptr und die Dinggröße $\alpha = 3$ cm, dann ist

$$\beta B = \alpha A \text{ also}$$

$$\beta = \frac{\alpha A}{B} = \frac{3 \text{ cm} \cdot (-4)}{6} = -2 \text{ cm.}$$

Es ist $a = -25$ cm, $b = 16{,}6$ cm, $\alpha = 3$ und $\beta = -2$ cm. Es besteht also die Beziehung

$$\frac{a}{b} = \frac{\alpha}{\beta} ; \quad \frac{-25}{16{,}6} = \frac{3}{-2}.$$

Das negative Vorzeichen vor der Bildgröße gibt gleichzeitig an, daß es sich um ein umgekehrtes Bild handelt. Alle Strecken, die von der Achse aus nach oben verlaufen, rechnen wir positiv, alle nach unten zu verlaufenden negativ. Haben dann Ding und Bild entgegengesetzte Vorzeichen, so hat das Bild umgekehrte Lage. Haben beide gleiche Vorzeichen, dann handelt es sich um ein aufrechtes Bild.

Ist, wie im zweiten Beispiel, $A = -4$ dptr und $B = -14$ dptr, so wird die Bildgröße $\beta = \frac{\alpha \cdot A}{B} = \frac{3 \text{ cm} \cdot (-4)}{-14} = \frac{-12}{-14} = 0{,}86$ cm, wenn die Dinggröße $\alpha = 3$ cm ist. Das Bild ist also durch die zerstreuende Linse von -10 dptr im Verhältnis $\frac{4}{14}$ verkleinert und aufrecht abgebildet worden. Daß es ein aufrechtes Bild ist, beweist das gleiche positive Vorzeichen vor β.

Ist das Ding sehr weit entfernt, so kann man seine Größe nicht unmittelbar erfassen, man kennt nur den Winkel w, unter dem es erscheint. Mit dessen Hilfe ist die Bildgröße einfach zu ermitteln.

Aus der Abb. 52 ergibt sich: $\frac{HP}{HF} = \text{tg } w$, oder da $HP \doteq F'O' = \beta$

ist und $FH = f$, erhalten wir $\frac{\beta}{f} = \text{tg } w$. Es ist also

$\beta = f \cdot \text{tg } w = \frac{\text{tg } w}{D}$. Die Bildgröße eines weit entfernten Dinges ist also
proportional der Brennweite oder umgekehrt proportional der Brech-
kraft. Je länger die Brennweite ist, desto größer ist das Bild, oder
je größer die Brechkraft,
desto kleiner ist es. Eine
Linse von 3 dptr Brech-
kraft entwirft z. B. ein
doppelt so großes Bild
von einem weit ent-
fernten Ding als eine
Linse von 6 dptr Brech-
kraft.

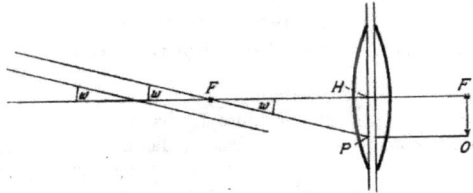

Abb. 52. Die Abhängigkeit der Bildgröße eines unendlich weit entfernten Dinges von der Brennweite
der Linse.

Nicht selten wird ein
Ding durch ein Linsen-
system abgebildet. Um dann die Größe, die Lage und die Art
des Bildes ermitteln zu können, muß man die Brechkraft des Systems
kennen. Man erhält sie mit Hilfe der Formel

$$D = D_1 + D_2 - \delta D_1 D_2,$$

wo D die Gesamtbrechkraft des Systems, D_1 die Brechkraft des ersten,
D_2 die Brechkraft des zweiten Gliedes und δ den in Luft gemessenen
Abstand der beiden einander zugewandten Hauptpunkte der beiden
Glieder bedeutet, die das System bilden. [Die Ableitung siehe unten[1]).]

---

1) Wir setzen ein aus zwei Sammellinsen L_1 und L_2 (Abb. 53) zusammengesetztes Linsensystem voraus. Der Abstand der beiden zugewandten Brennpunkte
$F_1'F_2$ ist $\triangle$. Ein weit entferntes unter dem Winkel w erscheinendes Ding wird zunächst durch die Linse L_1 in ihrer bildseitigen Brennebene in der Größe β abgebildet und es besteht, wie wir kurz vorher sahen, die Beziehung: $\frac{\beta}{f_1} = \text{tg } w$.

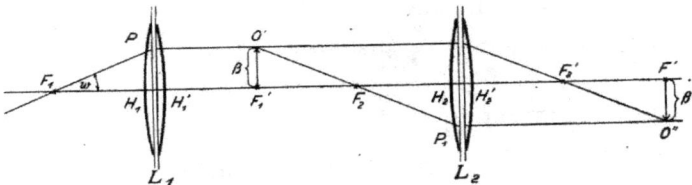

Abb. 53. Zur Ableitung der Brechkraft eines aus zwei Gliedern bestehenden Systems.

Besteht das System aus mehreren Gliedern, so läßt sich die Brechkraft berechnen, indem man erst die Brechkraft der beiden ersten Glieder bestimmt, diesen Teil dann wieder als ein erstes Glied betrachtet und mit dem nächsten in Verbindung bringt usf. Besteht beispielsweise ein Brillensystem aus einem sammelnden Gliede mit einer Brechkraft von $+15$ dptr und einem zerstreuenden Gliede von -30 dptr Brechkraft, wobei der Abstand der beiden zugewandten Hauptpunkte $\delta = 10$ mm $= 0{,}010$ m ist, dann ist die Gesamtbrechkraft des Systems: $D = D_1 + D_2 - \delta D_1 D_2 = (+15 - 30 - 0{,}01 \cdot 15 \cdot - 30)$ dptr

$= (+15 - 30 + 4{,}5)$ dptr $= -10{,}5$ dptr. Auch zur Berechnung der genauen Brechkraft einer einzelnen Linse mit endlicher Dicke werden wir diese Formel brauchen.

Dieses Bild β dient der Linse L_2 als Ding, sie erzeugt von ihm ein wirkliches umgekehrtes Bild $F'O'' = \beta'$. Das ist das durch das gesamte System erzeugte Bild, das natürlich, da ein weit erntferntes Ding vorausgesetzt wurde, in der bildseitigen Brennebene des Gesamtsystems liegen muß. F' ist also der bildseitige Brennpunkt des Gesamtsystems. Die beiden Bilder β und β' stehen durch die beiden ähnlichen Dreiecke $F'_1 O' F_2$ und $H_2 P_1 F_2$ in Beziehung; denn es ist:

$$\frac{F'_1 O'}{H_2 P_1} = \frac{F'_1 F_2}{H_2 F_2}, \text{ da } H_2 P_1 = F'O'', \text{ so ist:}$$

$$\frac{F'_1 O'}{F'O''} = \frac{F'_1 F_2}{H_2 F_2} \text{ oder } \frac{\beta}{\beta'} = \frac{\triangle}{f_2}; \text{ denn es ist ja } F'_1 F_2 = \triangle. \text{ Daraus erhalten wir:}$$

$$\beta' = \frac{\beta \cdot f_2}{\triangle}.$$

Da wir fanden, daß die Größe des Bildes von einem weit entfernten Ding der Brennweite und dem Tangens des Winkels w proportional ist, so muß für das Gesamtsystem die Beziehung gelten: $\frac{\beta'}{f} = $ tg w. Da $\frac{\beta}{f_1} = $ tg w ist, so muß auch $\frac{\beta'}{f} = \frac{\beta}{f_1}$

sein. Setzen wir hier den für β' gefundenen Wert ein, so erhalten wir $\frac{\beta \cdot f_2}{\triangle \cdot f} = \frac{\beta}{f_1}$. Wir dividieren die Gleichung durch β und erhalten dann

$$\frac{f_2}{\triangle f} = \frac{1}{f_1} \text{ oder } \frac{1}{f} = \frac{\triangle}{f_1 f_2} = \frac{\triangle}{-f'_1 \cdot -f'_2} \text{ oder } \frac{1}{f'} = \frac{-\triangle}{f'_1 \cdot f'_2}.$$

Den Abstand der beiden einander zugewandten Hauptpunkte, die Strecke $H_1' H_2$, bezeichnen wir mit δ. Es ist also

$$\delta = H'_1 H_2 = H'_1 F'_1 + F'_1 F_2 + F_2 H_2 = H'_1 F'_1 + F'_1 F_2 - H_2 F_2$$

$$\delta = f'_1 + \triangle - f_2 = f'_1 + \triangle + f'_2; \text{ daraus ergibt sich: } -\triangle = f'_1 + f'_2 - \delta. \text{ Setzen wir}$$

diesen Wert in die Formel $\frac{1}{f'} = \frac{-\triangle}{f'_1 f'_2}$ ein, so erhalten wir:

$$\frac{1}{f'} = \frac{f'_1 + f'_2 - \delta}{f'_1 \cdot f'_2} = \frac{f'_1}{f'_1 \cdot f'_2} + \frac{f'_2}{f'_1 \cdot f'_2} - \frac{\delta}{f'_1 f'_2} \text{ also}$$

$$\frac{1}{f'} = \frac{1}{f'_1} + \frac{1}{f'_2} - \delta \cdot \frac{1 \cdot 1}{f'_1 f'_2}. \text{ Dafür können wir schreiben:}$$

$$\mathbf{D} = \mathbf{D}_1 + \mathbf{D}_2 - \delta \, \mathbf{D}_1 \mathbf{D}_2.$$

Das rechtsichtige Auge.

Der anatomische und optische Bau des Auges.

Wenn wir die Brille als Hilfsmittel für das fehlsichtige Auge
kennen lernen wollen, so müssen wir uns zunächst einmal das Auge
als optisches Instrument etwas genauer ansehen. Wir betrachten
zuerst ein rechtsichtiges Auge. Es hat etwa die Form einer Kugel,
die von der Sklera oder Lederhaut S umschlossen ist (Abb. 54).
Der vordere Teil H ist etwas stärker gewölbt, mißt etwa 12 mm im
Durchmesser, ist durchsichtig und heißt die Hornhaut. Der Halbmesser der Hornhautvorderfläche mißt 7,7 mm, der der hinteren
Fläche 6,8 mm, die Dicke der Hornhaut 0,5 mm. Die Brechkraft
des Hornhautsystems ist 43,05 dptr[1]). Hinter der Hornhaut befindet
sich die Vorderkammer V, die mit einer ganz klaren Flüssigkeit vom
Brechungsexponenten 1,336 —
dem Kammerwasser — an-
gefüllt ist. Sie wird nach innen
zu durch die Iris- oder Regen-
bogenhaut J begrenzt, die
in der Mitte eine kreisförmige
Oeffnung, die Pupille P, frei-
läßt. Hinter der Iris liegt die
Linse L. Sie ist der Form
nach bikonvex. Der Halbmesser
der vorderen Begrenzungsfläche
ist 10 mm, der der hinteren 6 mm.

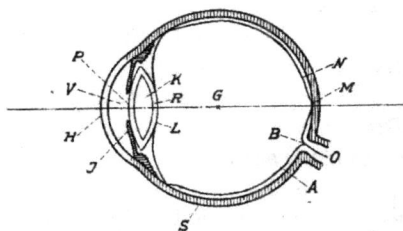

Abb. 54. Ein wagrechter Schnitt durch ein
rechtsichtiges Auge.

Sie besteht nicht aus einer gleichmäßig brechenden Masse, sondern aus
vielen zwiebelartig aufeinanderliegenden Schichten mit verschiedener
Brechung. Die innere Schicht K, die Kernlinse des schematischen Auges,
hat ein Brechungsverhältnis von 1,406, während die Rindenschicht R
einen durchschnittlichen Brechungsexponenten von 1,386 hat. Die Linse
hat eine Brechkraft von 19,11 dptr. — Würde man annehmen, daß
die Linse mit den oben angegebenen Außenflächen und der Brechkraft
aus einer einheitlich brechenden Masse bestünde, so müßte dieses
durchsichtige Mittel den Brechungsexponenten 1,4085 haben. Man
nennt ihn den Totalindex der Linse. Das optische System
des Auges besteht also aus Hornhaut, Kammerwasser und Linse;
die Brechkraft des Vollsystems beträgt 58,64 dptr. Der dingseitige Hauptpunkt liegt 1,35 mm, der bildseitige 1,60 mm hinter
dem vorderen Hornhautscheitel. Entsprechend der eben genannten

1) Die hier angegebenen das Auge betreffenden Zahlen sind die neuesten von
A. Gullstrand für das schematische Auge ermittelten Werte.

Brechkraft ist die Brennweite 17,06 mm, und der vordere Brennpunkt F liegt demnach 17,06—1,35 = 15,71 mm vor dem Hornhautscheitel. Die hintere Fläche der Linse grenzt an eine gallertartige durchsichtige Masse G, den Glaskörper, der einen Brechungsexponenten von 1,336 hat. Der hintere bildseitige Brennpunkt liegt 24,39 mm hinter dem Hornhautscheitel. Die bildseitige Brennweite beträgt also 24,39—1,60 = 22,79 mm. Das darf uns nicht wundern, weil ja das Augensystem auf der Bildseite nicht mehr an Luft, sondern an den Glaskörper mit dem Brechungsexponenten 1,336 grenzt. Die Strahlen, die aus der Linse in den Glaskörper treten, werden weniger von ihrer Richtung abgelenkt, als wenn die Linse an Luft grenzte. Die Vereinigungsweite eines Büschels muß deshalb im Glaskörper länger als in Luft sein. Die Brechkraft des Augensystems hat deshalb nicht etwa zwei Werte. Bezieht man die bildseitige Brennweite wieder auf Luft, indem man ihren Wert von 22,79 mm durch den Brechungsexponenten des Glaskörpers 1,336 dividiert, so erhält man denselben Wert 17,06 mm wie auf der Dingseite. Das Auge hat also nur eine Brechkraft. Für die Konstruktion des Bildes ist die größere, bildseitige Brennweite ganz gleichgültig. Die Zeichenregeln bleiben genau dieselben.

Die innere Wandung des Auges N besteht aus Nervensubstanz und heißt die Netzhaut. Sie steht durch den Sehnerven O mit dem Zentralnervensystem — dem Gehirn — in Verbindung, und er vermittelt die auf der Netzhaut entstehenden Lichtreize, die im Gehirn zum Bewußtsein kommen. Zwischen der Netzhaut und der äußeren Lederhaut liegt die Aderhaut A, die die Blutgefäße enthält und die Ernährung der Netzhaut besorgt.

Die Achse des Auges durchstößt die Netzhaut an einer etwas vertieften Stelle M, der sogenannten Netzhautgrube oder der Makula, der empfindlichsten Stelle der Netzhaut. Dort liegt beim normalen ruhenden Auge der bildseitige Brennpunkt F'. Nach dem Rande zu nimmt die Empfindlichkeit der Netzhaut rasch ab, an einer Stelle ist sie sogar Null. Das ist der Ort, an dem der Sehnerv und die Gefäße in das Auge eintreten, der sogenannte blinde Fleck B oder die Papille.

Vom normalen Auge, dessen optische Teile zueinander zentriert angenommen werden können, werden weit entfernte Dinge wirklich und umgekehrt auf der Netzhaut abgebildet (Abb. 55).

Die Strahlenbegrenzung im Auge.

Führt man die Konstruktion eines Bildes nach unseren alten Regeln aus, so kommen meist Strahlen zur Anwendung, die zur Bildererzeugung selbst nicht in Frage kommen, weil sie außerhalb des Sehlochs verlaufen (Abb. 55). Die Strahlen FP und P'O' braucht man zur Konstruktion des Bildes F'O' eines weitentfernten Dinges. Das Sehloch übernimmt, wie wir sagen, die Begrenzung der Strahlen; also nur die in dem schraffierten Raum gezeichneten Strahlen nehmen an der Entstehung des Bildpunktes O' teil. — Blickt man in ein Auge,

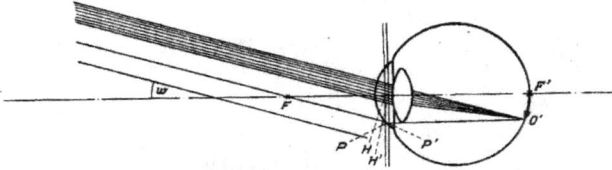

Abb. 55. Die Abbildung eines weit entfernten Dinges in einem rechtsichtigen Auge.

so kann man die Irisöffnung J (Abb. 56) nicht direkt sehen, sondern nur ein scheinbares wenig vergrößertes Bild EP, das die Hornhaut und die Vorderkammer von ihr erzeugen. Könnte man von der Netzhaut her die Pupille betrachten, so würde man sie ebenfalls nicht direkt sehen können, sondern nur das durch die Linse erzeugte scheinbare Bild AP. Das durch die Hornhaut und Vorderkammer erzeugte Bild EP des Sehlochs begrenzt die Strahlenbüschel im Dingraum und

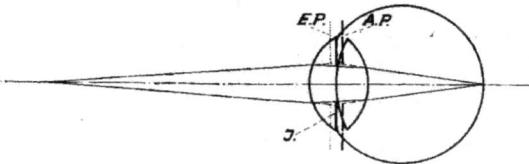

Abb. 56. Die strahlenbegrenzenden Blenden im Auge.

wird nach A b b e die E i n t r i t t s p u p i l l e genannt. Das von der Linse erzeugte scheinbare Bild der Irisöffnung AP begrenzt die Strahlenbüschel im Bildraum und heißt die A u s t r i t t s p u p i l l e. Die wirklich vorhandene Blende J, die zwischen den beiden optischen Systemen des Auges liegt und von der Iris gebildet wird, heißt die A p e r t u r - b l e n d e. Außer ihr ist in dem Augensystem selbst keine Blende vorhanden, die etwa Strahlen den Eintritt ins Auge verwehrte. Es können deshalb auch noch Strahlen in das Auge gelangen, die unter etwa 90° zur Augenachse geneigt einfallen. Die stark geneigt zur Achse einfallenden Strahlenbüschel erzeugen zwar auf der Netzhaut keine deutlichen Bilder mehr, rufen aber Lichtreize hervor.

Durch die Lage des Auges in der Schädelhöhle wirken Wangen-, Nasen- und Stirnrand etwas einschränkend auf die eintretenden Strahlenbüschel, so daß nicht nach allen Seiten Lichtstrahlen bis zu einem Winkel von 90^0 einfallen können. Nur an der Schläfenseite ist der Lichteinfall völlig frei. Das Gesichtsfeld, das die Dinge umfaßt, die Lichtstrahlen in das Auge senden können, ist außerordentlich groß. Die Dinge werden aber nur in der Mitte gut und deutlich abgebildet. Nach der Seite zu nimmt die Bildgüte rasch ab. Auch diese mäßig guten Bilder sind, wie wir später noch bemerken werden, für unser Sehen außerordentlich wichtig. Wäre außer der Irisöffnung noch eine zweite Blende vorhanden, so würde sie das Gesichtsfeld einschränken.

Wenn man, wie bei den meisten optischen Instrumenten, mehrere strahlenbegrenzende Blenden G, Bl_1, EP Bl_2, (Abb. 57) hat, so ist die die Eintrittspupille, die von den Dingen aus unter dem kleinsten Winkel erscheint, EP in Abb. 57. Die Blende des Dingraumes dagegen, die von der Mitte der Eintrittspupille M aus unter dem kleinsten Winkel erscheint, ist die Gesichtsfeldblende; in Abb. 57 die Blende G. Die

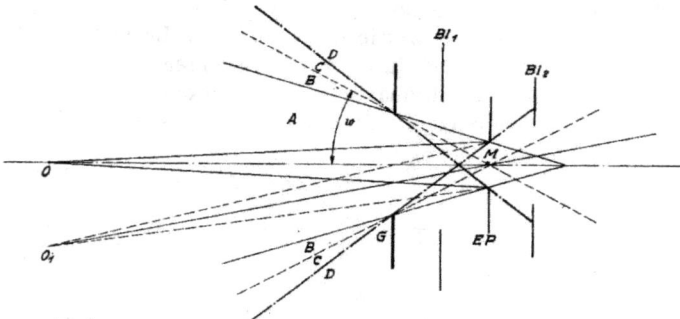

Abb. 57. Die Wirkung der Eintrittspupille und der Gesichtsfeldblende.

beiden Blenden teilen den Raum in vier Gebiete. Das Gebiet A umfaßt alle die Dingpunkte, die mit voller Oeffnung abgebildet werden können, wie z. B. die Punkte O und O_1, das Gebiet B und C die Punkte, die mit allmählich abnehmender Oeffnung abgebildet werden. Dabei umfaßt das Gebiet C die Punkte, bei denen die Oeffnung allmählich von der Hälfte bis auf Null herabsinkt, und das Gebiet D enthält die Punkte, die überhaupt nicht abbildbar sind. Die Strahlen, die von den Dingpunkten nach dem Mittelpunkt der Eintrittspupille zielen, heißen die Hauptstrahlen, z. B. O_1M. Die beiden äußersten Hauptstrahlen, die also gleichzeitig die beiden Ränder der Gesichtsfeldblende treffen, also das Gebiet A und B umfassen, schließen den Gesichtsfeldwinkel 2w ein. Sämtliche Strahlen, die durch beide Blendenöffnungen verlaufen können, bilden den Strahlenraum, der die Form eines Doppelkegels, mit der engsten Einschnürung am Orte der Eintrittspupille EP; hat (Abb. 58).

Bei der Abbildung eines räumlichen Dinges wird — wir setzen
ein gut abbildendes optisches System voraus — jeder Dingpunkt in
einem Bildpunkt wiedergegeben. Dem räumlichen Ding entspricht
ein räumliches Bild. So ist es auch beim menschlichen Auge. Das

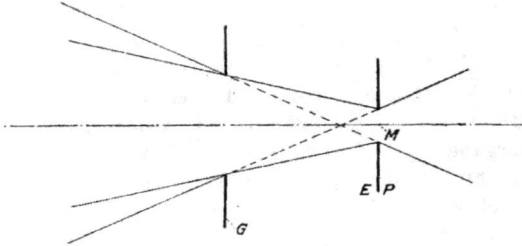

Abb. 58. Querschnitt durch einen Strahlenraum.

Auge soll aber räumliche Dinge auf dem flächenhaften Auffangschirm — der Netzhaut — abbilden. Das ist optisch unmöglich. Trotzdem kommt auf der Netzhaut eine Wiedergabe auch räumlich getrennt
gelegener Dinge zustande, gerade so wie auf der ebenen photographischen Platte einer Kamera eine ganze Landschaft mit weit
hintereinander liegenden Dingen zufriedenstellend wiedergegeben
werden kann. Es handelt sich hier um einen Abbildungsvorgang,
der seiner Wichtigkeit wegen etwas genauer besprochen werden muß.

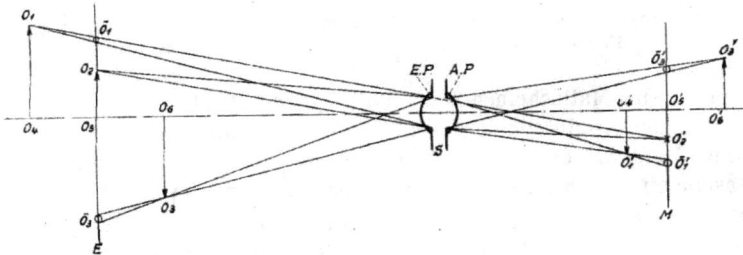

Abb. 59. Die Wiedergabe eines räumlichen Dinges durch ein optisches System auf
einem ebenen Bildschirm.

Auf einem flächenhaften Auffangschirm, z. B. der Mattscheibe M
(Abb. 59), kann durch ein optisches System S, in diesem Falle durch
das photographische Objektiv, eine Dingebene E abgebildet werden.
Man nennt sie die Einstellungsebene. Dinge, die vor und hinter
der Einstellungsebene liegen, werden auch vor und hinter der Mattscheibenebene abgebildet. Alle Dingpunkte, die in vor der Mattscheibe liegenden Bildpunkten, wie z. B. in O′₁ abgebildet werden,
kommen auf der Mattscheibe selbst durch kleine Zerstreuungskreise,

wie $\overline{O}'_1$, zur Wiedergabe. Dasselbe gilt auch von den Bildpunkten, die hinter ihr liegen, wie z. B. O'_3; die bilderzeugenden Büschel durchstoßen die Mattscheibe, noch bevor sie ihre Spitze gebildet haben, wie z. B. in $\overline{O}'_3$. Die Wirkung ist aber die gleiche. Auch Dingpunkte, deren Bildpunkte hinter der Mattscheibe liegen, werden durch sogenannte Zerstreuungskreise auf der Mattscheibe wiedergegeben. Der einzige Unterschied zwischen den beiden nicht auf der Mattscheibe liegenden Bildern ist der, daß die unscharfe Wiedergabe eines vor der Mattscheibe liegenden Bildes größer, die eines dahinterliegenden Bildes kleiner als das deutliche Bild selbst ist, wie man aus der Wiedergabe $O'_1 O'_4$ durch $\overline{O}'_1 O'_5$ und von $O'_3 O'_6$ durch $\overline{O}'_3 O'_5$ erkennt. Ist die Austrittspupille $A\,P$ klein, sind also die Büschel, die die einzelnen Bildpunkte erzeugen, sehr spitz, so werden die Zerstreuungskreise auf der Mattscheibe so klein, daß sie als Punkte aufgefaßt werden können. Dann kann man auch von einer deutlichen Wiedergabe eines Dinges sprechen, dessen Bild gar

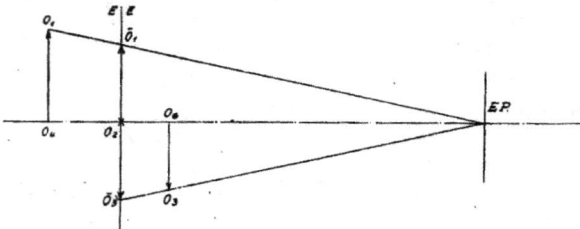

Abb. 60. Die Projektion eines räumlichen Dinges auf die Einstellungsebene.

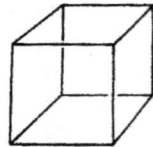

Abb. 61. Die perspektivische Darstellung eines Drahtwürfels.

nicht genau in die Mattscheibenebene fällt. Diese Wiedergabe hat mit einer optischen Abbildung nichts zu tun, es ist vielmehr ein rein geometrischer Vorgang, den man sich bereits im Dingraum ohne das Vorhandensein eines abbildenden Systems denken kann.

Ist die Eintrittspupille und die Einstellungsebene gegeben, dann kann man sich alle vor und hinter der Einstellungsebene liegenden Dinge von der Eintrittspupille aus auf sie projiziert denken (Abb. 60). Wäre die Eintrittspupille so klein, daß nur ein Strahl hindurchtreten könnte, also ein punktförmiges Loch, so würde jeder Dingpunkt durch e i n e n Strahl auf die Einstellungsebene $E\,E$ projiziert, und dort würde ein Durchstoßungspunkt herausgeschnitten werden. Auf diese Weise käme auf der Einstellungsebene eine Wiedergabe $\overline{O}_1 O_2 \overline{O}_3$ des räumlichen Dinges $O_1 O_2 O_3$ zustande. Man nennt sie eine Z e n t r a l p r o j e k t i o n oder eine P e r s p e k t i v e, die jeder Zeichner ausführt, wenn er einen körperlichen Gegenstand auf einer Fläche darstellt. In Abb. 61 ist beispielsweise die perspektivische Zeichnung eines Drahtwürfels wiedergegeben. Werden die Dinge aber von einer endlich geöffneten Eintrittspupille E P aus auf die Einstellungsebene E E projiziert (Abb. 62), so erfolgt die Projektion jedes Punktes nicht durch einen einzelnen Strahl, sondern durch ein Strahlenbüschel. Man erhält auf diese Weise von jedem außerhalb der Einstellungsebene liegenden Dingpunkt, hier von O_1 und O_3, nicht einen Durchstoßungspunkt, sondern einen Zerstreuungskreis $\overline{O}_1$ und $\overline{O}_3$ als Wiedergabe des projizierten Dingpunktes auf der Einstellungsebene. Diese perspektivische Darstellung oder Zentralprojektion aller vor, hinter und in der Einstellungsebene liegenden Dingpunkte, die mit einer optischen Abbildung nichts zu tun hat, nennt man nach M. v. Rohr das objektseitige Abbild eines Dinges. Dieses Abbild auf der Einstellungsebene kann man sich dann durch ein optisches System auf der Mattscheibenebene ähnlich wiedergegeben denken als das Abbildsbild, das natürlich ebenfalls eine perspektivische Darstellung ist, und das sich aus deutlich und undeutlich wiedergegebenen Punkten zusammensetzt.

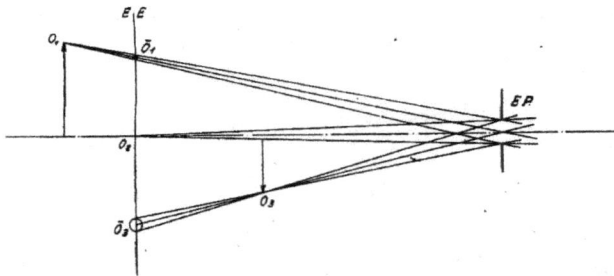

Abb. 62. Die Projektion eines räumlichen Dinges auf die Einstellungsebene durch Strahlenbüschel.

Beim Auge spielt sich genau der gleiche Vorgang ab. Die Netzhaut denken wir uns als Mattscheibe. Die Einstellungsebene ist die ihr entsprechende Fläche im Dingraum. Bei einem rechtsichtigen ruhenden Auge liegt die Einstellungfläche in weiter Ferne und steht in der Mitte senkrecht zur Augenachse. Von der Augenpupille aus, die als Eintrittspupille gilt, hat man sich die Projektion aller Dingpunkte auf die Einstellungsfläche zu denken. Da die Pupille des Auges im Verhältnis zur Eintrittspupille anderer optischer Instrumente, die zur Abbildung weitentfernter Dinge dienen, sehr klein ist, so erfolgt die Projektion durch außerordentlich spitze Büschel. Daraus geht ohne weiteres hervor, daß die vor und hinter der Einstellungsebene gelegenen Dingpunkte durch die spitzen Büschel als sehr kleine Zerstreuungskreise auf der Einstellungsfläche wiedergegeben werden, so daß auch noch von der Einstellungsebene weit entfernt gelegene Dingpunkte deutlich gesehen werden.

Die Sehschärfe des Auges.

Betrachtet ein ruhendes rechtsichtiges Auge verschieden weit entfernte Dinge O_1, O_2, O_3, die von der Eintrittspupille des Auges aus unter demselben Winkel erscheinen (Abb. 63), so werden sie auf die Einstellungsebene $O\,O_1$ in der gleichen Größe projiziert. Die Projektion verschieden großer und verschieden entfernter Dinge kann also gleich groß ausfallen. Daraus geht hervor, daß unser Auge die Dinge nur in ihrer Anordnung nach der Seite und der Höhe, nicht aber nach der Tiefe wahrnehmen kann. Die Entfernung E und die Größe des Dinges y bestimmen nur einen Winkel w, der einer bestimmten Bildgröße y' auf der Netzhaut entspricht. Das Auge kann also im wesentlichen Winkelgrößen wahrnehmen, d. h. das Verhältnis der wirklichen Größe y eines Dinges zu seiner Entfernung E, die sogenannte s c h e i n b a r e G r ö ß e eines Dinges. Dieses Verhältnis ist gleich dem Tangens des Winkels w, unter dem das Ding erscheint, also $\frac{y}{E} = \mathrm{tg}\,w$. Je geringer also der Abstand eines Dinges vom Auge

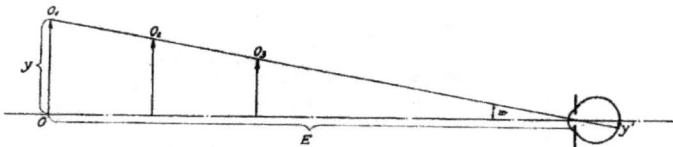

Abb. 63. Die scheinbare Größe von Dingen.

ist, desto größer ist der Winkel, unter dem es erscheint. Entfernt sich ein Ding bestimmter Größe vom Auge, so erscheint es uns immer kleiner. Man ist also imstande, aus der scheinbaren Größe einen Schluß auf die Entfernung zu ziehen. Natürlich muß es sich um Dinge handeln, deren Größe man aus der Erfahrung kennt. So können wir z. B. aus der scheinbaren Größe eines Menschen mit ziemlicher Sicherheit auf seine Entfernung schließen. Wollen wir ein Ding deutlich erkennen, so darf seine Entfernung nicht beliebig groß sein; denn bei größerem Abstand wird es für unser Auge immer schwieriger, Einzelheiten zu erkennen, bis schließlich eine Grenze kommt, wo weder Form noch irgendwelche Einzelheiten des weitentfernten Dinges zu erkennen sind und es uns dann nur punktförmig erscheint. Diese Grenze der Erkennbarkeit der Dinge hängt mit dem Bau der Netzhaut zusammen.

Die als Auffangschirm dienende Netzhaut besteht aus lauter Nervenenden — den Zäpfchen und Stäbchen — die die Lichtreize empfangen, die durch den Sehnerven weiter zum Zentralnervensystem geleitet und dort im Gehirn zum Bewußtsein gebracht werden. In der Mitte der Netzhaut, der sogenannten Netzhautgrube, sind die Zäpfchen in der Ueberzahl. Ein Schnitt durch die Netzhaut, mikroskopisch stark vergrößert, hat etwa das Aussehen einer durchschnittenen Bienenwabe (Abb. 64). Die sechseckigen Nervenfaserenden liegen unmittelbar nebeneinander. Wird nun durch irgendein weitentferntes, leuchtendes Ding, das das Auge abbildet, nur ein Netzhautelement gereizt, so ist die Form des Dinges nicht erkennbar. Nehmen wir als Beispiel einmal an, es käme auf einer langen, sehr geraden Straße am Abend ein Automobil mit brennenden Laternen auf uns zu; der Abstand der beiden Laternen am Wagen sei 1 m groß. Ein normales Auge würde dann in einem Abstand von über 4 km gar nicht bemerken, daß der Wagen zwei Laternen hat, denn die beiden Lichtpunkte werden so dicht nebeneinander abgebildet, daß ihre Bilder $O'_1 O'_2$ entweder auf ein Nervenelement oder auf zwei benachbarte fallen. Das Auge bemerkt nur eine Lichtquelle. Erst wenn das Automobil uns bis zu einer Entfernung von etwa 3,4 km nahe gekommen ist, ist der Abstand der Bilder so groß geworden, daß ein ungereiztes Nervenelement A zwischen beiden Bildern $O'_3 O'_4$ liegt. Dann kann das Auge erst wahrnehmen, daß es sich um zwei Lichtquellen handelt. Der Winkel, unter dem uns diese beiden, 1 m voneinander entfernten Lichter in einem Abstand von 3,4 km erscheinen, ist ungefähr eine Minute [1]). Ist die wirkliche Größe der der Entfernung, dann ist die scheinbare Größe genau 1 Minute = 1'. Man nennt diese untere

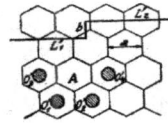

Abb. 64.
Stark vergrößerter Schnitt durch die Netzhaut.

3438. Teil

Grenze der scheinbaren Größe, bei der gerade noch zwei Dingpunkte von einem normalen Auge getrennt erkannt werden können, die angulare Sehschärfe oder das Winkelmaß der Sehschärfe. Der Wert der angularen Sehschärfe hängt natürlich mit dem Durchmesser der Zäpfchenenden zusammen. Beim normalen Auge ist er 0,00496 mm.

Die angulare Sehschärfe ist bei den Menschen verschieden. Im Durchschnitt beträgt sie, wie bereits erwähnt, bei normalen Augen 1'. Bei ganz bestimmt angeordneten Dingen erkennt man ihren gegenseitigen geringen Abstand auch dann noch, wenn er unter einem Winkel erscheint, der kleiner als eine Minute ist, z. B. wenn das Auge entscheiden soll, ob zwei gerade Linien so zueinander liegen, daß die eine die Fortsetzung der anderen bildet (Abb. 64). Wenn man also beispielsweise erkennen will, ob bei einer Meßeinrichtung der Noniusstrich mit einem Teilstrich genau einsteht oder nicht.

1) Die Größe eines Winkels gibt man in Graden, Minuten und Sekunden an.
1 Grad = 60 Minuten (1 ° = 60'),
1 Minute = 60 Sekunden (1' = 60'').

— 48 —

Wie sich aus der Zeichnung ergibt, kann ein Auge noch erkennen, daß die eine Linie L_1 nicht die genaue Fortsetzung der anderen L_2 bildet, wenn durch die entsprechenden Bildlinien L'_1 und L'_2 zwei verschiedene Reihen von Nervenenden gereizt werden. Dabei kann der Abstand b der beiden Bilder kleiner sein, als der Durchmesser a eines Nervenelementes selbst. Man nennt das kleinste Winkelmaß im Dingraum, das diesem Abstand entspricht, die Breitenwahrnehmung des Auges. Ein normales Auge hat eine Breitenwahrnehmung von 30 Sekunden. Sehr gute Augen erkennen noch Linienverschiebungen, die unter einem Winkel von 10 Sekunden erscheinen.

Zur Bestimmung der Sehschärfe benützt man im allgemeinen Buchstaben, Zahlen oder besondere Zeichen von genau abgestufter Größe. Von den Zeichen werden am meisten der Snellensche Haken, ein einem E ähnliches Zeichen, und der Landoltsche Ring (s. Abb. 200, S. 184) verwendet. Die Stärke der Striche und ihr gegenseitiger Abstand werden meist so gewählt, daß sie bei einem dem Sehvermögen 1 entsprechenden Zeichen im vorgeschriebenen Abstande dem beobachtenden Auge unter einem Winkel von 1' erscheinen, während sich das ganze Zeichen unter einem Winkel von 5' darbietet. So ist z. B. die Oeffnung des Landoltschen Ringes gleich dem 5. Teil des Ringdurchmessers und ebenso groß wie die Strichdicke (s. d. Abb. 200, S. 184). Ein Auge, das gerade noch Einzelheiten erkennt, die unter einem Winkel von 1' erscheinen, hat volles Sehvermögen oder die Sehschärfe 1. Ist das Sehvermögen geringer, so gibt man es durch einen Dezimalbruch oder einen echten Bruch an, dessen Zähler gleich den Beobachtungsabstand nennt. Ein Sehprobenzeichen, das halbem Sehvermögen entspricht, ist doppelt, ein solches, das einem Zehntel des Sehvermögens entspricht, ist 10mal so groß als das dem vollen Sehvermögen entsprechende Zeichen u. s. f.

Die Abbildungsfehler des Auges.

Wenn man das Augensystem vom Standpunkte des technischen Optikers aus beurteilt, es also auf die Güte der Abbildung hin prüft, so muß man sagen, daß es ein höchst mangelhaftes System ist, denn es zeigt alle Fehler, die ein optisches Sammelsystem überhaupt haben kann. Es weist zunächst Farbenabweichungen wie eine unkorrigierte Sammellinse auf, d. h. die Vereinigungspunkte für die verschiedenen farbigen Strahlenbüschel liegen nicht an einer Stelle (Abb. 65). Da die roten, hier gestrichelt gezeichneten Strahlen weniger gebrochen werden als z. B. die blauen, haben die roten Strahlen eine längere Vereinigungsweite. Die Farbenabweichungen sind nicht so störend, wie man befürchten könnte, da die Netzhaut für die verschiedenen Farben verschieden empfindlich ist. Der Höhepunkt der Empfindlichkeit liegt im Hellgrün, und die Empfindlichkeit nimmt sowohl nach Violett als auch nach Rot zu ab, so daß also im wesentlichen der gelbgrüne Teil des Lichts den Eindruck vermittelt.

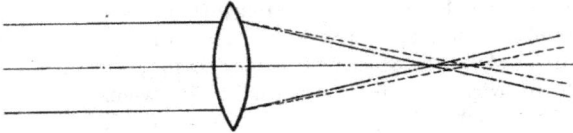

Abb. 65. Die Farbenabweichungen einer Sammellinse.

Auch die sphärischen Abweichungen des Augensystems sind von derselben Art wie bei einer unkorrigierten Sammellinse (Abb. 66), d. h. die Vereinigungsweite der von einem Achsenpunkt ausgehenden Strahlen wird immer kürzer, je weiter sie von der Achse aus einfallen,

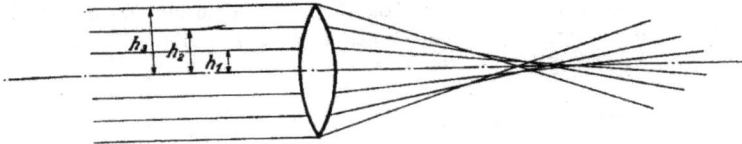

Abb. 66. Die sphärische Abweichung einer Sammellinse.

also je größer ihre Einfallshöhe h ist. Es entsteht infolgedessen nicht ein Vereinigungspunkt, sondern die Strahlen schneiden sich in einem Raume in der Form eines Kegels, der sogenannten Kaustik. An der Stelle, an der die Spitze der Kaustik, der Schnittpunkt der Mittel-

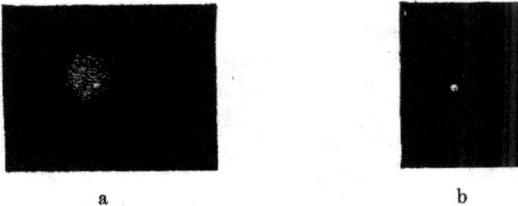

a   b

Abb. 67. Die Wiedergabe eines leuchtenden Punktes durch eine mit sphärischer Abweichung behaftete (a) und eine fehlerfreie Linse (b).

strahlen, liegt, sind die Randstrahlen schon wieder auseinander gegangen. Die Helligkeit ist am Orte des Schnittpunktes der mittleren Strahlen sehr viel größer als daneben, d. h. es findet ein sehr rascher Helligkeitsabfall von dem Bildpunkt der mittleren Strahlen aus nach der Seite zu statt. So vermag auch das Auge trotz der sphärischen

Abweichung Einzelheiten ganz gut zu erkennen, denn der den Bildpunkt umgebende Schein, wie er in Abb. 67a dargestellt ist, wird seiner geringeren Helligkeit wegen übersehen. Außerdem gleicht der Bau der Netzhaut die Unvollkommenheiten des Augensystems wieder aus. Wenn infolge seiner sphärischen und farbigen Abweichungen anstatt eines Bildpunktes eine kreisförmige Scheibe, ein Aberrationskreis entsteht, so wirkt er doch wie ein Punkt, wenn sein Durchmesser nicht größer als der eines Nervenelements ist.

Auch seitlich gelegene Dingpunkte werden vom Augensystem in fehlerhafter Weise wiedergegeben. Diese Fehler sollen später ausführlich behandelt werden.

Die Akkommodation.

Wie bereits früher gesagt wurde, sieht das rechtsichtige ruhende Auge weit entfernte Dinge deutlich. Will es aber auch nahe gelegene Dinge erkennen, so ändert es rasch die Linsenform. Dabei werden erstens die Grenzflächen der Linse stärker gewölbt. Das gilt vor

Abb. 68. Der Querschnitt der Augenlinse in Akkomodationsruhe (a) und bei stärkster Akkommodation (b) schematisch dargestellt.

allem für die Vorderfläche, wie aus Abb. 68 ersichtlich ist. Zweitens nehmen die mittleren stärker brechenden Schichten der Kernlinse K bei der akkommodierenden Linse (Abb. 68b) einen größeren, von den Strahlenbüscheln durchlaufenen Raum ein als bei der ruhenden (Abb. 68a). Diesen Vorgang nennt man Akkommodation. Dadurch wird die Brennweite des Augensystems verkleinert. Die hauptsächlichste Wirkung wird durch die zunehmende Krümmung der Begrenzungsflächen erreicht. Diese Aenderung heißt der äußere Akkommodationsmechanismus. Infolge des geschichteten Baues der Linse muß bei stärkerer Krümmung der Außenflächen die Kernlinse K mit dem höheren Brechungsexponenten einen größeren Raum einnehmen, d. h. eine größere Mitteldicke erhalten (Abb. 68b). Die dadurch entstehende stärkere Brechung der Strahlen bedingt eine weitere Verkürzung der Brennweite. Diesen Vorgang bezeichnen wir nach Gullstrand als inneren Akkommodationsmechanismus, durch den etwa 32 Proz. der Akkommodation hervorgerufen wird. Würde also die Linsenmasse einen gleichartigen Brechungsexponenten haben, so könnte durch die Krümmungsvermehrung der Außenflächen — den äußeren Akkommodationsmechanismus — nur etwa 68 Proz. der tatsächlichen Akkommodation aufgebracht werden. Der geschichtete Bau der Linse bringt also einen nicht unwesentlichen Gewinn für die Akkommodation. Freilich werden die Abbildungsfehler durch diesen Bau der Linse gerade vermehrt. Dieser optische Nachteil ist aber durch den Vorteil der vergrößerten Akkommodationsfähigkeit wettgemacht worden. Wir werden noch oft sehen, daß ein optischer Vorteil durch einen Nachteil bezahlt werden muß.

Denkt man sich bei Akkommodationsruhe die Linse aus gleichartiger Substanz, so muß sie einen Totalindex von 1,4085 haben. Bei stärkster Akkommodation steigt der Totalindex auf den Wert von 1,4263. Wenn durch die Akkommodation die Brennweite der Linse kleiner wird, so rückt der bildseitige Brennpunkt F' in den Glaskörper (Abb. 69) und bildet dort unendlich ferne Dinge ab. Die Netzhaut liegt rechts von dem Brennpunkt F', folglich muß auch das Ding, damit es deutlich gesehen wird, aus dem Unendlichen nach rechts, also

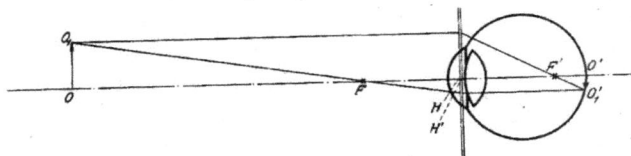

Abb. 69. Die Abbildung eines im Endlichen gelegenen Dinges durch ein akkommodierendes rechtsichtiges Auge.

ins Endliche verschoben werden. Die Zeichnung des Bildes ist genau nach den alten Regeln vorzunehmen, so daß mit Hilfe des achsenparallelen Strahls und des Brennstrahls vom Ding OO_1 das Bild $O'O'_1$ auf der Netzhaut zu finden ist. Bei der Akkommodation verschieben sich die Hauptpunkte ein wenig nach innen zu, und zwar liegt bei stärkster Akkommodation der dingseitige Hauptpunkt 1,77 mm und der bildseitige 2,09 mm hinter dem Hornhautscheitel. Die Verschiebung beträgt also höchstens 0,49 mm, ist also so gering, daß sie praktisch nicht berücksichtigt zu werden braucht. Man kann deshalb für das Auge in Akkommodationsruhe und für das akkommodierende Auge die gleiche Hauptpunktslage annehmen. Die Brennweite des ruhenden Auges wird durch die Akkommodation von 17,06 und 22,79 mm bis auf 14,17 und 18,93 mm verkürzt. Die Gesamtbrechkraft des Augensystems wächst dadurch bis auf 70,57 dptr.

Den Dingpunkt auf der optischen Achse, den man bei stärkster Akkommodation deutlich sehen kann, nennt man den Nahepunkt. Der Fernpunkt ist entsprechend der Punkt der Achse, den das Auge bei entspannter Akkommodation deutlich sieht; er

4*

liegt bei einem rechtsichtigen Auge im Unendlichen. Zwischen dem Nahepunkt und dem Fernpunkt liegt das **Akkommodationsgebiet.** Unter der **Akkommodationsbreite** eines Auges versteht man den in Dioptrien ausgedrückten Betrag zwischen dem Kehrwert des Fernpunktabstandes und dem Kehrwert des Nahepunktabstandes. Das normale Auge eines 20-jährigen Menschen sieht bei Akkommodationsruhe den unendlich fernen Punkt deutlich, bei stärkster Akkommodation vermag es noch ein 10 cm vor dem Auge gelegenes Ding deutlich zu sehen. Das Akkommodationsgebiet liegt dann zwischen Unendlich und einer 10 cm vor dem Hauptpunkt gelegenen Ebene. Der Abstand des Fernpunktes ist also ∞, der Kehrwert $\frac{1}{\infty} = 0$ dptr, der Abstand des Nahpunktes beträgt — 0,1 m, der Kehrwert ist also $\frac{1}{-0,1} = -10$ dptr. Der Unterschied der beiden Kehrwerte 0 dptr — (10) dptr = 10 dptr; also ist seine Akkommodationsbreite 10 dptr.

Ein bestimmter Akkommodationszustand bleibt so lange bestehen, als die Dinge, die unser Interesse augenblicklich beanspruchen, deutlich genug erscheinen. Der Abbildungsvorgang beim akkommodierenden Auge ist ganz ähnlich wie beim akkommodationslosen Auge, nur liegt die Einstellungsfläche nicht im Unendlichen, sondern im Endlichen. Alle vor und hinter ihr gelegenen Dingpunkte kann man sich von der Pupille aus gerade so auf die Einstellungsfläche projiziert denken, wie wir das schon bei dem ruhenden Auge erwähnten. Die vor und hinter der Einstellungsfläche liegenden Dingpunkte werden dann durch Zerstreuungskreise auf sie projiziert und erzeugen dort das dingseitige Abbild, das dann auf der Netzhaut verkleinert und ähnlich wiedergegeben wird. Wird ein außerhalb der Einstellungsfläche liegendes Ding, das unser Interesse erregt, durch so große Zerstreuungskreise wiedergegeben, daß seine Einzelheiten nicht mehr ordentlich erkannt werden können, so ändert sich der Akkommodationszustand ganz unwillkürlich, so daß die Einstellungsfläche auf das uns interessierende Ding oder in seine Nähe zu liegen kommt. Im allgemeinen ist die Abbildungstiefe auch für das akkommodierende Auge ziemlich groß, so daß also die Dingpunkte schon räumlich ziemlich getrennt sein müssen, bevor wir die Akkommodation ändern.

Zu bemerken ist noch, daß sich bei der Akkommodation die Pupillenweite ändert, und zwar nimmt sie bei wachsender Akkommodation ab. Die Lage der Eintrittspupille ändert sich bei der Akkommodation nicht, sie bleibt 3,5 mm hinter dem Hornhautscheitel. Auch das akkommodierende Auge vermag im wesentlichen nur Winkelgrößen wahrzunehmen, also die Anordnungen der Dinge der Höhe und Breite, aber nicht der Tiefe nach. Die scheinbare Größe eines Dinges ist auch dann die gleiche, wenn das Ding undeutlich auf eine näher oder ferner gelegene Einstellungsfläche EE (Abb. 70) projiziert wird, denn ein undeutlich gesehener Dingpunkt, z. B. O_1 oder O_2, wird doch immer in die Mitte des Zerstreuungskreises, also nach $\overline{O}_1$ und $\overline{O}_2$, verlegt, also dorthin, wo der Hauptstrahl O_1M oder O_2M die Einstellungsebene durchstößt.

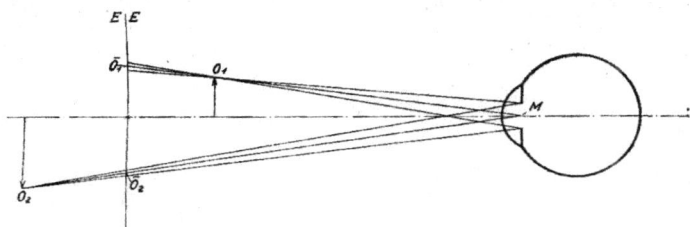

Abb. 70. Die Projektion eines räumlichen Dinges von der Pupille eines akkommodierenden Auges aus.

Mit zunehmendem Alter wird die Akkommodationsbreite geringer. Die Abnahme ist gut aus der nachstehenden Tabelle 3 zu erkennen, die von F. C. Donders zusammengestellt ist:

Tabelle 3.

Die Aenderung der Akkommodation mit dem Alter.

Lebensalter in Jahren	Abstand des Nahe-punktes in cm	Abstand des Fern-punktes in cm	Akkommodations-breite in dptr
10	− 7,1	∞	14
15	− 8,3	∞	12
20	− 10	∞	10
25	− 11,8	∞	8,5
30	− 14,3	∞	7
35	− 18,2	∞	5,5
40	− 22,2	∞	4,5
45	− 28,6	∞	3,5
50	− 40	∞	2,5
55	− 66,6	400	1,75
60	−200	200	1
65	400	133	0,5
70	100	80	0,25
75	57,1	57,1	0
80	40	40	0

Danach beträgt die Akkommodationsbreite bei einem 45-jährigen Menschen durchschnittlich 3,5 dptr, bei einem 60-jährigen noch 1 dptr. Bei einem Alter von 75 Jahren ist sie gleich Null geworden. Mit zunehmendem Alter liegt auch der Fernpunkt nicht mehr im Unendlichen.

Oft wird im Alter die Linse trübe, so daß das Auge allmählich erblindet. Diese Linsentrübung nennt man den grauen Star. Ein solches Auge kann wieder sehend gemacht werden, wenn die undurchsichtig gewordene Linse auf operativem Wege entfernt wird. Der Staroperierte kann ohne Linse natürlich nicht mehr akkommodieren, sein Fern- und Nahepunkt fallen also zusammen. Er kann nur Dinge oder Bilder deutlich erkennen, die in einer diesen Punkt enthaltenden Fläche liegen.

Das blickende Auge.

Wie wir gesehen haben, ist das Auge, als optisches Instrument betrachtet, recht mangelhaft gebaut. Daß wir trotz diesen Mängeln zu tatsächlich ausgezeichneten Sehleistungen befähigt sind, liegt im wesentlichen an der Beweglichkeit unseres Auges, durch die wir über viele Fehler hinweggetäuscht werden. Das Auge hat die Form einer Kugel und ist in die Augenhöhle eingebettet, etwa wie der Kopf eines Kugelgelenkes in seine Pfanne. Sechs Muskeln bewegen den Augapfel schnell und bequem nach allen Seiten. Dabei dreht sich das Auge etwa um den Kugelmittelpunkt, den Augendrehpunkt, der ungefähr 13 mm hinter dem Hornhautscheitel in der Mitte des Auges liegt. Wie wir schon früher besprochen haben, erhalten wir in einer Ruhelage des Augapfels auf der Mitte der Netzhaut, der Netzhautgrube, eine deutliche Wiedergabe der dorthin abgebildeten Dinge, während die Bildgüte nach dem Rande zu sehr rasch abnimmt. Das Gesichtsfeld ist zwar, wie wir gesehen haben, sehr groß. Es ermöglicht uns, auch noch Dinge, die nicht deutlich auf die Netzhautmitte abgebildet werden, zu bemerken. Durch diese Hinweise veranlaßt, dreht sich dann das Auge rasch in eine solche Richtung, daß der interessierende Gegenstand gerade auf die empfindlichste Netzhautstelle abgebildet wird. Wir blicken also nacheinander die Einzelheiten unserer Umgebung an und erhalten so deutliche Eindrücke von ihr. Alle diese verschiedenen Blickrichtungen haben einen gemeinsamen Punkt, das ist der Augendrehpunkt Z' (Abb. 71). Befindet sich das rechtsichtige Auge in Akkommodationsruhe, werden also weit entfernte Dinge angesehen, so können wir uns die Fernpunkte nacheinander auf einer unendlich weit entfernten Fläche liegend denken. Akkommodiert dagegen das Auge, und zwar, wie wir annehmen wollen, zunächst auf den Höchstbetrag, so daß der Nahepunkt P gerade deutlich auf der Netzhaut wiedergegeben wird, so beschreibt dieser Punkt bei den verschiedenen Blickrichtungen eine Kugel, die Nahepunktskugel PPP, deren Mittelpunkt mit dem Augendrehpunkt Z' zusammenfällt. Ist das Auge auf eine zwischen Nahe- und Fernpunkt liegende Entfernung eingestellt, so liegen alle deutlich gesehenen Dinge auf einer Schärfenfläche, z. B. $Sch_1 Sch_1 Sch_1$, die ebenfalls eine Kugelfläche mit dem Mittelpunkt im Augendrehpunkt beschreibt. Bei ruhiger Kopfhaltung ist also der Augendrehpunkt Z' der Schnittpunkt für alle Blickrichtungen. Bei Blickbewegungen können wir im wesentlichen die Dinge nur nach ihrer Anordnung in der Breite und Höhe, nicht nach der Tiefe wahrnehmen, gerade wie bei der Betrachtung der Dinge bei stillstehendem Auge. Ist das Auge auf eine bestimmte Entfernung eingestellt, so kann man wieder annehmen, daß beim Blicken alle vor und hinter der Schärfen- oder Einstellungsfläche liegenden Dinge nacheinander auf sie projiziert werden, so daß auf ihr eine perspektivische Darstellung entsteht. Der Mittelpunkt dieser projizierenden Strahlen ist dann der Augendrehpunkt Z'.

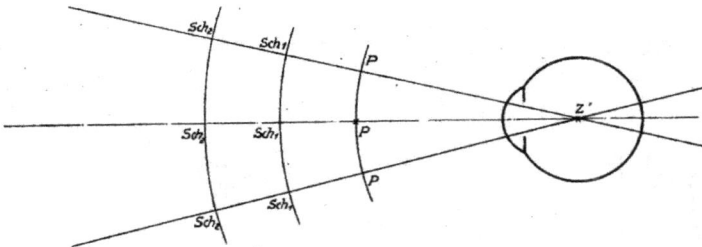

Abb. 71. Die Schärfenflächen eines blickenden rechtsichtigen Auges.

Der Sehvorgang spielt sich also im allgemeinen so ab, daß bei einer bestimmten Blickrichtung ein kleiner, mittlerer Teil, der auf der Netzhautgrube zur Abbildung gelangt, deutlich gesehen wird, während das große Uebersichtsbild verhältnismäßig weniger deutliche Eindrücke vermittelt. Beim Sehen mit ruhig gehaltenem Auge beim sogenannten indirekten Sehen entsteht von den vor dem Auge liegenden Dingen auf der Einstellungsfläche E eine perspektivische Darstellung, z. B. auf E_2 das Abbild $\overline{O_3 O_2 O_1}$ (Abb. 72), deren Zentrum mit dem Mittelpunkt M_2, der Eintrittspupille, zusammenfällt. Wählt das Auge eine neue Blickrichtung, z. B. $Z'O_3$, so wandert auch das Zentrum der Perspektive für das indirekte Sehen, die Pupillenmitte, nach M_3, und es entsteht eine neue Perspektive $\overline{O_1 O_2 O_3}$ auf der Fläche E_3. Diese perspektivischen Darstellungen heißen nach M. v. Rohr die Füllperspektiven.

Durch die fortwährende Aenderung der Blickrichtung kommen die Dinge unserer Umgebung nacheinander zur deutlichen Darstellung auf der Netzhautgrube. Diese Art des Sehens heißt das direkte Sehen oder Blicken. Dabei kann man sich alle Punkte

auf eine Fläche projiziert denken, deren Lage eigentlich unbestimmt ist
da jede Blickrichtung gleichwertig ist. Man nimmt aber an, daß die
Lage der Fläche senkrecht zur mittleren wagrechten Blickrichtung — zur
Hauptblickrichtung — steht. Das Zentrum dieser n a c h e i n a n d e r
entstehenden perspektivischen Darstellung, die nach M. v. R o h r die
H a u p t p e r s p e k t i v e heißt, ist der Augendrehpunkt Z'. Da die Pu
pillenmitte beim Blicken wandert, so müssen die Füllperspektiven von
einander abweichen (s. Abb. 72), $\overline{O}_1 O_2 \overline{O}_3$ auf E_2 weicht von $O_1 \overline{O}_2 \overline{O}$
auf E_1 ab. Ebenso kann die Hauptperspektive mit keiner Füll
perspektive übereinstimmen. Da aber die beiden Zentren, der Augen
drehpunkt Z' und die Mitte der Eintrittspupille M nur 10 mm von

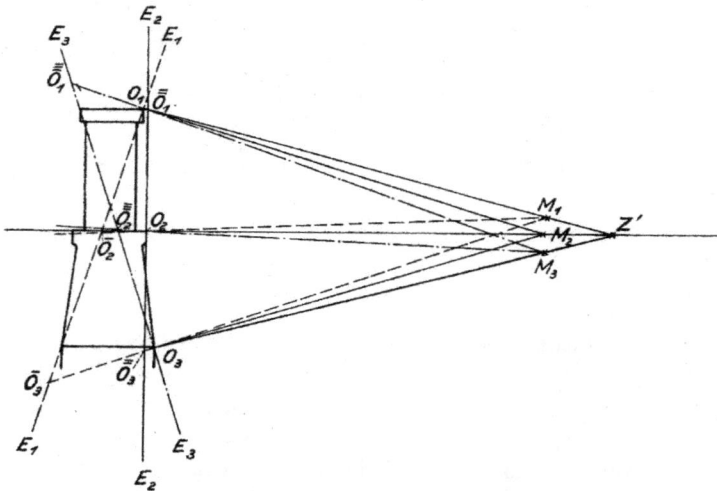

Abb. 72. Die Füllperspektiven bei verschiedenen Blickrichtungen.

einander entfernt stehen, so sind die Unterschiede der Perspektiven
namentlich wenn es sich um weit entfernte Dinge handelt, gering,
Für den Sehvorgang sind beide Perspektiven wichtig. Durch die
Hauptperspektive erhalten wir erst die deutlichen Eindrücke von den
uns umgebenden Dingen, die Füllperspektiven brauchen wir zur
Orientierung, denn ohne die Hinweise, die wir durch sie erhalten
würden wir gar nicht wissen, wo wir hinzublicken hätten. Ein Mensch
der nur noch mit der Netzhautgrube sehen kann, also nur imstande
ist, die ihn umgebenden Dinge nacheinander anzublicken, und so von
ihnen deutliche Eindrücke zu erhalten, ist daher fast so schlimm daran
wie ein Blinder, weil ihm die Füllperspektiven fehlen und somit die
Hinweise, wo er hinzublicken hat.

Das fehlsichtige achsensymmetrische Auge und die Brille.

Handelt es sich jetzt nicht mehr um rechtsichtige Augen, so können weit entfernte Dinge in Akkommodationsruhe nicht mehr deutlich auf der Netzhaut wiedergegeben werden. Die Fehlsichtigkeit entsteht dadurch, daß die Brennweite des optischen Systems der Augenlänge nicht entspricht, was durch zu kurzen oder zu langen Bau des Auges oder durch Abweichungen der Hornhaut- und Linsenkrümmungen hervorgerufen wird. Es kommen demnach Längen- und Brechwertsabweichungen vor. Wir betrachten als einfachsten Fall Augen, die nur Längenabweichungen zeigen. Das optische System des fehlsichtigen Auges soll in dem Fall dieselbe Brechkraft wie die des rechtsichtigen Auges haben.

Das kurzsichtige Auge.

Das k u r z s i c h t i g e oder myopische Auge ist zu lang gebaut. Sein bildseitiger Brennpunkt F′ liegt vor der Netzhaut innerhalb des Glaskörpers. Von weit entfernten Dingen entsteht in der Brennebene ein deutliches Bild F′O′ (Abb. 73). Aus der Abbildung ist die Kon-

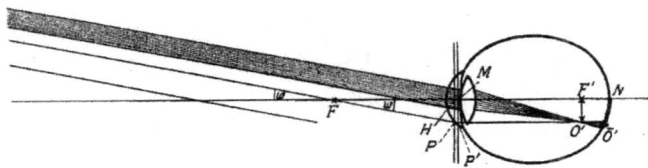

Abb. 73. Die Abbildung eines weit entfernten Dinges in einem kurzsichtigen Auge.

struktion sehr einfach zu ersehen. Der zur Konstruktion verwendete Strahl FP—P′O′ wird nur selten vom Augensystem aufgenommen, weil ihm die Iris den Eintritt verwehrt. Die durch die Pupille eintretenden Büschel erzeugen auf der Netzhaut ein undeutliches Bild NO′, das aber infolge des Abstandes der Netzhaut von der Brennebene größer ist als das deutliche Bild in der Brennebene F′O′, wie aus Abb. 73 zu ersehen ist.

Die als Auffangschirm dienende Netzhaut ist der Brennebene gegenüber nach rechts verschoben, so daß, wie wir eben sahen, das unendlich ferne Ding nicht deutlich auf ihr abbildbar ist. Wohl aber können dort in Akkommodationsruhe Dinge deutlich wiedergegeben werden, die im Endlichen vor dem Auge liegen, d. h. also Dinge, die weit entfernten Dingen gegenüber auch nach rechts

verschoben sind. Der Grad der Verschiebung hängt natürlich von
dem Grad der Verlängerung des Auges ab. Je weiter die Netzhaut
hinter der Brennebene liegt, also je länger das Auge gebaut ist, desto
näher muß auch das Ding dem Auge sein, wenn es deutlich gesehen
werden soll. Kurzsichtige Augen können also in Akkommodationsruhe im Endlichen gelegene wirkliche Dinge deutlich sehen. Die
Konstruktion des Bildes von einem solchen Dinge ist aus der Abb. 74
ersichtlich. Der auf der Achse liegende Punkt R, der in Akkommodationsruhe auf der Netzhautgrube abgebildet wird, also deutlich zu
sehen ist, heißt der Fernpunkt des Auges. Aus seinem Abstand vom
Auge ergibt sich der Grad der Kurzsichtigkeit. Die Abstände mißt
man vom dingseitigen Hauptpunkt H des Auges aus, der 1,35 mm
hinter dem Hornhautscheitel liegt. Der Abstand des Fernpunktes ist
also die Strecke HR = a. Da diese Strecke a in einer dem Lichtverlauf entgegengesetzten Richtung gemessen wird, so ist sie negativ
zu rechnen. Je größer die Strecke ist, desto geringer ist die Kurz-

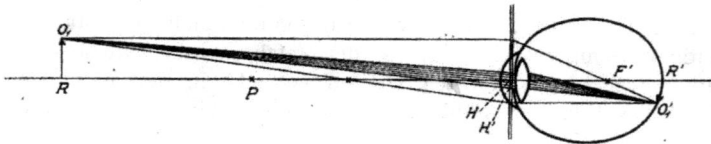

Abb. 74. Die Abbildung eines in der Fernpunktsebene gelegenen Dinges durch ein
kurzsichtiges Auge.

sichtigkeit, also ist die Strecke selbst keine gute Maßangabe für den
Grad der Kurzsichtigkeit, wohl aber ihr Kehrwert $\frac{1}{a} = A$. Diesen
Wert nennt man die axiale Refraktion oder den Hauptpunktsbrech-
wert des Auges. Man gibt ihn in Dioptrien an, mißt demnach die
Fernpunktsabstände in Metern. Ein Auge mit einem Abstand von
50 cm = 0,5 m zwischen dem Fern- und Hauptpunkte hat also eine
Kurzsichtigkeit von $\frac{1}{-0,5\,\text{m}} = -2$ dptr; ein Auge, bei dem diese
Strecke 10 cm beträgt, hat einen Hauptpunktsbrechwert von
$\frac{1}{-0,1\,\text{m}} = -10$ dptr. Wenn wir jetzt voraussetzen, daß die Brech-
kraft des Auges dieselbe wie beim rechtsichtigen Auge ist, muß die
Länge des Auges mit dem Grade der Kurzsichtigkeit zunehmen. Die
Augenlängen der verschieden kurzsichtigen Augen, die lediglich
Längenabweichungen aufweisen, sind für verschiedene Hauptpunkts-
brechwerte in der Tabelle 4 zusammengestellt. Alle Strecken sind
aber dabei vom Hornhautscheitel S an gemessen.

Tabelle 4.

Die verschiedenen Längen kurzsichtiger Augen mit reinen
Längsabweichungen.

Hauptpunktsbrechwert in dptr	Fernpunktabstand in mm	Augenlänge in mm
0	—	24,38
— 1	— 998,7	24,78
— 2	— 498,7	25,19
— 3	— 332,0	25,61
— 4	— 248,7	26,05
— 5	— 198,7	26,51
— 6	— 165,3	26,98
— 7	— 141,6	27,47
— 8	— 123,7	27,98
— 9	— 109,8	28,51
— 10	— 98,7	29,07
— 11	— 89,6	29,64
— 12	— 81,0	30,24
— 13	— 75,6	30,87
— 14	— 70,1	31,53
— 15	— 65,3	32,21
— 16	— 61,2	32,94
— 17	— 57,5	33,69
— 18	— 54,2	34,48
— 19	— 51,3	35,31
— 20	— 48,7	36,18
— 21	— 46,3	37,09
— 22	— 44,1	38,06
— 23	— 42,1	39,09
— 24	— 40,4	40,17
— 25	— 38,7	41,31

Akkommodiert ein kurzsichtiges Auge, so wird seine Brennweite
kürzer, der Brennpunkt rückt noch weiter von der Netzhaut ab, das
wirkliche Ding, das deutlich auf der Netzhaut abgebildet werden
kann, muß sich dem Auge noch mehr nähern. Der auf der optischen
Achse gelegene Punkt P (Abb. 74), der bei stärkster Akkommodation
noch deutlich gesehen werden kann, heißt der Nahepunkt. Nahe-
und Fernpunkt eines kurzsichtigen Auges liegen also im Endlichen vor
dem Auge. Hat das Auge eines jugendlichen Kurzsichtigen beispielsweise eine Akkommodationsbreite von 10 dptr und eine Kurzsichtigkeit
von — 3 dptr, so liegt sein Fernpunkt $\dfrac{1}{-3\,\text{dptr}} = -0,33\,\text{m} = -33\,\text{cm}$,

sein Nahepunkt $\dfrac{1}{-13\,\text{dptr}} = -0,077\,\text{m} = -77\,\text{mm}$, vor dem Augenhauptpunkt. Das Akkommodationsgebiet liegt im Endlichen innerhalb
dieses kurzen Bereichs.

Der Ausgleich der Kurzsichtigkeit.

Das kurzsichtige Auge ist in Akkommodationsruhe nur imstande Dinge oder Bilder deutlich zu sehen, die in der Fernpunktsebene liegen. Will man also solch ein kurzsichtiges Auge befähigen, auch weitentfernte Dinge deutlich zu sehen, so muß man ein optisches Hilfsmittel verwenden, das imstande ist, diese Dinge in die Fern-punktsebene abzubilden. Das kann nur ein Brillenglas sein, dessen bildseitige Brennebene mit der Fernpunktsebene zusammenfällt. Bei Zerstreuungsgläsern liegt die bildseitige Brennebene vor ihnen. Wir brauchen also zur Berichtigung eines kurzsichtigen Auges ein solches Glas, und zwar muß es so ausgewählt und zentriert sein, daß sein bildseitiger Brennpunkt F'_1 mit dem Fernpunkt des Auges R zu-sammenfällt (Abb. 75). Dann entsteht in der bildseitigen Brennebene ein scheinbares aufrechtes Bild F'_1O' eines weit entfernten Dinges, das dem Auge als Ding dient und von ihm, da es im richtigen Ab-stande liegt, auf der Netzhaut deutlich wiedergegeben werden kann.

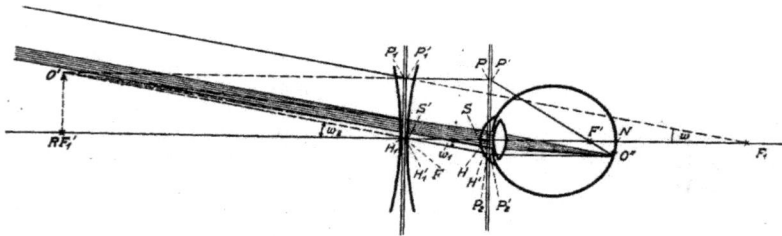

Abb. 75. Die Abbildung eines weit entfernten Dinges durch ein mit dem be-richtigendem Brillenglase versehenen kurzsichtigen Auge.

Eine solche Linse nennt man das korrigierende oder berichtigende Glas oder das Fernglas, und sein Scheitelbrechwert ist der Korrektions- oder Berichtigungswert des entsprechenden kurzsichtigen Auges.

Die Konstruktion des Bildes durch das Brillenglas und Augen-system ist aus der Abb. 75 zu ersehen. Bei dieser Abbildung ist zunächst der besondere Fall angenommen worden, daß der bild-seitige Hauptpunkt H'_1 des Brillenglases mit dem dingseitigen Brennpunkt F des Auges zusammenfällt. Der bildseitige Haupt-punkt des Brillenglases steht unter diesen Bedingungen 15,71 mm vor dem Hornhautscheitel S. Vorausgesetzt wird ein weitentferntes Ding, dessen unterer Punkt gerade auf der optischen Achse des Brillenglases und dessen oberer Punkt O oberhalb der Achse liegt. Die vom oberen und unteren Dingpunkt herkommenden Strahlen schließen den Winkel w miteinander ein. Um das durch das Brillenglas entstehende Bild zu finden, wählen wir von allen vom oberen Dingpunkt ausgehenden Strahlen den aus, der gerade nach dem dingseitigen Brennpunkt des Glases F_1 hinzielt. Er trifft die dingseitige Hauptebene in P_1 und verläuft nach dem Durchgange durch das Glas achsenparallel. Diesen achsenparallelen Strahl brauchen wir nur rückwärts von P'_1 bis zum Punkt O' zu verlängern, dann finden wir die Größe des durch das Brillenglas erzeugten Bildes $F'_1 O'$. Daß das Bild in der bildseitigen Brennebene des Glases liegen muß, wissen wir. Dieses aufrechte scheinbare Bild $F'_1 O'$ dient dem Auge als Ding, und da es, wie gesagt, in der Ebene liegt, die den Fernpunkt R des Auges enthält, muß es deutlich auf der Netzhaut abgebildet werden. Von den von O' ausgehenden Strahlen wird der Achsenparallelstrahl $O'P$ nach dem Durchgang durch das Augensystem zum Brennstrahl $P'F'$ und der Brennstrahl $O'F$ zum Achsenparallelstrahl $P'_2 O''$. Die beiden bildseitigen Strahlen schneiden sich auf der Netzhaut im Punkte O''. Die zur Konstruktion gebrauchten Strahlen können zur Bilderzeugung nicht beitragen, weil sie gar nicht durch die Pupille verlaufen. Das von dem fernen, über der Achse gelegenen Dingpunkt O in das Brillenglas einfallende Parallelstrahlenbüschel wird durch das Glas zu einem divergenten, scheinbar vom Punkte O' herkommenden Büschel gemacht, das durch das Augensystem im Punkt O'' vereinigt wird.

Die Bildgröße im korrigierten kurzsichtigen Auge.

Das hierbei auf der Netzhaut entstehende Bild NO'' ist gerade so groß, wie das in einem rechtsichtigen Auge erzeugte Bild desselben Dinges. Beim rechtsichtigen Auge hängt die Bildgröße von dem Winkel w, unter dem das weitentfernte Ding erscheint, und von der Brennweite des Auges HF ab. Die Bildgröße ist gleich der Strecke HP (Abb. 73) und HP $=$ HF·tg w $=$ f·tg w. Das Bild liegt in der Brennebene, die beim rechtsichtigen Auge mit der Netzhaut zusammenfällt. Bei der in Abb. 75 dargestellten Abbildung eines weit entfernten unter dem Winkel w erscheinenden Dinges ist die Bildgröße NO'' von dem Winkel w_1 und der Strecke HF, hier gleich HH'_1, abhängig. Denn NO'' ist gleich HP_2, und $HP_2 =$ HF·tg w_1; also ist $NO'' =$ f·tg w_1. Die Brennweite f des Augensystems ist nach unserer Voraussetzung die eines normalen Auges gleich, und da der Strahl $P'_1 F_1$ dem Strahl $O'F$ parallel läuft, so ist der Winkel w_2 gleich dem Winkel w. Der Winkel w_2 ist aber als Scheitelwinkel gleich dem Winkel w_1, also ist auch $w_1 = w$ und $NO'' =$ f·tg w. Damit ist bewiesen, daß das auf der Netzhaut eines durch ein Brillenglas korrigierten kurzsichtigen Auges entstehende Bild gerade so groß wie das im rechsichtigen Auge entworfene ist, wenn der bildseitige Hauptpunkt H'_1 des Brillenglases mit dem dingseitigen Brennpunkt des Auges zusammenfällt.

Da aber, wie wir schon früher sahen, die Bildgröße eines weitentfernten Dinges proportional der Brennweite ist, so muß in diesem
Falle Brillenglas und Augensystem zusammen dieselbe Brennweite
und also dieselbe Brechkraft haben, wie das Augensystem allein.
Das ist auch tatsächlich so und läßt sich mathematisch beweisen,
wenn wir die folgende Formel $D = D_1 + D_{11} - \delta \cdot D_1 \cdot D_{11}$, die die
Brechkraft eines aus 2 Linsen bestehenden Systems angibt, anwenden.
Dabei ist D die Gesamtbrechkraft, D_1 die Brechkraft des Brillenglases
D_{11} die Brechkraft des Augensystems und δ der Abstand der beiden
einander zugewandten Hauptpunkte der beiden Einzelsysteme, also
die Strecke H'_1H in Metern gemessen.

$$D = D_1 + D_{11} - \delta D_1 D_{11}.$$ Dafür können wir schreiben
$$D = D_{11} + D_1 - \delta D_1 D_{11} \text{ und weiter:}$$
$$D = D_{11} + D_1 (1 - \delta D_{11}).$$

Es ist aber $\delta = H'_1 H = FH = -HF = -f_{11} = f'_{11} = \dfrac{1}{D_{11}}.$ Setzen

wir den gefundenen Ausdruck in unsere Formel ein, so erhalten wir

$$D = D_{11} + D_1 (1 - \frac{1}{D_{11}} \cdot D_{11}), \text{ oder}$$

$$D = D_{11} + D_1 (1 - 1). \text{ Das ergibt aber:}$$

$$D = D_{11} + D_1 \cdot 0$$

$$D = D_{11}.$$ Das heißt also: die Brechkraft des aus
Brille und Auge bestehenden Systems D ist gleich der Brechkraft des Auges D_{11} allein, wenn der bildseitige Brillenhauptpunkt H'_1
mit dem dingseitigen Brennpunkt F des Auges zusammenfällt. Das
gilt für jedes beliebige noch so starke Brillenglas.

Im allgemeinen steht aber das Fernbrillenglas nicht so weit
vom Auge ab, daß der bildseitige Hauptpunkt des Glases mit
dem dingseitigen Brennpunkt des Auges zusammenfällt. Der Hauptpunkt müßte ja dann 15,71, rund 16 mm vor dem Hornhautscheitel
liegen; man wählt aber den Abstand des Brillenglases vom Auge so
klein wie möglich. Ganz abgesehen davon, daß ein so weit vom
Auge abstehendes Glas unschön aussieht, wird ja das Gesichtsfeld
um so größer, je näher das Glas dem Auge steht. Natürlich kann
man aus praktischen Gründen die Annäherung nicht beliebig weit
treiben. Würde man das Glas so nahe setzen, daß die Wimpern die
innere Glasfläche treffen könnten, so würde das Glas dadurch be-
schmutzt werden. Eine Entfernung von 12 mm zwischen Hornhaut-
und Brillenglasscheitel hat sich als am zweckmäßigsten herausgestellt.
Der Hauptpunkt des Brillenglases liegt dem Auge dann etwas näher,
als wir zuerst annahmen, und die Folge davon ist, daß die Gesamtbrechkraft des aus Brillenglas und Augensystem bestehenden Systems
kleiner ist als die Brechkraft des Auges allein. Das geht aus folgender
Ueberlegung hervor: würde man das Brillenglas in unmittelbare Nähe

des Augensystems stellen können, so daß der Abstand der beiden einander zugewandten Hauptpunkte gleich Null wäre, so würde die Gesamtbrechkraft gleich der Summe der beiden Einzelbrechkräfte sein. Es bliebe z. B. bei einem Fernglas von — 10 dptr eine Gesamtbrechkraft von 58,64 dptr — 10 dptr = 48,64 dptr übrig. Liegt der Hauptpunkt des Brillenglases zwischen dem vorderen Brennpunkt des Auges und dem Augenhauptpunkt, so wird die Brechkraft des Gesamtsystems zwar etwas größer als die einfache Summe beider Systeme, aber doch kleiner als die Brechkraft des Auges allein. Ist die Annäherung an das Auge gering und außerdem die Brechkraft des Glases klein, so ist natürlich auch die Aenderung der Gesamtbrechkraft gering. Wenn beispielsweise der bildseitige Hauptpunkt eines Glases von — 10 dptr Brechkraft 12 mm vor dem Hornhautscheitel liegt, so ergibt sich die Gesamtbrechkraft aus der Formel:

$$D = D_1 + D_{11} - \delta D_1 D_{11}.$$

Dabei ist δ wieder die Strecke $H'_1 H = H'_1 S + SH$. Die Strecke $H'_1 S$ soll 12 mm sein und SH, der Abstand des dingseitigen Augenhauptpunktes vom Hornhautscheitel ist rund 1,3 mm; also ist

$$\delta = H'_1 H = 12 \text{ mm} + 1,3 \text{ mm} = 13,3 \text{ mm} = 0,0133 \text{ m}.$$

Es wird also:

$$D = (-10 + 58,64 - 0,0133 \cdot -10 + 58,64) \text{ dptr}$$
$$D = (48,64 + 0,0133 \cdot 586,4) \text{ dptr}$$
$$D = (48,64 + 7,80) \text{ dptr} = \mathbf{56,44 \text{ dptr.}}$$

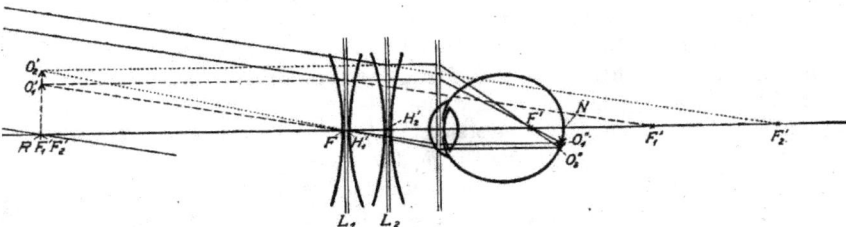

Abb. 76. Die Abhängigkeit der Bildgröße vom Abstande des Brillenglases vom Auge.

Wird die Gesamtbrechkraft eines Systems geringer, so muß auch die Bildgröße weit entfernter Dinge verhältnismäßig zunehmen. Da die Brillengläser meistens so angeordnet sind, daß der bildseitige Brillenglashauptpunkt hinter dem dingseitigen Augenbrennpunkt liegt, so ist das auf der Netzhaut entstehende Bild im kurzsichtigen Auge immer etwas größer als das von einem rechtsichtigen Auge erzeugte Bild desselben Dinges.

Das kann man auch durch die Konstruktion zeigen (Abb. 76). Rückt das Fernglas näher an das Auge, an den Ort von L_2, so muß natürlich, damit das kurzsichtige Auge weit entfernte Dinge deutlich erkennen kann, der bildseitige Brennpunkt des Glases F'_2 mit dem Fernpunkt R zusammenfallen. Die Brennweite des Glases L_2 muß um die Strecke $H'_1 H'_2$ länger als die des Glases L_1 werden. Dadurch wird das unter dem Winkel w erscheinende, weit entfernte Ding größer abgebildet, also nicht mehr in der Größe $F'_1 O'_1$, sondern in der Größe $F'_2 O'_2$, und das unter Verwendung des Glases L_2 auf der Netzhaut entstehende Bild NO''_2 ist größer als das Bild NO''_1, das das Auge erzeugt, wenn es durch das Glas L_1 korrigiert wird. Würde der bildseitige Hauptpunkt des Brillenglases vor dem dingseitigen Brennpunkt des Auges liegen, was praktisch wohl nie der Fall ist, so würde das Bild auf der Netzhaut kleiner werden, als im recht-sichtigen Auge.

Fast immer steht der bildseitige Hauptpunkt des Brillenglases näher am Auge als der dingseitige Brennpunkt des Auges, so daß also in den meisten Fällen das korrigierte kurzsichtige Auge ein etwas größeres Bild auf der Netzhaut erhält als ein rechtsichtiges Auge. Trotzdem gibt jeder Kurzsichtige an, daß ihm das Fernglas die Dinge verkleinere. Das ist nur ein scheinbarer Widerspruch. Wie wir früher sahen, entsteht auf der Netzhaut des unbewaffneten kurzsichtigen Auges ein unscharfes Bild weitentfernter Dinge, das aber größer als das deutliche, in der Brennebene des Auges liegende Bild ist. Wird das Auge durch das etwa 12 mm vor dem Hornhautscheitel stehende Brillenglas korrigiert, so wird das jetzt auf der Netzhaut entstehende Bild größer als das in der Brennebene des unbewaffneten kurz-sichtigen Auges liegende Bild, das gerade so groß ist wie das im rechtsichtigen Auge, aber doch kleiner als das unscharfe Bild, das das unkorrigierte Auge auf der Netzhaut auffängt. Darum scheinen dem korrigierten Kurzsichtigen die Dinge durch das Brillenglas immer ver-kleinert. Das Bild, das ein rechtsichtiges Auge z. B. von einem unter einem Winkel von $1°$ erscheinenden weitentfernten Ding empfängt, hat einen Durchmesser von f·tg $1°$ = 17,06 mm·0,0175 = **0,298 mm.** Ein kurzsichtiges Auge, das durch ein Glas von — 10 dptr be-richtigt wird, dessen bildseitiger Hauptpunkt 12 mm vor dem Horn-hautscheitel steht, hat mit dem Glas zusammen eine Brechkraft von 56,44 dptr (siehe S. 63). Die Größe des deutlichen Bildes steht der Bildgröße auf der Netzhaut des rechtsichtigen Auges gegenüber im umgekehrten Verhältnis der Brechkräfte, also im Verhältnis 58,64 : 56,44.

Sie beträgt $\dfrac{0,298 \cdot 58,64}{56,44} = 0,309$ **mm.** Dagegen hat das undeutliche Bild, das auf der Netzhaut dieses unkorrigierten kurzsichtigen Auges entsteht, einen Durchmesser von **0,323 mm**, wenn man das kleine, in Betracht kommende Netzhautstück als Ebene voraussetzt. Um diesen Wert zu berechnen, muß man den Winkel, den der Haupt-

strahl MO' (Abb. 73) mit der Achse einschließt, aus der Bildgröße
F'O' und der Entfernung der Mitte der Austrittspupille M vom Brenn-
punkte F' bestimmen und mit seiner Hilfe und der Strecke MN die
Größe des undeutlichen Bildes $\overline{NO'}$ ermitteln.

Der Einfluß des Abstandes des Zerstreuungsglases vom Auge.

Wie wir sahen, ist die Hauptbedingung, die ein Fernbrillenglas
zu erfüllen hat, die, daß der bildseitige Brennpunkt des Brillenglases
mit dem Fernpunkt des Auges zusammenfällt. Nur dann können
weit entfernte Dinge von einem mit einer Brille bewaffneten kurzsichtigen Auge in Akkommodationsruhe deutlich gesehen werden.
Da das Brillenglas stets in einem bestimmten Abstand vor dem Auge
angeordnet sein muß, so ist aus den Abbildungen 75 und 76 zu
ersehen, daß seine Brennweite kleiner sein muß als der Abstand des
Fernpunktes vom Augenhauptpunkt, oder mit anderen Worten, daß
die Brechkraft des Fernglases stets größer als der Hauptpunktsbrechwert sein muß. Der Unterschied zwischen den beiden Werten hängt
allein von dem Abstande zwischen den beiden Systemen ab. Wird
dem Auge ein Brillenglas mehr genähert, so muß, damit die Hauptbedingung des Fernglases erfüllt ist, die Brennweite länger (s. Abb. 76),
also die Brechkraft geringer werden. Rückt umgekehrt ein Brillenglas weiter vom Auge fort, so muß seine Brennweite kürzer, seine
Brechkraft also größer werden, damit der Brennpunkt mit dem Fernpunkt zusammenfallen kann. Bei schwachen Brillengläsern hat die
Abstandsveränderung nicht viel zu sagen. Bei starken Brillengläsern
können Abstandsveränderungen erhebliche Brechkraftsveränderungen
zur Folge haben.

Wie sich aus der Abbildung 75 ablesen läßt, ist der Abstand des
Augenhauptpunktes vom Fernpunkt, die Strecke
$HR = HH'_1 + H'_1F'_1$; denn R fällt ja mit F'_1 zusammen. Also ist:
$H'_1F'_1 = HR - HH'_1 = HR + H'_1H$. Setzen wir für $H'_1F'_1 = f'_1$ für
$HR = a$ und für den Abstand der beiden zugewandten Haupt-
punkte H'_1H den Wert δ ein, so erhalten wir:
$$f'_1 = a + \delta.$$
Ist beispielsweise $\delta = 13{,}3$ mm, $a = -200$ mm $= -0{,}2$ m, so
ergibt sich:
$f'_1 = (-200 + 13{,}3)$ mm $= -186{,}7$ mm $= -0{,}1867$ m. Die Brechkraft des
Fernglases ist $D_1 = \dfrac{1}{f'_1} = \dfrac{1}{-0{,}1867\,m} = -$ **5,36 dptr**, während der
Hauptpunktsbrechwert des Auges $A = \dfrac{1}{a} = \dfrac{1}{-0{,}2\,m} = -$ **5 dptr** ist. Der
Unterschied zwischen dem Hauptpunktsbrechwert und dem Korrektions-
wert des Brillenglases wird um so größer, je höher die Kurzsichtigkeit des Auges ist. So braucht beispielsweise ein Auge mit dem

Hauptpunktsbrechwert von $-15{,}5$ dptr bei einem Abstand von $14{,}3$ mm $= 0{,}0143$ m zwischen den beiden Hauptpunkten ein Fernglas von -20 dptr, denn es ist:

$$f'_1 = a + \delta = -\frac{1}{15{,}5\,\text{dptr}} + 0{,}0143\,\text{m} = (-0{,}0645 + 0{,}0143)\,\text{m} = -0{,}05020\,\text{m};$$

also ist $D_1 = \frac{1}{f'_1} = -20$ dptr. Aendert sich der Abstand um $2{,}3$ mm von $14{,}3$ auf 12 mm, so muß $f'_1 = (-0{,}0645 + 0{,}012)\,\text{m} = -0{,}0525$ m werden, dann ist aber $D_1 = \frac{1}{f'_1} = \frac{1}{-0{,}0525\,\text{m}} = -19$ dptr. Wie man daraus sieht, ist bei starken Brillengläsern der Abstand δ genau zu berücksichtigen.

Um das richtige Glas für ein fehlsichtiges Auge zu finden, wird es stets mittels Probiergläsern geprüft. Durch die Bauart der Probiergestelle ist es bedingt, daß der Abstand des Probierglases vom Auge meistens um mehrere Millimeter größer ist als der Abstand der Brillengläser im endgültigen Brillengestell. Der Abstand zwischen den beiden Hauptpunkten läßt sich schwer messen, weil sie nicht unmittelbar zugänglich sind. Deshalb ist es für die Praxis viel bequemer, die Messungen nicht auf die Hauptpunkte, sondern auf die zugewandten Scheitel S'_1 und S zu beziehen. Aus der Abb. 75 erkennen wir:
$SR = SS'_1 + S'_1F'_1$. Daraus ergibt sich:
$S'_1F'_1 = SR - SS'_1 = SR + S'_1S$. Die Strecke $S'_1F'_1$ ist die bildseitige Schnittweite des Brillenglases s'_1. Den Abstand des Fernpunktes vom Hornhautscheitel, die Strecke SR, wollen wir $\bar{a}$ und den Abstand des Brillenscheitels vom Hornhautscheitel S'_1S wollen wir mit $\bar{\delta}$ bezeichnen; dann wird:
$$s'_1 = \bar{a} + \bar{\delta},$$
ganz ähnlich wie unsere frühere Formel. $\bar{\delta}$ wird in den meisten Fällen, wie schon früher erwähnt, bei der endgültigen Brille etwa 12 mm groß gewählt. Die Schnittweite s'_1 eines Brillenglases kann man leicht errechnen, wenn man seinen Scheitelbrechwert kennt. Die Brillengläser werden aber neuerdings meist nach Scheitelbrechwerten geordnet. Liegt beispielsweise der Fernpunkt R 112 mm vor dem Hornhautscheitel, und der Abstand $\bar{\delta}$ beträgt 12 mm, dann muß die Schnittweite des Fernglases
$s'_1 = \bar{a} + \bar{\delta} = (-112 + 12)\,\text{mm} = -100\,\text{mm} = -0{,}1$ m sein, so daß das Fernglas einen Scheitelbrechwert von $A'_\infty = \frac{1}{s'_1} = \frac{1}{-0{,}1\,\text{m}} = -10\,\text{dptr}$ haben muß. Aendert sich $\bar{\delta}$, so muß sich selbstverständlich der Scheitelbrechwert des Fernglases ändern und zwar in derselben Weise, wie oben bereits für die Brechkraft ausgeführt wurde.

Die viel verwendeten gleichseitigen Zerstreuungsgläser, die fast ausschließlich in Probierkästen gebraucht werden, sind praktisch nach

Scheitelbrechwerten geordnet. Die neueren Brillengläser sind von vorn-
herein nach Scheitelbrechwerten bezeichnet worden. Aber auch die
älteren planen und periskopischen Brillengläser und die Halbmuschelgläser sind praktisch nach Scheitelbrechwerten bezeichnet. Infolge
der geringen Mitteldicke liegen die Hauptpunkte so nahe an den
Scheiteln, daß die Unterschiede zwischen Brechkräften und Scheitelbrechwerten zu vernachlässigen sind, wie die Tabellen 5—8 zeigen.
Aus den Tabellen entnehmen wir, daß alle Arten von zerstreuenden

Tabelle 5.

Benennung in dptr	Zerstreuende gleichseitige Gläser			
	$A'_\infty = A_\infty$ in dptr	D in dptr	$D - A'_\infty$ in dptr	d in mm
— 1	— 1,00	— 1,00	0,00	1,5
— 2	— 2,00	— 2.00	0,00	1,4
— 3	— 3,00	— 3,00	0,00	1,3
— 4	— 3,99	— 4,00	— 0,01	1,2
— 5	— 4,99	— 5,00	— 0,01	1,1
— 6	— 5,99	— 6,00	— 0,01	1,0
— 7	— 6,99	— 7,00	— 0,01	0,9
— 8	— 7,98	— 8,00	— 0,02	0,8
— 9	— 8.98	— 9,00	— 0,02	0,8
— 10	— 9,98	— 10,00	— 0,02	0,7
— 11	— 10.98	— 11,00	— 0,02	0,6
— 12	— 11,97	— 12,00	— 0,03	0,6
— 13	— 12,97	— 13.00	— 0,03	0,6
— 14	— 13,97	— 14,00	— 0,03	0,5
— 15	— 14,96	— 15,00	— 0,04	0,5
— 16	— 15,96	— 16.00	— 0,04	0,5
— 17	— 16.95	— 17,00	— 0,05	0,5
— 18	— 17,95	— 18.00	— 0,05	0,5
— 19	— 18,94	— 19,00	— 0,06	0,5
— 20	— 19,94	— 20,00	— 0,06	0,5

Tabelle 6.

Benennung in dptr	Zerstreuende Plangläser			
	$A'_\infty = D$ in dptr	A_∞ in dptr	$A'_\infty + A_\infty$ in dptr	d in mm
— 1	— 1,00	1,00	— 0,00	1,5
— 2	— 2,00	2,00	— 0,00	1,4
— 3	— 3,00	2,99	— 0,01	1,3
— 4	— 3,99	3.98	— 0,01	1,2
— 5	— 4,99	4,97	— 0,02	1,1
— 6	— 5,99	5,97	— 0,02	1,0
— 7	— 6.99	6,96	— 0,03	0,9
— 8	— 7.98	7 95	— 0,03	0,8
— 9	— 8,98	8,94	— 0,04	0,8
— 10	— 9.98	9,93	— 0,05	0.7
— 11	— 10,98	10,93	— 0,05	0,6
— 12	— 11,97	11,92	— 0,05	0,6
— 13	— 12,97	12.90	— 0,07	0,6
— 14	— 13,97	13.90	— 0,07	0,6
— 15	— 14.96	14,89	— 0,07	0,5
— 16	— 15,96	15,88	— 0,08	0,5
— 17	— 16.95	16,86	— 0,09	0,5
— 18	— 17,95	17.84	— 0,11	0,5
— 19	— 18,94	18,82	— 0,12	0,5
— 20	— 19 94	19,81	— 0,13	0,5

Tabelle 7.

Benennung in dptr	Zerstreuende periskopische Gläser				
	A'_∞ in dptr	D in dptr	A_∞ in dptr	$A'_\infty + A_\infty$ in dptr	d in mm
— 1	— 1,00	— 1,00	0,99	— 0,01	1,5
— 2	— 2,00	— 2,00	1,99	— 0,01	1,4
— 3	— 3,00	— 2,99	2,98	— 0,02	1,3
— 4	— 3,99	— 3,99	3.97	— 0,02	1,2
— 5	— 4,99	— 4,99	4,96	— 0,03	1,1
— 6	— 5,99	— 5,98	5,96	— 0,03	1,0
— 7	— 6,99	— 6.98	6,95	— 0,04	0,9
— 8	— 7.98	— 7,98	7,94	— 0,04	0,8
— 9	— 8,98	— 8,97	8,93	— 0,05	0,8
— 10	— 9,98	— 9,97	9,92	— 0,06	0,7
— 11	— 10,98	— 10,97	10,92	— 0,06	0,6
— 12	— 11,97	— 11,97	11,90	— 0,07	0,6
— 13	— 12,97	— 12,96	12,89	— 0,08	0,6
— 14	— 13,97	— 13,96	13,88	— 0,09	0,6
— 15	— 14,96	— 14,96	14.88	— 0,08	0,5
— 16	— 15,96	— 15,95	15,86	— 0,10	0,5
— 17	— 16,95	— 16.95	16,85	— 0,10	0,5
— 18	— 17.95	— 17,94	17,83	— 0,12	0,5
— 19	— 18,94	— 18,93	18,81	— 0,13	0,5
— 20	— 19,94	— 19,93	19,79	— 0,15	0,5

Tabelle 8.

Benennung in dptr	Zerstreuende Halbmuschelgläser				
	A'_∞ in dptr	D in dptr	A_∞ in dptr	$A'_\infty + A_\infty$ in dptr	d in mm
— 1	— 1,00	— 0,99	0,99	— 0,01	1,5
— 2	— 2,00	— 1,99	1,97	— 0,03	1,4
— 3	— 3,00	— 2,98	2,96	— 0,04	1,3
— 4	— 3,99	— 3,97	3,94	— 0,05	1,2
— 5	— 4,99	— 4,97	4,93	— 0,06	1,1
— 6	— 5,99	— 5,96	5,92	— 0,07	1,0
— 7	— 6,99	— 6,96	6,91	— 0,08	0,9
— 8	— 7,98	— 7,96	7,90	— 0,08	0,8
— 9	— 8,98	— 8,95	8,88	— 0,10	0,8
— 10	— 9,98	— 9,95	9,88	— 0,10	0,7
— 11	— 10,98	— 10,95	10,88	— 0,10	0,6
— 12	— 11,97	— 11,94	11,86	— 0,11	0,6
— 13	— 12,97	— 12,94	12,84	— 0,13	0,6
— 14	— 13,97	— 13,94	13,83	— 0,14	0,6
— 15	— 14,96	— 14,93	14,83	— 0,18	0,5
— 16	— 15,96	— 15,93	15,81	— 0,15	0,5
— 17	— 16,95	— 16,92	16,79	— 0,16	0,5
— 18	— 17,95	— 17,91	17,77	— 0,18	0,5
— 19	— 18,94	— 18,90	18,75	— 0,19	0,5
— 20	— 19,94	— 19,90	19,73	— 0,21	0,5

Brillengläsern praktisch nach bildseitigen Scheitelbrechwerten bezeichnet sind. Wird an Stelle des Probierglases ein zerstreuendes Brillenglas irgend einer Form in der endgültigen Brille verwendet, so ist bei höherer Kurzsichtigkeit nur die Aenderung des Abstandes δ zu berücksichtigen. Am bequemsten ist dafür die Tabelle 9 (s. S. 70/71) oder die Kurventafel Abb. 77. Benutzt man die Tabelle, so ist für

einen bestimmten Hauptpunktsbrechwert des Auges der Korrektions-
oder Berichtigungswert des Glases als Scheitelbrechwert für die
verschiedenen, in der obersten Querreihe in mm verzeichneten Abstände zwischen innerem Glasscheitel und Hornhautscheitel angegeben.
Da für die schwächeren Hauptpunktsbrechwerte eine Berücksichtigung
des Scheitelabstandes nicht nötig ist, so beginnt die Tabelle erst mit
Werten von — 5 dptr. Wenn beispielsweise für ein Auge mit dem
Hauptpunktsbrechwert von — 5 dptr ein Glas mit dem Scheitelbrechwert von — 5,5 dptr in einem Abstand von 17 mm zwischen den
beiden Scheiteln notwendig ist, so muß der Scheitelbrechwert des
Fernglases bei 13 mm Abstand — 5,4 dptr betragen, also — 0,1 dptr
schwächer werden. Gläser so geringer Abstufung der Scheitelbrechwerte werden aber im allgemeinen nicht vorrätig gehalten.
Man kommt praktisch mit einer Abstufung von Vierteldioptrien aus,
wenn auch in Amerika zum Teil Abstufungen nach Achteldioptrien
eingeführt sind. Bei Scheitelbrechwerten von — 6 dptr an ist der Abstand des Brillenglasscheitels vom Hornhautscheitel zu beachten, bei
starken Gläsern sogar recht genau.

Lautet beispielsweise die Verordnung: — 17 dptr sph., Abstand
zwischen den beiden Scheiteln $\delta = 20$ mm, so finden wir in der Tabelle
unter dem Scheitelabstand von 20 mm den Korrektionswert — 17,05 dptr,
rund 17 dptr, für einen Hauptpunktsbrechwert von — 12,5 dptr. Soll
nun der Abstand des Glasscheitels im endgültigen Brillengestell 12 mm
werden, so müssen wir in dieser von dem Hauptpunktsbrechwert
— 12,5 dptr entsprechenden, wagerechten Reihe nach links herübergehen, bis wir unter dem Scheitelabstand von 12 mm den Korrektionswert — 15 dptr für dieses Auge finden. Bei einer Aenderung des
Scheitelabstandes um 8 mm ist in diesem Falle der Scheitelbrechwert
um 2 dptr gesunken. Bei stärkerer Kurzsichtigkeit ist der Unterschied
der Scheitelbrechwerte bei einer ähnlichen Abstandsänderung noch
erheblicher, und wir sehen in der Tabelle, daß für ein Auge mit einem
Hauptpunktsbrechwert von etwa — 23 dptr die Aenderung des Scheitelbrechwerts des Fernglases bei 1 mm Abstandsänderung ungefähr
eine Dioptrie beträgt.

Nicht immer kann man aus der Tabelle die auf halbe Dioptrien
abgerundeten Scheitelbrechwerte ablesen, trotzdem läßt sich die
Aenderung der Scheitelbrechwerte durch die Aenderung des Abstandes auch dann noch bequem aus der Tabelle ermitteln. Ist beispielsweise im Probiergestell ein Glas von — 14 dptr bei einem Scheitelabstand von 17 mm als richtiges Fernglas gefunden worden, so
finden wir in der Tabelle den Scheitelbrechwert von — 14 dptr
für 17 mm Abstand überhaupt nicht, sondern es ist dort nur als
nächster Wert — 13,78 dptr angegeben, also ein Wert, der um
0,22 dptr kleiner ist als vorgeschrieben. Wir müssen jetzt auch für

Tabelle 9.   Korrektions- oder Berichtigungswerte für Kurzsichtigkeiten.

Hauptpunkts-brechwert in dptr	4	5	6	7	8	9	10	11	12	13	14	15	16	17	18	19	20
5	5,14	5,16	5,19	5,22	5,25	5,27	5,30	5,33	5,36	5,39	5,42	5,45	5,48	5,51	5,54	5,57	5,60
5,5	5,67	5,70	5,73	5,76	5,80	5,83	5,87	5,90	5,94	5,97	6,01	6,04	6,08	6,12	6,16	6,19	6,23
6	6,20	6,24	6,28	6,32	6,36	6,40	6,44	6,48	6,52	6,57	6,61	6,65	6,70	6,74	6,79	6,83	6,88
6,5	6,73	6,78	6,83	6,87	6,92	6,97	7,02	7,07	7,12	7,17	7,22	7,27	7,33	7,38	7,44	7,49	7,55
7	7,27	7,33	7,38	7,43	7,49	7,55	7,60	7,66	7,72	7,78	7,84	7,91	7,97	8,03	8,10	8,16	8,23
7,5	7,81	7,88	7,94	8,00	8,07	8,13	8,20	8,27	8,33	8,40	8,48	8,55	8,62	8,70	8,77	8,85	8,93
8	8,36	8,43	8,50	8,57	8,65	8,72	8,80	8,88	8,96	9,04	9,12	9,20	9,29	9,38	9,47	9,56	9,65
8,5	8,91	8,99	9,07	9,15	9,23	9,32	9,41	9,50	9,59	9,68	9,78	9,87	9,97	10,07	10,17	10,27	10,38
9	9,46	9,55	9,64	9,73	9,83	9,92	10,02	10,13	10,23	10,33	10,44	10,55	10,67	10,78	10,90	11,02	11,14
9,5	10,01	10,11	10,21	10,32	10,43	10,54	10,65	10,76	10,88	11,00	11,12	11,25	11,37	11,51	11,64	11,78	11,92
10	10,57	10,68	10,79	10,91	11,03	11,15	11,28	11,41	11,54	11,68	11,81	11,95	12,10	12,25	12,40	12,55	12,71
10,5	11,12	11,25	11,38	11,51	11,64	11,78	11,92	12,06	12,21	12,36	12,52	12,68	12,84	13,01	13,18	13,35	13,53
11	11,69	11,83	11,97	12,11	12,26	12,41	12,57	12,73	12,89	13,06	13,23	13,41	13,59	13,78	13,97	14,17	14,38
11,5	12,25	12,41	12,56	12,72	12,89	13,05	13,23	13,40	13,59	13,77	13,97	14,16	14,37	14,58	14,79	15,01	15,24
12	12,82	12,99	13,16	13,34	13,52	13,70	13,89	14,09	14,29	14,50	14,71	14,93	15,16	15,39	15,63	15,88	16,13
12,5	13,40	13,58	13,76	13,96	14,15	14,36	14,57	14,78	15,00	15,23	15,47	15,71	15,96	16,22	16,49	16,76	17,05
13	13,97	14,17	14,37	14,58	14,80	15,02	15,25	15,49	15,73	15,98	16,24	16,51	16,79	17,07	17,37	17,68	17,99
13,5	14,55	14,77	14,99	15,22	15,45	15,69	15,94	16,20	16,47	16,74	17,03	17,33	17,63	17,95	18,27	18,62	18,97
14	15,13	15,37	15,61	15,85	16,11	16,37	16,64	16,93	17,22	17,52	17,83	18,16	18,49	18,84	19,20	19,58	19,97

— 14,5	15,72	15,97	16,23	16,50	16,77	17,06	17,36	17,66	17,98	18,31	18,65	19,00	19,37	19,76	20,15	20,57	21,00
— 15	16,31	16,58	16,86	17,15	17,45	17,76	18,08	18,41	18,75	19,11	19,49	19,87	20,28	20,70	21,13	21,59	22,07
— 15,5	16,90	17,19	17,49	17,80	18,13	18,46	18,81	19,17	19,54	19,93	20,34	20,76	21,20	21,66	22,14	22,64	23,17
— 16	17,50	17,81	18,13	18,47	18,81	19,18	19,55	19,94	20,35	20,77	21,21	21,67	22,15	22,65	23,18	23,73	24,30
— 16,5	18,10	18,43	18,78	19,14	19,51	19,90	20,30	20,72	21,16	21,62	22,10	22,60	23,12	23,67	24,24	24,84	25,47
— 17	18,70	19,06	19,43	19,81	20,21	20,63	21,06	21,52	21,99	22,48	23,00	23,54	24,11	24,71	25,33	25,99	26,68
— 17,5	19,31	19,69	20,08	20,49	20,92	21,37	21,84	22,32	22,835	23,37	23,93	24,51	25,13	25,78	26,46	27,18	27,94
— 18	19,92	20,32	20,74	21,18	21,64	22,12	22,62	23,14	23,69	24,27	24,87	25,51	26,17	26,88	27,62	28,40	29,24
— 18,5	20,53	20,96	21,41	21,88	22,37	22,88	23,42	23,98	24,57	25,19	25,84	26,52	27,24	28,01	28,81	29,67	30,58
— 19	21,15	21,61	22,08	22,58	23,10	23,65	24,22	24,82	25,46	26,12	26,82	27,56	28,34	29,17	30,05	30,98	31,97
— 19,5	21,77	22,26	22,76	23,29	23,85	24,43	25,04	25,69	26,36	27,08	27,83	28,63	29,47	30,36	31,32	32,33	33,41
— 20	22,40	22,91	23,45	24,01	24,60	25,22	25,87	26,56	27,28	28,05	28,86	29,72	30,63	31,59	32,63	33,73	34,90
— 20,5	23,03	23,57	24,14	24,73	25,36	26,02	26,72	27,45	28,22	29,04	29,91	30,84	31,82	32,86	33,98	35,17	36,46
— 21	23,66	24,23	24,83	25,47	26,13	26,83	27,57	28,35	29,18	30,06	31,00	31,99	33,04	34,17	35,37	36,67	38,07
— 21,5	24,29	24,90	25,53	26,20	26,91	27,65	28,44	29,27	30,15	31,09	32,09	33,15	34,29	35,51	36,81	38,22	39,74
— 22	24,93	25,57	26,24	26,95	27,70	28,49	29,32	30,21	31,15	32,15	33,22	34,36	35,58	36,89	38,31	39,83	41,48
— 22,5	25,58	26,25	26,96	27,71	28,50	29,33	30,22	31,16	32,16	33,23	34,37	35,59	36,91	38,32	39,85	41,50	43,30
— 23	26,23	26,93	27,68	28,47	29,30	30,19	31,13	32,13	33,19	34,33	35,55	36,86	38,27	39,80	41,45	43,24	45,19
— 23,5	26,88	27,62	28,40	29,23	30,12	31,05	32,05	33,11	34,24	35,46	36,76	38,16	39,68	41,32	43,10	45,04	47,16
— 24	27,54	28,32	29,14	30,01	30,94	31,93	32,98	34,11	35,31	36,61	38,00	39,50	41,12	42,89	44,81	46,91	49,22
— 24,5	28,20	29,01	29,88	30,80	31,78	32,82	33,94	35,13	36,41	37,78	39,27	40,87	42,62	44,51	46,58	48,86	51,37
— 25	28,86	29,72	30,63	31,60	32,63	33,73	34,90	36,16	37,52	38,99	40,57	42,28	44,15	46,19	48,43	50,89	53,62

das endgültige Glas, das in etwa 12 mm Scheitelabstand angeordnet sein soll, in der wagerechten Reihe, die dem Hauptpunktsbrechwert von — 11 entspricht, einen Wert aufsuchen, der um 0,22 dptr kleiner ist, als das endgültige Glas. Unter 12 mm Abstand finden wir den Scheitelbrechwert — 12,89 dptr. Um ein Glas von — 13 dptr ver-

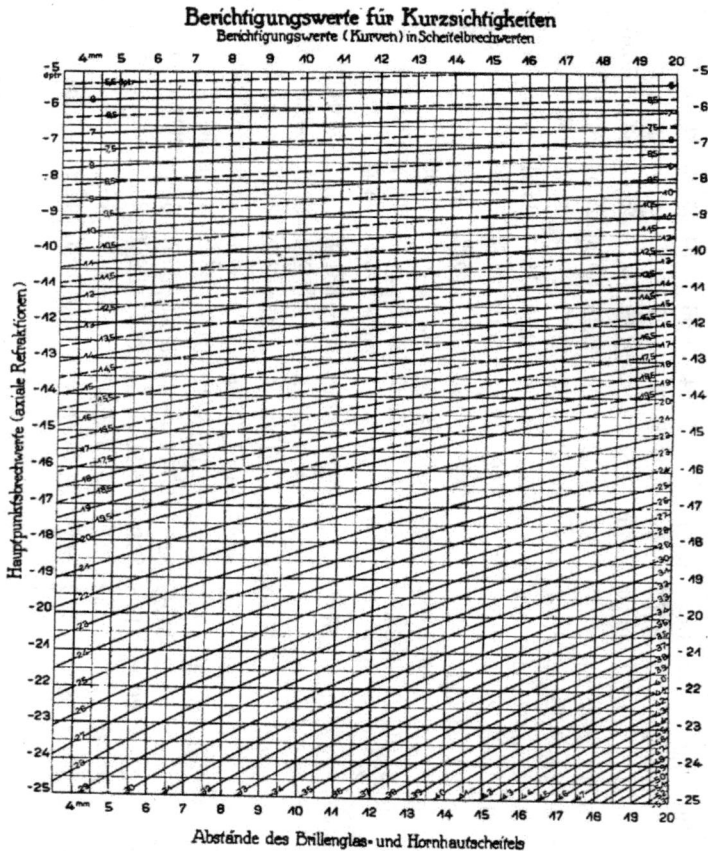

Berichtigungswerte für Kurzsichtigkeiten
Berichtigungswerte (Kurven) in Scheitelbrechwerten

Abstände des Brillenglas- und Hornhautscheitels

Abb. 77.

wenden zu können, müssen wir aber in der Tabelle eine um 0,22 dptr geringere Zahl, also — 12,78 dptr suchen. Dieser Wert ist nicht verzeichnet, sondern wir finden bei 11 mm Abstand — 12,73 dptr und in 12 mm Abstand — 12,89 dptr, folglich liegt bei 11,3 mm Abstand der gesuchte Wert von — 12,78 dptr. Wenn wir also unser Glas statt in

17 mm in 11,3 mm Abstand anordnen, müssen wir den Scheitelbrechwert von — 13,78 auf — 12,78 dptr, um 1 dptr ändern. Also ist auch an Stelle des vorgeschriebenen Glases von — 14 dptr in der endgültigen Brille bei einem Scheitelabstand von 11,3 mm ein Glas von — 13 dptr Scheitelbrechwert zu verwenden.

Mit Hilfe der Kurventafel (Abb. 77) ist der richtige Scheitelbrechwert eines Glases bei geändertem Abstand der zugewandten Scheitel noch bequemer zu ermitteln als mittels der Tabelle 9. In der Tafel sind in der senkrechten Richtung ebenfalls die Hauptpunktsbrechwerte von — 5 bis — 25 dptr aufgetragen, während in der wagerechten Richtung die Abstände zwischen dem inneren Glasscheitel und dem Hornhautscheitel von 4 bis zu 20 mm angegeben sind. Das aus den zwei Wertereihen entstandene Koordinatennetz durchlaufen Kurven, die die Berichtungswerte in Scheitelbrechwerten angeben. Ist beispielsweise ein Glas von — 17 dptr in 20 mm Scheitelabstand verordnet worden, so schneidet sich die Kurve für den Scheitelbrechwert von — 17 dptr, bei 20 mm mit der wagerechten Linie des Hauptpunktsbrechwerts von — 12,5 dptr. Ein Auge mit diesem Hauptpunktsbrechwert ist also zu berichtigen. Verfolgen wir die Wagerechte weiter nach links, so schneidet sie jetzt die Kurve für den Scheitelbrechwert — 15 dptr bei einem Abstand von 12 mm und wir erkennen daraus, daß bei 12 mm Scheitelabstand ein Glas von — 15 dptr gegeben werden muß. Gerade aus den Kurven ist die rasche Aenderung der Scheitelbrechwerte bei den hohen Hauptpunktsbrechwerten leicht ersichtlich.

Auch solche Werte, bei denen die Scheitelbrechwertskurve nicht gerade einen Schnittpunkt des Koordinatennetzes trifft, lassen sich mit Hilfe der Kurventafel einfacher als bei der Benutzung der Tabelle finden. Ist z. B. ein Glas von — 15 dptr in 17 mm Scheitelabstand verordnet worden, so zeigt die Tafel, daß damit ein Auge mit dem Hauptpunktsbrechwert von — 11,75 dptr korrigiert wird. Gehen wir in dieser Höhe am besten durch Anlegen eines kleinen Lineals wagerecht nach links herüber, so finden wir einen Scheitelbrechwert von — 14 dptr bei 12,5 mm Scheitelabstand.

Sowohl aus der Tabelle, als auch aus der Kurventafel geht deutlich hervor, wie nötig es ist, bei höherer Kurzsichtigkeit den Abstand zwischen dem Brillen- und Hornhautscheitel zu berücksichtigen. Die Verordnung eines zerstreuenden Brillenglases von mehr als 6 dptr Scheitelbrechwert muß also unter allen Umständen den Abstand des Brillenscheitels vom Hornhautscheitel enthalten, sonst kann kein Optiker eine Brille anfertigen, die dem Träger dasselbe Sehen vermittelt wie das Probierglas. Ja bei sehr hohen zerstreuenden Brillengläsern ist die genaue Bestimmung des Scheitelabstandes fast ebenso wichtig, wie die Bestimmung des Glases.

Die Ermittelung des Scheitelabstandes.

Die Messung des Scheitelabstandes wird am bequemsten mit einem Keratometer und einem Tiefentaster ausgeführt. Das Wesselysche Keratometer dient eigentlich zur Bestimmung der Hornhautbreite. Es besteht im wesentlichen aus einer kleinen Millimeterteilung T, die etwa in der vorderen Brennebene einer einfachen Sammellinse L angeordnet ist, und die durch eine kleine in der hinteren Brennebene der Linse liegende Blende B beobachtet wird (Abb. 78).

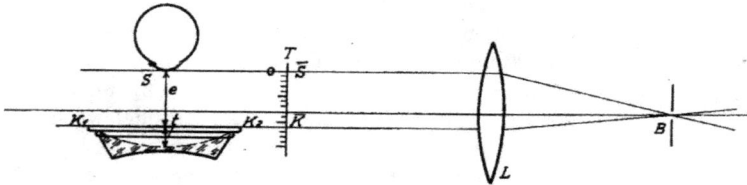

Abb. 78. Die Messung des Abstandes des Hornhautscheitels von der augennahen Ebene des Probiergestells mit dem Keratometern, übersichtlich dargestellt.

Durch diese Lage der Blende B verlaufen alle Hauptstrahlen vor der Linse, also im Dingraum, achsenparallel. So kann man z. B. den Abstand des Hornhautscheitels S von der Kante des Probiergestells $K_1 K_2$, die Strecke e, richtig messen, obwohl der Maßstab T von den

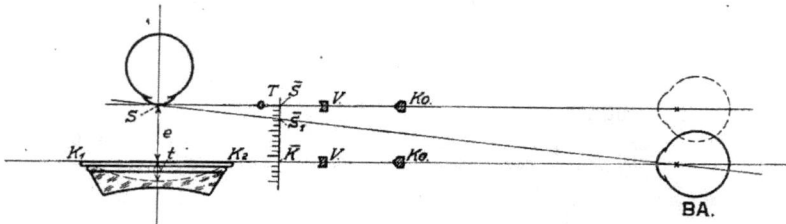

Abb. 79. Uebersichtliche Darstellung der Messung des Abstandes des Hornthaut-scheitels von der augennahen Ebene des Probiergestells mit Hilfe einer einfachen Teilung und einer Teilung mit Zieleinrichtung.

zu messenden Punkten ziemlich weit absteht und niemals angelegt werden kann. Denn der Scheitel S und die beiden sich deckenden Kanten $K_1 K_2$ des Probiergestells werden durch parallele Strahlen-büschel auf die Teilung projiziert, so daß die dadurch auf der Teilung herausgeschnittenen Punkte $\overline{S} \overline{K}$ denselben Abstand haben, wie die Ebene $K_1 K_2$ von S. Mit einer einfachen Teilung ist diese Messung nicht möglich (Abb. 79), denn selbst, wenn die Blicklinie des Be-obachterauges B A in der augennahen Begrenzungsebene des Pro-biergestells läge, so daß sich die Punkte $K_1 K_2$ deckten und auf den Punkt K̄ der Teilung projizierten, so würde doch der Hornhaut-scheitel S fälschlicherweise auf den Punkt S̄₁ projiziert und der Ab-stand e zu klein gemessen werden. Es müßte sich dann auch das Beobachterauge bei der zweiten Visierung nach dem Scheitel um die zu findende Strecke e nach der Seite zu bewegen, so daß sich S auf die richtige Stelle S̄ projizierte. Diese Annahme kann aber nur zu-treffen, wenn man auf der Teilung einen Diopter, also eine Zielein-richtung VKo, verschieblich anbringt. Mit einer solchen Einrichtung kann man also auch den Abstand des Scheitels S vom Rande des Probiergestells, die Strecke e, messen. Um den Scheitelabstand δ̄ zu er-halten, ist noch die Messung der Strecke t mit Hilfe eines Tiefentasters (Abb. 80) nötig, die erst nach Abnahme des Probiergestells möglich ist. Durch Zusammenzählen von e und t erhält man den Scheitel-abstand δ̄.

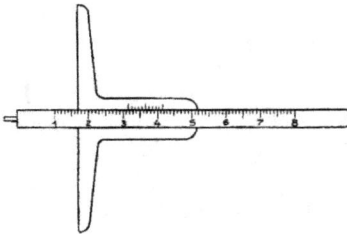

Abb. 80. Tiefentaster.

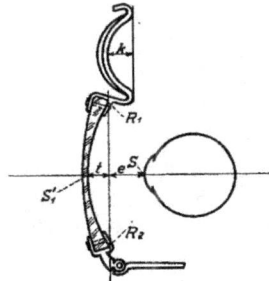

Abb. 81. Der Scheitelabstand bei einer Glasbrille mit Zerstreuungsgläsern.

Bei den starken zerstreuenden Gläsern hat man darauf zu achten, daß die Verlegung des Scheitels bei der endgültigen Brille der aus der Tabelle 9 oder aus der Kurventafel (Abb. 77) gefundenen Aenderungen des Scheitelbrechwerts entspricht. Deshalb muß der Optiker den Scheitel des endgültig verwendeten Brillenglases durch das Gestell in den gewünschten Abstand vom Hornhautscheitel bringen. Dazu muß er den Abstand des Brillenrandes R₁R₂ (Abb. 81) vom Brillenscheitel S'₁, die Scheiteltiefe t kennen und die Stegkröpfung k so wählen, daß der Abstand des Brillenrandes R₁R₂ vom Hornhautscheitel S, die Strecke e, dem vorgeschriebenen Wert von δ̄ entspricht. Die Scheiteltiefe t ist einfach durch den Tiefentaster oder mit Hilfe der Tabelle 10 zu ermitteln, wenn man die Brechkraft der augennahen Brillenglasfläche mit dem üblichen kleinen Sphärometer in Uhrform (Abb. 82) mißt und den Längsdurchmesser des Glases, den Scheibendurchmesser, kennt. Soll beispielsweise ein Halbmuschelglas von —10 dptr und 38 mm Durchmesser verwendet werden, dessen Innenfläche also eine Brechkraft von —16 dptr zeigt, so finden wir in der Tabelle 10 in der senkrechten Reihe unter 38 mm in der Wagerechten neben —16 dptr die Scheiteltiefe 6,1 mm. Soll dann der Abstand $\bar{\delta}$ zwischen den beiden Scheiteln 12 mm betragen, so muß ein solches Gestell ausgewählt werden, daß der Brillenrand 6 mm vom Scheitel S absteht, denn es muß ja $\bar{\delta} = t + e$; also $e = \bar{\delta} - t$, hier $(12 - 6)$ mm $= 6$ mm sein.

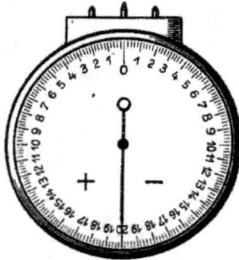

Abb. 82. Tastersphärometer.

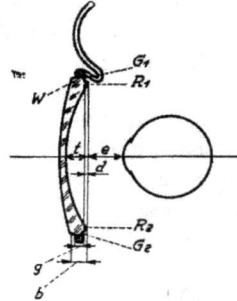

Abb. 83. Der Scheitelabstand bei einer Fassungsbrille mit Zerstreuungsgläsern.

Soll eine Fassungsbrille angepaßt werden, so ist beim Aussuchen des richtig sitzenden Gestells auf die Lage des augennahen Gestellrandes zu achten (Abb. 83); denn der Brillenrand $R_1 R_2$ kommt namentlich bei einem zerstreuenden Glase mit höherem Scheitelbrechwert, also größerer Randdicke, in einen geringeren Abstand e vom Scheitel S zu liegen, als der Gestellrand $G_1 G_2$. Wenn man annimmt, daß die Winkelkante W, wie das wohl meist der Fall ist, in der Mitte des Glasrandes und des Gestellrandes sitzt, so ist der Abstand des Brillenrandes $R_1 R_2$, vom Gestellrande $G_1 G_2$, die Strecke d gleich der Hälfte des Unterschieds zwischen der Randdicke des Brillenglases b und der Dicke des Gestellrandes g, also $d = \dfrac{b - g}{2}$.

Beide Größen b und g sind leicht mit der Schublehre (Abb. 84) zu messen.

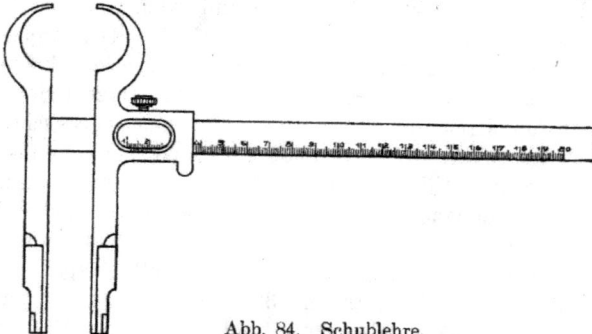

Abb. 84. Schublehre.

Tabelle 10. Scheiteltiefen von Brillengläsern.

Obere Tabelle

Krümmung der Innenfläche des Glases in dptr	Scheibendurchmesser in Millimetern												
	34	35	36	37	38	39	40	41	42	43	44	45	46
	Scheiteltiefen in Millimetern												
8	2,3	2,4	2,5	2,7	2,8	3,0	3,1	3,3	3,5	3,6	3,8	4,0	4,2
8¼	2,4	2,5	2,7	2,9	3,0	3,2	3,3	3,5	3,6	3,8	4,0	4,2	4,3
8½	2,4	2,6	2,8	3,0	3,1	3,2	3,4	3,5	3,7	3,9	4,1	4,3	4,5
8¾	2,5	2,8	2,9	3,0	3,2	3,3	3,5	3,8	3,9	4,1	4,3	4,4	4,6
9	2,6	2,8	2,9	3,0	3,2	3,4	3,6	3,8	3,9	4,1	4,3	4,5	4,7
9¼	2,7	2,8	3,0	3,1	3,3	3,5	3,7	3,8	4,0	4,2	4,5	4,7	4,9
9½	2,7	2,9	3,1	3,2	3,4	3,6	3,8	4,0	4,2	4,4	4,6	4,8	5,0
9¾	2,8	2,9	3,1	3,3	3,6	3,8	4,0	4,0	4,3	4,5	4,7	4,9	5,2
10	2,9	3,0	3,2	3,4	3,6	3,8	4,0	4,2	4,4	4,6	4,9	5,1	5,3
10½	3,0	3,2	3,4	3,6	3,8	4,0	4,2	4,4	4,7	4,9	5,2	5,4	5,6
11	3,2	3,4	3,6	3,8	4,0	4,2	4,4	4,7	4,9	5,2	5,4	5,7	5,9
11½	3,3	3,5	3,7	4,0	4,2	4,4	4,6	4,9	5,1	5,4	5,7	6,0	6,3
12	3,5	3,7	3,9	4,1	4,4	4,6	4,9	5,1	5,4	5,7	6,0	6,3	6,6
12½	3,6	3,9	4,1	4,3	4,5	4,8	5,1	5,4	5,7	6,0	6,3	6,6	6,9
13	3,8	4,0	4,3	4,5	4,8	5,0	5,3	5,6	5,9	6,2	6,5	6,9	7,2
13½	4,0	4,2	4,5	4,7	5,0	5,3	5,6	5,9	6,2	6,5	6,9	7,2	7,6
14	4,1	4,4	4,6	4,9	5,2	5,5	5,8	6,1	6,5	6,8	7,2	7,5	7,9
14½	4,3	4,6	4,8	5,1	5,4	5,7	6,1	6,4	6,8	7,1	7,5	7,9	8,3
15	4,4	4,7	5,0	5,3	5,6	6,0	6,3	6,7	7,0	7,4	7,8	8,2	8,6
15½	4,6	4,9	5,2	5,5	5,9	6,2	6,6	7,0	7,3	7,7	8,1	8,6	9,0
16	4,8	5,1	5,4	5,7	6,1	6,5	6,8	7,2	7,6	8,0	8,5	8,9	9,4
16½	5,0	5,3	5,7	5,9	6,3	6,6	7,1	7,5	7,9	8,4	8,9	9,4	10,0
17	5,1	5,5	5,8	6,2	6,6	7,0	7,4	7,8	8,3	8,8	9,2	9,8	10,3
17½	5,3	5,7	6,0	6,4	6,8	7,3	7,7	8,2	8,6	9,0	9,6	10,2	10,8
18	5,6	5,9	6,3	6,7	7,1	7,6	8,0	8,5	9,0	9,6	10,2	10,9	11,4
18½	5,7	6,1	6,5	6,9	7,4	7,8	8,3	8,8	9,4	10,0	10,5	11,1	12,0
19	6,1	6,5	6,8	7,2	7,7	8,2	8,7	9,3	9,9	10,3	11,0	11,7	12,6
19½	6,2	6,6	7,0	7,6	8,0	8,5	9,1	9,7	10,2	11,0	11,8	12,5	13,3
20	6,4	6,9	7,4	7,9	8,4	9,0	9,6	10,2	10,9	11,5	12,4	13,3	14,2

Untere Tabelle

Krümmung der Innenfläche des Glases in dptr	Scheibendurchmesser in Millimetern												
	34	35	36	37	38	39	40	41	42	43	44	45	46
	Scheiteltiefen in Millimetern												
—1	0,3	0,3	0,3	0,3	0,3	0,4	0,4	0,4	0,4	0,5	0,5	0,5	0,5
—1¼	0,4	0,4	0,4	0,4	0,4	0,5	0,5	0,5	0,6	0,6	0,6	0,6	0,6
—1½	0,5	0,6	0,6	0,6	0,6	0,6	0,7	0,7	0,7	0,7	0,8	0,8	0,8
—1¾	0,5	0,6	0,6	0,6	0,6	0,6	0,7	0,7	0,8	0,8	0,8	0,8	0,9
—2	0,6	0,6	0,6	0,7	0,7	0,8	0,8	0,8	0,9	0,9	0,9	1,0	1,0
—2¼	0,7	0,7	0,7	0,8	0,8	0,9	0,9	1,0	1,0	1,0	1,0	1,0	1,1
—2½	0,8	0,8	0,8	0,9	0,9	0,9	1,0	1,0	1,1	1,1	1,1	1,2	1,3
—2¾	0,9	0,9	0,9	1,0	1,0	1,0	1,1	1,2	1,2	1,3	1,3	1,3	1,4
—3	0,9	0,9	1,0	1,0	1,1	1,1	1,2	1,2	1,3	1,4	1,4	1,4	1,5
—3¼	1,0	1,1	1,1	1,2	1,2	1,3	1,3	1,4	1,5	1,5	1,6	1,6	1,7
—3½	1,1	1,2	1,2	1,3	1,3	1,4	1,5	1,5	1,6	1,6	1,6	1,8	1,8
—3¾	1,1	1,2	1,4	1,4	1,4	1,5	1,6	1,6	1,7	1,7	1,7	1,8	1,8
—4	1,2	1,2	1,4	1,4	1,4	1,6	1,6	1,7	1,7	1,8	1,9	1,9	2,0
—4¼	1,2	1,3	1,4	1,5	1,6	1,6	1,7	1,8	1,8	1,9	2,0	2,1	2,1
—4½	1,3	1,4	1,5	1,5	1,6	1,7	1,8	1,9	1,9	2,0	2,1	2,2	2,2
—4¾	1,4	1,5	1,6	1,6	1,8	1,8	1,9	2,0	2,1	2,2	2,3	2,4	2,5
—5	1,4	1,5	1,6	1,7	1,8	1,9	1,9	2,1	2,1	2,3	2,4	2,5	2,6
—5¼	1,5	1,6	1,7	1,8	1,8	2,0	2,1	2,2	2,3	2,4	2,5	2,6	2,7
—5½	1,7	1,7	1,7	1,8	1,9	2,0	2,1	2,3	2,4	2,6	2,6	2,8	2,9
—5¾	1,7	1,8	1,8	1,9	2,0	2,1	2,3	2,3	2,6	2,6	2,8	2,9	3,0
—6	1,8	1,8	1,9	2,0	2,1	2,2	2,4	2,5	2,6	2,7	2,8	3,0	3,1
—6¼	1,8	1,9	2,0	2,1	2,3	2,3	2,6	2,6	2,7	2,8	2,9	3,1	3,2
—6½	1,8	2,0	2,1	2,3	2,4	2,5	2,6	2,7	2,8	3,0	3,1	3,2	3,4
—6¾	1,9	2,1	2,2	2,3	2,5	2,5	2,7	2,8	2,9	3,1	3,2	3,4	3,5
—7	2,0	2,1	2,2	2,3	2,6	2,7	2,9	2,9	3,0	3,2	3,3	3,5	3,6
—7¼	2,0	2,2	2,3	2,5	2,6	2,8	3,0	3,0	3,2	3,3	3,5	3,6	3,8
—7½	2,1	2,3	2,4	2,6	2,7	2,9	3,0	3,2	3,3	3,5	3,6	3,8	3,9
—7¾	2,2	2,3	2,5	2,6	2,9	3,0	3,1	3,3	3,4	3,6	3,7	3,9	4,0

Ist z. B. b $= 5{,}5$, g $= 1{,}5$, so ist d $= \dfrac{5{,}5 - 1{,}5}{2}$ mm $= \dfrac{4}{2}$ mm $= 2$ mm

Wenn also der Brillenrand beispielsweise 7 mm vom Hornhautscheitel abstehen soll, weil die Scheiteltiefe 5 mm beträgt, so muß das Gestell so ausgewählt werden, daß sein Rand e $+$ d $= (7 + 2)$ mm $= 9$ mm vom Scheitel S entfernt ist. Diese für die Anpassung nötigen Arbeiten erfordern also größte Sorgfalt vom Optiker, und je höher die Scheitelbrechwerte der Gläser sind, um so genauer müssen alle Abstände gemessen und eingehalten werden. Will man durch die Wahl des Abstandes erreichen, daß zwischen Brillen- und Hornhautscheitel keinesfalls ein Fehler eingeführt wird, der 0,25 dptr übersteigt, so muß bei einem Glas von -10 dptr der Fehler unter 2,5 mm, bei einem Glas von -20 dptr unter 0,6 mm bleiben.

Das übersichtige Auge.

Das übersichtige oder hyperopische Auge ist zu kurz gebaut. Wir setzen auch hier nur Längsabweichungen voraus. Das optische System hat also die Brechkraft des normalen Auges. Der bild-

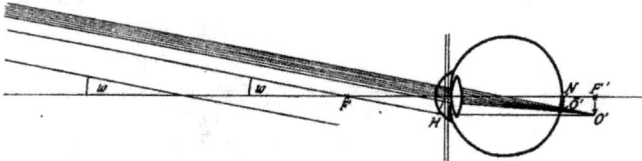

Abb. 85. Die Abbildung eines weit entfernten Dinges in einem übersichtigen Auge.

seitige Brennpunkt des Auges F′ liegt deshalb bei entspannter Akkommodation (Abb. 85) hinter der Netzhaut N. Das deutliche Bild entfernter Gegenstände liegt bei F′O′, während auf der Netzhaut selbst nur ein undeutliches Bild NŌ′ entsteht. In der Abbildung sind sowohl die zur Konstruktion des Bildes F′O′ nötigen, als auch die den Bildpunkt O′ wirklich erzeugenden Strahlen gezeichnet. Das durch die Pupille eingelassene Büschel ist schraffiert dargestellt. Man erkennt daraus deutlich, daß der Punkt O′ auf der Netzhaut als Zerstreuungskreis Ō′ wiedergegeben wird. In gleicher Weise gilt das von den übrigen Punkten des Bildes. Es wird gewissermaßen von der Austrittspupille aus durch Strahlenbüschel auf die Netzhaut projiziert. Da die Netzhaut vor der Bildebene liegt, so muß die undeutliche, aus Zerstreuungskreisen bestehende Wiedergabe NŌ′ des Dinges kleiner sein, als das deutliche Bild F′O′ in der Brennebene.

Wollte man ein deutliches Bild irgendwelcher Dinge gerade auf der Netzhaut erhalten, so müßte man das Bild aus der Brennebene F′ nach der Netzhaut N, also von rechts nach links verschieben. Einer solchen

Bildverschiebung müßte im Dingraum eine gleichsinnige Dingverschiebung entsprechen. Nun liegt aber das Ding bereits im Unendlichen, wenn das Bild in der Brennebene entsteht. Verschiebt man das Ding aus dem negativen Unendlichen weiter nach links, so kann es nur durch das positive Unendliche nach links ins positive Endliche rücken. Es kann also nur hinter dem Auge liegen. Daraus ergibt sich, daß das Ding jetzt kein wirkliches, sondern nur ein scheinbares (RO Abb. 86) sein kann, das heißt ein Bild, das irgendein optisches System erzeugt. Es wird vom ruhenden unbewaffneten Auge auf die Netzhaut abgebildet. Um das Bild zu konstruieren, nehmen wir aus den nach O zielenden Strahlen den Achsenparallelstrahl heraus, der im Bildraum des Auges zum Brennstrahl wird. Als zweiten Strahl wählen wir den, der den dingseitigen Brennpunkt F enthält und im Bildraum zum Achsenparallelstrahl wird. Die beiden im Bildraum des Auges verlaufenden Strahlen schneiden sich in O′ auf der Netzhaut. NO′ ist also das Bild des scheinbaren Dinges RO. Je näher der Brennpunkt

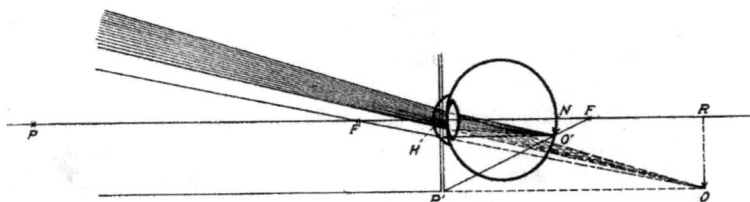

Abb. 86. Die Abbildung eines in der Fernpunktsebene liegenden scheinbaren Dinges in einem übersichtigen Auge.

der Netzhaut liegt, desto weiter muß das scheinbare Ding hinter dem Auge liegen, und der Grad der Uebersichtigkeit ist desto geringer. Je kürzer dagegen das Auge ist, desto näher muß das scheinbare Ding hinter dem Auge liegen und um so größer ist die Fehlsichtigkeit. Der Punkt R der Achse, der vom ruhenden Auge deutlich auf die Netzhaut abgebildet wird, ist wieder der Fernpunkt des Auges. Durch seinen Abstand vom Augenhauptpunkt messen wir den Grad der Uebersichtigkeit. Ist dieser Abstand also die Strecke HR = a, beispielsweise 200 mm = 0,2 m, so ist der Hauptpunktsbrechwert des übersichtigen Auges $A = \dfrac{1}{a} = \dfrac{1}{0,2 \text{ m}} = 5$ dptr. Die Länge dieses Auges ergibt sich mit Hilfe der Gleichung:

B = A + D = (5 + 58,64) dptr = **63,64 dptr.** Die Bildweite in Luft ist also:

$b = \dfrac{1}{B} = \dfrac{1}{63,64 \text{ dptr}} = 0,01573 \text{ m} = 15\,73 \text{ mm}$. Im Auge wird diese Strecke

= b · n = 15,73 mm · 1,336 = 21,00 mm. Rechnen wir dazu noch den Abstand des bildseitigen Hauptpunkts H′ vom Hornhautscheitel S. der

1,6 mm beträgt, so wird die Länge des Auges mit einer Uebersichtigkeit von 5 dptr gleich $(21 + 1,6)$ mm $= 22,60$ mm. Die Augenlängen
für verschiedene übersichtige Augen mit reinen Längenabweichungen
sind aus der Tabelle 11 ersichtlich.

Tabelle 11.
Die verschiedenen Längen übersichtiger Augen.

Hauptpunktsbrechwerte in dptr	Fernpunktsabstände vom Scheitel in mm	Augenlänge in mm
0	∞	24,38
1	1001,35	24,01
2	501,35	23,63
3	334,69	23,27
4	251,35	22,92
5	201,35	22,60
6	168,02	22,27
7	144,21	21,96
8	126,35	21,65
9	112,46	21,36
10	101,35	21,07

Akkommodiert ein übersichtiges Auge, so rückt der Brennpunkt
F′ näher an die Netzhaut heran. Der deutlich gesehene Dingpunkt
verschiebt sich dabei weiter nach rechts, nach dem positiven Unendlichen. Ist die Brennweite beim Akkommodieren so kurz geworden,
daß der Brennpunkt F′ gerade auf die Netzhaut fällt, so kann das
akkommodierende übersichtige Auge weit entfernte Dinge deutlich
sehen. Ein übersichtiges Auge mit einem Hauptpunktsbrechwert von
5 dptr muß beispielsweise 5 dptr akkommodieren, um weit entfernte
Dinge deutlich sehen zu können, denn der Kehrwert der Bildweite ist
gleich: $B = A + D = (5 + 58,64)$ dptr $= 63,64$ dptr. Sollen weit entfernte
Dinge deutlich gesehen werden, so wird a $= \infty$, $A = \dfrac{1}{a} = \dfrac{1}{\infty} = 0$ und
D muß jetzt gleich B, also gleich 63,64 dptr, d. s. 5 dptr mehr als
58,64 dptr werden. Ein jugendliches Auge, das über eine genügende
Akkommodationsbreite verfügt, kann durch weitere Akkommodations-
anstrengung auch noch wirkliche, im Endlichen gelegene Dinge deutlich
erkennen. Das Auge eines 20-jährigen Uebersichtigen, mit einem
Hauptpunktsbrechwert von 6 dptr, das über eine Akkommodationsbreite
von 10 dptr verfügt, kann bei einer Akkommodation von 6 dptr weit
entfernte Dinge, bei stärkster Akkommodation Dinge in 25 cm Abstand
vor dem Auge deutlich sehen; während es in Akkommodationsruhe
scheinbare Dinge deutlich erkennen kann, die 16,66 cm hinter dem
Augenhauptpunkt liegen. Das Akkommodationsgebiet umfaßt also die

Strecke von dem Fernpunkt R bis ins positiv. Unendliche und vom negativ Unendlichen bis zu dem Nahepunkt, der hier 25 cm vor dem Auge liegt. Das Akkommodationsgebiet des Uebersichtigen ist also sehr groß. Nur Dinge, die zwischen dem Nahe- und Fernpunkt, also hier von 25 cm vor bis 16,6 cm hinter dem dingseitigen Augenhauptpunkt liegen, sind ohne Hilfsmittel nicht deutlich zu sehen.

Der Ausgleich der Uebersichtigkeit.

Es ist aber einem übersichtigen Auge praktisch unmöglich, immer stark zu akkommodieren, um die wirklichen Dinge ordentlich beobachten zu können. Deshalb muß ein Fernbrillenglas die Akkommodationsarbeit zum Teil übernehmen. Mit seiner Hilfe müssen in Akkommodationsruhe weit entfernte Dinge deutlich gesehen werden. Das ist möglich, wenn das Brillenglas diese Dinge in die Fernpunktsebene des Auges abbildet. Wie wir bereits sahen, liegt der Fernpunkt. eines übersichtigen Auges hinter ihm. Brillengläser erzeugen Bilder weit entfernter Dinge stets in ihren bildseitigen Brennebenen. Beim sammelnden Brillenglas liegt die bildseitige Brennebene hinter ihm, also kann es zur Berichtigung eines übersichtigen Auges dienen. Auch hier gilt wieder die Regel: der bildseitige Brennpunkt des Fernglases F'_1 muß mit dem Fernpunkt des Auges R zusammenfallen. Da zwischen Auge und Brillenglas stets ein endlicher Abstand besteht, so muß selbstverständlich die bildseitige Brennweite des Brillenglases länger als der Fernpunktabstand sein, oder der Hauptpunktsbrechwert des Auges muß größer sein als die Brechkraft des Glases. Auch hier gilt gerade wie beim kurzsichtigen Auge $f'_1 = a + \delta$. wo δ der Abstand der zugewandten Hauptpunkte, die Strecke $H'_1 H$, ist. Ist beispielsweise a = 200 mm = 0,2 m, der

Hauptpunktsbrechwert des Auges $A = \dfrac{1}{a} = \dfrac{1}{0,2\,\text{m}} = +5$ dptr, und

der Abstand δ zwischen dem bildseitigen Hauptpunkt des Brillenglases und dem dingseitigen Hauptpunkt des Auges = 13,3 mm, so ist die Brennweite des korrigierenden Glases

$f'_1 = a + \delta = (200 + 13,3)\,\text{mm} = 213,3\,\text{mm} = 0,2133\,\text{m}$. Infolgedessen ist

lie Brechkraft des Brillenglases $D = \dfrac{1}{f'_1} = \dfrac{1}{0,2133\,\text{m}} = 4,7$ dptr. Wir

erkennen daraus, daß hier, umgekehrt wie beim kurzsichtigen Auge, lie Brechkraft des Fernglases geringer ist als der Hauptpunktsbrechwert des Auges.

Die Entstehung des Bildes durch Brillenglas und Auge ist aus ler Abb. 87 zu erkennen. Dabei ist zunächst wieder angenommen vorden, daß der bildseitige Hauptpunkt des Brillenglases H'_1 mit lem dingseitigen Brennpunkt des Auges F zusammenfällt. Der untere Punkt des weit entfernten Dinges liege gerade auf der Achse, der obere Punkt liege über ihr, und die von ihm ausgehenden Strahlen schließen den Winkel w mit der Achse ein. Dann würde das Brillenglas allein das Bild $F'_1 O'$ erzeugen. Wir finden es nach unseren oft verwendeten Zeichenregeln, doch ziehen wir den nach dem Bildpunkt O' zielenden Achsenparallelstrahl nur bis zur Hauptebene des Auges aus, weil das Auge ja das Zustandekommen des Bildes $F'_1 O'$ hindert. Es vertritt für das Auge die Stelle des Dinges. Der Achsenparallelstrahl $P'_1 P$ wird zum Brennstrahl und der durch den Brennpunkt F nach dem scheinbaren Dingpunkt O' zielende Strahl wird im Bildraum des Auges zum Achsenparallelstrahl. Beide Strahlen schneiden sich auf der Netzhaut im Punkte O'', denn dort wird ja das scheinbare Ding $F'_1 O'$ wirklich abgebildet, wenn es in der Fernpunktsebene liegt.

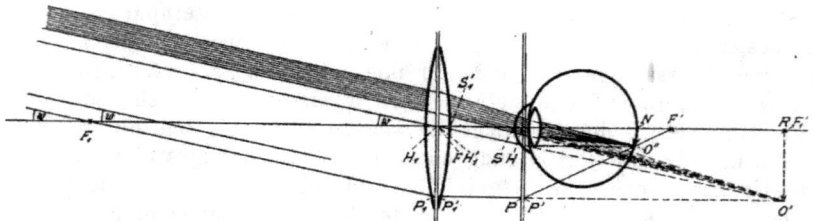

Abb. 87. Die Abbildung eines weit entfernten Dinges in einem mit dem berichtigenden Glase versehenen übersichtigen Auge.

Die Bildgröße im korrigierten übersichtigen Auge.

Wählt man den Abstand des Brillenglases vom Auge so groß, daß der bildseitige Hauptpunkt des Brillenglases H'_1 mit dem dingseitigen Brennpunkt des Auges F zusammenfällt (Abb. 87), also 15,71 mm vor dem Hornhautscheitel liegt, dann wird — wie wir beim kurzsichtigen Auge bewiesen haben — die Brechkraft des gesamten aus Auge und Brille bestehenden Systems ebenso groß, wie die Brechkraft des Auges. Das Bild weit entfernter Dinge, das jetzt gerade auf der Netzhaut entsteht, ist dabei ebenso groß wie in einem rechtsichtigen Auge, oder wie in der hinter der Netzhaut liegenden Brennebene beim unbewaffneten Auge. Wird ein übersichtiges Auge korrigiert, so erscheinen ihm vor allem die Dinge größer als ohne Brille. Das kommt daher, daß das auf die Netzhaut projizierte undeutliche Bild $N\overline{O}'$, Abb. 85, im unbewaffneten Auge kleiner ist, als das mit Hilfe des Fernglases entstandene deutliche Bild. Akkommodiert aber das unbewaffnete Auge und bringt es dadurch weit entfernte Dinge zur deutlichen Wiedergabe auf der Netzhaut, so wird die Brechkraft des Augensystems um den Wert des Hauptpunktsbrechwertes

vermehrt. Dieser Vermehrung entsprechend wird das Bild kleiner
denn die Größe der Bilder weit entfernter Dinge ist umgekehrt pro·
portional der Brechkraft, so daß also das Bild auf der Netzhau¹
eines akkommodierenden unbewaffneten übersichtigen Auges kleine₁
sein muß als das eines korrigierten übersichtigen Auges, dessen
Brillenhauptpunkt im vorderen Augenbrennpunkt liegt.

Meist werden die Brillengläser nicht in diesem großen Abstande
vor dem Auge angeordnet, und die Brechkraft des gesamten aus Auge
und Brille bestehenden Systems wird dadurch etwas größer als die Brech·
kraft des Augensystems allein. Dies kann man sich durch Ueberlegung
klar machen. Wie wir wissen, ist die Brechkraft des Gesamtsystems
gleich der Brechkraft des Auges, wenn der bildseitige Brillenhaupt·
punkt mit dem dingseitigen Augenbrennpunkt zusammenfällt. Würde
man die beiden Systeme so nahe aneinanderrücken können, daß der

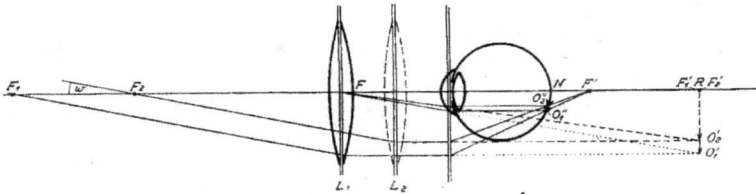

Abb. 88. Die Abhängigkeit der Bildgröße in einem korrigierten übersichtigen Auge
vom Abstand des Brillenglases.

bildseitige Brillenhauptpunkt mit dem dingseitigen Augenhauptpunkt
zusammenfiele, dann wäre die Gesamtbrechkraft gleich der Summe
der Brechkräfte der beiden einzelnen Systeme, bei einem Brillenglase
von + 5 dptr also statt 58,64 dptr = 63,64 dptr, also gerade so
groß, wie bei dem auf weit entfernte Dinge akkommodierenden unbewaffneten übersichtigen Auge. Die Bildgröße auf der Netzhaut
würde im Verhältnis der Steigerung der Brechkraft verkleinert sein.
Rückt nun das Brillenglas nur um so viel näher an das Auge heran,
wie das in Abb. 88 gezeichnet ist, daß der Abstand zwischen den
beiden Scheiteln, wie üblich, 12 mm beträgt, so nimmt die Brechkraft
des Gesamtsystems, bestehend aus Auge und Brille, gegenüber der
Brechkraft des Augensystems etwas zu, wenn auch meist nicht viel.
Die Folge muß sein, daß das auf der Netzhaut entstehende deutliche
Bild NO''_2 beim korrigierten übersichtigen Auge ein wenig kleiner
ist, als das in der Brennebene im unbewaffneten oder im rechtsichtigen
Auge erzeugte Bild weit entfernter Dinge, oder das durch Auge und
Brille erzeugte Bild, wenn der Hauptpunkt des Glases H'_1 mit dem
dingseitigen Brennpunkt F des Auges zusammenfällt. Handelt es
sich beispielsweise um ein übersichtiges Auge mit einem Haupt-

punktsbrechwert von 6 dptr, bei dem der Hauptpunkt H'_1 des Fernglases 13,3 mm vor dem Hauptpunkt des Auges liegt, so wird seine Brennweite $f'_1 = a + \delta = (166,6 + 13,3)\,\text{mm} = 179,9\,\text{mm} = 0,1799\,\text{m}$ und seine Brechkraft $D_1 = \frac{1}{f'_1} = \frac{1}{0,1799\,\text{m}} = 5,56\,\text{dptr}$. Die Gesamtbrechkraft des aus Brille und Auge bestehenden Systems errechnet sich nach der Formel zu:

$$D = D_1 + D_{11} - \delta D_1 \cdot D_{11} = (5,56 + 58,64 - 0,0133 \cdot 5,56 \cdot 58,64)\,\text{dptr}$$
$$= (64,20 - 4,34)\,\text{dptr} = 59,86\,\text{dptr}.$$

Die Gesamtbrechkraft ist also hier um $(59,86 - 58,64)\,\text{dptr} = 1,22\,\text{dptr}$ stärker als die Brechkraft des Auges, und die Bildgröße muß in dem Verhältnis $\frac{58,64}{59,86}$ vermindert sein. Ein unter einem Winkel von 1^0 erscheinendes weit entferntes Ding wird durch ein rechtsichtiges Auge in einer Größe von 0,298 mm abgebildet, denn die Bildgröße ist:

$$\beta = \frac{\operatorname{tg} w}{-D} = \frac{0,0175}{-58,64\,\text{dptr}} = -0,000\,298\,\text{m} = -\textbf{0,298 mm}.$$

In derselben Größe entsteht das Bild in der Brennebene des unbewaffneten übersichtigen Auges, denn wir setzen ja dieselbe Brechkraft voraus. Die Bildgröße nimmt im korrigierten Auge unseres Beispiels im umgekehrten Verhältnis der Brechkräfte, also im Verhältnis $\frac{58,64}{59,86}$ ab, sie wird $0,298 \cdot \frac{58.64}{59,86} = \textbf{0,292 mm}$. Akkommodiert das unbewaffnete Auge auf das weit entfernte Ding, so wird seine Brechkraft 64,64 dptr, und die Bildgröße $0,298 \cdot \frac{58.64}{64,64} = \textbf{0,270 mm}$. Das unscharfe Bild, das im ruhenden unbewaffneten Auge auf der Netzhaut entsteht, ist **0,268 mm** groß. Daraus erklärt es sich, daß der korrigierte Uebersichtige die Vergrößerung bemerkt, denn das deutliche Bild im berichtigten Auge ist größer als das undeutliche auf der Netzhaut des nicht akkommodierenden unbewaffneten Auges entstehende Bild, oder das durch Akkommodation deutlich gesehene. Der Eindruck, die Dinge durch die Brille größer zu sehen, ist vielfach stärker, als die Erhöhung der Deutlichkeit.

Der Abstand zwischen dem Brillenglas und dem Auge ist beim Uebersichtigen in derselben Weise zu berücksichtigen wie beim Kurzsichtigen. Natürlich kommt gerade wie dort die Wirkung erst bei stärkeren Fehlsichtigkeiten zur Geltung, so daß man ebenfalls sagen kann, bei Gläsern über 6 dptr ist die Berücksichtigung des Abstandes notwendig. Uebersichtigkeiten, die zur Berichtigung Gläser von mehr als 6 dptr Scheitelbrechwert bedürfen, kommen selten vor.

Dagegen werden aber sammelnde Brillengläser hoher Brechkraft für eine besondere Art von Brillenträgern — den Sfarpatienten — ge-

braucht. Da die Regeln zur Bestimmung des Abstandes vom Brillenglase zum Auge beim Starpatienten und beim stark Uebersichtigen
die gleichen sind, so ist es zweckmäßig, die Berichtigung des linsenlosen Auges gleich mitzubehandeln.

Das linsenlose Auge und seine Berichtigung.

Wie bereits erwähnt, wird beim grauen Star die getrübte Linse
operativ entfernt. Die Brechkraft des Augensystems nimmt dadurch
nicht unerheblich ab, denn es bleibt nur noch die Wirkung des Hornhautsystems übrig, die wir mit einer Brechkraft von 43,05 dptr kennen
lernten. Es sei jetzt vorausgesetzt, daß ein solches linsenloses Auge
die Krümmung der normalen Hornhaut besitze, also nach der Entfernung der Linse noch über die Brechkraft von 43,05 dptr verfüge,
das Auge sei auch jetzt noch ein allseitig symmetrisches System und
habe regelrechte Länge. Da die Hornhaut allein als brechende Fläche
in Betracht kommt, so liegen auch die beiden Hauptpunkte zusammen

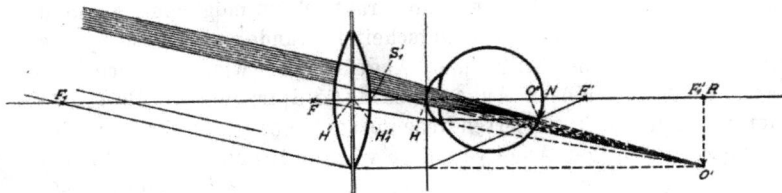

Abb. 89. Die Abbildung eines weit entfernten Dinges in einem mit dem berichtigenden
Glase versehenen linsenlosen Auge.

am Orte des Hornhautscheitels. Der dingseitige Brennpunkt F (Abb. 89)
des Auges liegt um die Brennweite $\frac{1}{D_{11}} = \frac{1}{43,05} = 0,0232$ m $= 23,2$ mm
vor dem Hornhautscheitel. Die bildseitige Brennweite ist
$23,2 \cdot 1,336 = 31,0$ mm, denn das brechende System grenzt ja auf der
Bildseite an das Kammerwasser mit dem Brechungsexponenten 1,336.
Das rechtsichtige Auge hat, wie schon erwähnt worden ist, eine Länge
von 24,39 mm. Infolgedessen liegt der bildseitige Brennpunkt F' 6,6 mm
hinter der Netzhaut. Das linsenlose Auge muß also gerade so wirken
wie ein zu kurz gebautes übersichtiges Auge. Die Uebersichtigkeit
eines vor der Operation rechtsichtigen Auges beträgt hier 11,75 dptr,
denn die Bildweite b ist $= 24,39$ mm im Glaskörper, also
$\frac{24,39 \text{ mm}}{1,336} = 18,25$ mm $= 0,01825$ m in Luft. Infolgedessen ist der Kehrwert der Bildweite B $= \frac{1}{b} = \frac{1}{0,01825 \text{ m}} = 54,8$ dptr, und es ist für das
linsenlose Auge A $=$ B $-$ D $= (54,8 - 43,05)$ dptr $= \textbf{11,75 dptr}$. Der Fern-

punkt R liegt demnach $\dfrac{1}{11,75\,\text{dptr}} = 0,085\ \text{m} = 85\ \text{mm}$ hinter dem Hornhautscheitel. Wird ein Fernbrillenglas so vor dem Auge angeordnet, daß der Abstand des bildseitigen Hauptpunktes vom Hornhautscheitel 12 mm beträgt, so muß seine Brennweite $f'_1 = a + \delta = (85 + 12)\,\text{mm} = 97\,\text{mm} = 0,097\ \text{m}$ betragen; die Brechkraft also $= \dfrac{1}{0,097\ \text{m}} = 10,3$ dptr sein. Das Brillenglas erzeugt dann von einem weit entfernten Dinge ein deutliches Bild F'_1O' in seiner bildseitigen Brennebene, das für das Auge als scheinbares Ding dient und auf der Netzhaut nach NO'' abgebildet wird, falls eben F'_1 mit dem Fernpunkte R zusammenfällt.

Infolge der geringeren Brechkraft des Gesamtsystems ist die Bildgröße im korrigierten linsenlosen Auge natürlich wesentlich größer als im berichtigten Vollauge. Würde man ein Fernglas so vor dem linsenlosen Auge anordnen, daß der bildseitige Hauptpunkt des Brillenglases H'_1 mit dem dingseitigen Brennpunkt des Auges zusammenfiele, das Glas also in dem praktisch unmöglichen Abstand von 23,2 mm vor dem Hornhautscheitel stünde, so wäre ja die Gesamtbrechkraft von Brille und Augensystem wieder gleich der Brechkraft des linsenlosen Auges, also 43,05 dptr, und die Bildgröße auf der Netzhaut des korrigierten linsenlosen Auges würde sich zur Bildgröße im rechtsichtigen Auge verhalten wie die Brennweite des linsenlosen Auges 23,23 zur Brennweite des rechtsichtigen Vollauges 17,06. Das Bild wäre also $\dfrac{23,23}{17,06} = 1,36$mal größer als im Vollauge. Der angenommene Abstand zwischen Brillenglas und Auge ist aber viel zu groß. Nimmt man dafür etwa 13 mm an, so wird infolge des geringeren Abstandes des Brillenglases die Gesamtbrechkraft etwas größer. Die Brechkraft des Brillenglases müßte in diesem Abstand sein: $D_1 = \dfrac{1}{f'_1} = \dfrac{1}{a+\delta} = \dfrac{1}{(0,085 + 0,013)\,\text{m}} = \dfrac{1}{0,098\ \text{m}} = 10,2$ dptr, und als Gesamtbrechkraft ergibt sich dann: $D = D_1 + D_{11} - \delta \cdot D_1 \cdot D_{11} = 10,2 + 43,05 - 0,013 \cdot 10,2 \cdot 43,05)\,\text{dptr} = (53,25 - 5,71)\,\text{dptr} = 47,56\,\text{dptr}$. Die Brennweite des Gesamtsystems ist demnach $\dfrac{1}{47,56\ \text{dptr}} = 0,021\ \text{m} = 21\ \text{mm}$, und die Bildgröße im korrigierten linsenlosen Auge verhält sich also zur Bildgröße im rechtsichtigen Vollauge wie $21 : 17,06 = 1,23 : 1$. Daraus sehen wir, daß auch jetzt noch eine ganz erhebliche Vergrößerung übrig bleibt.

War das linsenlose Auge vor der Operation kurzsichtig oder übersichtig, so weicht der Hauptpunktsbrechwert von dem eben errechneten Betrag von 11,75 dptr ab. Ein linsenloses Auge wirkt so gut wie immer wie ein übersichtiges, und sein Fernpunkt liegt dann hinter dem Auge. Das Fernglas für das linsenlose Auge muß dem Hauptpunktsbrechwert entsprechend gewählt werden. Im allgemeinen kommen für linsenlose Augen sammelnde Korrektionsgläser bis etwa 15 dptr in Betracht. Bei den stärkeren Sammelgläsern muß dann geradeso wie bei den starken Zerstreuungslinsen der Abstand zwischen Brillenglas und Auge sorgfältig berücksichtigt werden. Ist beispielsweise der Hauptpunktsbrechwert eines insenlosen Auges A = 16 dptr, der Abstand des Fernpunktes vom Hornhautscheitel also $a = \dfrac{1}{A} = \dfrac{1}{16\,\text{dptr}} = 0,0625\,\text{m} = 62,5\,\text{mm}$, so muß die Brennweite des Fernglases $f'_1 = a + \delta = (62,5 + 14,5)\,\text{mm} = 77\,\text{mm} = 0,077\,\text{m}$ sein, wenn der Abstand des bildseitigen Hauptpunktes des Brillenglases H'_1 vom dingseitigen Hauptpunkt des Auges H (Abb. 89) die Strecke $\delta = 14,5$ mm beträgt. Die Brechkraft des Fernglases ist dann $\dfrac{1}{0,077\,\text{m}} = 13$ dptr. Nehmen wir an, beim Probierglas sei der Abstand $\delta = 14,5$ mm groß gewesen; in der fertigen Brille käme aber der Hauptpunkt des Brillenglases in einen Abstand von 11,5 mm vom Hornhautscheitel zu liegen, dann müßte die Brennweite des Brillenglases sein: $f'_1 = a + \delta = (62,5 + 11,5)$ mm $= 74$ mm $= 0,074$ m und die Brechkraft infolgedessen: $D_1 = \dfrac{1}{0,074\,\text{m}} = 13,5$ dptr.

Schon bei den zerstreuenden Brillengläsern haben wir darauf aufmerksam gemacht, daß es unbequem ist, die Messungen auf die Hauptpunkte zu beziehen. Dabei erwähnten wir, daß bei den zerstreuenden Brillengläsern die Hauptpunkte dem Scheitel so nahe liegen, daß man praktisch die Brechkraft und den Scheitelbrechwert der zerstreuenden Brillengläser als gleich bezeichnen kann. Das trifft bei den sammelnden Linsen, die teilweise eine erhebliche Mitteldicke haben, durchaus nicht zu. Die Unterschiede zwischen der Brechkraft und dem bildseitigen Scheitelbrechwert sind namentlich bei den jetzt viel verwendeten durchgebogenen Brillengläsern sehr erheblich, und es ist deshalb notwendig, alle Messungen auf die Scheitel zu beziehen.

Die fast allgemein verwendeten gleichseitigen Probiergläser sind zufälliger- und glücklicherweise nach Scheitelbrechwerten geordnet, denn man versteht beispielsweise unter einem Brillenglas von + 10 dptr ein solches, das ein zerstreuendes Brillenglas von — 10 dptr neutralisiert.

Die Neutralisation von Brillengläsern.

Die Neutralisation ist eine so oft angewendete Methode, daß eine kurze Erklärung notwendig ist. Ein Brillenglas neutralisiert dann ein anderes, wenn es seine brechende Wirkung aufhebt, wenn also beide wie eine Planparallelplatte wirken. Der einfachste Versuch ist dei man legt ein plankonvexes und ein plankonkaves Brillenglas mß gleichen Halbmessern aneinander (Abb. 90). Dann ergänzen sich di€ zwei Brillengläser tatsächlich zu einem planparallelen Glasstück. D₁ ·wir wissen, daß der Hauptpunkt bei plankonvexen und plankonkaveᵢ Brillengläsern immer im Scheitel der Kugelfläche liegt, so könneᵢ wir auch sagen, bei dem Zusammenlegen zweier solcher Brillengläseᵣ

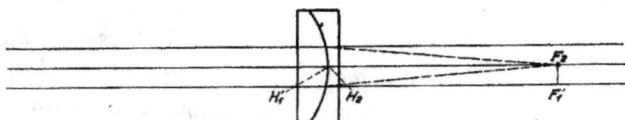

Abb. 90. Zwei sich neutralisierende Gläser.

fallen die einander zugekehrten Hauptpunkte H'_1 und H_2 aufeinander, infolgedessen auch die beiden einander zugekehrten Brennpunkte F'_1 und F_2. Wenn aber der bildseitige Brennpunkt des ersten Glases F'_1 mit dem dingseitigen Brennpunkte des zweiten Glases F_2 zusammen· fällt, so wird gerade ein parallel einfallendes Strahlenbüschel, da₁ von der Sammellinse allein in F'_1 vereinigt würde, durch die Zer· streuungslinse wieder zu einem Parallelstrahlenbüschel gemacht, d₁ das konvergente Büschel gerade nach dem dingseitigen Brennpunkᵗ F_2 der Zerstreuungslinse hinzielt. Bei der Neutralisation muß alsᶜ der bildseitige Brennpunkt des Sammelglases mit dem dingseitigeᵣ des Zerstreuungsglases zusammenfallen oder umgekehrt. Berühreᵣ sich zwei sich neutralisierende Gläser mit den Scheiteln, so muß, damiᵗ die eben ausgesprochene Bedingung erfüllt wird, der Abstand deᵣ

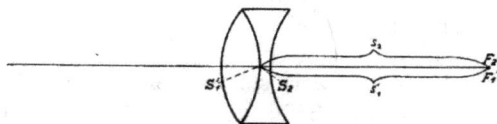

Abb. 91. Zwei sich neutralisierende gleichseitigen Linsen.

bildseitigen Brennpunktes F'_1 vom bildseitigen Scheitel S'_1 des ersten Glases gerade so groß sein, wie der Abstand des dingseitigen Brenn- punktes F_2 vom dingseitigen Scheitel S_2, d. h. die bildseitige Schnitt- weite des ersten muß der dingseitigen Schnittweite des zweiten Glaseᵣ gleich sein (Abb. 91). Bei gleichseitigen Gläsern sind die Schnittweiteᵣ einander gleich, außerdem sind die Schnitt- und Brennweiten bei deᵣ zerstreuenden gleichseitigen Brillengläsern praktisch einander gleich. Der Unterschied nimmt mit der Brechkraft zu, ist aber beispielsweise bei einem gleichseitigen Zerstreuungsglas von — 20 dptr Brechkrafᵗ 0,06 dptr, praktisch also zu vernachlässigen (s. Tab. 5 S. 67). Daraus ergibt sich, daß durch die Neutralisation nichts weiter bestimmt wird, als die Schnittweite oder ihr Kehrwert, der Scheitelbrechwert. Die viel verbreitete Meinung, durch diese Methode Brechkräfte zu bestimmen, ist falsch. In den Probiergläserkästen sind die zerstreuenden gleichseitigen Probiergläser nach Scheitelbrechwerten geordnet. Wenn nun die sammelnden Probiergläser so ausgewählt worden sind, daß sie die gleichbezeichneten zerstreuenden neutralisieren, so hat ein Probierglas von + 10 dptr nicht eine Brechkraft, sondern einen Scheitelbrechwert von + 10 dptr. Die Brechkraft ist geringer, denn der Hauptpunkt liegt innerhalb des Glases. So hat beispielsweise ein gleichseitiges Brillenglas von + 20 dptr Scheitelbrechwert eine Brechkraft, die rund um 1 dptr geringer ist. Auch die Wirkungen durchgebogener sammelnder Brillengläser sind meist durch die Neutralisationsmethode bestimmt worden. Der bildseitige Scheitel eines solchen Brillenglases kann aber den Scheitel des zerstreuenden gleichseitigen Probierglases nicht berühren (Abb. 92), deshalb hat man einfacherweise den dingseitigen Scheitel angelegt (Abb. 93). Das ist praktisch leicht möglich, weil ja die Vorderfläche des durchgebogenen sammelnden Glases stärker gebogen ist, als eine Fläche des gleichseitigen zerstreuenden Glases gleich

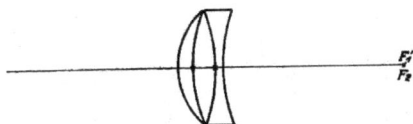

Abb. 92. Richtige Anordnung eines sammelnden mondförmigen vor einem gleichseitigen zerstreuenden Glase bei der Neutralisation.

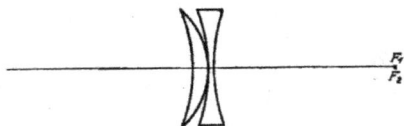

Abb. 93. Falsche Anordnung eines sammelnden mondförmigen vor einem gleichseitigen zerstreuenden Glase beim Neutralisieren.

starker Wirkung. Dadurch bestimmt man den dingseitigen Scheitelbrechwert des durchgebogenen sammelnden Brillenglases, während für die Berichtigung des Auges einzig und allein der bildseitige Scheitelbrechwert maßgebend ist. Die Abweichungen zwischen bild- und dingseitigem Scheitelbrechwert von durchgebogenen sammelnden Gläsern ist aber teilweise sehr erheblich, wie aus den Tabellen 12—15 (s. S. 90 und 91) hervorgeht. So unterscheidet sich z. B. der dingseitige Scheitelbrechwert vom bildseitigen bei einem Halbmuschelglas von 20 dptr um 7,42 dptr. Dadurch erklären sich die häufigen Mißerfolge bei der Verwendung durchgebogener sammelnder Gläser; denn wenn der Optiker ein Halbmuschelglas verwendet, das z. B. als Glas von + 13 dptr bezeichnet wurde, so erhielt der Träger tatsächlich ein Glas mit einem bildseitigen Scheitelbrechwert von + 14,5 dptr. Erst durch die Einführung der Punktalgläser, die nach ihrem bildseitigen Scheitelbrechwert beziffert sind, ist dieser große Fehler der Brillengläserbezeichnung aufgedeckt worden. Die neueren Brillengläser wie die Isokrystargläser der Firma Busch, die Rektavist gläser und die Engee-Menisken von Nitsche & Günther, die Neo-Perphagläser von Rodenstock und die Punktalgläser von Carl Zeiss sind nach bildseitigen Scheitelbrechwerten bezeichnet.

Tabelle 12.

Benennung in dptr	Sammelnde gleichseitige Gläser			
	$A'_\infty = A_\infty$ in dptr	D in dptr	$D - A'_\infty$ in dptr	d in mm
+ 1	+ 1,00	+ 1,00	0,00	1,5
+ 2	+ 2,00	+ 2,00	0,00	1,9
+ 3	+ 3,00	+ 3,00	0,00	2,3
+ 4	+ 3,99	+ 3,98	— 0,01	2,6
+ 5	+ 4,99	+ 4,97	— 0,02	3,0
+ 6	+ 5,99	+ 5,95	— 0,04	3,4
+ 7	+ 6,99	+ 6,93	— 0,06	3,8
+ 8	+ 7,98	+ 7,90	— 0,08	4,1
+ 9	+ 8,98	+ 8,86	— 0,12	4,5
+ 10	+ 9,98	+ 9,82	— 0,16	4,9
+ 11	+ 10,98	+ 10,77	— 0,21	5,2
+ 12	+ 11,97	+ 11,71	— 0,26	5,6
+ 13	+ 12,97	+ 12,65	— 0,32	5,9
+ 14	+ 13,97	+ 13,58	— 0,39	6,2
+ 15	+ 14,96	+ 14,50	— 0,46	6,4
+ 16	+ 15,96	+ 15,41	— 0,55	6,6
+ 17	+ 16,95	+ 16,31	— 0,64	6,9
+ 18	+ 17,95	+ 17,20	— 0,75	7,1
+ 19	+ 18,94	+ 18,08	— 0,86	7,3
+ 20	+ 19,94	+ 18,96	— 0,98	7,4

Tabelle 13.

Benennung in dptr	Sammelnde Plangläser			
	A'_∞ in dptr	$D = - A_\infty$ in dptr	$A'_\infty + A_\infty$ in dptr	d in mm
+ 1	1,00	1,00	0,00	1,4
+ 2	2,00	2,00	0,00	1,7
+ 3	3,01	3,00	0,01	2,0
+ 4	4,02	3,99	0,03	2,4
+ 5	5,04	4,99	0,05	2,7
+ 6	6,06	5,99	0,07	3,1
+ 7	7,10	6,99	0,11	3,4
+ 8	8,15	7,98	0,17	3,8
+ 9	9,20	8,98	0,22	4,1
+ 10	10,28	9,98	0,30	4,5
+ 11	11,38	10,98	0,40	4,9
+ 12	12,49	11,97	0,52	5,3
+ 13	13,63	12,97	0,66	5,7
+ 13	14,80	13,97	0,83	6,1
+ 15	16,00	14,96	1,04	6,6
+ 16	17,22	15,96	1,26	7,0
+ 17	18,50	16,95	1,55	7,5
+ 18	19,84	17,95	1,89	8,1
+ 19	21,20	18,94	2,26	8,6
+ 20	22,69	19,94	2,75	9,3

Tabelle 14.

Benennung in dptr	Sammelnde periskopische Gläser				
	A'_∞ in dptr	D in dptr	A_∞ in dptr	$A'_\infty + A_\infty$ in dptr	d in mm
+ 1	1,00	1,00	— 1,00	0,00	1,4
+ 2	2,01	2,00	— 2,00	0,01	1,7
+ 3	3,02	3,00	— 3,00	0,02	2,1
+ 4	4,04	4,00	— 3,99	0,05	2,4
+ 5	5,06	5,00	— 4,99	0,07	2,8
+ 6	6,09	6,00	— 5,99	0,10	3,1
+ 7	7,14	7,01	— 6,99	0,15	3,5
+ 8	8,20	8,01	— 7,98	0,22	3,8
+ 9	9,27	9,01	— 8,98	0,29	4,2
+ 10	10,37	10,01	— 9,98	0,39	4,6
+ 11	11,48	11,02	— 10,98	0,50	5,0
+ 12	12,62	12,02	— 11,97	0,65	5,4
+ 13	13,77	13,03	— 12,97	0,80	5,8
+ 14	14,98	14,04	— 13,97	1,01	6,3
+ 15	16,22	15,05	— 14,96	1,26	6,8
+ 16	17,49	16,05	— 15,96	1,53	7,3
+ 17	18,81	17,06	— 16,95	1,86	7,8
+ 18	20,21	18,07	— 17,95	2,26	8,4
+ 19	21,66	19,08	— 18,94	2,72	9,0
+ 20	23,22	20,09	— 19,94	3,28	9,7

Tabelle 15.

Benennung in dptr	Sammelnde Halbmuschelgläser				
	A'_∞ in dptr	D in dptr	A_∞ in dptr	$A'_\infty + A_\infty$ in dptr	d in mm
+ 1	1,01	1,01	— 1,00	0,01	1,4
+ 2	2,03	2,01	— 2,00	0,03	1,7
+ 3	3,06	3,02	— 3,00	0,06	2,1
+ 4	4,10	4,03	— 3,99	0,11	2,4
+ 5	5,15	5,05	— 4,99	0,16	2,8
+ 6	6,22	6,06	— 5,99	0,23	3,2
+ 7	7,31	7,08	— 6,99	0,32	3,6
+ 8	8,42	8,11	— 7,98	0,44	4,0
+ 9	9,56	9,14	— 8,98	0,58	4,5
+ 10	10,73	10,17	— 9,98	0,75	5,0
+ 11	11,94	12,21	— 10,98	0,96	5,5
+ 12	13,18	12,25	— 11,97	1,21	6,0
+ 13	14,46	13,30	— 12,97	1,49	6,5
+ 14	15,82	14,36	— 13,97	1,85	7,1
+ 15	17,26	15,42	— 14,96	2,30	7,8
+ 16	18,81	16,50	— 15,96	2,85	8,5
+ 17	20,49	17,59	— 16,95	3,54	9,4
+ 18	22,33	18,69	— 17,95	4,38	10,4
+ 19	24,55	19,83	— 18,94	5,61	11,7
+ 20	27,36	21,02	— 19,94	7,42	13,8

Der Einfluß des Scheitelabstandes bei Sammelgläsern.

Soll in einer endgültigen Brille an Stelle des gleichseitigen sammelnden Probierglases ein durchgebogenes, nach bildseitigen Scheitelbrechwerten benanntes Brillenglas verwendet werden, so hat man nur auf die dem Probierglas gegenüber veränderte Lage des Scheitels

Tabelle 16. Korrektions- oder Besichtigungswerte für Uebersichtigkeiten.

Hauptpunktsrechwerte in dpur	4	5	6	7	8	9	10	11	12	13	14	15	16	17	18	19	20 mm
+ 5	4,87	4,85	4,82	4,80	4,78	4,75	4,73	4,71	4,69	4,67	4,64	4,62	4,60	4,58	4,56	4,54	4,52
+ 5,5	5,34	5,31	5,29	5,26	5,23	5,20	5,18	5,15	5,12	5,10	5,07	5,05	5,02	5,00	4,97	4,95	4,92
+ 6	5,81	5,78	5,75	5,71	5,68	5,65	5,62	5,59	5,56	5,52	5,49	5,46	5,43	5,40	5,38	5,35	5,32
+ 6,5	6,28	6,24	6,20	6,17	6,13	6,09	6,05	6,02	5,98	5,95	5,91	5,88	5,84	5,81	5,77	5,74	5,71
+ 7	6,75	6,70	6,66	6,61	6,57	6,53	6,48	6,44	6,40	6,36	6,32	6,28	6,24	6,20	6,16	6,13	6,09
+ 7,5	7,21	7,16	7,11	7,06	7,01	6,96	6,91	6,86	6,82	6,77	6,73	6,68	6,64	6,59	6,55	6,51	6,47
+ 8	7,67	7,61	7,56	7,50	7,44	7,39	7,33	7,28	7,23	7,18	7,13	7,08	7,03	6,98	6,93	6,88	6,83
+ 8,5	8,13	8,06	8,00	7,94	7,87	7,81	7,75	7,69	7,63	7,57	7,52	7,46	7,41	7,35	7,30	7,25	7,19
+ 9	8,59	8,51	8,44	8,37	8,30	8,23	8,17	8,10	8,04	7,97	7,91	7,85	7,78	7,72	7,66	7,61	7,55
+ 9,5	9,04	8,96	8,88	8,80	8,73	8,65	8,58	8,50	8,43	8,36	8,29	8,22	8,16	8,09	8,03	7,96	7,90
+ 10	9,49	9,40	9,32	9,23	9,15	9,06	8,98	8,90	8,82	8,75	8,67	8,60	8,52	8,45	8,38	8,31	8,24
+ 10,5	9,94	9,84	9,75	9,65	9,56	9,47	9,38	9,30	9,21	9,13	9,04	8,96	8,88	8,80	8,73	8,65	8,58
+ 11	10,39	10,28	10,18	10,07	9,97	9,88	9,78	9,68	9,59	9,50	9,41	9,32	9,24	9,15	9,07	8,99	8,91
+ 11,5	10,83	10,72	10,60	10,49	10,38	10,28	10,17	10,07	9,97	9,87	9,77	9,68	9,59	9,50	9,41	9,32	9,23
+ 12	11,28	11,15	11,03	10,91	10,79	10,67	10,56	10,45	10,34	10,24	10,13	10,03	9,93	9,84	9,74	9,65	9,55
+ 12,5	11,72	11,58	11,45	11,32	11,19	11,07	10,95	10,83	10,71	10,60	10,49	10,38	10,27	10,17	10,07	9,97	9,87
+ 13	12,15	12,01	11,87	11,73	11,59	11,46	11,33	11,20	11,08	10,96	10,84	10,72	10,61	10,50	10,39	10,28	10,18
+ 13,5	12,59	12,43	12,28	12,13	11,99	11,84	11,71	11,57	11,44	11,31	11,18	11,06	10,94	10,82	10,70	10,59	10,48
+ 14	13,02	12,86	12,69	12,53	12,38	12,23	12,08	11,94	11,80	11,66	11,52	11,39	11,26	11,14	11,02	10,90	10,78

+ 14,5	11,07	11,20	11,32	11,45	11,59	11,72	11,86	12,00	12,15	12,30	12,45	12,61	12,77	12,93	13,10	13,28	13,46
+ 15	11,36	11,49	11,63	11,76	11,90	12,04	12,19	12,34	12,50	12,66	12,82	12,98	13,16	13,33	13,51	13,70	13,89
+ 15,5	11,65	11,78	11,92	12,07	12,22	12,37	12,52	12,68	12,84	13,01	13,18	13,36	13,54	13,72	13,92	14,11	14,31
+ 16	11,93	12,07	12,22	12,37	12,52	12,68	12,85	13,01	13,18	13,36	13,54	13,73	13,92	14,11	14,32	14,52	14,74
+ 16,5	12,20	12,35	12,51	12,67	12,83	12,99	13,17	13,34	13,52	13,71	13,90	14,09	14,30	14,50	14,72	14,94	15,16
+ 17	12,47	12,63	12,79	12,96	13,13	13,30	13,48	13,67	13,86	14,05	14,25	14,46	14,67	14,89	15,11	15,34	15,58
+ 17,5	12,74	12,90	13,07	13,25	13,42	13,61	13,79	13,99	14,19	14,39	14,60	14,82	15,04	15,27	15,51	15,75	16,00
+ 18	13,00	13,17	13,35	13,53	13,72	13,91	14,10	14,30	14,51	14,73	14,95	15,17	15,41	15,65	15,90	16,15	16,42
+ 18,5	13,26	13,44	13,62	13,81	14,00	14,20	14,41	14,62	14,84	15,06	15,29	15,53	15,77	16,02	16,29	16,56	16,83
+ 19	13,52	13,70	13,89	14,09	14,29	14,50	14,71	14,93	15,16	15,39	15,63	15,88	16,13	16,40	16,67	16,95	17,25
+ 19,5	13,77	13,96	14,16	14,36	14,57	14,79	15,01	15,24	15,47	15,72	15,97	16,23	16,49	16,77	17,06	17,35	17,66
+ 20	14,02	14,21	14,42	14,63	14,85	15,07	15,30	15,54	15,79	16,04	16,30	16,57	16,85	17,14	17,44	17,75	18,07
+ 20,5	14,26	14,47	14,68	14,90	15,12	15,35	15,59	15,84	16,10	16,36	16,63	16,91	17,20	17,50	17,82	18,14	18,47
+ 21	14,50	14,71	14,93	15,16	15,39	15,63	15,88	16,14	16,40	16,68	16,96	17,25	17,55	17,87	18,19	18,53	18,88
+ 21,5	14,74	14,96	15,18	15,42	15,66	15,91	16,16	16,43	16,70	16,99	17,28	17,59	17,90	18,23	18,57	18,92	19,28
+ 22	14,97	15,20	15,43	15,67	15,92	16,18	16,45	16,72	17,01	17,30	17,60	17,92	18,25	18,59	18,94	19,30	19,68
+ 22,5	15,20	15,43	15,68	15,93	16,18	16,45	16,72	17,01	17,30	17,61	17,92	18,25	18,59	18,94	19,31	19,69	20,08
+ 23	15,43	15,67	15,92	16,17	16,44	16,71	17,00	17,29	17,60	17,91	18,24	18,58	18,93	19,29	19,67	20,07	20,48
+ 23,5	15,65	15,90	16,15	16,42	16,69	16,98	17,27	17,57	17,89	18,21	18,55	18,90	19,27	19,65	20,04	20,45	20,88
+ 24	15,87	16,12	16,39	16,66	16,94	17,24	17,54	17,85	18,18	18,51	18,86	19,22	19,60	19,99	20,40	20,83	21,27
+ 24,5	16,09	16,35	16,62	16,90	17,19	17,49	17,80	18,13	18,46	18,81	19,17	19,54	19,93	20,34	20,76	21,20	21,66
+ 25	16,30	16,57	16,85	17,14	17,44	17,75	18,07	18,40	18,74	19,10	19,47	19,86	20,26	20,68	21,12	21,57	22,05

Rücksicht zu nehmen und den Scheitelbrechwert des endgültigen Brillen-glases entsprechend zu bestimmen. Es muß also die Schnittweite des Brillenglases s'_1, die Entfernung $\bar{a}$ des Fernpunktes vom Horn-hautscheitel und der Abstand $\bar{\delta}$ des bildseitigen Brillenscheitels vom Hornhautscheitel berücksichtigt werden. Für die drei Größen gilt: $s'_1 = \bar{a} + \bar{\delta}$, wie aus Abb. 89 abzulesen ist. Ist z. B. ein Brillen-glas von $+13$ dptr in 16 mm Abstand verordnet worden, und der endgültige Abstand zwischen den einander zugewandten Scheiteln soll 13 mm betragen, so muß die Schnittweite des Fernglases um 3 mm gekürzt werden. War sie beim Probierglas $\frac{1}{13\,\mathrm{dptr}} = 0{,}077$ m $= 77$ mm. so muß sie bei der Verkürzung um 3 mm auf 74 mm sinken, muß also einen bildseitigen Scheitelbrechwert von $\frac{1}{0{,}074\,\mathrm{m}} = 13{,}5$ dptr erhalten.

Diese Umrechnungen sind wieder am bequemsten mit Hilfe einer Tabelle oder einer Kurventafel auszuführen. Lautete die Verordnung beispiels-weise $+13$ dptr im 20 mm Abstand zwischen Brillenscheitel und Horn-hautscheitel, so finden wir in der Tabelle 16 (S. 92/93) unter dem Abstand von 20 mm $+13$ dptr als den Scheitelbrechwert des Fernglases für ein Auge mit dem Hauptpunktsbrechwert von $+18$ dptr. Soll jetzt das Glas der endgültigen Brille in einem Scheitelabstand von 12 mm angeordnet werden, so müssen wir in der wagerechten, dem Hauptpunktsbrechwert von $+18$ entsprechenden Reihe herübergehen, bis wir unter der Zahl 12 mm den Scheitelbrechwert $+14{,}51$, rund $14{,}5$ dptr, finden, den also das Glas in der endgültigen Brille haben muß.

Wir finden nicht immer solche abgerundeten Scheitelbrechwerte, mit denen Gläser vorrätig gehalten werden. Aber auch dann ist die Umrechnung nach der Tabelle 16 einfach. Wenn z. B. die Verordnung lautet: $+11{,}5$ in einem Scheitelabstand von 16 mm, so finden wir unter 16 mm als nächstgelegenen Scheitelbrechwert $11{,}59$ dptr, also einen um $0{,}09$ dptr höheren Wert als verlangt wird. Soll der Brillen-scheitel im endgültigen Brillengestell nur 12 mm vor dem Hornhaut-scheitel abstehen, so finden wir unter der Zahl 12 in der zu $11{,}59$ dptr gehörigen wagerechten Reihe den Scheitelbrechwert $12{,}15$ dptr ver-zeichnet. Der Scheitelbrechwert hat sich durch die Annäherung um 4 mm, von $11{,}59$ auf $12{,}15$ dptr, also um $0{,}56$ dptr, rund $0{,}5$ dptr, ge-ändert, folglich muß sich auch der Scheitelbrechwert des Glases von $11{,}5$ auf $12{,}0$ dptr erhöhen.

Zuweilen kommt es vor, daß sich für 12 mm Scheitelabstand kein Glas mit einem abgerundeten Scheitelbrechwert findet, wie es von den Fabrikanten hergestellt wird. Dann bleibt nichts übrig, als den Abstand etwas zu ändern. Ist z. B. ein Glas von $+10$ dptr in 18 mm Abstand verordnet worden, so finden wir in der Tabelle 16 unter 18 mm Abstand als nächsten Scheitelbrechwert $10{,}07$ dptr. Soll das endgültige Brillenglas in 12 mm Abstand verwendet werden, so finden wir in der wagerechten Reihe unter 12 mm Abstand den Scheitelbrechwert + 10,71 dptr. Er hat sich um 0,64 dptr geändert, und an Stelle des Glases von + 10 dptr müßte man ein solches von 10,64 dptr

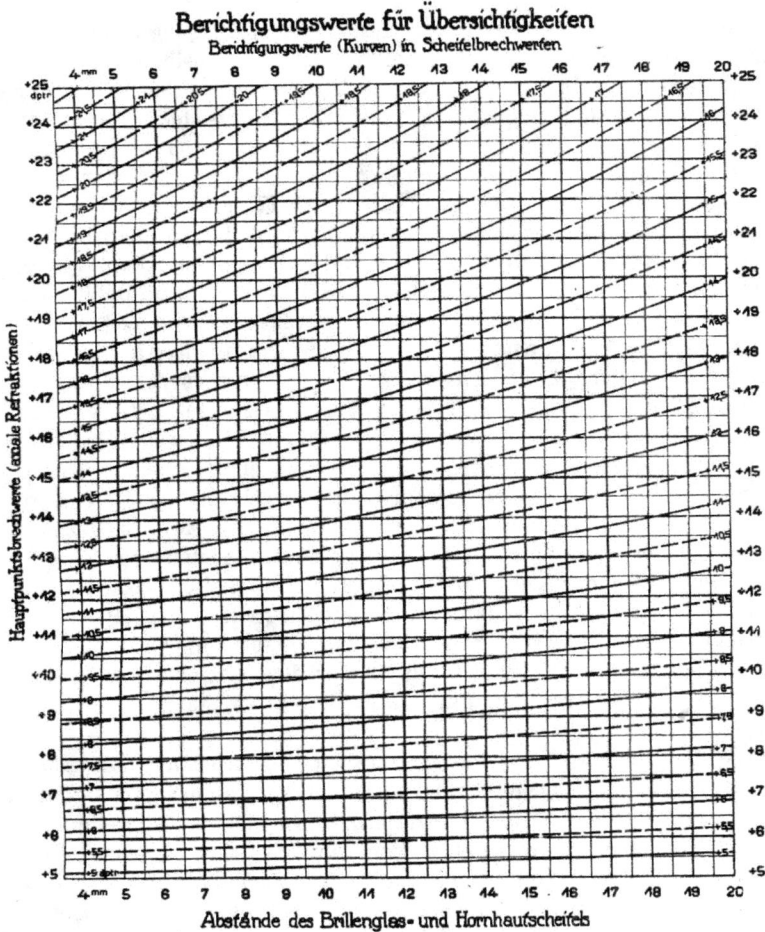

Abb. 94.

verwenden. Ein solches Glas wird aber nicht hergestellt. Als das nächstliegende Glas kommt das von + 10,5 dptr in Betracht. Der unter 18 mm angeführte Wert von 10,07 dptr ändert sich um 0,5 dptr, also auf 10,57 dptr, rund 10,6 dptr Scheitelbrechwert, wenn sich der Abstand von 18 mm auf 13 mm verringert. Infolgedessen müssen wir auch den Scheitel des endgültigen Glases von 10,5 dptr Scheitel-brechwert nicht in 12, sondern in 13 mm vor dem Hornhautscheitel anordnen.

Die Ermittelung des Scheitelbrechwerts des im Brillengestell zu verwendenden endgültigen Glases ist für manchen noch bequemer unter Verwendung der Kurventafel (Abb. 94). Sie ist in ähnlicher Weise zusammengestellt wie die für die Berichtigung von Kurz-sichtigkeiten. In wagerechter Richtung sind die Abstände zwischen den beiden Scheiteln zwischen 4 und 20 mm eingetragen. In der senkrechten Richtung sind die Hauptpunktsbrechwerte des fehlsichtigen Auges angegeben. Die durch das Koordinatensystem verlaufenden Kurven stellen die Scheitelbrechwerte der Ferngläser dar. Ist beispielsweise ein Glas von + 13 dptr bei 17 mm Scheitelabstand verordnet, so finden wir unter dem Abstand von 17 mm den Schnitt-punkt der Kurve + 13 dptr in einer Höhe, die einen Hauptpunkts-brechwert von + 17,1 dptr entspricht. Soll das endgültige Brillenglas in einem Abstand von etwa 12 mm angeordnet werden, so müssen wir in wagerechter Richtung nach links wandern, bis wir die senk-rechte, dem Abstand 12 mm entsprechende Linie treffen. Dort würden wir ein Glas von etwa 13,9 dptr finden. Ein solches Glas gibt es nicht. Wir gehen deshalb auf der wagerechten Linie weiter bis zum Schnittpunkt mit der dem Brechwert + 14 dptr entsprechenden Kurve und finden, daß ein Glas mit einem Scheitelbrechwert von + 14 dptr in einem Abstand von 11,5 mm zu geben ist. Als zweites Beispiel laute die Verordnung + 11 dptr in einem Scheitelabstand von 16 mm. Der Schnittpunkt der Kurve von 11 dptr mit einer dem Abstand von 16 mm entsprechenden senkrechten Linie liegt in einer Höhe, die dem Hauptpunktsbrechwert von 13,6 dptr entspricht. Gehen wir in dieser Höhe wagerecht herüber, bis zu der dem Abstand von 12 mm entsprechenden senkrechten Linie, so finden wir einen Scheitelbrech-wert von 11,5 dptr.

Die Bestimmung und Berücksichtigung des Abstandes zwischen Brillen- und Hornhautscheitel ist bei den höheren sammelnden Brillen-gläsern, namentlich bei den Stargläsern, sehr wichtig. Zuweilen ist der Scheitel des Probierglases von der Seite her unmittelbar sichtbar (Abb. 95), dann kann man den Scheitelabstand $S'_1 S = \bar{\delta}$ unmittelbar messen. Das geschieht am besten mit dem Keratometer. Ist der Probierglasscheitel durch das Gestell verdeckt, dann kann man zunächst nur den Abstand des Probiergestellrandes $K_1 K_2$ (Abb. 96) vom Hornhautscheitel — die Strecke e — mit dem Keratometer messen und muß nach Abnahme des Gestells den Abstand des Gestellrandes $K_1 K_2$ vom Scheitel S'_1 die Strecke t mit dem Tiefentaster bestimmen und zu der Strecke e hinzuzählen, um den gewünschten Scheitel-abstand zu erhalten.

Bei Brillen mit gleichseitigen und planen Gläsern kann man die Scheitel unmittelbar von der Seite her sehen und also ihren Abstand vom Hornhautscheitel messen. Meist werden aber jetzt durchgebogene Gläser getragen. Dann kann man von der Seite her den augennahen Glasscheitel

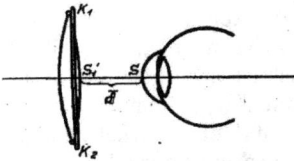

Abb. 95. Sammelndes Probierglas vor dem Auge mit sichtbarem augennahem Scheitel.

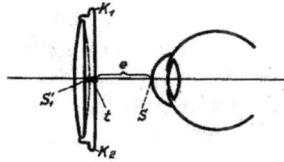

Abb. 96. Sammelndes Probierglas vor dem Auge mit verdecktem augennahem Scheitel.

nicht sehen. Es ist deshalb nicht möglich, den Abstand zwischen Hornhautscheitel und Brillenglasscheitel unmittelbar zu bestimmen. Man kann vielmehr nur den Abstand des Brillenrandes $R_1 R_2$, vom Hornhautscheitel S, die Strecke e bestimmen (Abb. 97). Der Scheitelabstand $\overline{\delta}$ setzt sich aber aus den beiden Strecken t und e zusammen, t ist die Scheiteltiefe des Brillenglases. Die Strecke e ist mit dem Keratometer, der Wert t mit dem Tiefentaster oder aus der Tabelle 10 der Scheiteltiefen mit Hilfe des Sphärometers zu ermitteln. Handelt es sich beispielsweise um die Anpassung eines Halbmuschelglases mit einem Scheibendurchmesser von 38,2 mm, so wissen wir, daß die

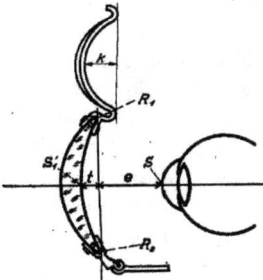

Abb. 97. Der Scheitelabstand eines durchgebogenen Sammelglases in einer Glasbrille.

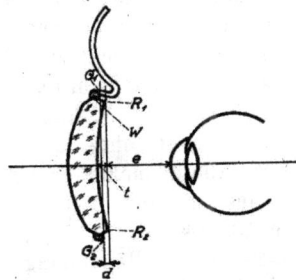

Abb. 98. Der Scheitelabstand eines durchgebogenen Sammelglases in einer Fassungsbrille.

Innenfläche eines sammelnden Halbmuschelglases die Brechkraft von — 6 dptr hat, und wir finden in der Scheiteltiefentabelle 10 S. 77 in der zu — 6 gehörenden wagerechten Reihe unter dem Scheibendurchmesser von 38 mm die Scheiteltiefe von 2,1 mm. Der Brillenrand muß deshalb bei der Anpassung eines solchen Glases 9,9 mm, rund 10 mm,

vor dem Hornhautscheitel liegen, damit der Abstand des Glasscheitels
vom Hornhautscheitel 12 mm groß wird.

Bei Brillen ohne Einfassung kann man nur vom Brillenrand
aus messen. Bei gefaßten Brillen dagegen wird sehr häufig bei der
Anpassung das Gestell allein aufprobiert, und wenn es für Gläser
über 6 dptr bestimmt ist, muß dabei vom Optiker der Abstand der
Gestellebene vom Hornhautscheitel berücksichtigt werden. Bei Verwendung von Sammelgläsern ist der Unterschied zwischen dem Abstande des Brillenrandes $R_1 R_2$ und des Gestellrandes $G_1 G_2$ vom Hornhautscheitel S meist geringfügig (siehe Abb. 98), so daß er unberücksichtigt
bleiben kann. Höchstens bei starken Stargläsern wird der Gläserrand
so dick, daß er über den Gestellrand merklich hervorragt. Dann muß
auf den Unterschied d zwischen dem Brillenrand $R_1 R_2$ und dem Gestellrand $G_1 G_2$ bei der Anpassung der Brille selbstverständlich Rücksicht
genommen werden wie das bereits bei den gefaßten Brillen mit Zerstreuungsgläsern auseinandergesetzt wurde (siehe S. 76). Ist also z. B.
die Dicke des Gestellrandes 1,5 mm und die Dicke des Brillenglasrandes
3,5 mm, so ist der Unterschied d zwischen Brillen- und Gestellrand
$$\frac{3,5 - 1,5}{2} = 1 \text{ mm},$$
und es muß darauf geachtet werden, daß der augen-
nahe Gestellrand um 1 mm weiter vom Hornhautscheitel entfernt ist,
als der augennahe Brillenrand.

Die Umrechnung der Scheitelbrechwerte für das endgültige Brillenglas ist nach diesen Angaben einfach. Voraussetzung ist natürlich
immer, daß die im endgültigen Brillengestell verwendeten Brillengläser nach Scheitelbrechwerten bezeichnet sind. Das trifft für die
plankonvexen und periskopischen und für viele meniskenförmige
sammelnde Brillengläser nicht zu. Wie bei der Erläuterung der Neutralisation schon erwähnt wurde, hat man diese Gläser in vollkom-
mener Verkennung ihrer Wirkungsweise nach dingseitigen Scheitelbrechwerten bezeichnet, ohne dabei zu berücksichtigen, daß die für
die Korrektion allein maßgebenden bildseitigen Scheitelbrechwerte
unter Umständen erheblich von der Bezeichnung abweichen. Außer
den Tabellen 13, 14 und 15 seien noch drei Kurven (Abb. 99) angegeben aus denen die Benennungen und Wirkungen der sammelnden Plangläser, periskopischen Gläser und der Halbmuschelgläser
zu entnehmen sind. Die untere Kurve gilt für die Plangläser, die
mittlere für die periskopischen und die obere für die Halbmuschelgläser. Die wagerechten ausgezogenen Linien geben die bildseitigen
Scheitelbrechwerte, also die Wirkungen der Gläser an, während die
senkrechten punktierten Linien die dingseitigen Scheitelbrechwerte
angeben, nach denen die Gläser benannt worden sind. Hat man beispielsweise ein periskopisches Glas von 11 dptr, so geht man an der
punktierten, mit 11 bezeichneten Linie aufwärts bis zum Schnitt mit

der mittleren Kurve und findet, daß diese von der wagerechten Linie
geschnitten wird, die der Wirkung von 11,5 dptr entspricht. Das
periskopische Glas von 11 dptr hat also einen bildseitigen Scheitelbrechwert von 11,5 dptr. Gehen wir an derselben Linie weiter bis
zum Schnitt mit der oberen, den Halbmuschelgläsern entsprechenden

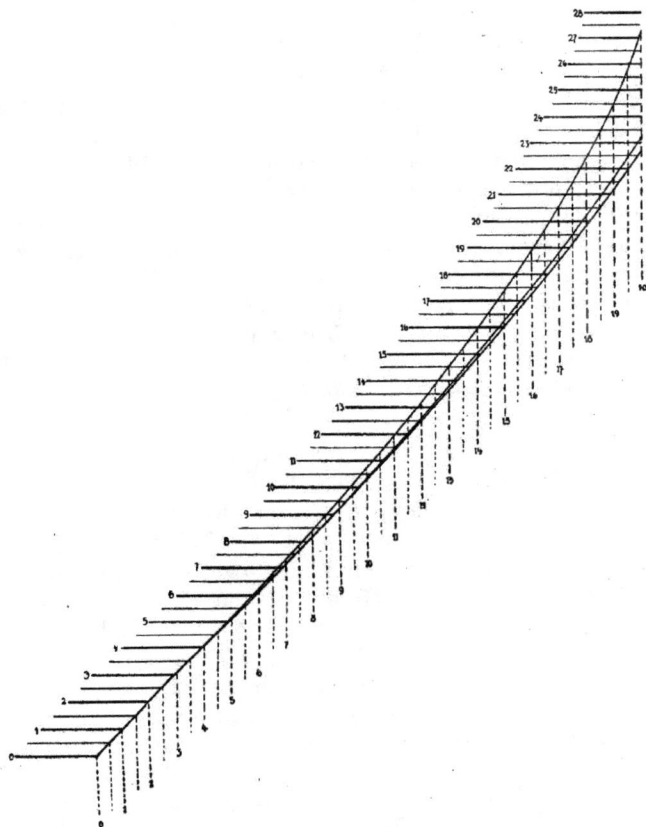

Abb. 99. Graphische Darstellung der bildseitigen Scheitelbrechwerte von sammelnden
Plangläsern, periskopischen Gläsern und Halbmuschelgläsern, die nach dingseitigen
Scheitelbrechwerten benannt sind.

Kurve, so sehen wir, daß dort die wagerechte Linie, die dem bildseitigen Scheitelbrechwert von + 12 entspricht, die senkrechte punktierte Linie schneidet, und wir entnehmen daraus, daß ein Halbmuschelglas von + 11 dptr einen bildseitigen Scheitelbrechwert von
12 dptr hat. Der Unterschied nimmt mit wachsenden Scheitelbrechwerten beträchtlich zu, und wir sehen aus der Kurve, wie früher

7*

bereits aus der Tabelle 15, daß ein Halbmuschelglas von 20 dptr, also
von 20 dptr dingseitigem Scheitelbrechwert, einen bildseitigen Scheitelbrechwert von 27,4 dptr hat, daß also die Wirkung von der Benennung
um 7,4 dptr abweicht. Hat man deshalb in ein endgültiges Brillengestell Gläser einzusetzen, die in alter Weise nach dingseitigen
Scheitelbrechwerten benannt sind, so muß man nach der üblichen
Umrechnung, die durch die Verschiebung des Glasscheitels nötig wird,
noch ermitteln, welches Glas den verlangten bildseitigen Scheitelbrechwert hat. Lautet beispielsweise die Verordnung: + 14 dptr bei einem
Abstand von 17 mm, so finden wir in der Tabelle 16 unter 17 mm Scheitelabstand den Brechwert + 14,09 dptr. Soll der Abstand auf 12 mm vermindert werden, so ändert sich der Brechwert von + 14,09 auf 15,16, also
also um 1,07 dptr. An Stelle von 14 dptr müßte ein Glas mit einem bildseitigen Scheitelbrechwert von 15,07, rund 15,1 dptr gewählt werden. Wie
wir aus der Kurve (Abb. 99) ersehen, hat ein Halbmuschelglas von 13,4,
eine bildseitige Scheitelbrechkraft von 15,1 dptr. Da ein solches Glas
nicht vorrätig ist, kommt als nächstliegendes ein solches von 13,5 dptr
mit einer Wirkung von etwa 15,25 dptr in Betracht. Der bildseitige
Scheitelbrechwert ist also dem Probierglas gegenüber um 1,25 dptr
höher. Deshalb muß das Glas dem Auge noch mehr genähert werden.
Wir fanden bei der Verminderung des Abstandes von 17 auf 12 mm
eine Aenderung von 14,09 auf 15,16 dptr, also einen Unterschied von
1,07 dptr. Wenn wir das Glas jetzt nicht um 1,07, sondern um 1,25
verändern wollen, so müssen wir den Brechwert von 14,07 auf 15,32 dptr
erhöhen. Ein solches Glas muß nach der Tabelle in etwa 11 mm
Abstand verwendet werden. Wir finden also, daß ein Halbmuschelglas mit der Bezeichnung 13,5 und der Wirkung 15,25 bei einem
Scheitelabstand von 11 mm auf Grund der Verordnung benützt werden
muß. Wird dieses Glas in runder Form mit einem Durchmesser von
38 mm gewählt, so finden wir aus der Scheiteltiefentabelle 10 —
da es sich um ein Halbmuschelglas mit einer augennahen Fläche
von — 6 dptr Brechkraft handelt — daß die Scheiteltiefe 2,1 mm
beträgt. Da der Scheitelabstand $\bar{\delta} = t + e$ ist, so ist der Abstand
des Brillenrandes $e = \bar{\delta} - t$. In diesem Falle muß also sein:
$e = \bar{\delta} - t = (11 - 2,1)\,mm = 8,9\,mm$. Ist der Rand des winkelrandigen
Glases 2 mm dick, die Einfassung dagegen 1 mm, so muß der augennahe Rand des Gestells dem Brillenrand gegenüber um 0,5 mm
weiter abstehen, also um 9,4 mm, rund 9,5 mm. Beim Aufprobieren
des Gestells muß also der Optiker darauf achten, daß der augennahe
Gestellrand diesen Abstand erhält.

Das Aufsuchen der richtigen sammelnden Plangläser, periskopischen Gläser und Halbmuschelgläser, die in alter Weise bezeichnet
sind, ist also recht umständlich. Die Zeit ist hoffentlich nicht mehr
fern, wo Brillengläser mit dieser völlig unzweckmäßigen Bezeichnung

verschwunden sind, und nur noch Gläser verwendet werden, die nach bildseitigen Scheitelbrechwerten benannt sind. Will sich der Optiker davon überzeugen, ob er ein Glas mit alter oder neuer Bezeichnung vor sich hat, so braucht er es nur zu neutralisieren. Hat er beispielsweise ein Halbmuschelglas von + 14 dptr, das bei der Anlage der dingseitigen, stark gewölbten Fläche von einem gleichseitigen Zerstreuungsglas von − 14 dptr neutralisiert wird, so hat er bestimmt ein Halbmuschelglas alter Bezeichnungsweise. Das hat, wie uns die Kurve (Abb. 99) zeigt, einen bildseitigen Scheitelbrechwert von + 16 dptr. Wird dagegen ein durchgebogenes sammelndes Glas, das ebenfalls die Bezeichnung + 14 dptr trägt, bei der Anlage der dingseitigen Fläche von einem zerstreuenden Glas mit etwa − 12,5 dptr Scheitelbrechwert neutralisiert, dann hat man es mit einem Glas zu tun, das bereits in richtiger Weise benannt ist, das also seiner Benennung entsprechend einen bildseitigen Scheitelbrechwert von + 14 dptr besitzt.

Das Brillenglas für das blickende Auge.

Bei der Behandlung des rechtsichtigen Auges haben wir festgestellt, daß wir uns hauptsächlich von unserer Umgebung unterrichten, indem wir die verschiedenen uns interessierenden Dinge

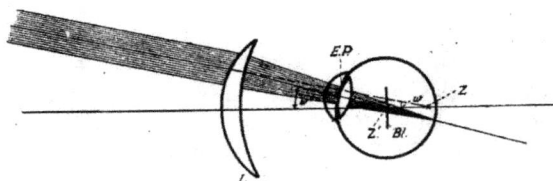

Abb. 100. Ein blickendes Auge hinter dem feststehenden Brillenglase.

rasch nacheinander anblicken, wobei sie immer auf der besten Stelle der Netzhaut abgebildet werden. - Wenn ein fehlsichtiges Auge mit Hilfe einer Brille die Dinge seiner Umgebung durch die Brillenmitte gerade so deutlich sehen kann, wie ein rechtsichtiges Auge, so ist damit die Aufgabe des Brillenglases noch nicht erfüllt, sondern das Glas muß dem Brillenträger ermöglichen, die Dinge der Umgebung durch Augenbewegungen rasch nacheinander anzublicken und auf der Netzhautmitte deutlich wiederzugeben. Das Brillenglas selbst steht fest vor dem Auge (Abb. 100), und zwar bei richtiger Anordnung so, daß die Brillenachse mit der Hauptblickrichtung zusammenfällt. Hinter dem feststehenden Brillenglas kann sich das fehlsichtige Auge gerade so bewegen wie das rechtsichtige Auge; soll es aber dasselbe leisten wie das rechtsichtige, so muß das Brillenglas das Auge nicht nur bei dem Blick in der Richtung der Brillenachse, sondern bei jeder beliebigen schiefen Blickrichtung korrigieren. Bei den Augenbewegungen bleibt der Augendrehpunkt Z' dem Brillenglase L gegenüber am gleichen Orte, während die Pupille EP des Auges wandert. Die im Bildraum der Brille verlaufenden Strahlenbüschel haben also als gemeinsamen Punkt der Hauptstrahlen den Augendrehpunkt Z'. Die Weite der Strahlenbüschel wird durch die Pupillenöffnung EP bestimmt. Wir wollen jetzt sehen, wie ein Brillenglas weit entfernte, auf der Achse und auch seitlich der Achse liegende Dinge abbildet, wenn die abbildenden Büschel durch die Augenpupille begrenzt werden, und sich alle Hauptstrahlen im Augendrehpunkt kreuzen. An Stelle der beweglichen Pupille kann man sich am Orte des Augendrehpunkts Z' eine feste Blende Bl denken; das ändert am Strahlenlauf nichts, vereinfacht aber die Behandlung der Aufgabe. Zwei Fragen sind dabei zu beantworten: 1) Wie ändert sich bei der Abbildung seitlich gelegener Dinge die Bildgüte? Davon hängt die Deutlichkeit der Wahrnehmung des fehlsichtigen Auges ab. 2) Wie wird durch das Brillenglas die Blickrichtung verändert? Ein im Dingraum des Brillenglases verlaufender Hauptstrahl erhält durch das Brillenglas im Bildraum eine andere Richtung, wie aus der Abb. 100 zu ersehen ist. Für das fehlsichtige Auge ist die Deutlichkeit der Wahrnehmung bei seitlichen Blickrichtungen besonders wichtig, deshalb soll dieser Punkt zuerst behandelt werden.

Der Astigmatismus schiefer Büschel.

Daß das Brillenglas als einfache Linse Abbildungsfehler zeigt, ist zu erwarten, weil jedes einfache, von Kugelflächen begrenzte Glas fehlerhaft abbildet. Das Brillenglas zeigt sowohl sphärische als auch farbige Abweichungen. Die sphärische Abweichung im engeren Sinne, die darin besteht, daß die von einem Achsenpunkt mit größerer Einfallshöhe einfallenden Strahlen eine andere Schnittweite haben, als die nahe der Achse verlaufenden (s. Abb. 66 S. 49), kommt hier wenig in Betracht, da infolge der Kleinheit der Augenpupille die Büschel ziemlich eng sind. Auch die Farbenfehler schaden nicht viel. Das Augensystem zeigt ja selbst sphärische und farbige Fehler, und wenn sie durch das Brillenglas, dessen Brechkraft viel geringer ist als die Brechkraft des Augensystems, selbst noch etwas vermehrt werden, wie das bei übersichtigen Augen vorkommt, so macht das nicht viel aus. Aber ein Fehler, der auch bei engen Strahlenbüscheln auftritt, kann die Deutlichkeit der Wahrnehmung bei der Beobachtung durch Brillengläser sehr herabsetzen.

Bei den Abbildungen durch optische Systeme sind im allgemeinen zwei verschiedene Aufgaben zu erfüllen. Entweder handelt es sich darum, ein kleines Gesichtsfeld mit weit geöffneten Büscheln abzubilden, wie z. B. beim Mikroskop, oder aber man will ein großes

Gesichtsfeld durch verhältnismäßig enge Büschel wiedergeben, wie
das z. B. beim photographischen Objektiv der Fall ist. Gerade bei dem
zuletzt genannten optischen Instrument trat diese Aufgabe zum ersten
Male an den technischen Optiker heran. Aehnliche Forderungen werden
an das Brillenglas gestellt. Versucht man durch eine einfache eng ab-
geblendete Sammellinse L (Abb. 101) einen entfernten Lichtpunkt abzubilden, so gelingt das gut, solange er sich auf der optischen Achse
oder in ihrer Nähe befindet. Rückt er aber weiter von ihr ab, so
daß das einfallende Büschel schief auf die Linse fällt (Abb. 102), dann
bemerkt man auf der Bildseite eine merkwürdige Veränderung des
abbildenden Büschels. Während der Lichtpunkt, wenn er auf der
Achse liegt, wiederum in einen Bildpunkt O' (Abb. 101) abgebildet
wird, gibt es bei seitlicher Lage des Dingpunktes im bildseitigen
Strahlenbüschel keine Stelle, an der die Strahlen sich zu einem Punkte
vereinigen. Als engste Einschnürungen dieses Büschels findet man
zwei hintereinander liegende Linien an den Orten F'_t und F'_s, die

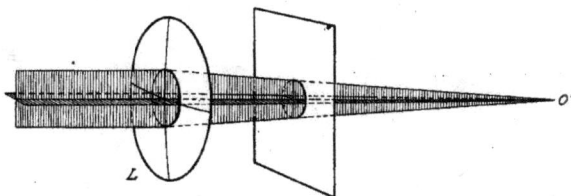

Abb. 101. Der Strahlenverlauf eines achsenparallel in eine Sammellinse einfallenden,
hinter der Linse abgeblendeten Strahlenbüschels.

entsprechend dem Brennpunkt B r e n n l i n i e n genannt werden. Der
Abstand der beiden Linien, die Strecke F'_t und F'_s, wird mit schieferem
Lichteinfall immer größer, ebenso nimmt dabei die Länge der Brennlinien zu. Der durch den Verlauf eines solchen bildseitigen Büschels
entstehende Abbildungsfehler heißt der A s t i g m a t i s m u s   s c h i e f e r
B ü s c h e l. Der Abstand der beiden Brennlinien ist die astigmatische
D i f f e r e n z. Liegt z. B. der weit entfernte Dingpunkt seitlich in einer
wagerechten, die Linsenachse (Abb. 102) enthaltenden Ebene, und es
fällt auf die einfache Linse L ein enges walzenförmiges Strahlenbüschel, so schneidet es auf der kugeligen Begrenzungsfläche der
Linse bei dem schrägen Auffall eine Ellipse heraus, deren Längsachse L_1L_2 wagerecht, und deren kurze Achse K_1K_2 senkrecht liegt.
Die Längsachse einer Ellipse liegt also in einer die Linsenachse enthaltenden Ebene, einem sogenannten M e r i d i a n - oder T a n g e n t i a l -
s c h n i t t TMS. Alle Strahlen, die in dem wagerechten Meridianschnitt
verlaufen, müssen nach dem Brechungsgesetz in dieser Ebene bleiben,
kommen also im Bildraum mit dem Hauptstrahl zum Schnitt. Ein

solches ebenes Strahlenbüschel heißt ein T a n g e n t i a l b ü s c h e l. Alle
übrigen einfallenden Strahlen des walzenförmigen Strahlenbüschels
schneiden den Hauptstrahl nicht wieder im Schnittpunkt des Tangentialbüschels. Die meisten treffen den Hauptstrahl überhaupt nicht
mehr, sondern laufen windschief an ihm vorbei. Nur die Strahlen,
die in dem ebenen, die kurze Ellipsenachse enthaltenden Schnitt $K_1 K_2 M$
verlaufen, der senkrecht auf dem Tangentialschnitt steht, schneiden
den Hauptstrahl ebenfalls. Der Schnittpunkt dieses Strahlenbüschels F'_s
liegt aber bei einer Sammellinse hinter dem Schnittpunkt des Tangentialbüschels F'_t. Dieses in der Abb. 102 schraffiert dargestellte
Strahlenbüschel nennt man ein S a g i t t a l b ü s c h e l. Es verläuft,
wie schon gesagt, in unserem Falle senkrecht. Die Strahlen des
Tangentialbüschels bleiben im Ding- und Bildraum in derselben
Ebene (in Abb. 102 in der wagerechten Achsenebene). Die einzelnen
Strahlen erleiden selbstverständlich beim Durchgang eine Brechung,
also auch der Hauptstrahl, der um den Winkel δ abgelenkt wird. Das
senkrecht darauf stehende Sagittalstrahlenbüschel wird beim Durch-

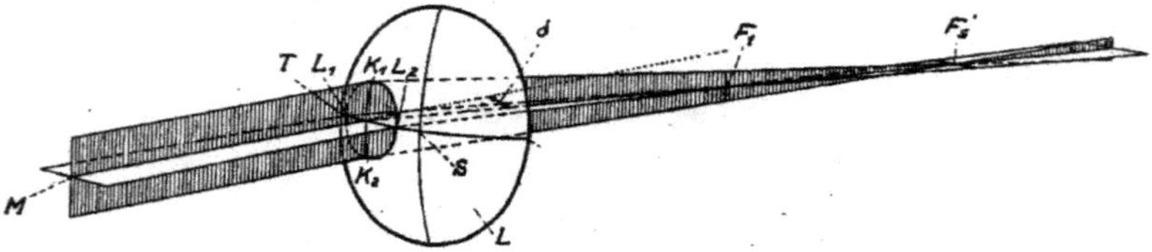

Abb. 102. Der Verlauf eines schief in eine Sammellinse einfallenden, im Bildraum
astigmatisch deformierten Strahlenbüschels.

gang durch die Linse ebenfalls aus seiner ursprünglichen Richtung
abgelenkt, und zwar gerade wie der Hauptstrahl um den Winkel δ;
es verläuft also im Bildraum in einer anderen Ebene, als im Dingraume. Da es am Orte des Schnittpunktes F'_t des hier wagerecht
verlaufenden Tangentialbüschels noch nicht zur Vereinigung gekommen
ist, so erkennt man, daß dort als engste Einschnürung des gesamten
bildseitigen Büschels nicht wie erwünscht ein Punkt, sondern nur
eine senkrechte, im Sagittalschnitt liegende Linie entstehen muß. Am
Orte des Schnittpunktes des hier senkrecht verlaufenden Sagittalbüschels F'_s ist dagegen das wagerecht verlaufende Tangentialbüschel
schon wieder auseinandergelaufen, und es kann dort ebensowenig
ein Punkt, sondern gleichfalls nur eine wagerechte, im Tangentialbüschel liegende Brennlinie entstehen. In Abb. 103 ist ein solches
astigmatisches Strahlenbüschel nochmals größer und deutlicher dargestellt. Man erkennt daraus, daß die im Schnittpunkt F'_t entstehende
Brennlinie im Sagittalbüschel liegt, und daß die im Schnittpunkt des
Sagittalstrahlenbüschels F'_s liegende Brennlinie im Tangentialbüschel

verläuft. Alle übrigen Strahlen, wie der punktiert gezeichnete, die außerhalb der beiden Schnitte verlaufen, treffen wohl die beiden Brennlinien z. B. in den Punkten B_t und B_s, nicht aber den Hauptstrahl.

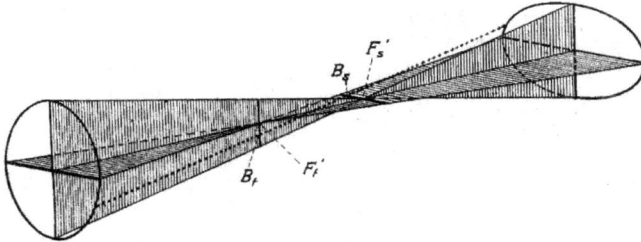

Abb. 103. Ein astigmatisches Strahlenbüschel perspektivisch dargestellt.

Je nach der Lage des außerhalb der Achse gelegenen Dingpunktes entstehen nun nicht nur wagerechte und senkrechte Brennlinien. Jeder die Linsenachse enthaltende Meridianschnitt ist bei einer achsensymmetrischen Linse gleichwertig. Wir müssen deshalb die Lage der Brennlinien allgemeiner bezeichnen. Vergleicht man die Linse mit einem Rad, so entspricht die Radachse der optischen Achse der Linse, und ein Meridianschnitt, in dem also ein Tangentialbüschel verläuft, hat die Richtung einer Radspeiche $R_1 R_2$ (Abb. 104), liegt also radial, d. h. in der Richtung vom Radius eines Kreises, dessen Mittelpunkt auf der optischen Achse liegt. Dagegen hat ein Sagittalbüschel die Richtung einer Radfelge $P_1 P_2$ (Abb. 104) oder verläuft peripher, d. h. in der Richtung der Peripherie eines Kreises, dessen Mittelpunkt auf der Achse liegt. Danach können wir sagen: ein Tangentialbüschel liegt stets

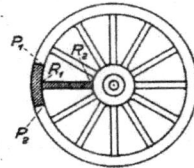

Abb. 104. Zur Verdeutlichung der speichen- und felgenrechten Büschel- und Brennlinien.

speichenrecht oder radial, und die in seinem Schnittpunkte entstehende Brennlinie fällt immer in eine dazu senkrechte Ebene, verläuft also stets peripher oder felgenrecht. Da diese Brennlinie im Sagittalbüschel liegt, so können wir sagen: ein Sagittalbüschel verläuft peripher oder felgenrecht und die in ihrem Schnittpunkt entstehende Brennlinie, die in die Ebene des Tangentialbüschels fällt, verläuft radial oder speichenrecht.

Der Abstand der beiden Brennlinien nimmt, wie schon erwähnt, mit wachsender Neigung der schief einfallenden Strahlenbüschel zu. Dabei rücken die Schnittpunkte der beiden Büschelarten bei einer einfachen Sammellinse immer näher an die Linse heran, wie das in Abb. 105 dargestellt ist. Die Annäherung der Brennpunkte der Tangentialbüschel erfolgt rascher als die der Sagittalbüschel. Zeichnet man die Brennpunkte der Sagittal- und Tangentialbüschel in einem Meridianschnitt für verschiedene Hauptstrahlneigungen auf, so erhält man als Orte der Brennpunkte zwei nach der Linse zu gekrümmte Kurven $F'_tF'_tF'$ und $F'_sF'_sF'$, die sich auf der Achse im Punkte F' berühren. Dort fallen die Brennpunkte beider Büschel zusammen,

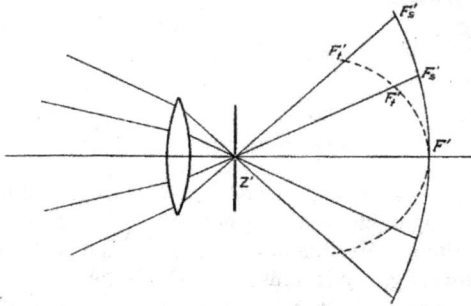

dort gibt es keinen Astigmatismus. Nach der Seite zu wird ihr gegenseitiger Abstand immer größer. Die ausgezogene Linie, die die Schnittpunkte der Sagittalbüschel trifft, ist weniger gekrümmt als die punktierte Kurve, die die Schnittpunkte der Tangentialbüschel verbindet. Um die Brennpunktslagen für sämtliche Meridian-

Abb. 105. Die Orte der Brennpunkte der Tangential- und Sagittalbüschel für verschiedene Hauptstrahl- neigungen.

schnitte darzustellen, braucht man sich nur diese beiden Kurven um die optische Achse gedreht zu denken. Dann erhält man zwei nach der Linse zu hohle Umdrehungsflächen, die beiden a s t i g m a t i s c h e n B i l d - s c h a l e n. Auf ihnen liegen dann für alle weit entfernten, seitlich der Achse befindlichen Dingpunkte die Brennlinien. Jeder Dingpunkt wird auf diesen Schalen als ein Strich wiedergegeben, und zwar auf der Tangentialschale als eine peripher gerichtete oder felgenrechte, und auf der Sagittalschale als eine radial gerichtete oder speichen- rechte Linie. Bei einer derartigen Wiedergabe kann man natürlich nicht von einer deutlichen Abbildung sprechen, da die Dinge dadurch ganz verwaschen und teilweise verzerrt wiedergegeben werden. Nur

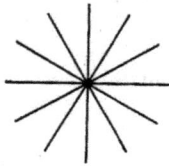
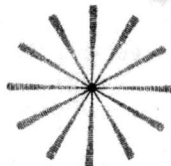
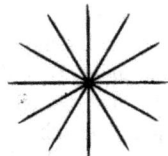

Abb. 106.   Abb. 107.   Abb. 108.

Abb. 106.   Speichelrechte abbildbare Dinglinien.

Abb. 107.   Die undeutliche Wiedergabe speichenrechter Dinglinien auf der Tangen- tialbildschale.

Abb. 108.   Die deutliche Wiedergabe speichenrechter Dinglinien auf der Sagittal- bildschale.

bestimmt gerichtete Linien sind zuweilen auch durch ein derartig fehlerhaft abbildendes System darstellbar. Hat man beispielsweise als Ding radial gerichtete oder speichenrechte Linien, deren Schnittpunkt auf der optischen Achse liegt (Abb. 106), so wird jeder seitlich der Achse gelegene Punkt einer solchen Linie auf der Tangentialbildschale nur ganz undeutlich wiedergegeben, weil dort jeder Punkt zu einem felgenrecht ausgezogenen Strich wird (Abb. 107). Auf der sagittalen Bildschale werden jedoch alle Punkte der Dinglinien zu speichenrecht verlaufenden Strichen ausgezogen, die sich zum Teil überdecken und deshalb scheinbar eine deutliche Abbildung ergeben. Es entstehen dort ebenfalls radiale deutliche Bildlinien, deren Enden nur etwas verwaschen sind (Abb. 108).

In ähnlicher Weise können Dinglinien deutlich wiedergegeben werden, die symmetrisch zur optischen Achse peripher oder felgenrecht verlaufen, d. h. konzentrische Kreise, deren Mittelpunkt auf der Achse liegt (Abb. 109). Die Punkte solcher Kreislinien werden

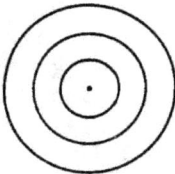

Abb. 109. Felgenrecht verlaufende abbildbare Dinglinien.

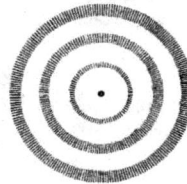

Abb. 110. Die undeutliche Wiedergabe felgenrechter Dinglinien auf der Sagittalbildschale.

auf der Tangentialbildschale zu peripher oder felgenrecht verlaufenden Brennlinien, deshalb überdecken sich zum Teil die einzelnen Brennlinien im Bild und erzeugen so den Eindruck einer deutlichen Abbildung. Auf der Sagittalbildschale können solche Kreislinien nicht deutlich wiedergegeben werden, weil dort jedem Dingpunkt eine radial verlaufende Linie entspricht (Abb. 110). Solche Linien heißen nach Gullstrand abbildbare Linien. Sie kommen aber nur in seltenen Fällen durch Brillengläser zur Wiedergabe und haben deshalb mehr theoretische als praktische Bedeutung; denn bei Brillengläsern will man natürlich die uns umgebenden Dinge deutlich abbilden, und deren Begrenzungen haben nur äußerst selten derartig gerichtete Linien. Brillengläser, die den Fehler des Astigmatismus schiefer Büschel zeigen, sind also zweifellos nicht sonderlich zur Korrektion eines blickenden Auges geeignet.

Der Fehler des Astigmatismus schiefer Büschel machte sich sehr unangenehm bemerkbar, als nach der Erfindung der Photographie das Kameraobjektiv ein großes Gesichtsfeld auf der photographischen Platte abbilden sollte. Er wurde zuerst durch den Wiener Physiker Joseph Petzval beseitigt, der im Jahre 1840 sein heute noch gebrauchtes Porträtobjektiv berechnete. Durch die Wahl der Glasarten, der Zahl, der Abstände und der Krümmungen der Linsen konnte Petzval die Fehler beseitigen. Die Schnittweiten der Tangential- und Sagittal- büschel werden dadurch gleich groß, so daß auch ein Dingpunkt, wenn er seitlich der Achse inner- halb eines bestimmes Winkels liegt, wieder in einem Bildpunkt, also frei von Astigmatismus schiefer Büschel, abge- bildet wird. Wenn es auch

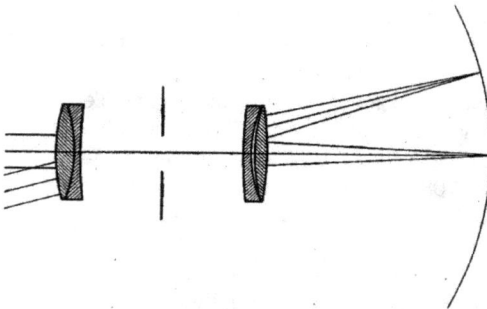

Abb. 111. Das Petzvalsche Porträtobjektiv mit gewölbtem anastigmatischem Bildfeld im Schnitt.

Petzval gelang, für seitlich gelegene Dingpunkte den Astigmatismus schiefer Büschel aufzuheben, so konnte er es nicht erreichen, daß die Schnittpunkte der korrigierten Büschel auf einer Ebene lagen, sondern das Bildfeld seines Objektives ist, wie es in Abb. 111 dargestellt ist, noch gekrümmt. Beim photographischen Objektiv sollen aber die Dinge auf einer achsensenkrechten Ebene, der photographischen Platte, wiedergegeben werden. Erst später, nach Einführung neuer Glasarten, konnte man das Bildfeld des photographi- schen Objektivs auch ebenen (Abb. 112).

Beim Brillenglas ist die Ebenung des Bildfeldes gar nicht notwendig, im Gegenteil, sie ist höchst unerwünscht; denn bei Blickbewegungen wandert der Fernpunkt auf der Fernpunktskugel RRR, Abb. 113,

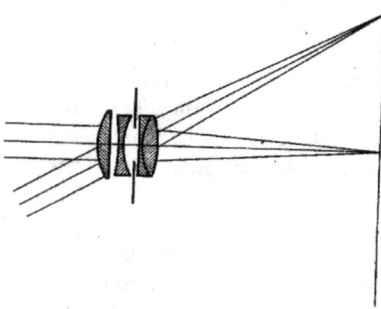

Abb. 112. Ein photographisches Objektiv mit ebenem anastigmatischem Bildfeld im Schnitt.

deren Mittelpunkt mit dem Augendrehpunkt Z' zusammenfällt. Soll nun das Auge bei schiefen Blickrichtungen durch das Brillenglas ebenso deutlich sehen wie längs der Achse, so sollte ein korrigierendes Brillenglas, wie in Abb. 113 dargestellt ist, für eine am Orte des Augendrehpunktes Z' zu denkende Blende für einen beträchtlichen Winkel w' weit ent-

fernte Dinge frei von Astigmatismus schiefer Büschel auf der Fernpunktskugel RRR abbilden.

Mit der Berechnung derartiger Brillengläser hat man sich erst
in neuerer Zeit beschäftigt. Wenn auch der Engländer W o l l a s t o n
im Jahre 1804 versuchte, bessere Brillengläser herzustellen und durchgebogene Formen vorschlug, so tat er das nicht in der Erkenntnis
der Ursache des Astigmatismus, sondern er probierte nur. Erst Ende
des neunzehnten Jahrhunderts beschäftigte sich der französische Augenarzt O s t w a l t mit der Lösung dieser Aufgabe, aber er ging insofern
unrichtig vor, als er die Blende des Brillenglases nicht an den Ort des
Augendrehpunktes, sondern an den Ort des s c h e i n b a r e n Augendrehpunktes verlegte. Davon werden wir später noch hören. Kurze
Zeit später gab der damals in Paris lebende Augenarzt T s c h e r n i n g
Brillengläserformen an, die frei von Astigmatismus schiefer Büschel

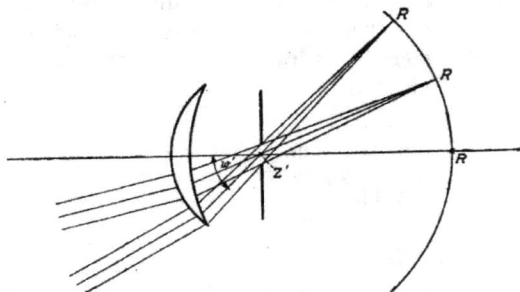

Abb. 113. Ein vollkommen richtig abbildendes sammelndes Fernbrillenglas
im Schnitt.

sind. Die von ihm entwickelten Formeln zur Berechnung solcher
Gläser gelten für unendlich dünne Brillengläser und für unendlich
kleine Neigungen der schiefen Strahlen. Trotz diesen Einschränkungen
sind aber mit diesen Formeln gute Brillengläser zu errechnen. Die
theoretischen Arbeiten dieser beiden Gelehrten wurden von den Her-
stellern der Brillengläser zunächst nicht beachtet. Abgesehen von
einigen Pariser Schleifereien, die solche vom Astigmatismus schiefer
Büschel befreite Brillengläser in kleinem Umfange anfertigten, wurden
nach wie vor im wesentlichen gleichseitige Brillengläser hergestellt und
verbraucht. Erst als im Jahre 1908 der wissenschaftliche Mitarbeiter der
Firma Carl Zeiß, Professor Dr. M. v. R o h r, sich der Berechnung von
Brillengläsern zuwandte, wurden die neuen Erkenntnisse der Theorie
auch in die Praxis umgesetzt.

Durch die Arbeiten T s c h e r n i n g s zeigt sich, daß man einfache Brillengläser herstellen kann, die für eine am Orte des Augendrehpunkts angenommene Blende frei von Astigmatismus schiefer

Büschel sind, wenn man eine bestimmte Form für ein Glas bestimmter Brechkraft wählt. Nach dem Vorbild der photographischen
Objektive würde man Brillengläser, die für einen bestimmten Blickwinkel frei von Astigmatismus schiefer Büschel sind, anastigmatische
Gläser nennen können. Nach Professor G u l l s t r a n d bezeichnet man
diese Gläser besser als p u n k t u e l l a b b i l d e n d e Gläser. Wir
werden später erkennen, warum diese Bezeichnung den Vorzug verdient.

Die Berechnung der Brechkraft eines Brillenglases.

Ein Brillenglas bestimmter Brechkraft kann unendlich viele
verschiedene Formen haben, wie wir im folgenden sehen werden.
Jedes achsensymmetrische Brillenglas ist durch zwei Kugelflächen
begrenzt. Denkt man es sich nun durch eine Ebene in zwei plane
Gläser zerschnitten, wie das in Abb. 114 dargestellt ist, so kann
man sich die Gesamtwirkung eines Glases als die einfache Summe
der beiden Einzelgläser L_1 und L_2 vorstellen, vorausgesetzt, daß die Linsendicke SS′ sehr klein ist.

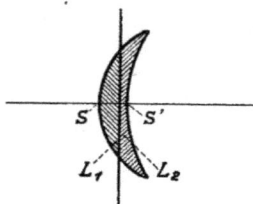

Abb. 114. Die Zerlegung einer von zwei Kugelflächen begrenzten Linse durch eine Ebene in
zwei Linsen, die je eine Planfläche als Grenzfläche
haben, im Schnitt dargestellt.

Die Brechkraft einer Plankonvex- oder Plankonkavlinse ist einfach auf folgende Weise zu ermitteln. Läßt man auf eine solche
Linse in der verschwindend klein angenommenen Höhe h (Abb. 115)
einen Achsenparallelstrahl einfallen, so wird er beim Durchtritt durch
die Planfläche überhaupt nicht gebrochen, die Ablenkung erfolgt erst

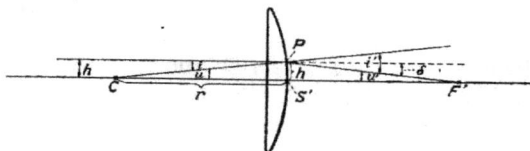

Abb. 115. Zur Bestimmung der Brechkraft einer plankonvexen Linse.

beim Durchlaufen der Kugelfläche. Errichtet man in dem Punkte P
auf der Kugelfläche das Lot CP, so erhält man den Einfallswinkel i. Das
Licht wird beim Austritt aus der Kugelfläche vom Lote weggebrochen.
Der Brechungswinkel i′ ist deshalb um den Betrag δ größer als der
Winkel i. Der Winkel u ist als innerer Wechselwinkel dem Winkel i
gleich, und aus demselben Grunde ist der Winkel u′ gleich dem Winkel δ.

Da das vom Punkte P auf die Achse gefällte Lot die Achse in unmittelbarer Nachbarschaft des Scheitels S′ trifft, können wir sagen, daß $\frac{S'P}{S'C} = \frac{h}{r} = \operatorname{tg} u$ ist. Ebenso ist $\frac{S'P}{S'F'} = \operatorname{tg} u'$. Die Strecke S′F′ ist aber $= H'F' = f'$, also gleich der Brennweite der Linse, so daß sich ergibt: $\frac{h}{f'} = \operatorname{tg} u' = \operatorname{tg} \delta$. Da nun $\delta = i' - i$ ist, kann man auch

setzen $\frac{h}{f'} = \operatorname{tg} (i' - i)$ und $\frac{h}{r} = \operatorname{tg} i$. Da die Winkel i und i′ sehr klein sind, wenn h verschwindend angenommen wird, so darf man an Stelle der Tangenten die Winkel selbst setzen, so daß sich in diesem Falle ergibt $\frac{h}{r} = i$ und $\frac{h}{f'} = i' - i$. Dividieren wir die beiden Verhältnisse durcheinander, so erhalten wir

$$\frac{\frac{h}{f'}}{\frac{h}{r}} = \frac{i' - i}{i}.$$ Dafür können wir schreiben:

$$\frac{h}{f'} \cdot \frac{r}{h} = \frac{i'}{i} - 1$$

Nach dem Brechungsgesetz ist $\frac{\sin i'}{\sin i} = n$. Auch hier können wir wieder infolge der kleinen Winkel an Stelle der Sinus die Winkel selbst einsetzen und schreiben $\frac{i'}{i} = n$. Also ist:

$$\frac{r}{f'} = n - 1 \text{ oder}$$

$$\frac{1}{f'} = \frac{n - 1}{r} \text{ oder}$$

$$\mathbf{D} = \frac{n - 1}{r}.$$

So kann man für ein Glas, das auf einer Seite von einer Planfläche begrenzt ist, die Brechkraft aus dem Halbmesser und dem Brechungsexponenten berechnen. Hat das Glasmaterial einen Brechungsexponenten von 1,52, und ist der Halbmesser der Kugelfläche 520 mm $= 0{,}52$ m, so ist die Brechkraft des plankonvexen Glases

$$D = \frac{n-1}{r} = \frac{1{,}52 - 1}{0{,}52 \text{ m}} = \frac{0{,}52}{0{,}52 \text{ m}} = 1 \text{ dptr. Ist der Halbmesser z. B.}$$

-130 mm $= -0{,}13$ m, so ist die Brechkraft

$$D = \frac{n-1}{r} = \frac{0{,}52}{-0{,}13 \text{ m}} = -4 \text{ dptr. Will man umgekehrt wissen,}$$

welchen Kugelhalbmesser ein mit einer Planfläche begrenztes Glas bestimmter Brechkraft hat, so ändert man die Formel

$$D = \frac{n-1}{r} \text{ in } r = \frac{n-1}{D}.$$ Ist beispielsweise $D = -5$ dptr, so ist

$$r = \frac{n-1}{D} = \frac{1,52-1}{-5\,\text{dptr}} = \frac{0,52}{-5\,\text{dptr}} = -0,104 \text{ m} = -104 \text{ mm}.$$

Wenn wir uns ein beliebig geformtes Brillenglas durch eine ebene Schnittfläche in zwei Plangläser (Abb. 114) zerlegt denken, so kann man, wie bereits gesagt, die Brechkraft der vollen Linse als die Summe der Brechkräfte der beiden Planlinsen ansehen. Das wird in der Brillenpraxis sehr häufig gemacht. Die Brechkraft einer Brillenglashälfte wird dabei meist mit einem kleinen Sphärometer in Uhrform (Abb. 82, S. 76) gemessen. Durch einfaches Zusammenzählen der beiden Brechkräfte glaubt man die Brechkraft der ganzen Linse zu erhalten. Das trifft auch praktisch bei den Zerstreuungsgläsern mit sehr kleinen Mitteldicken zu. Ein Zerstreuungsglas, dessen Vorderfläche z. B. einen Halbmesser von $+416$ mm und dessen Hinterfläche einen Halbmesser von $-46,2$ mm hat, hat eine Brechkraft von -10 dptr, wenn man die Brechkräfte der vorderen und hinteren Halblinse oder der vorderen und hinteren Begrenzungsfläche einfach zusammenzählt. Denn die Brechkraft der Vorderfläche ist

$$D_1 = \frac{n-1}{r_1} = \frac{1,52-1}{0,416\,\text{m}} = \frac{0.52}{0,416\,\text{m}} = 1,25 \text{ dptr,}$$

und die Brechkraft der Hinterfläche ist

$$D_2 = \frac{n-1}{r_2} = \frac{1,52-1}{-0,0462\,\text{m}} = \frac{0,52}{-0,0462\,\text{m}} = -11,25 \text{ dptr.}$$

Ist die Gesamtbrechkraft $D = D_1 + D_2$, so ist hier $D = (1,25 - 11,25)$ dptr $= -10$ dptr. Das einfache Zusammenzählen der beiden Brechkräfte ergibt aber nur so lange die richtige Gesamtbrechkraft, als der Abstand der beiden Kugelflächen Null ist, d. h. solange die Linse unendlich dünn ist. Hat sie eine endliche Dicke, so wird ihre Gesamtbrechkraft $D = D_1 + D_2 - \delta D_1 D_2$, wobei δ, wie wir schon früher sahen, der auf Luft bezogene Abstand der beiden zugewandten Hauptpunkte der Einzelsysteme ist. Im Falle des Brillenglases liegen die zugewandten Hauptpunkte in den Linsenscheiteln S und S′. Deshalb ist δ die Mitteldicke der Linse. Da bei der Rechnung alle Strecken auf Luft bezogen werden müssen, die Linsendicke d aber eine in Glas verlaufende Strecke ist, so ergibt sich $\delta = \frac{d}{n}$. Nehmen wir in unserem Beispiel an, die Linse habe eine Dicke von 0,5 mm, so wird der Ausdruck

$$-\delta D_1 D_2 = -\frac{d}{n} \cdot D_1 D_2 = -\frac{0,0005\,\text{m}}{1,52} \cdot + 1,25 \,\text{dptr} \cdot - 11,25 \text{ dptr}$$

$$-\delta D_1 D_2 = +0,0046 \text{ dptr.}$$

Die genaue Brechkraft der Linse ist also:

$$D = D_1 + D_2 - \delta D_1 D_2$$
$$D = (+1,25 - 11,25 + 0,0046) \text{ dptr}$$
$$= (-10 + 0,0046) \text{ dptr} = -9,9954 \text{ dptr}$$

gegenüber einer Brechkraft von -10 dptr, wobei die Dicke der Linse vernachlässigt ist. Die rund 0,005 dptr spielen natürlich praktisch gar keine Rolle und können unberücksichtigt bleiben.

Je nach der Verteilung der Gesamtbrechkraft auf die Vorder- und Hinterfläche kann man ein Glas bestimmter Brechkraft in sehr verschiedenen Formen erhalten. Ist beispielsweise die Brechkraft der Vorder- und Hinterfläche $-2,5$ dptr, so erhalten wir ein gleichseitiges zerstreuendes (bikonkaves) Glas von -5 dptr und den Halbmessern

$$r_1 = r_2 = \frac{n-1}{D_1} = \frac{0,52}{-2,5 \text{ dptr}} = -0,208 \text{ m} = -208 \text{ mm} \text{ (Abb. 116 a)}.$$

Ein Glas derselben Brechkraft ergibt sich, wenn die Vorderfläche eine Planfläche mit der Wirkung Null ist, und die Hinterfläche die Brechkraft von -5 dptr, also einen Halbmesser

$$r_2 = \frac{n-1}{D_2} = \frac{0,52}{-5 \text{ dptr}} = -0,104 \text{ m} = -104 \text{ mm} \text{ hat (Abb. 116 b)}.$$

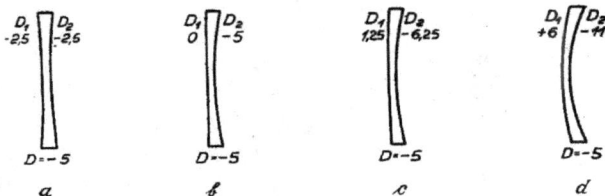

Abb. 116. Vier verschiedene Formen eines zerstreuenden Glases von -5 dptr Brechkraft im Schnitt dargestellt.

Handelt es sich um ein periskopisches Glas, dessen Vorderfläche eine Brechkraft von $+1,25$ dptr, dessen Hinterfläche eine solche von $-6,25$ dptr zeigt, so ergibt sich wiederum ein Glas von -5 dptr Gesamtbrechkraft (Abb. 116 c) mit einem Halbmesser der Vorderfläche

von $r_1 = \dfrac{n-1}{r_1} = \dfrac{0,52}{1,25 \text{ dptr}} = 0,416 \text{ m} = 416 \text{ mm}.$ Der Halbmesser der

Hinterfläche ist: $r_2 = \dfrac{n-1}{D_2} = \dfrac{0,52}{-6,25 \text{ dptr}} = -0,0832 \text{ m} = -83,2 \text{ mm}.$

Haben wir dagegen ein Halbmuschelglas von -5 dptr, so hat seine Vorderfläche eine Brechkraft von $+6$ dptr und die Hinterfläche eine von -11 dptr (Abb. 116 d). Das heißt: der Halbmesser der ersten

Fläche ist: $r_1 = \dfrac{n-1}{D_1} = \dfrac{0,52}{6\ dptr} = 0,0867\ m = \textbf{86,7 mm}$, und der H⸗lʰ
messer der hinteren Flächen ist:

$$r_2 = \frac{n-1}{D_2} = \frac{0,52}{-11\ dptr} = -0,0473\ m = -\textbf{47,3 mm.}$$

So könnte man für die Linse von — 5 dptr Brechkraft eine beliebige
Anzahl von verschieden geformten Brillengläsern errechnen. Ist die
Gesamtbrechkraft und die Brechkraft der Vorderfläche gegeben, dann
ist die Form der dünnen Linse endgültig bestimmt, denn dann kann die
Brechkraft der Hinterfläche nur einen solchen Wert haben, daß sich
die Gesamtbrechkraft ergibt.

Punktuell abbildende Brillengläser.

Es fragt sich nun, ob Brillengläser ein und derselben Brech
kraft, aber ganz verschiedener Form, oder, wie man sich auch
ausdrückt, ganz verschiedener Durchbiegung, in bezug auf den
Astigmatismus schiefer Büschel für eine am Orte des Augendrehpunkts angenommene Blende verschiedenes Verhalten zeigen, und
ob durch eine bestimmte Form des Glases der Astigmatismus zum
Verschwinden gebracht werden kann. Ein anderes Mittel, dieser
Fehler zu beseitigen, bleibt ja beim einfachen Brillenglas überhaupt
nicht übrig. Wie schon erwähnt, wird als praktischer Abstand zwischen
Brillenglas und Hornhautscheitel 12 mm angenommen. Der Augendrehpunkt liegt etwa 13 mm hinter dem Hornhautscheitel, so daß sich
also ein Abstand zwischen Brillenglasscheitel und Augendrehpunkt
von 25 mm ergibt. Der Drehpunkt hat bei verschiedenen Augen
sicherlich verschiedene Lage. Sehr lang gebaute, hochgradig kurzsichtige Augen haben ihren Drehpunkt, soweit von einem Drehpunkt
gesprochen werden kann, meist etwas weiter hinter dem Hornhautscheitel.

Tscherning hat gezeigt, daß mittels Durchbiegung der Brillengläser für eine etwa 25 mm hinter ihnen liegenden Blende der
Astigmatismus schiefer Büschel für eine große Reihe von Brillengläsern aufgehoben werden kann. Dabei ergibt sich, daß stets zwei
Glasformen möglich sind, wenn überhaupt die Möglichkeit einer Lösung
besteht. Es gibt also immer zwei verschieden stark durchgebogene
achsensymmetrische Brillengläser einer bestimmten Brechkraft, die
frei von Astigmatismus schiefer Büschel sind, oder es gibt für diese
Brechkraft überhaupt keine Korrektionsmöglichkeit bei Anwendung
von Kugelflächen. Die Formen dieser vom Astigmatismus freien
Brillengläser lassen sich bequem durch die Tscherningsche Kurve
(Abb. 117) darstellen. Sie hat die Form einer schräg im Koordinatensystem liegenden Ellipse. Jeder Punkt dieser Kurve gibt ein Brillen

glas von bestimmter Gesamtbrechkraft und bestimmter Durchbiegung an. An der wagerechten Teilung liest man die Gesamtbrechkraft des Glases, an der senkrechten Teilung die Brechkraft der Vorderfläche ab. Nehmen wir als Beispiel ein Glas von — 10 dptr Brechkraft, und verfolgen wir die diesem Werte entsprechende Linie des Netzes von der Nullinie an aufwärts, so schneidet sie die Ellipse zum ersten Male in einer Höhe, die dem Wert von 3 dptr entspricht, wie wir das an der senkrechten Teilung ablesen können. Zum zweiten Male

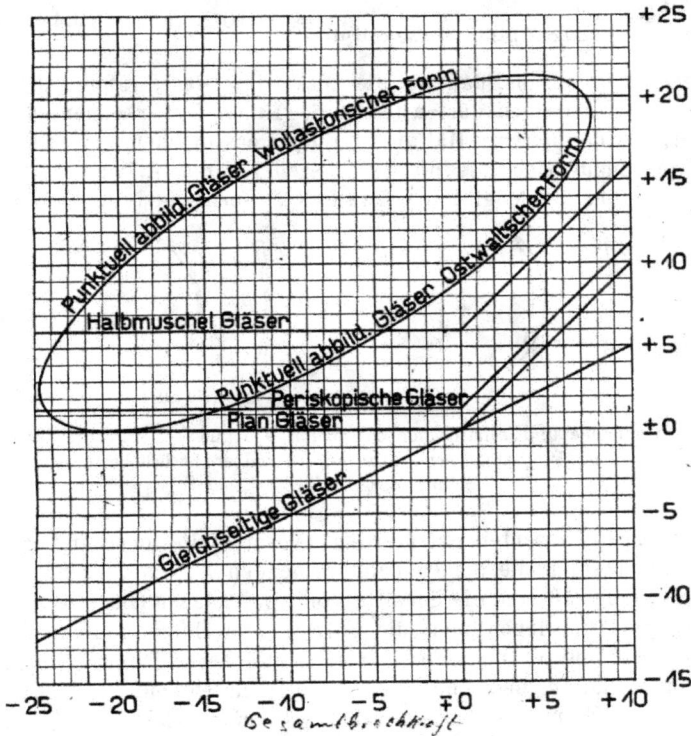

Abb. 117. Die Tscherningsche Kurve.

schneidet diese Senkrechte die Ellipse in einem Punkte, der etwa dem Wert von 16,8 dptr entspricht. Aus der Kurve entnehmen wir also, daß ein vom Astigmatismus schiefer Büschel freies Brillenglas von — 10 dptr Brechkraft eine Vorderfläche mit der Brechkraft von + 3 oder von + 16,8 dptr haben muß. Dann muß also, um ein Glas von — 10 dptr Gesamtbrechkraft zu erhalten, die Hinterfläche eine Brechkraft von — 13 oder von — 26,8 dptr haben. Daraus ergibt sich, daß die Halbmesser für das erste Glas die Werte:

8*

$$r_1 = \frac{n-1}{D_1} = \frac{1{,}52-1}{+3 \text{ dptr}} = \frac{0.52}{3 \text{ dptr}} = 0{,}173 \text{ m} = 173 \text{ mm}$$

und

$$r_2 = \frac{n-1}{D_2} = \frac{1{,}52-1}{-13 \text{ dptr}} = \frac{0{,}52}{-13 \text{ dptr}} = -0{,}0400 \text{ m} = -40 \text{ mm}$$

annehmen, während das andere Glas folgende Halbmesser haben muß:

$$r_1 = \frac{n-1}{D_1} = \frac{1{,}52-1}{16{,}8 \text{ dptr}} = \frac{0{,}52}{16{,}8 \text{ dptr}} = 0{,}0309 \text{ m} = 30{,}9 \text{ mm}$$

und

$$r_2 = \frac{n-1}{D_2} = \frac{1{,}52-1}{-26{,}8 \text{ dptr}} = \frac{0{,}52}{-26{,}8 \text{ dptr}} = -0{,}0194 \text{ m} = -19{,}4 \text{ mm}.$$

Dabei setzen wir voraus, daß wir die Dicke des Glases infolge ihrer Kleinheit vernachlässigen dürfen (siehe S. 113). Wir erkennen, daß die Gläser, die der unteren Hälfte der Ellipse entsprechen, wesentlich weniger gekrümmt sind, als die der oberen Hälfte. A. von Rohr hat die ersteren, Brillengläser Ostwaltscher Form, und die Gläser,

Abb. 118. Sammelnde und zerstreuende Gläser von $+5$ und -5 dptr Brechkraft Ostwaltscher (O) und Wollastonscher Form (W) in halber natürlicher Größe im Schnitt dargestellt.

die dem oberen Ellipsenteil entsprechen, Gläser Wollastonscher Form genannt, um dadurch die beiden bahnbrechenden Forscher zu ehren. In der Abbildung 118 sind die Schnitte von zwei solchen Gläserpaaren wiedergegeben, aus denen man die Formenunterschiede deutlich erkennt. Gläser Ostwaltscher Form, also schwächerer Durchbiegung, kann man technisch bequemer und billiger herstellen, als solche Wollastonscher Form. Außerdem sehen sie auch schöner aus und sind leichter, als die Gläser Wollastonscher Form. Aus diesen Gründen werden hauptsächlich Gläser Ostwaltscher Form ausgeführt. Nur für bestimmte Zwecke, auf die wir später noch zu sprechen kommen, sind Wollastonsche Gläser vorzuziehen.

Im Laufe der Zeit sind verschiedene Formen von Brillengläsern ohne jede Rücksicht auf den Astigmatismus schiefer Büschel eingeführt worden, weitaus am meisten wurden die gleichseitigen Gläser verwendet, weil sie infolge ihrer flachen Halbmesser am billigsten sind. Außer ihnen kommen noch die Plangläser, die periskopischen Gläser und die Halbmuschelgläser in Betracht. Diese vier haupt-

sächlichsten Gläserformen sind noch mit in das Koordinatennetz ein-
gezeichnet worden (Abb. 117), das die Tscherningsche Kurve enthält.
Die gleichseitigen Gläser werden einfach durch eine gerade Linie
dargestellt, die unter 26,6° Neigung durch den Nullpunkt verläuft.
Denn die Vorderfläche eines gleichseitigen Glases von — 20 dptr Brechkraft hat eine Wirkung von — 10 dptr. Ein Glas von + 10 dptr hat
eine Vorderfläche mit der Wirkung von + 5 dptr.

Die Vorderflächen aller zerstreuenden Plangläser haben die Wirkung Null, folglich fällt die Kurve, die sie darstellt, mit der Ab-
scissenachse zusammen. Für die Sammelgläser steigt sie unter 45° als
gerade Linie schräg nach oben an, denn ein Planglas von + 5 dptr
z. B. hat eine Vorderfläche mit + 5 dptr Brechkraft, wie wir aus dem
Schnitt der schrägen Linie mit der senkrechten Teilung erkennen
können. Die Hinterfläche jedes sammelnden Planglases ist eine ebene
Fläche mit der Brechkraft Null.

Die zerstreuenden periskopischen Gläser werden sämtlich mit einer
sammelnden Vorderfläche von 1,25 dptr Brechkraft hergestellt; folglich ist ihre Kurve eine der Koordinatenachse parallele Linie im Abstand von 1,25 dptr. Alle sammelnden periskopischen Gläser haben
eine zerstreuende Hinterfläche mit — 1,25 dptr Brechkraft, so daß
die Vorderfläche stets um 1,25 dptr stärker sein muß, als die Gesamtbrechkraft der Linse. Eine unter 45° Neigung verlaufende Gerade, die um 1,25 dptr höher liegt, als die die Plangläser darstellende
Linie, gibt die Brechkraft der Vorderfläche für die periskopischen
Sammelgläser an. Die allen periskopischen Gläsern gemeinsame
Fläche mit der Wirkung von 1,25 dptr hat einen Halbmesser

$$r = \frac{n-1}{D} = \frac{1,52-1}{1,25\,\text{dptr}} = \frac{0,52}{1,25\,\text{dptr}} = 0,416\,m = 416\,mm, \text{rund } 42\,cm.$$

Die zerstreuenden Halbmuschelgläser werden mit einer Vorderfläche von + 6 dptr Brechkraft, also mit einem Halbmesser von 87 mm
Länge hergestellt. Sie lassen sich in unserem Koordinatennetz durch
eine der Achse parallelen Linie im Abstande von 6 dptr wiedergeben.
Die sammelnden Halbmuschelgläser haben dagegen eine zerstreuende
Hinterfläche, die für alle Stärken die Brechkraft von — 6 dptr hat,
so daß die Brechkraft ihrer Vorderfläche stets um + 6 dptr höher
sein muß, als ihre Gesamtbrechkraft. Eine unter 45° ansteigende
gerade Linie, die von + 6 dptr Brechkraft der Vorderfläche für
0 dptr Gesamtbrechkraft bis auf + 16 dptr für eine Linse von
+ 10 dptr ansteigt, stellt alle Halbmuschelgläser von 0 bis + 10 dptr
Brechkraft dar.

Die verschiedenen Brillenglashersteller sind dann und wann von
diesen Grundformen abgewichen, so daß außer diesen Formen noch
eine Menge anderer Formen im Handel waren und noch sind. Die

Halbmesser für die verschiedenen Gläser sind nicht bekannt gegeben worden. Auch die Bezeichnungen sind verschieden gewählt worden, so daß es unmöglich ist, heute noch genau zu sagen, welche Flächenkrümmungen der eine oder der andere Hersteller für eine bestimmte Brillengläsersorte benutzt hat. Vor allem hat man den Namen Halbmuschelgläser verschiedentlich angewandt. Um jeden Irrtum auszuschließen, sei ausdrücklich bemerkt, daß wir unter Halbmuschelgläsern stets solche mondförmige Gläser oder Menisken verstehen, die für alle Stärken bei zerstreuenden Gläsern eine gemeinsame sammelnde, bei sammelnden Gläsern eine gemeinsame zerstreuende Fläche mit der Brechkraft von 6 dptr haben.

Aus der Abbildung 117 lassen sich wichtige Schlüsse für die Brillenpraxis ziehen; denn aus den eingezeichneten Linien der gebräuchlichen alten Brillengläser ersieht man, daß bestimmte Gläser dieser üblichen Arten punktuell abbildend, also frei von Astigmatismus schiefer Büschel sein müssen, während die meisten Gläser dieser Sorten fehlerhaft abbilden. Je weiter der einem Brillenglas entsprechende Punkt einer solchen Linie von der Tscherningschen Kurve abliegt, desto schlechter bildet das betreffende Glas ab. Daraus erkennen wir, daß die früher und zum Teil auch noch heute in ganz überwiegender Weise gebrauchten gleichseitigen Brillengläser zweifellos am mangelhaftesten abbilden. Etwas besser sind die Plangläser; denn sie liegen der Tscherningschen Kurve schon näher; das Planglas von — 20 dptr Brechkraft bildet sogar frei von Astigmatismus schiefer Büschel ab, denn es fällt mit dem Glas der Tscherningschen Kurve zusammen. Die Plangläser in der Nähe von — 20 dptr aufwärts bis zu etwa — 23 dptr, und abwärts bis zu etwa — 17 dptr liegen der Tscherningschen Kurve ziemlich nahe, und bilden deshalb nicht schlecht ab. Die schwächeren planen Zerstreuungsgläser entfernen sich aber immer mehr von den Ostwaltschen Formen, sie werden deshalb immer mangelhafter.

Die Tscherningsche Kurve schneidet die Linie, die die zerstreuenden periskopischen Gläser darstellt, an zwei Stellen, nämlich an der Stelle, die dem Glase von — 14 und etwa dem von — 24 dptr entspricht, d. h. diese beiden periskopischen Gläser sind punktuell abbildend und den Ostwaltschen Formen völlig gleich. Die in der Nähe dieser Gläser liegenden periskopischen Brillengläser haben fast richtige Formen. Es sind die Gläser etwa zwischen — 17 und — 10 dptr und die in unmittelbarer Nachbarschaft von — 24 dptr. Da dort die Tscherningsche Kurve schnell nach oben umbiegt, können es nur wenige Gläser sein. Die übrigen periskopischen Gläser stimmen weniger gut mit den Ostwaltschen Formen überein. Immerhin sind z. B. die sammelnden periskopischen Gläser wesentlich besser als die gleichseitigen.

Von den Halbmuschelgläsern hat das von — 4,5 dptr und — 23 dptr dieselbe Form wie das Tscherningsche Glas, und zwar entspricht das Halbmuschelglas von — 23 dptr der stark durchgebogenen sogenannten Wollastonschen Form der Tscherningschen Kurve. Die die sammelnden Halbmuschelgläser darstellende Linie verläuft eine Strecke in geringem Abstand fast parallel mit der Tscherningschen Kurve. Daraus erkennt man, daß die sammelnden Halbmuschelgläser etwa bis zu + 7 dptr Brechkraft der Bildgüte der Tscherningschen Gläser Ostwaltscher Form sehr nahe kommen. Aus den vielen Arten der üblichen achsensymmetrischen Brillengläser kann man mit Hilfe dieser Kurven die besten Formen auswählen. Man würde demnach am besten verwenden von etwa + 10 bis — 10 dptr die Halbmuschelgläser, von — 10 bis — 17 die periskopischen und von — 17 bis — 25 die Plangläser. Natürlich ist hierbei nur auf die Form, nicht auf die Güte der Ausführung Rücksicht genommen worden, ein Punkt, dem vielfach noch zu geringe Beachtung geschenkt wird.

Die Herstellung der Gläser mit einer bestimmten Grenzfläche für alle Stärken ist wesentlich bequemer, als wenn, wie es die Tscherningsche Kurve verlangt, für jede Brechkraft eine andere Form gefordert wird. Man kann dieser Forderung nahe kommen, wenn man kleineren Gläsergruppen mit ähnlichen Brechkräften ein und dieselbe Vorder- oder Hinterfläche gibt, so daß man eine stufenförmige, sich der Tscherningschen Kurve anschmiegende Linie erhält. So verfährt man vielfach bei der Herstellung. Das Richtigste ist es zweifellos, die Gläser so zu gestalten, oder, wie der Optiker dafür sagt, so durchzubiegen, daß für einen genügend großen Blickwinkel der Astigmatismus schiefer Büschel Null wird. Dabei ist es notwendig, daß man bei der Berechnung die wirklichen Dicken der Gläser berücksichtigt und nicht, wie bei den Tscherningschen Formen, die Dicke Null voraussetzt. Die neueren punktuell abbildenden Brillengläser sind in dieser Weise trigonometrisch durchgerechnet und erhalten dadurch Formen, die zum Teil etwas von denen der Tscherningschen Kurve abweichen. Vielfach hat man eine solche Form berechnet, daß die Gläser für eine 25 mm hinter dem bildseitigen Scheitel liegende Blende und eine bildseitige Hauptstrahlneigung von 35 ⁰ für sammelnde und von 30 ⁰ für zerstreuende Gläser frei von Astigmatismus schiefer Büschel sind.

Will man bei diesen Berechnungen die Abweichungen von der theoretischen Forderung feststellen, so ist folgendes zu berücksichtigen. Auf der Achse wird der Abstand des Brennpunkts vom Brillenscheitel angegeben. Um seitlich gelegene Dinge zu sehen, dreht sich das Auge um den Augendrehpunkt Z', so daß sich sein Fernpunkt auf der Fernpunktskugel KF'K Abb. 119 bewegt. Für schiefe Blickrichtungen muß man deshalb den Abstand des Brennpunkts, oder die Abstände der Brennlinien von einer Kugelfläche aus messen, die den Augendrehpunkt als Mittelpunkt und die Strecke S'_1Z' als Halbmesser hat. Wir nennen diese Kugel $S'_2S'_1S'_2$ die Scheitelkugel. Zwischen dem Hornhautscheitel und der Scheitelfläche ist dann bei jeder Blickrichtung der gleiche Abstand, wie beim Blick in der Achsenrichtung, und man kann angeben, wie sich die Wirkung eines Glases bei einer bestimmten Blickrichtung gegenüber der in der Achse ändert.

Bei der Durchrechnung fehlerhaft abbildender Brillengläser ergibt sich, daß ein von einem weit entfernten, seitlich gelegenen Dingpunkt ausgehendes Strahlenbüschel bildseitig im Tangential- und Sagittalschnitt verschiedene Schnittweiten hat, also einen gewissen Betrag

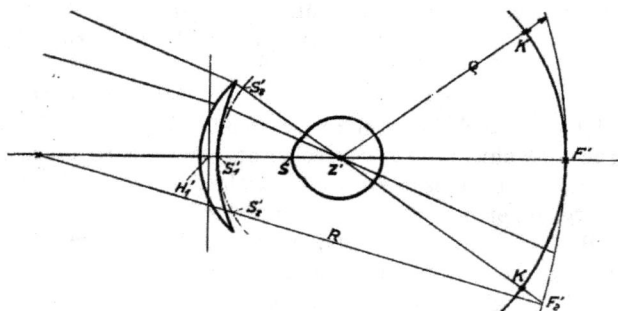

Abb. 119. Zur Darstellung der Fehler schief einfallender Strahlenbüschel. Die Lage der Scheitelkugel und der Fernpunktskugel.

von Astigmatismus schiefer Büschel zeigt. Um diesen Fehler graphisch darzustellen, bildet man die Kehrwerte der Abstände der beiden Brennpunkte des Tangential- und Sagittalbüschels von der Scheitelkugel aus und ermittelt die Abweichungen von dem Scheitelbrechwert in der Achse für die verschiedenen Hauptstrahlneigungen. Damit hat man die Fehler, die man übersichtlicherweise in ein Koordinatensystem einträgt. Dabei werden in der wagerechten Richtung die Drehwinkel im Augenraum angegeben, und in der senkrechten Richtung die Fehler in Dioptrien aufgetragen, wie das in Abb. 120 bis 123 zu sehen ist. Die Abweichungen im Tangentialbüschel sind durch eine punktierte Kurve, die der Sagittalbüschel durch eine ausgezogene Kurve angegeben. Ein gleichseitiges zerstreuendes Glas wird, wie die Abb. 120 zeigt, nach dem Rande zu etwas stärker und erhält gleichzeitig einen Astigmatismus schiefer Büschel, weil die Brechkraft der Tangentialbüschel sehr viel stärker und schneller zunimmt, als die der Sagittalbüschel. Bei 30° Blickdrehung ist bei einem solchen Glas von — 5 dptr Scheitelbrechwert eine astigmatische Differenz von 1,7 dptr entstanden, so daß das Glas wie die Vereinigung einer achsensymmetrischen Linse von — 5,6 dptr Brechkraft mit einer zylindrischen

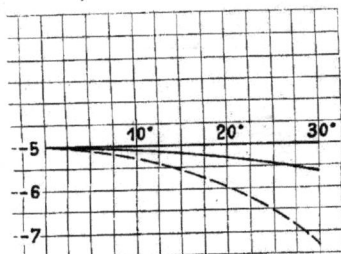

Abb. 120. Graphische Darstellung der astigmatischen Fehler einer gleichseitigen Zerstreuungslinse von — 5 dptr Scheitelbrechwert bei 25 mm Blendenabstand.

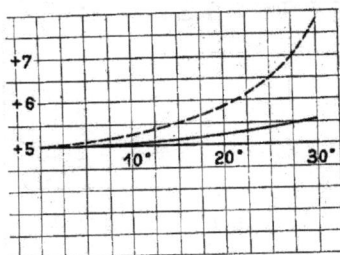

Abb. 121. Graphische Darstellung der astigmatischen Fehler einer gleichseitigen Sammellinse von + 5 dptr Scheitelbrechwert bei 25 mm Blendenabstand.

Linse (s. S. 232) von — 1,7 dptr Brechkraft wirkt. Bei einem sammelnden gleichseitigen Glas von 5 dptr ist die astigmatische Abweichung noch größer. Der astigmatische Fehler bei einer Blickdrehung von 30° übersteigt hier 2 dptr. Das Glas wirkt also bei dieser Blickrichtung wie die Vereinigung einer achsensymmetrischen Linse von + 5,5 dptr Brechkraft mit einer zylindrischen Linse von + 2,3 dptr Brechkraft.

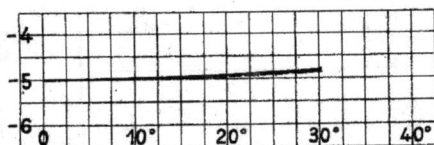

Abb. 122. Graphische Darstellung der astigmatischen Fehler eines Punktalglases von — 5 dptr Scheitelbrechwert.

Die planen und periskopischen Gläser derselben Brechkräfte zeigen zwar schon geringere astigmatische Fehler, aber sie sind noch zu groß, um nicht das deutliche Sehen am Rande zu verhindern. Die Fehler der Halbmuschelgläser sind für Gläser mancher Brechkräfte sehr gering und die der Punktalgläser

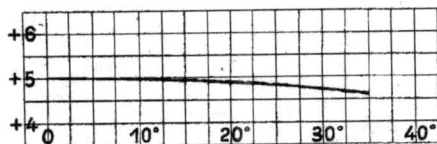

Abb. 123. Graphische Darstellung der astigmatischen Fehler eines Punktalglases von + 5 dptr Scheitelbrechwert.

gleich Null, wie das die Abbildungen 122 und 123 zeigen. Die Tabellen 17 und 18 geben darüber gute Auskunft.

Periskopische Gläser

Scheitelbrechwert in dptr	Dicke in mm	Brechwert am Rande – Sagittal	Brechwert am Rande – Tangential	Astigmatismus in dptr
+ 2	1,9	+ 2,27	+ 3,49	+ 1,22
+ 4	2,6	+ 4,59	+ 7,34	+ 2,75
++ 6	3,4	++ 6,98	++ 11,79	+ 4,81
++ 8	4,1	++ 9,49	++ 17,17	++ 7,68
— 2	1,4	— 2,19	— 2,88	— 0,69
— 4	1,2	— 4,39	— 5,73	— 1,34
— 6	1,0	— 6,62	— 8,63	— 2,01
— 8	0,8	— 8,90	— 11,64	— 2,74
— 10	0,7	— 11,28	— 14,86	— 3,58
— 12	0,6	— 13,79	— 18,41	— 4,62
— 14	0,5	— 16,50	— 22,47	— 5,97
— 16	0,5	— 19,57	— 27,34	— 7,77
— 18	0,5	— 23,29	— 33,60	— 10,31
— 20	0,5			

Planglaser

Halbmuschelgläser

Scheitelbrechwert in dptr	Dicke in mm	Brechwert am Rande – Sagittal	Brechwert am Rande – Tangential	Astigmatismus in dptr
+ 2	1,7	+ 2,19	+ 3,13	+ 0,94
+ 4	2,4	+ 4,29	+ 5,89	+ 1,60
++ 6	3,1	++ 6,33	++ 8,46	+ 2,13
++ 8	3,8	++ 8,35	++ 10,97	++ 2,62
— 2	1,4	— 2,13	— 2,68	— 0,55
— 4	1,2	— 4,18	— 4,99	— 0,81
— 6	1,0	— 6,17	— 7,05	— 0,88
— 8	0,8	— 8,12	— 8,96	— 0,84
— 10	0,7	— 10,04	— 10,77	— 0,73
— 12	0,6	— 11,97	— 12,53	— 0,56
— 14	0,5	— 13,90	— 14,29	— 0,39
— 16	0,5	— 15,87	— 16,09	— 0,22
— 18	0,5	— 17,87	— 17,96	— 0,09
— 20	0,5	— 19,94	— 19,95	— 0,01

Tabelle 18.

Aenderung des Brechwertes am Rande des Blickfeldes bei punktuell abbildenden Gläsern.

Scheitel-brechwert in dptr	Punktalgläser Ostwaltscher Form			
	Dicke in mm	Brechwert am Rande		Astigmatismus in dptr
		Sagittal	Tangential	
+ 2	2,0	+ 1,86	+ 1,86	0,00
+ 4	3,0	+ 3,72	+ 3,71	− 0,01
+ 6	4,0	+ 5,55	+· 5,52	− 0,03
+ 8	5,0	+ 7,44	+ 7,49	+ 0,05
− 2	1,4	− 1,92	− 1,93	− 0,01
− 4	1,2	− 3,84	− 3,87	− 0,03
− 6	1,0	− 5,78	− 5,76	+ 0,02
− 8	0,8	− 7,70	− 7,68	+ 0,02
− 10	0,7	−- 9,71	− 9,68	+ 0,03
− 12	0,6	−11,66	− 11,62	+ 0,04
− 14	0,5	− 13,68	− 13,66	+ 0,02
− 16	0,5	− 15,75	− 15,76	− 0,01
− 18	0,5	− 17,85	− 17,83	+ 0,02
− 20	0,5	− 19,98	− 19,99	− 0,01

Scheitel-brechwert in dptr	Punktalgläser Wollastonscher Form			
	Dicke in mm	Brechwert am Rande		Astigmatismus in dptr
		Sagittal	Tangential	
+ 2	2,0	+ 1,87	+ 1,85	− 0,02
+ 4	3,0	+ 3,69	+ 3,70	+ 0,01
+ 6	4,0	+ 5,65	+ 5,63	− 0,02
+ 8	5,0	+ 7,44	+ 7,49	+ 0,05
− 2	1,4	− 1,95	− 1,97	− 0,02
− 4	1,2	− 3,90	− 3,91	− 0,01
− 6	1,0	− 5,79	− 5,82	− 0,03
− 8	0,8	− 7,74	− 7,73	+ 0,01
− 10	0,7	− 9,71	− 9,71	+ 0,00
− 12	0,6	− 11,70	− 11,70	+ 0,00
− 14	0,5	− 13,72	− 13,74	− 0,02
− 16	0,5	− 15,78	− 15,76	+ 0,02
− 18	0,5	− 17,83	− 17,85	− 0,02
− 20	0,5	− 19,93	− 19,93	− 0,00

Durch die richtige Wahl der Krümmung der Begrenzungsflächen läßt sich also der Astigmatismus schiefer Büschel für einen genügend großen augenseitigen Hauptstrahlneigungswinkel beseitigen. Das gilt zwar nicht für Brillengläser aller Stärken, aber wie die Tscherningsche Kurve lehrt, für die am meisten gebrauchten Gläser, nämlich für Gläser von — 25 bis + 7,5 dptr, wenn man einen Blendenabstand von 25 mm zugrunde legt. Kurzsichtigkeiten, die durch Gläser mit mehr als — 25 dptr Scheitelbrechwert, und Uebersichtigkeiten, die durch Gläser mit mehr als + 7,5 dptr Scheitelbrechwert ausgeglichen werden müssen, kommen ganz selten vor. Nur zwei Gruppen von Brillengläsern liegen außerhalb der Tscherningschen Kurve, das sind die Stargläser und die Gläser für ganz hochgradig Kurzsichtige. Sie sind unter Anwendung von Kugelflächen als Grenzflächen allein durch die richtige Wahl der Durchbiegung nicht mehr frei von Astigmatismus schiefer Büschel herzustellen. Von diesen Brillengläsern werden wir später Genaueres hören.

Wenn man optische Systeme für einen bestimmten Winkel von einem Fehler befreit, so ist damit gar nicht gesagt, daß der Fehler für andere Hauptstrahlneigungen ebenfalls aufgehoben ist. Bei größeren Hauptstrahlneigungen treten immer Fehler ein. Mitunter kommen auch noch Fehler bei kleineren Hauptstrahlneigungen vor, die man Zonenfehler nennt. In der Abb. 124 ist beispielsweise die astigmatische Korrektion eines photographischen Objektivs wiedergegeben. Die Hauptstrahlneigungswinkel sind hierbei in der senkrechten, die astigmatischen Fehler in der wagerechten Richtung aufgetragen und zwar in Millimetern bei einer Objektivbrennweite von 100 mm Länge. Für den Winkel von 30° ist das Objektiv korrigiert, da dort der Astigmatismus Null ist; für kleinere Winkel bleibt aber ein bestimmter Fehler übrig, der für einen Winkel von 20°—25° den größten Betrag annimmt, bei 35° ist der Fehler schon recht groß; das Objektiv hat also Zonenfehler. Trotzdem nennt man es ein anastigmatisches, also ein korrigiertes System. Bei den punktuell abbildenden Brillengläsern, die für einen bestimmten Blickwinkel fehlerfrei sind, sind meist die astigmatischen Fehler für kleinere Blickwinkel verschwindend, mit anderen Worten, es sind keine Zonenfehler vorhanden. Außerhalb des gerechneten Winkels stellt sich natürlich Astigmatismus schiefer Büschel ein, und zwar bei den Ostwaltschen Formen früher als bei den Wollastonschen.

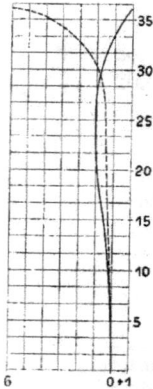

Abb. 124. Darstellung der astigmatischen Fehler eines photographischen Objektivs.

Wohl läßt sich für die am meisten gebrauchten Brillengläser für ein genügend großes Blickfeld der Astigmatismus schiefer Büschel vermeiden, so daß in dieser Beziehung die punktuell abbildenden Brillengläser die theoretische Forderung erfüllen. Aber in einer anderen Hinsicht bleiben auch diese Gläser mit ihren Leistungen etwas hinter den höchsten Anforderungen zurück. Das Bildfeld der punktuell abbildenden Gläser sollte, wie wir schon sahen, mit der Fernpunktskugel zusammenfallen. Leider ist diese Forderung in den meisten Fällen nicht erfüllbar. Das Bildfeld der punktuell abbildenden Brillengläser ist wohl gekrümmt, aber die Krümmung ist meist nicht groß genug. Sie ist nicht von der Form, sondern nur von der Brennweite des Glases und dem Brechungsexponenten des Materials, aus dem es hergestellt ist, abhängig. Nach dem Petzval-Coddingtonschen Gesetz ist der Krümmungshalbmesser des Bild-

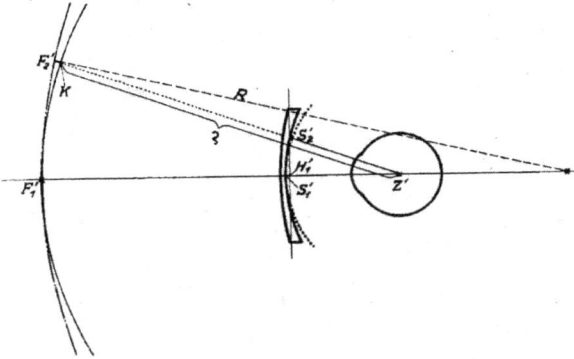

Abb. 125. Die Abweichungen des Bildfeldes eines zerstreuenden punktuell abbildenden Glases von der Fernpunktskugel.

feldes $R = n \cdot f'_1$ (Abb. 125, s. a. Abb. 119). Der Halbmesser ρ des verlangten Bildfeldes KF'_1 sollte eigentlich, wie sich aus der Abbildung ergibt, die Strecke
$$Z'F'_1 = Z'_1 H'_1 + H'_1 F'_1 = H'_1 F'_1 - H'_1 Z' = f'_1 - 25 \text{ mm}$$ sein, wenn der Abstand des Brillenglashauptpunktes vom Augendrehpunkt zu 25 mm angenommen wird. Der Krümmungshalbmesser R des tatsächlichen Bildfeldes $F'_2 F'_1$ ist aber gleich $n \cdot f'_1$, und da $n = 1,52$ ist, so wird der Krümmungshalbmesser der Bildschale größer als sein Sollwert, der Halbmesser der Fernpunktskugel. Haben wir beispielsweise ein Brillenglas von — 5 dptr Brechkraft, also einer Brennweite von — 200 mm, so hat die Fernpunktskugel einen Krümmungshalbmesser von $\rho = f'_1 - 25 \text{ mm} = - 225 \text{ mm}$, dagegen ist der Halbmesser des Bildfeldes $R = n \cdot f'_1 = 1,52 \cdot - 200 \text{ mm} = - 304 \text{ mm}$. Bei den zerstreuenden Gläsern höherer Brechkraft wird der Unterschied der beiden

Krümmungshalbmesser immer geringer. So ist beispielsweise bei einem Glas von — 15 dptr der Krümmungshalbmesser der Fernpunktskugel $\rho = f'_1 — 25 = (— 67 — 25)$ mm $= — 92$ **mm**, während der Halbmesser des Bildfeldes R $= f'_1 \cdot n = — 67$ mm $\cdot 1{,}52 = — 102$ **mm** ist. Wir sehen, der Unterschied ist jetzt nicht mehr groß, und er muß Null werden für ein Glas, bei dem $\rho = R$, also $f'_1 — 25 = n \cdot f'_1$ ist, das ergibt sich bei einem Glas von etwa — 21 dptr.

Bei Sammelgläsern wird der Krümmungsunterschied zwischen der Fernpunktskugel und dem Bildfeld des Brillenglases größer, denn dort ist der Halbmesser der Fernpunktskugel $Z' F'_1 = H'_1 F'_1 — H'_1 Z' = f'_1 — 25$, also gleich der Differenz der beiden Strecken, während er bei den Zerstreuungsgläsern infolge der negativen Brennweite gleich der Summe der beiden Strecken war. Infolgedessen finden wir beispielsweise bei einem Sammelglas von + 5 dptr Brechkraft den Krümmungshalbmesser der Bildfläche R $= n \cdot f'_1 = 1{,}52 \cdot 200$ mm $= 304$ **mm,** also gerade so groß wie bei dem

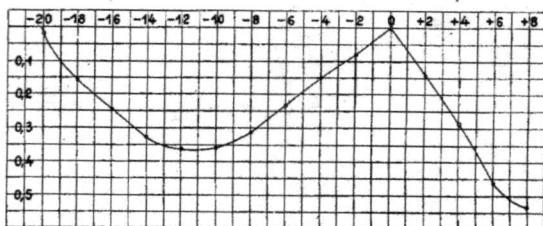

Abb. 126. Graphische Darstellung der Abweichungen der Bildfelder von den Fernpunktskugeln bei Punktalgläsern in dptr.

Zerstreuungsglas gleicher Stärke; den Krümmungshalbmesser der Fernpunktskugel aber gleich $\rho = f'_1 — 25 = (200 — 25)$ mm $= 175$ **mm**, während er beim Zerstreuungsglas von — 5 dptr gleich — 225 **mm** groß war.

Die zu geringe Krümmung des Bildfeldes hat zur Folge, daß die Wirkungen der punktuell abbildenden Gläser nach der Seite zu etwas schwächer werden. Die Schnittweiten nehmen von der Mitte nach der Seite allmählich etwas zu. Die Strecke $S'_2 F'_2$ sollte der Schnittweite $S'_1 F'_1$ gleich sein; $S'_2 F'_2$ (Abb. 119 und 125) ist aber um die Strecke $K F'_2$ größer als $S'_1 F'_1$. Glücklicherweise sind diese Unterschiede nicht allzu groß. Bei den Zerstreuungsgläsern sind sie im allgemeinen geringer, als bei den Sammelgläsern, bei starken und schwachen Zerstreuungsgläsern sind sie sehr klein, bei den Sammelgläsern erreichen sie Beträge bis zu einer halben Dioptrie. Aus der Kurve in Abb. 126 sind diese Abweichungen von der geforderten Bildfeldwölbung in Dioptrien für einen augenseitigen Drehwinkel von

30⁰ und 35 ⁰ abzulesen. Ein Punktalglas, das zum Beispiel in der Mitte
einen Scheitelbrechwert von + 6 dptr hat, wirkt bei der Drehung des
Auges von 35⁰ nach der Seite um 0,46 dptr zu wenig, wirkt also wie
ein Glas mit einem Scheitelbrechwert von. 5,54 dptr. Bei jugendlichen übersichtigen Brillenträgern ist das gar nicht wichtig, weil
diese Abweichung des Bildfeldes durch eine geringe Akkommodations-
anstrengung ausgeglichen werden kann. Bei den Kurzsichtigen ist
dieses Hilfsmittel freilich nicht anwendbar, denn wenn das Brillenglas nach dem Rande zu etwas schwächer wird, müßte man eigentlich die Akkommodation weiter erschlaffen lassen. Das ist aber nur
dann möglich, wenn das Auge beim Blicken in der optischen Achse
einen geringen Betrag zu akkommodieren hat, den es beim Blicken
nach der Seite wieder aufheben kann. Sehr guten und aufmerksamen
Beobachtern wird man also zweckmäßigerweise ein punktuell abbildendes zerstreuendes Brillenglas geben, dessen Scheitelbrechwert
ein wenig stärker als eigentlich notwendig ist. Wie aus der Kurve
(Abb. 126) ersichtlich ist, müßte man also Fernbrillengläser zwischen
— 5 und — 17 dptr deshalb um 0,25 dptr stärker wählen.

Der Astigmatismus als Fehlerquelle bei der Gläser- verordnung.

Gerade diese Abweichungen des Bildfeldes der Fernpunktskugel
gegenüber erschweren manchem Brillenträger den Uebergang vom
bisher getragenen gleichseitigen Brillenglas zum punktuell abbildenden.
Das gleichseitige Brillenglas hat in dieser Beziehung gerade die ent-
gegengesetzte Wirkung, denn der Scheitelbrechwert eines gleichseitigen
Brillenglases nimmt nach der Seite hin zu. Freilich stellt sich auch
gleichzeitig Astigmatismus schiefer Büschel ein, so daß ein solches
Brillenglas für seitliche Blickrichtungen wie ein stärkeres sphärisches
Glas verbunden mit einem Zylinder wirkt. Diese Abweichungen nach
der Seite zu sind bei gleichseitigen Gläsern recht erheblich (s. Tab. 17
S. 122), und deshalb sind sie als Probiergläser geradezu gefährlich.
Das Auge des Prüflings blickt bei der Untersuchung durchaus nicht
immer genau durch die Mitte des Probierglases, sondern es sucht sich
rasch und ganz unwillkürlich die Stelle heraus, durch die es am besten
sehen kann. Nicht selten beobachtet man, daß der Prüfling beim Ent-
ziffern der Leseproben allerhand Kopfdrehungen ausführt und versucht,
durch bestimmte Randstellen zu blicken. Wird dieser Umstand nicht
beachtet, so können beim Verordnen ganz erhebliche Fehler gemacht
werden. Selbstverständlich wird das Glas aufgeschrieben, durch das
der Prüfling am besten sah; hat er aber dabei schräg durch das
Glas geblickt, so entspricht das verordnete Glas unter Umständen
durchaus nicht dem gebrauchten. Wenn in der endgültigen Brille
dasselbe gleichseitige Glas verwendet wird, so kann sich der Träger

durch die entsprechende Blickrichtung und Kopfhaltung die gleiche Wirkung wie beim Sehen durch die Probierbrille verschaffen. Wird aber ein punktuell abbildendes Brillenglas gleicher Bezeichnung, also mit gleichem Scheitelbrechwert in die endgültige Brille eingesetzt, dann nützt ein schräges Beobachten nichts; der Scheitelbrechwert bleibt für alle Blickrichtungen dabei annähernd derselbe, ja er wird nach dem Rande zu sogar ein wenig geringer und der etwa zur Korrektion des astigmatischen Auges notwendige Astigmatismus stellt sich nicht ein. Nicht selten ist ein Brillenträger beim Anpassen seiner Brille mit punktuell abbildenden Gläsern enttäuscht, weil er damit schlechter sieht, als mit dem Probierglas oder seiner alten billigen gleichseitigen Brille. Das ist dann der sichere Beweis, daß das eingesetzte punktuell abbildende Glas nicht das richtige Fernglas ist, und daß das gleichseitige Glas gleicher Bezeichnung nur durch schräges Hindurchblicken die richtige Korrektion gibt. Es bleibt dann nichts anderes übrig, als durch Vorhalten schwacher sphärischer und zylindrischer Gläser das richtige Fernglas zu ermitteln. Das läßt sich nur unter Verwendung von Sehproben und der Bestimmung der besten Sehleistung ermöglichen. Erst dann ist das richtige Glas gefunden, wenn dieselbe Sehleistung erzielt wird wie mit der Probierbrille. Es sollte deshalb in keiner Gläserverordnung eine Angabe über das Sehvermögen fehlen. Der vorsichtige Optiker wird sich häufig vor der Anfertigung der Brille vergewissern, ob unter Verwendung des vorgeschriebenen Glases, besonders eines punktuell abbildenden, dieselbe Sehleistung zu erreichen ist, wie mit dem gleichseitigen Probierglas. Durch dieses Verfahren wird er manches Glas sparen, was sonst gerandet und somit wertlos würde. Wie erheblich die Wirkungen eines Probierglases von seiner Benennung abweichen können, ist aus der folgenden kleinen Tabelle 19 zu ersehen.

Tabelle 19.

Scheitel-brechwert in der Achse:	Brechwert des Glases bei schiefer Blickrichtung bezogen auf die Scheitelkugel:				Astigmatismus schiefer Büschel:	
	bei 15° Neigung in der Tangential-ebene	in der Sagittalebene	bei 30° Neigung in der Tangential-ebene	in der Sagittalebene	bei 15° Neigung d. Blick-richtung	bei 30° Neigung d. Blick richtung
+ 5 dptr	+ 5,55 dptr	+ 5,14 dptr	+ 7,83 dptr	+ 5,55 dptr	+ 0,41 dptr	+ 2,28 dptr
+ 10 „	+ 11,29 „	+ 10,32 „	+ 17,78 „	+ 11,46 „	+ 0,97 „	+ 6,32 „
+ 15 „	+ 17,35 „	+ 15,59 „	+ 32,68 „	+ 18,09 „	+ 1,76 „	+ 14,59 „

Dort sind die Abweichungen der in der Achse vorhandenen Scheitelbrechwerte bei Blickdrehungen von 15° und 30° angegeben. Dreht sich das Auge um 15° nach der Seite, so durchstößt der Blickstrahl eine 7 mm seitlich der Achse gelegene Stelle des Brillenglases, bei 30° Augendrehung durchstößt der Blickstrahl eine Stelle, die etwa 14 mm seitlich der Achse liegt. Dabei ist vorausgesetzt, daß der Glasscheitel etwa 25 mm vor dem Augendrehpunkt liegt. Wir sehen, daß die Benutzung der Probiergläser bei solchen Blickdrehungen durchaus möglich ist, denn die Probiergläser haben im allgemeinen einen Durchmesser von 37 mm. Schon bei einem verhältnismäßig schwachen Glas von + 5 dptr können wir einen nicht zu vernachlässigenden Fehler beobachten. Ganz ungeheuer aber werden die Fehler bei den stärkeren Gläsern. Es ist ein großer Irrtum, wenn man z. B. glaubt, der Patient brauche ein Glas von + 15 dptr während er sich durch seitliches Blicken die Wirkung der Vereinigung eines sphärischen Glases von + 17 dptr Brechkraft mit einem zylindrischen von + 3 dptr Brechkraft verschafft hat, die er in Wirklichkeit braucht, um seinen Augenfehler völlig aufzuheben.

Daraus erklärt es sich auch, daß die Schwierigkeiten besonders bei der Anpassung von Stargläsern und stärkeren Zerstreuungsgläsern recht groß sind. Solange man die gleichseitigen Brillengläser im Probiergestell verwendet, muß man unter allen Umständen auf das sorgfältigste darauf achten, daß nur der mittelste Teil zum Sehen benutzt wird. Das geschieht am einfachsten dadurch, daß man in das Probiergestell Blenden von etwa 10 mm freier Oeffnung einlegt, so daß der Patient einfach gezwungen ist, durch die Mitte der Gläser zu blicken. Hat man auf diese Weise das richtige Fernglas ermittelt, so wird auch ein punktuell abbildendes Glas mit gleichem Scheitelbrechwert die gleiche Sehleistung herbeiführen. Es ist dem mit Astigmatismus schiefer Büschel behafteten Glase insofern überlegen, als es ein größeres Blickfeld hat. Das in dieser Beziehung schlechteste Glas, das gleichseitige, hat infolgedessen das kleinste Blickfeld. Das Auge dreht sich hinter ihm nur so weit zur Seite, als es noch brauchbare Bilder erhält. Dann ersetzt man die Augendrehungen durch Kopfdrehungen. Starke gleichseitige Gläser haben nur sehr kleine brauchbare Blickfelder, dadurch kommt es, daß die Träger solcher Gläser allmählich die Augen wenig drehen und einen starren Blick bekommen. Vertauschen sie ihre alten gleichseitigen Gläser mit punktuell abbildenden, so merken sie zu Anfang vielfach keinen Vorteil, weil sie eben verlernt haben ihre Augen zu drehen; ist aber das wieder erlernt, dann wird kein Brillenträger mit gutem Sehvermögen und guter Beobachtungsgabe wieder ein Glas, das Astigmatismus schiefer Büschel zeigt, tragen wollen.

Um die Leistungen der verschiedenen Brillenglasformen zu veranschaulichen, dienen die Aufnahmen der Tafel. Es sind Wiedergaben von Photographien, die mit Hilfe eines besonderen Gerätes hergestellt sind, das den Sehvorgang des Auges genau wiederholt. Die gleichen Zeichen sind bei verschiedenen Hauptstrahlneigungen aufgenommen worden. Aus diesen Bildern erkennt man sehr deutlich, daß das gleichseitige Glas das schlechteste, das punktuell abbildende das beste ist. Aehnliche Veranschaulichungsmittel sind die verschiedenen Punktuellitätsdemonstratoren.

Die Richtungsänderung der Hauptstrahlen.

Wir haben jetzt gesehen, wie sich die Deutlichkeit der Wahrnehmung ändert, wenn ein fehlsichtiges Auge schräg durch ein Brillenglas blickt. An zweiter Stelle ist zu untersuchen, wie sich die Blickrichtungen bei der Drehung des Auges hinter dem Brillenglas ändern. Werden seitliche Teile des Brillenglases zum Beobachten benützt, so werden

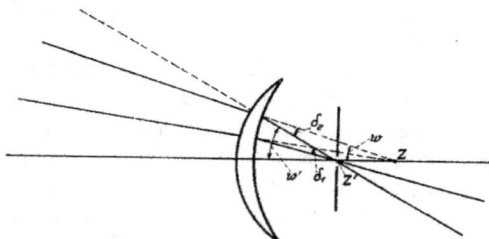

Abb. 127. Die Ablenkung schief einfallender Hauptstrahlen durch ein Sammelglas.

die Strahlenbüschel abgelenkt (siehe Abb. 127). Die prismatische Ablenkung δ wird immer größer, je weiter der benützte Teil von der Achse entfernt ist. Diese Ablenkung ist häufig als ein Fehler des Brillenglases angesprochen worden, ist aber in Wirklichkeit eine optische Notwendigkeit. Ohne sie ist eine Wirkung der Brillengläser unmöglich.

Alle Hauptstrahlen oder Blickrichtungen verlaufen im Bildraum des Glases durch den Augendrehpunkt Z′. Die entsprechenden im Dingraum verlaufenden Hauptstrahlen zielen nach dem Bild des Augendrehpunkts, das das Brillenglas entwirft. Es liegt beim Sammelglas hinter und beim Zerstreuungsglas vor dem wirklichen Augendrehpunkt und wird der scheinbare Augendrehpunkt Z genannt. Wir finden den scheinbaren Augendrehpunkt zeichnerisch, wenn wir von der am Orte des Drehpunkts Z′ (Abb. 128 und 129) angenommenen Blende Bl′ das Bild nach den üblichen Regeln zeichnen; aber dabei bedenken, daß jetzt einmal das Licht von rechts nach links laufend vorausgesetzt werden muß. Dabei ergibt sich beide Male ein schein-

bares aufrechtes Bild, das beim Sammelglas etwas vergrößert, beim
Zerstreungsglas etwas verkleinert ist. Oder wir können auch den
üblichen Lichtverlauf voraussetzen und annehmen, die Blende Bl′
wäre das Bild von der scheinbaren Blende Bl. Wir haben dann nur
zu bedenken, daß es sich hier um ein scheinbares Ding Bl handelt.
Der nach einem Blendenrand hinzielende dingseitige Achsenparallelstrahl wird zum bildseitigen Brennstrahl und umgekehrt.

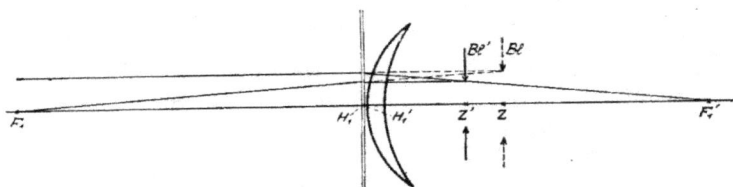

Abb. 128. Die Abbildung einer am Orte des Augendrehpunkts gedachten Blende
durch ein sammelndes Brillenglas.

Die Lage des scheinbaren Augendrehpunkts läßt sich auch einfach
berechnen. Dabei muß man die Strecke $H'_1 Z'$, das ist der Abstand des
wirklichen Drehpunkts Z' vom bildseitigen Brillenhauptpunkt als Bildweite ansehen. Die Dingweite, d. i. der Abstand des scheinbaren
Drehpunkts vom dingseitigen Hauptpunkt — die Strecke $H_1 Z$ — wird
gesucht. Für diese Rechnungen nehmen wir der Bequemlichkeit

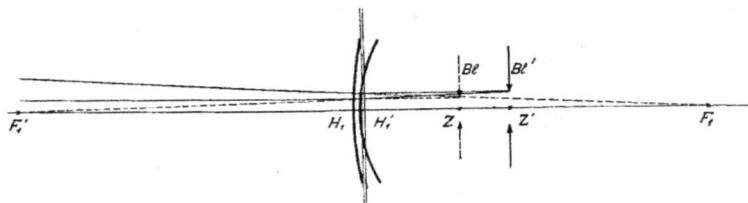

Abb. 129. Die Abbildung einer am Orte des Augendrehpunkts gedachten Blende
durch ein zerstreuendes Brillenglas.

halber die Brillengläser verschwindend dünn an, wie das für die
zerstreuenden Linsen praktisch zutrifft. Ist die Bildweite b = 25 mm
= 0,025 m, wie wir bisher immer annahmen, so ist ihr Kehrwert

$$B = \frac{1}{b} = \frac{1}{0,025\,m} = 40 \text{ dptr.}$$

Je nach der Brechkraft des Brillenglases liegt der scheinbare
Augendrehpunkt näher oder ferner, vor oder hinter dem wirklichen
Augendrehpunkt. Haben wir beispielsweise ein Sammelglas von 5 dptr,
so ergibt sich aus der Formel A = B — D = (40 — 5) dptr = 35 dptr;

9*

also ist die Dingweite, d. i. der Abstand des scheinbaren Drehpunkts vom Glase,

$$a = \frac{1}{A} = \frac{1}{35\ \text{dptr}} = 0{,}0286\ \text{m} = 28{,}6\ \text{mm}.$$

Der scheinbare Augendrehpunkt liegt also hier etwa 3,6 mm hinter dem wirklichen. Haben wir ein Glas von $+10$ dptr, dann ist in diesem Fall $A = B - D = (40 - 10)$ dptr $= 30$ dptr und entsprechend

$$a = \frac{1}{A} = \frac{1}{30\ \text{dptr}} = 0{,}0333\ \text{m} = 33{,}3\ \text{mm}.$$ Der scheinbare Drehpunkt

liegt jetzt etwa 8,3 mm hinter dem wirklichen. Je stärker die Brechkraft des sammelnden Brillenglases ist, desto weiter rückt der scheinbare Drehpunkt von dem wirklichen ab. Beim Zerstreuungsglas wird er v o r den wirklichen verlegt. Die Bildweite ist wieder 25 mm; ihr Kehrwert also 40 dptr. Aus der Formel $A = B - D$ ergibt sich für ein Glas von -5 dptr Brechkraft $A = (40 - (-5) = 40 + 5)$ dptr $= 45$ dptr. Daraus folgt für den Dingabstand, d. i. für den Abstand des schein-

baren Drehpunkts $a = \frac{1}{A} = \frac{1}{45\ \text{dptr}} = 0{,}022\ \text{m} = 22{,}2\ \text{mm}.$ Der

scheinbare Augendrehpunkt liegt also bei einem Zerstreuungsglas von -5 dptr etwa 2,8 mm vor dem wirklichen und rückt um so näher an das Glas heran, je stärker dessen Brechkraft wird. Bei einer Linse von -20 dptr Brechkraft ist z. B. der Abstand des scheinbaren Augendrehpunkts auf etwa 17 mm gesunken.

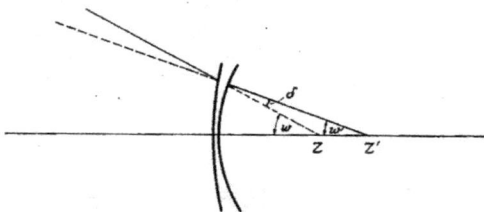

Abb. 130. Der Verlauf eines schräg einfallenden Hauptstrahls in einem zerstreuenden Brillenglas.

Die Folge davon ist, daß der Uebersichtige die Dinge unter einem Winkel w' sieht (Abb. 127), der größer ist als der entsprechende Winkel w im Dingraum. Der Kurzsichtige dagegen sieht sie unter einem Winkel w', der kleiner ist, als der entsprechende Winkel w im Dingraum (Abb. 130). Um also ein Ding bestimmter Winkelausdehnung zu überblicken, muß sich das Auge des Uebersichtigen um einen größeren Winkel drehen, als das des Rechtsichtigen, während der Kurzsichtige sein Auge um einen geringeren Betrag zu bewegen braucht. Der Uebersichtige hat also den Vorteil, die Dinge unter einem größeren Blickwinkel zu sehen. Der Kurzsichtige ist in dieser Hinsicht im Nachteil. Vorteil wie Nachteil werden aber, wie wir später erkennen werden, durch andere Umstände wieder ausgeglichen. Zu beachten ist hierbei, daß man die Blickwinkel des bewegten Auges nicht mit den Sehwinkeln des stillstehenden bewaffneten Auges verwechseln darf.

Die Veränderung der Blickwinkel durch die Brillengläser hat
eine wichtige Folge für die Raumauffassung. Bei der Betrachtung
der uns umgebenden räumlichen Dinge wird, wie wir früher sahen,
durch das Auge eine perspektivische Darstellung auf der Netzhaut
entworfen, und zwar, wenn es sich um das Blicken handelt, die Hauptperspektive. Die muß nach dem eben Gesagten beim Uebersichtigen
und beim Kurzsichtigen anders ausfallen, als beim Rechtsichtigen.
Beim Uebersichtigen, der die Dinge unter zu großen Winkeln dargeboten erhält, treten dieselben Erscheinungen ein, wie bei der Betrachtung von perspektivischen Darstellungen aus zu geringer Entfernung. Bei Kurzsichtigen ergeben sich dieselben Verhältnisse, wie
bei der Beobachtung einer Perspektive aus einem zu großen Abstande.
Das folgende Beispiel wird die Behauptung erklären.

Wir denken uns einen Drahtwürfel photographiert. Die optische
Achse des Aufnahmeobjektivs EPA′ liege in der Höhe der Unter-
kante des Würfels (Abb. 131). Die Ebene EE sei die Einstellungs-

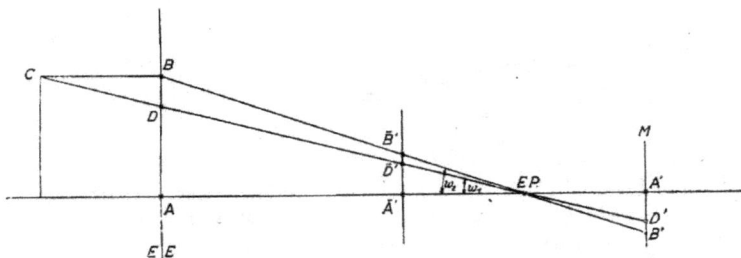

Abb. 131. Die Entstehung und richtige Betrachtung eines Abbildsbildes.

ebene. Auf sie wird der hintere Punkt C von der Eintrittspupille
des Objektivs EP aus auf die Stelle D projiziert. ADB ist dann die
Projektion der Würfelecken von der Eintrittspupille EP aus auf die
Einstellungsebene EE. Auf der Mattscheibe M entsteht das verkleinerte ähnliche Bild A′D′B′. Wird dieses Bild in den objektseitigen
Strahlengang gebracht, und zwar in die richtige perspektivische Lage,
dann treffen die Strahlen, die von der Eintrittspupille aus nach dem
Ding ADB hinzielen, gleichzeitig die entsprechenden Punkte A′D′B′
des eingeschalteten Abbildsbildes. Ein dieses Abbildsbild betrachten-
des Auge, dessen Drehpunkt am Orte der Eintrittspupille liegt, muß
sich um dieselben Winkel w_1 und w_2 drehen, ob es die perspektivische Wiedergabe oder das Ding selbst betrachtet; es muß daher
bei der Betrachtung der perspektivischen Darstellung im richtigen Abstande denselben Eindruck gewinnen, wie bei der Betrachtung des
Dinges selbst, abgesehen von der veränderten Akkommodations-
anstrengung.

Wird dagegen diese perspektivische Darstellung aus einem zu großen Abstande angesehen (Abb. 132), so werden die Blickwinkel zu klein. Ist bekannt, daß der dargestellte Körper, wie bei diesem Beispiel, hinten ebenso hoch ist wie vorn, so erscheint der Gegenstand zu tief. Bei der Beobachtung derselben perspektivischen Darstellung aus einem zu kurzen Abstande erhält man den entgegengesetzten Eindruck. Die Tiefe des dargestellten Dinges wird unterschätzt (Abb. 133). Dieselben Verhältnisse ergeben sich bei der Beobachtung räumlicher Dinge durch Brillengläser. Wird ein Kurzsichtiger durch ein Brillenglas korrigiert, so faßt er zunächst die räumliche Anordnung der ihn umgebenden Dinge so auf, wie es der Betrachter einer perspektivischen Darstellung tut, der sie aus zu großem Abstande ansieht. Er überschätzt die gegenseitige Tiefenentfernung der Dinge. Der Uebersichtige unterschätzt im Gegenteil die Tiefenausdehnungen der Dinge. Er vermutet sie zum Teil in geringerem Abstand, als sie ihn in Wirklichkeit haben. Bei der Abgabe

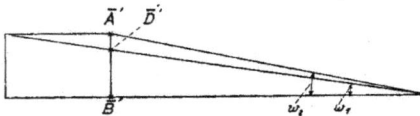 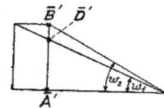

Abb. 132.   Abb. 133.

Abb. 132. Die Ueberschätzung der Tiefe bei der Betrachtung einer perspektivischen Darstellung aus zu großem Abstande nach M. v. Rohr.

Abb. 133. Die Unterschätzung der Tiefe bei der Betrachtung einer perspektivischen Darstellung aus zu kleinem Abstande nach M. v. Rohr.

starker Brillengläser muß deshalb Vorsicht geübt werden, damit der Benutzer nicht durch die plötzlich veränderte Raumauffassung Unfälle erleidet. Am besten werden deshalb derartige Brillen zuerst in einer Umgebung getragen, die der Benutzer ganz genau aus langer Erfahrung kennt. Sehr bald lernt er durch Erfahrung die veränderten Winkel deuten und damit die Entfernungen der Dinge wieder richtig schätzen. Nach kurzer Zeit ist er imstande, bei der Benützung seiner Brille die Tiefenanordnung der Dinge gerade so sicher zu beurteilen, wie ein Rechtsichtiger. Natürlich kann das nur dann der Fall sein, wenn er die Brille dauernd trägt.

Das Blickfeld eines Brillenglases.

Die Veränderung der Blickwinkel durch das Brillenglas beeinflußt natürlich auch die Größe des Blickfeldes. Haben wir vor einem kurzsichtigen oder übersichtigen Auge ein Brillenglas von gleichem Durchmesser angeordnet, so sind die größten augenseitigen Blickwinkel in beiden Fällen gleich groß, nämlich $= 2\,w'$ (Abb. 134 und 135). Die entsprechenden dingseitigen Blickwinkel $2\,w$ sind aber recht verschieden voneinander. Während das dingseitige Blickfeld $2\,w$ beim korrigierten übersichtigen Auge kleiner als das augenseitige ist, erhält das korrigierte kurzsichtige Auge ein dingseitiges Blickfeld, das größer ist als das bildseitige. Eine angenäherte Berechnung der Blickfelder ist einfach. Ist h der halbe Durchmesser des Glases, das wir der Einfachheit halber dünn und eben annehmen wollen, b der Abstand des wirklichen und a der Abstand des scheinbaren Augendrehpunktes vom Glase, dann ist $\operatorname{tg} w = \dfrac{h}{a}$ und $\operatorname{tg} w' = \dfrac{h}{b}$. Daraus geht hervor,

$$\text{daß}\quad \frac{\operatorname{tg} w}{\operatorname{tg} w'} = \frac{\frac{h}{a}}{\frac{h}{b}} = \frac{h}{a} \cdot \frac{b}{h} = \frac{b}{a} = \frac{A}{B}.$$

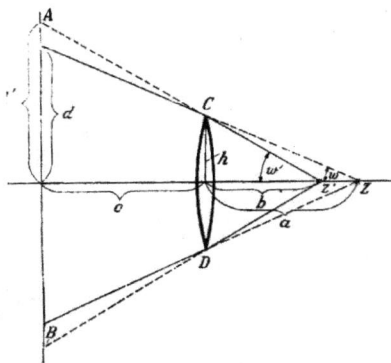

Abb. 134. Das ding- und bildseitige Blickfeld eines sammelnden Brillenglases.

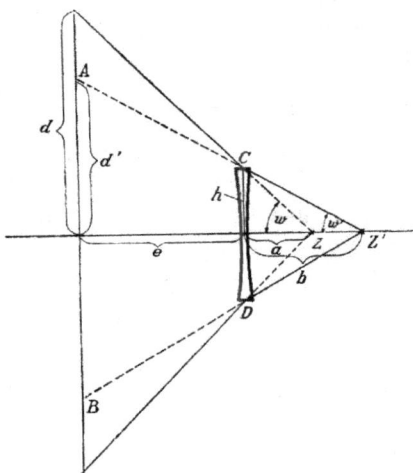

Abb. 135. Das ding- und bildseitige Blickfeld eines zerstreuenden Brillenglases.

Nimmt man einen bestimmten Scheibendurchmesser an und setzt, wie üblich, die Strecke b gleich 25 mm, so ergibt sich nach der Errechnung der Strecken a für verschieden starke Gläser mit Hilfe der eben abgeleiteten Formel der halbe dingseitige Gesichtsfeldwinkel:

$$\operatorname{tg} w = \operatorname{tg} w' \frac{b}{a} = \operatorname{tg} w' \frac{A}{B}.$$

Bequemer ist es noch, wenn man sich den dingseitigen Durchmesser des Blickfeldes $2\,d$ für eine bestimmte Entfernung e berechnet. Bezeichnen wir noch den Halbmesser des bildseitigen Blickfeldes mit d', so ergibt sich aus den Abb. 133 und 134: $\dfrac{d}{e+a} = \operatorname{tg} w$ und $\dfrac{d'}{e+b} = \operatorname{tg} w'$.

Dividieren wir die beiden Gleichungen durcheinander, so erhalten wir

$$\frac{\dfrac{d}{e+a}}{\dfrac{d'}{e+b}} = \frac{tg\,w}{tg\,w'}, \text{ oder } \frac{d\,(e+b)}{(e+a)\,d'} = \frac{tg\,w}{tg\,w'} = \frac{b}{a} = \frac{A}{B}. \text{ Ist die Entfern-}$$

ung e so groß, daß man dagegen die verhältnismäßig kleinen Entfernungen a und b vernachlässigen kann, dann darf man $e+a=e+b$ setzen, und es wird dann $\dfrac{d}{d'} = \dfrac{tg\,w}{tg\,w'} = \dfrac{b}{a} = \dfrac{A}{B}$ und es ist $d = d' \cdot \dfrac{A}{B}$.

In der folgenden Tabelle 20 sind die Verhältnisse $\dfrac{A}{B}$, sowie die Durchmesser der dingseitigen Blickfelder 2 d für eine Reihe von sammelnden und zerstreuenden Brillengläsern zusammengestellt. Dabei ist der Abstand des bildseitigen Brillenglashauptpunktes vom Augendrehpunkt, die Strecke b zu 25 mm, also $B = \dfrac{1}{b} = \dfrac{1}{0{,}025\ m} = 40\ dptr$, der Durchmesser der Brillengläser 2 h zu 38 mm und die Dingentfernung zu 5 m angenommen worden. Aus der Aehnlichkeit der Dreiecke ABZ' und CDZ' ergibt sich die Beziehung $\dfrac{2\,d'}{e+b} = \dfrac{2\,h}{b}$, woraus man erhält $2\,d' = \dfrac{2\,h\,(e+b)}{b}$. Für unsere Voraussetzungen wird

$$2\,d' = \frac{2\,h\,(e+b)}{b} = \frac{38 \cdot 5025\ mm}{25} = \mathbf{7{,}64\ m}, \text{ und also}$$

$$2\,d = 2\,d' \cdot \frac{A}{B} = 7{,}64 \cdot \frac{A}{B}\ m.$$

Tabelle 20. Blickfelder.

Brechkraft des Glases	$\dfrac{A}{B}$	Durchmesser des dings. Blickfeldes 2 d für 2 h = 38 mm	Brechkraft des Glases	$\dfrac{A}{B}$	2 d für 2 h = 38 mm	2 d für 2 h = 29 mm
+ 2	38/40 = 0,95	7,25 m	— 2	42/40 = 1,05	8,03 m	6,13 m
+ 4	36/40 = 0,90	6,87 „	— 4	44/40 = 1,10	8,41 „	6,42 „
+ 6	34/40 = 0,85	6,49 „	— 6	46/40 = 1,15	8,79 „	6,71 „
+ 8	32/40 = 0,80	6,11 „	— 8	48/40 = 1,20	9,17 „	7,00 „
+ 10	30/40 = 0,75	5,73 „	— 10	50/40 = 1,25	9,55 „	7,29 „
+ 12	28/40 = 0,70	5,34 „	— 12	52/40 = 1,30	9,93 „	7,58 „
+ 14	26/40 = 0,65	4,96 „	— 14	54/40 = 1,35	10,31 „	7,87 „
+ 16	24/40 = 0,60	4,58 „	— 16	56/40 = 1,40	10,69 „	8,17 „
+ 18	22/40 = 0,55	4,20 „	— 18	58/40 = 1,45	11,07 „	8,46 „
+ 20	20/40 = 0,50	3,82 „	— 20	60/40 = 1,50	11,45 „	8,75 „

Die Träger starker Zerstreuungsgläser haben also bezüglich des Blickfeldes einen großen Vorteil gegenüber den Benützern starker

Sammelgläser. Dafür müssen sie allerdings auch den Nachteil mit in Kauf nehmen, daß ihnen die Dinge unter kleineren Blickwinkeln erscheinen als dem Uebersichtigen, der durch diesen Vorteil für den Nachteil des geringen Blickfeldes entschädigt wird.

Starke zerstreuende Gläser sehen infolge des dicken Randes häufig unschön aus und werden recht schwer. Deswegen schleift man oft den dicken Randteil ab, um das Gewicht zu vermindern und das Aussehen zu verbessern. Die auf diese Weise entstehenden sogenannten Lentikulargläser haben um den mittleren wirksamen Teil einen Randteil, der verschiedene Formen zeigt und der für die Korrektion des fehlsichtigen Auges nicht in Betracht kommt. Dieser Rand dient nur zur Befestigung des Glases im Gestell. Man nennt diese Gläser auch Tragrandgläser. In der Abb. 136 sind verschiedene Formen zerstreuender Tragrandgläser im Schnitt dargestellt. Natürlich geht die Gewichtsverminderung auf Kosten der Blickfeldgröße. Bei der Benutzung gewöhnlicher, nicht punktuell abbildender

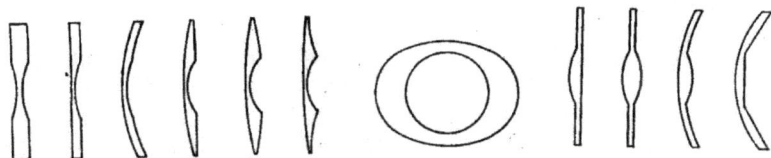

Abb. 136. Abb. 137. Abb. 138.

Abb. 136. Verschiedene zerstreuende Tragrandgläser im Schnitt.
Abb. 137. Vorderansicht eines Tragrandglases mit kreisförmigem Blickfeld.
Abb. 138. Verschiedene sammelnde Tragrandgläser im Schnitt.

Brillengläser schadet es natürlich gar nichts, wenn man das sowieso unbrauchbare seitliche Blickfeld ausschaltet. Bei punktuell abbildenden Brillengläsern entsteht freilich dadurch ein Verlust. Er ist aber infolge des großen dingseitigen Blickfeldes 2w, das stark zerstreuende Gläser haben, erträglich. Meist sind die Blickfelder dieser Tragrandgläser rund, während das ganze Glas oval gestaltet ist (Abb. 137). Hat der wirksame Teil eines solchen Glases einen Durchmesser von 29 mm, so kann der Benützer eines derartigen zerstreuenden Glases hoher Brechkraft noch genügend große Felder überblicken, wie aus der letzten Reihe der Tabelle 20 hervorgeht. Der Träger eines derartigen Tragrandglases von — 14 dptr ist demnach bezüglich des Blickfeldes immer noch viel besser daran, als der Benutzer eines Sammelglases von + 14 dptr mit einem Scheibendurchmesser von 38 mm. Während also diese Tragrandgläser für starke Zerstreuungsgläser ihre volle Berechtigung haben, sind sie für sammelnde Gläser nicht vorteilhaft. Trotzdem werden zuweilen auch sammelnde Tragrandgläser benutzt. Der Wunsch des Trägers, recht leichte Gläser zu erhalten, läßt ihn dann den Nachteil des kleinen Blickfeldes in Kauf nehmen. In Abb. 137 sind verschiedene Formen sammelnder Tragrandgläser im Schnitt dargestellt.

Die Verzeichnung der Brillengläser.

Bisher haben wir stillschweigend vorausgesetzt, daß der wirkliche Augendrehpunkt Z' von dem Brillenglas fehlerlos in den scheinbaren Z abgebildet wird (Abb. 139). Weitentfernte, unter den Winkeln w_1 und w_2 seitlich von der Achse gelegene Dingpunkte O_1 und O_2 erscheinen dann durch das Brillenglas unter den Winkeln w'_1 und w'_2 und die Aenderung der Winkel w' im Augenraum den Winkeln w im Dingraum gegenüber ist so beschaffen, daß stets gilt: $\operatorname{tg} w' : \operatorname{tg} w = a : b$. Denn es ist ja

$$\frac{h_1}{b} = \operatorname{tg} w'_1, \text{ und } \frac{h_1}{a} = \operatorname{tg} w_1, \text{ also ist}: \frac{\operatorname{tg} w'_1}{\operatorname{tg} w_1} = \frac{\frac{h_1}{b}}{\frac{h_1}{a}} = h_1 \cdot \frac{a}{b} \frac{1}{h_1} = \frac{a}{b} = \frac{B}{A}.$$

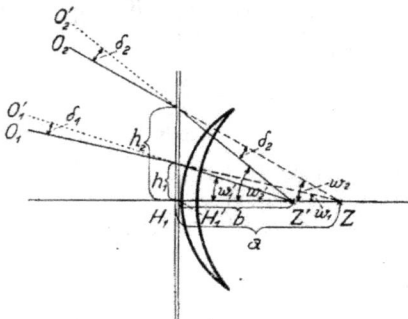

Abb. 139. Der Verlauf schräg einfallender Hauptstrahlen bei einem sammelnden Brillenglas, das den wirklichen Augendrehpunkt fehlerlos in den scheinbaren abbildet.

Dasselbe gilt für die Winkel w_2 und w'_2 und also für jedes beliebige Winkelpaar, soweit es die Oeffnung des Glases zuläßt. Wohl wird durch diese Winkeländerung die scheinbare Größe der betrachteten Dinge geändert und, wie vorher ausgeführt wurde, die Deutung der Tiefenanordnung der Dinge beeinflußt; aber die Dinge werden doch ihrer Breite und Höhe nach ähnlich wiedergegeben. Ein Quadrat erscheint wohl durch ein solches sammelndes Brillenglas betrachtet größer als ohne Glas, aber es bleibt doch ein Quadrat. Leider ist eine solche streng ähnliche Abbildung durch kein Brillenglas zu erreichen, auch durch ein punktuell abbildendes nicht.

Die punktuell abbildenden Brillengläser haben eine solche Form, daß sie zwar für eine am Orte des Augendrehpunktes zu denkende ·Blende frei von Astigmatismus schiefer Büschel sind; aber da das einfache Brillenglas keine Möglichkeit bietet, weitere Fehler aufzuheben, so kann man gar nicht erwarten, daß die Abbildung des wirklichen Augendrehpunktes in den scheinbaren fehlerlos erfolgt. Bei Sammelgläsern wächst mit wachsendem Drehwinkel w' auch die Ablenkung δ, der Unterschied zwischen dem Winkel w' und dem Winkel w. Aber die

Zunahme der Ablenkung wird mit wachsendem Drehwinkel w' zu groß, so daß der scheinbare Augendrehpunkt Z' für jede Einfallshöhe an einem anderen Orte liegt, und zwar wird der Drehpunkt bei Sammelgläsern mit wachsendem w' immer weiter hinter dem Glase abgebildet (Abb. 140). Während der scheinbare Drehpunkt für den nahe der Achse gelegenen fernen Dingpunkt O bei Z_1 liegt, fällt er für den weiter seitlich gelegenen fernen Dingpunkt O_1 nach Z_2. Die Folge davon ist, daß der weit entfernte Dingpunkt O_1 bei der Beobachtung durch das Brillenglas noch weiter nach der Seite zu verschoben, also unter dem Winkel w'_2 in der Richtung $Z'O'_2$ erscheint, als er bei fehlerloser Abbildung des Drehpunktes unter dem kleineren Winkel w'_1, also in der Richtung $Z'O'_1$ zu sehen sein müßte. Wird beispielsweise ein Viereck ABCD (Abb. 141) durch ein sammelndes Brillenglas betrachtet, wobei die optische Achse des Glases die Mitte M trifft, so wird der Punkt E bei E', der Punkt B bei B' gesehen.

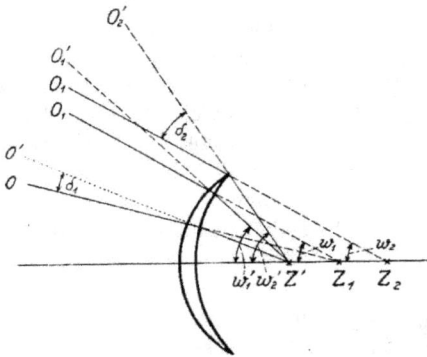

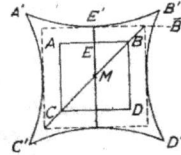

Abb. 140. Die fehlerhafte Abbildung des wirklichen Augendrehpunkts durch ein sammelndes Brillenglas.

Abb. 141.
Kissenförmige Verzeichnung.

Der Punkt B würde nach $\overline{B}'$ verlegt werden, wenn der Augendrehpunkt Z' fehlerlos nach Z'_1 abgebildet würde. Da aber der Punkt B weiter von der Mitte M entfernt ist als der Punkt E, so wird infolge der zu starken Vergrößerung des Winkels w' der Punkt B nach B' verlegt. Der Träger sammelnder Brillengläser sieht daher alle nicht durch die optische Achse des Brillenglases verlaufenden geraden Linien, wie z. B. die Linie AEB in der Form der Linie A'E'B', also so gebogen, daß sie die erhabene Seite der optischen Achse zukehrt. Das Viereck ABCD erscheint in der nicht ähnlichen Form A'B'C'D'. Man nennt diese fehlerhafte Wiedergabe kissenförmige Verzeichnung. Sie ist bei Trägern starker sammelnder Gläser durchaus nicht zu vernachlässigen; denn sie kann ihnen namentlich im Anfang der Benutzung große Beschwerden bereiten. Das gilt besonders für die Starpatienten.

Wenn der Starpatient nach glücklich verlaufener Operation mit Hilfe seines starken Sammelglases wieder sehen kann, so hat er außer der Veränderung der Blickwinkel, die ihn die Tiefenanordnung der Gegenstände falsch schätzen läßt, noch mehr unter der Verzeichnung zu leiden. Blickt er beispielsweise einen rechts der Brillenachse gelegenen Türrahmen an, so zeigt der senkrechte Türstock eine in der Abb. 142a dargestellte gekrümmte Form. Die erhabene Seite ist der optischen Achse M zugekehrt. Dreht jetzt der Träger des Glases seinen Kopf nach rechts, dann wird die scheinbare Durchbiegung des Türrahmens immer geringer und verschwindet ganz, wenn ihn die optische Achse des Brillenglases gerade trifft (Abb. 142b). Bei weiterer Kopfdrehung liegt der Türrahmen links von der optischen Achse (Abb. 142c) und wird kissenförmig verzeichnet wiedergegeben, also wieder so, daß die erhabene Seite der gekrümmten Linien der optischen Achse M zugekehrt ist. Erfolgt die Drehung des Kopfes etwas rasch, so hat der Brillenträger den Eindruck, als ob sich der Türrahmen hin und her bewegte. Da er aber aus Erfahrung weiß, daß ein solcher Gegenstand feststeht, so bezieht er diese scheinbare Bewegung auf sich selbst; es treten Schwindelgefühle auf, die sich bis zum Brechreiz

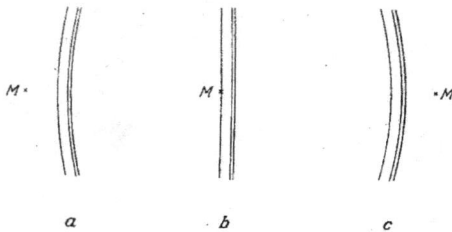

Abb. 142. Die durch Verzeichnung verursachte scheinbare Veränderung senkrechter Linien bei Kopfdrehungen eines mit Sammelgläsern bewaffneten Brillenträgers.

steigern können. Auch der Fußboden erscheint natürlich nicht eben, und so kommt es, daß der Benutzer starker Gläser zu Anfang unsicher im Gehen ist und manchmal fehl tritt.

Die Verzeichnung ist bei einfachen Brillengläsern nicht zu vermeiden, aber der Träger lernt bald die Abbildung durch das Glas richtig deuten. Die Erfahrung ist in dem Falle stärker als die Wahrnehmung. Nach kurzer Zeit des Tragens bemerkt er im allgemeinen diesen Fehler nicht mehr und kann ihn nur bei besonderer Aufmerksamkeit feststellen.

Die Träger zerstreuender Brillengläser haben unter ähnlichen fehlerhaften Erscheinungen zu leiden, nur ist die Form der Verzeichnung eine andere. Auch bei diesen Gläsern wächst die Ablenkung mit wachsendem Drehwinkel w', und zwar gerade wie bei den sammelnden Gläsern zu rasch. Für die verschiedenen weit seitlich der Achse gelegenen Dingpunkte wird der scheinbare Augendrehpunkt Z' an verschiedenen Stellen abgebildet, und zwar mit wachsender Ein-

'allshöhe dem Glase immer näher (Abb. 143). Ein seitlich der Achse gelegener Dingpunkt O_1 wird unter dem Winkel w_2' in der Richtung $Z'O'_2$ gesehen, also näher der Achse, als es der Fall wäre, wenn die Abbildung des wirklichen Augendrehpunkts Z' in den scheinbaren fehlerlos nach Z_1 erfolgte, so daß der Punkt O_1 unter dem Winkel w'_1, also in der Richtung $Z'O'_1$ erschiene. Wird beispielsweise ein Viereck ABCD (Abb. 144) durch ein zerstreuendes Brillenglas beobachtet, wobei die Brillenachse die Vierecksmitte M trifft, so wird der Punkt E bei E' und der Punkt B bei B' gesehen. Da infolge der fehlerhaften Abbildung des Augendrehpunktes die weiter seitlich der Achse gelegenen Punkte, wie z. B. der Punkt B, zu stark nach der Achse zu verschoben erscheinen, nämlich nach B' statt nach $\overline{B}'$, so werden alle Linien, die die Achse nicht treffen, wie z. B. die Linie AEB in gekrümmter Form $A'E'B'$ wiedergegeben. Alle solche Linien kehren

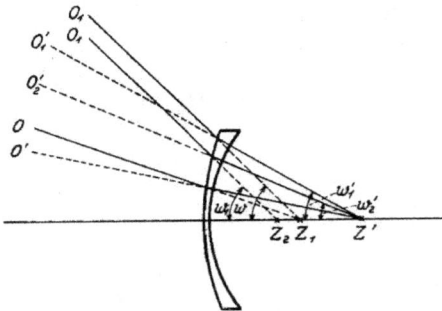

Abb. 14.. Die fehlerhafte Abbildung des wirklichen Augendrehpunkts durch ein zerstreuendes Brillenglas.

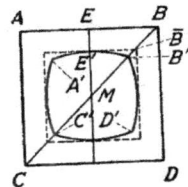

Abb. 144. Tonnenförmige Verzeichnung.

ihre hohlen Seiten der Achse zu. Das Viereck ABCD zeigt dann die unähnliche Form $A'B'C'D'$. Man nennt diese falsche Wiedergabe tonnenförmige Verzeichnung. Alle zerstreuenden Brillengläser verzeichnen tonnenförmig. Je größer ihre Brechkraft ist, desto stärker ist auch die Verzeichnung. Dem Träger solcher Gläser scheinen sich anfangs die Gegenstände bei Kopfdrehungen ähnlich zu bewegen wie dem Benutzer starker Sammelgläser, nur ist hierbei die scheinbare Bewegungsrichtung entgegengesetzt. Der Fußboden wird ebenfalls gekrümmt gesehen. Durch Gewöhnung kann auch dieser Mangel der Brillengläser übersehen werden. Ausschalten läßt er sich weder bei Verwendung gewöhnlicher noch punktuell abbildender Brillengläser. Die stärker durchgebogenen Wollastonschen Gläser verzeichnen weniger als die Ostwaltschen schwächer durchgebogenen punktuell abbildenden Gläser. Der Fehler der Verzeichnung wird vielfach gerade bei den punktuell abbildenden Gläsern bemerkt. Das hat seinen Grund nicht etwa darin, daß diese Linsen den Fehler in besonders hohem Maße zeigten, im Gegenteil, die gewöhnlichen alten Brillengläser verzeichnen viel mehr, wie man aus der folgenden Tabelle 21 erkennt. Die starke Verzeichnung der flachen Brillengläser wird deshalb nicht so bemerkt, weil infolge des Astigmatismus schiefer Büschel nur ein kleines Blickfeld benützt wird. Das punktuell abbildende Glas vermittelt aber bis zum Rand deutliche Bilder und läßt deshalb bei großen Blickwinkeln die verhältnismäßig kleine Verzeichnung bemerken.

Wie wir bereits sahen, ist bei einem verzeichnungsfreien Glas $tg\ w = \dfrac{b}{a}\ tg\ w'$ für alle augenseitigen Winkel w'. Da es keine verzeichnungsfreien Gläser gibt, so entspricht einem bestimmten augenseitigen Blickwinkel w' nicht der nach der obigen Formel sich ergebende dingseitige Winkel w, sondern ein anderer w_v, der um einen bestimmten Betrag von w abweicht. Die Abweichung wird in Prozenten angegeben. In der Tabelle 21 sind diese Werte aufgeführt, und zwar bei den Sammelgläsern für einen augenseitigen Blickwinkel von 35⁰, bei den Zerstreuungsgläsern für einen solchen von 30⁰.

Tabelle 21.

Die Verzeichnung verschiedener Brillengläser.

Scheitelbrechwert	Die Verzeichnung von					
	gleichs. Gläsern in %	Plangläsern in %	periskop. Gläsern in %	Halbmuschelgläsern in %	Punktalgläsern Ostwaltscher Form	Punktalgläsern Wollastonscher Form
+ 2	+ 5,4	+ 4,9	+ 4,4	+ 2,9	+ 2,7	+ 1,5
+ 4	+ 11,0	+ 8,9	+ 7,9	+ 5,1	+ 4,6	+ 2,7
+ 6	+ 17,0	+ 12,2	+ 10,8	+ 6,9	+ 5,9	+ 4,2
+ 8	+ 23,9	+ 15,1	+ 13,2	+ 8,5	+ 6,2	+ 6,2
— 2	— 3,6	— 3,3	— 2,8	— 1,7	— 1,5	— 0,5
— 4	— 7,7	— 6,2	— 5,5	— 3,4	— 3,6	— 1,5
— 6	— 12,3	— 9,1	— 8,0	— 5,2	— 5,7	— 2,5
— 8	— 17,9	— 11,8	— 10,5	— 6,9	— 7,9	— 3,6
— 10	— 24,8	— 14,6	— 13,0	— 8,6	— 10,4	— 4,9
— 12	— 33,8	— 17,5	— 15,6	— 10,5	— 12,8	— 6,4
— 14	— 46,5	— 20,6	— 18,3	— 12,4	— 15,6	— 8,1
— 16	— 67,2	— 23,9	— 21,2	— 14,6	— 18,3	— 10,2
— 18	— 110,3	— 27,5	— 24,5	— 16,9	— 21,1	— 12,5
— 20		— 31,6	— 28,1	— 19,6	— 31,5	— 15,5

Wollte man die Verzeichnung gleichzeitig mit dem Astigmatismus schiefer Büschel beseitigen, so brauchte man außer der Durchbiegung noch ein zweites Korrektionsmittel. Mehrgliedrige Brillensysteme gestatten, wie wir noch sehen werden, beide Fehler aufzuheben.

Die Farbenfehler der Brillengläser.

Wenn sich auch durch bestimmte Formgebung der Hauptfehler des Brillenglases — der Astigmatismus schiefer Büschel — beseitigen läßt, so bleibt doch, wie wir gesehen haben, der Fehler der Verzeichnung bestehen. Bei starken Brillengläsern kommt noch ein anderer, nicht vermeidbarer Fehler hinzu, der eine Folge der Farbenzerstreuung ist. Trifft ein schräg einfallender weißer Strahl OZ (Abb. 145) eine stark brechende Sammellinse, so ist infolge des abweichenden Brechungsvermögens für Licht unterschiedlicher Wellenlänge die Ablenkung für die farbigen Strahlen bemerkbar verschieden. Rotes Licht wird weniger stark gebrochen, als blaues Licht, also ist auch der Neigungswinkel w'$_r$, den der rote Strahl CZ'$_r$ mit der Achse einschließt, kleiner

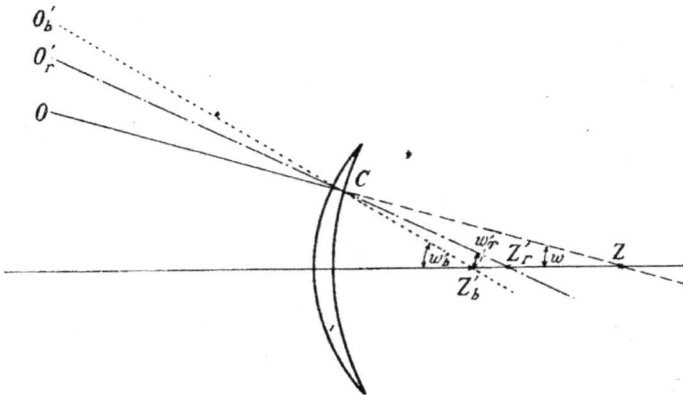

Abb. 145. Die Zerlegung eines weißen, schräg in ein sammelndes Glas fallenden Strahls in seine farbigen Bestandteile.

als der Winkel w'$_b$, den der blaue Strahl CZ'$_b$ mit der Achse bildet. Man nennt diesen Fehler die **farbige Neigungsdifferenz**. Ein hinter dem Glase befindliches Auge sieht also einen seitlich der Achse gelegenen weißen Punkt, beispielsweise einen Stern als einen kurzen farbigen Strich, der alle Spektralfarben zeigt, sein rotes Ende O'$_r$ der Achse zugekehrt, während das blaue O'$_b$ der Achse abgewendet ist.

Betrachten wir, wie das häufig vorkommt, dunkle Gegenstände auf hellem Grund, z. B. schwarze Schrift auf weißem Papier, so sieht der Träger starker Gläser an den Rändern der Buchstaben, wenn sie schräg durch die Brillengläser beobachtet werden, farbige Säume. Ist z. B. die Strecke AB (Abb. 146) ein dunkler Gegenstand in heller Umgebung, so wird durch ein Sammelglas der obere Rand A rot, der untere B blau gesehen. Die an den beiden Enden des dunklen Dinges A und B

vorbeigehenden weißen Strahlen AC und BD werden durch das Brillen=
glas in ihre Farben zerlegt. Während sich die weniger abgelenkten roten
Strahlen CZ'_r und DZ'_r in dem Punkte Z'_r schneiden, treffen die blauen
Strahlen die Achse in dem Punkte Z'_b. Das hinter dem Glas befindliche
Auge erhält nur aus dem zwischen den Randstrahlen gelegenen Gebiet
$A'_r Z'_r$ und $B'_b Z'_b$ kein Licht. In der Richtung $A'_b Z'_b$ erscheint die Umgebung des dunklen Gegenstandes nicht blau, sondern weiß, weil in dieser
Richtung auch Strahlen aller übrigen Spektralfarben einfallen und sich zu
weiß mischen. Freilich stammen diese verschiedenen Strahlen nicht
gerade von dem weißen Strahl, der von A herkommt, sondern von
oberhalb A gelegenen hellen Punkten. In der Richtung $A'_r Z'_r$ erhält
das Auge aber nur noch rotes Licht, denn blaue stärker gebrochene
Strahlen, die in derselben Richtung einfallen würden, müßten von

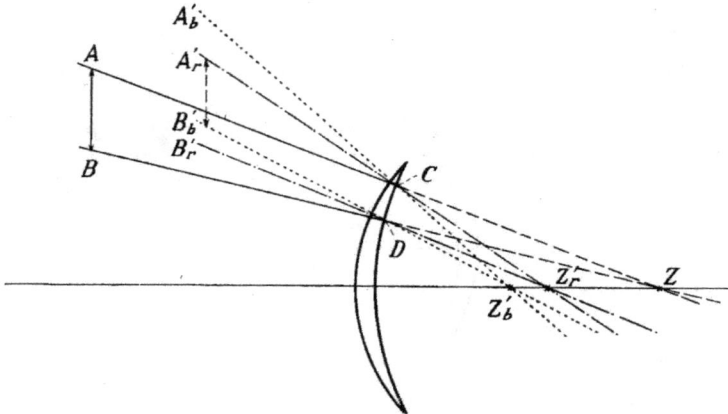

Abb. 146. Die Entstehung farbiger Säume an den Rändern dunkler Dinge auf hellem
Grunde, wenn sie durch starke sammelnde Gläser betrachtet werden.

einem Punkte herkommen, der unterhalb von A läge. Dort herrscht
aber Dunkelheit. Von dort kann folglich kein Licht herkommen, also
hat der obere Rand des dunklen Dinges einen roten Saum, der in
der Richtung $A'_b Z'_b$ in weiß übergeht. Aus den gleichen Gründen
sehen wir in der Richtung $B'_b Z'_b$ nur blaues Licht. Da die übrigen
Spektralfarben fehlen und erst wieder in der Richtung $B'_r Z'_r$ vollständig vorhanden sind, zeigt der dunkle Gegenstand AB auf der
der Achse zugewandten Seite einen blauen Saum.

Bei starken zerstreuenden Gläsern treten ebenfalls derartige farbige
Neigungsdifferenzen auf. Sie liegen natürlich gerade umgekehrt, wie
bei den Sammellinsen. Ein weißer Strahl OZ, der schräg in ein zerstreuendes Brillenglas hoher Brechkraft einfällt (Abb. 147), wird beim
Durchlaufen der Linse in seine farbigen Bestandteile zerlegt, wobei

der rote Strahl CZ'ᵣ weniger abgelenkt wird als der blaue CZ'ᵦ. Ein
in der Richtung CZ liegender weißer Punkt auf dunklem Grunde würde
also von einem hinter dem Glase befindlichen Auge nicht wieder als
weißer Punkt, sondern als kurzer farbiger Strich gesehen werden, dessen

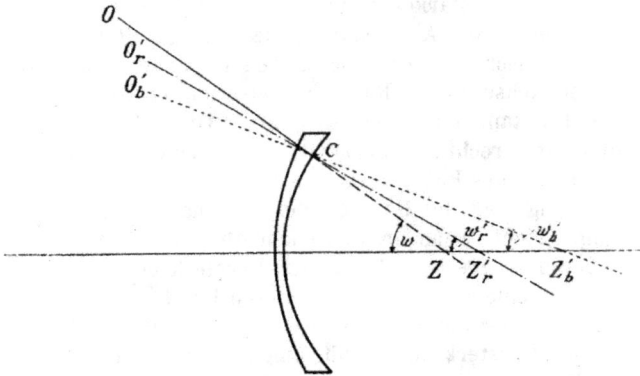

Abb. 147. Die Zerlegung eines weißen, schräg in ein zerstreuendes Glas fallenden
Strahls in seine farbigen Bestandteile.

blaues Ende O'ᵦ der Achse zugekehrt und dessen rotes Ende O'ᵣ von ihr
abgewendet ist. Eine gleichmäßig weiße Fläche sieht natürlich immer
weiß aus, auch wenn sie schräg durch ein stark brechendes einfaches
Brillenglas betrachtet wird; aber die verschiedenfarbigen Strahlen,

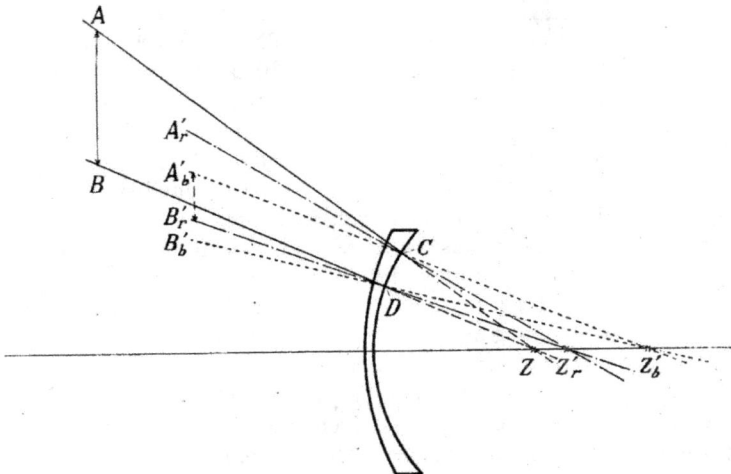

Abb. 148. Die Entstehung farbiger Säume an den Rändern dunkler Dinge auf hellem
Grunde, wenn sie durch stark zerstreuende Gläser betrachtet werden.

die in einer Blickrichtung zu weiß vereinigt werden, stammen nicht
von ein und demselben leuchtenden Punkte, sondern von verschiedenen
Punkten. Ein dunkler Gegenstand AB (Abb. 148) auf weißem Grunde
schräg durch ein stark zerstreuendes Brillenglas gesehen, zeigt
deshalb ähnlich wie ein starkes Sammelglas farbige Ränder. In der
Richtung $A'_bZ'_b$ sieht das Auge nur blaues, in der Richtung $B'_rZ'_r$
nur rotes Licht. Zwischen beiden Richtungen liegt der dunkle Gegenstand. Sein der Achse naher Rand hat also einen roten, der der
Achse abgewandte Rand einen blauen Saum. Diese farbigen Säume
kann ein Brillenträger recht gut beobachten, wenn er z. B. ein gegen den
hellen Himmel stehendes Fensterkreuz beobachtet und zwar mit einer
solchen Kopfhaltung, daß der Randteil des Brillenglases benutzt wird.
Ein Kurzsichtiger sieht, wenn er durch den oberen Teil seines Glases
blickt, den oberen wagrechten Rand des Fensterkreuzes gegen den
hellen Himmel mit einem blauen, den unteren Rand mit einem roten
Saum. Ein Träger starker Sammelgläser sieht in diesem Falle den
oberen Rand des Fensterkreuzes mit einem roten, den unteren mit
einem blauen Saum.

Im allgemeinen stören diese farbigen Säume beim Sehen durch
Brillen nicht. Bei gewöhnlichen Brillengläsern werden sie überhaupt
kaum bemerkt, weil bei
den Neigungen, bei denen
sie stören könnten, das
Bild durch den Astigma-
tismus schiefer Büschel
schon so mangelhaft ist,
daß der Träger solche
Blickrichtungen über-
haupt vermeidet. Da-
gegen sind diese far-
bigen Neigungsdifferen-
zen gerade bei punktuell
abbildenden Brillengläsern zu bemerken, weil auch bei großen Blickdrehungen kein Astigmatismus auftritt. Bei den besonders starken
Sammelgläsern werden zuweilen die farbigen Säume, die die Buchstaben zeigen, vom Träger als störend empfunden. Dieser Fehler
kann nur durch Vereinigung zweier Gläser mit verschiedenen Brechungsexponenten und Farbenzerstreuungsvermögen beseitigt werden. Solche
starken Sammelgläser, die frei von Farbenfehlern sind, wendet man
zuweilen an, und beide Linsen aus Kron- und Flintglas werden so
gewählt, daß ein schräg einfallender weißer Strahl OZ (Abb. 149) so
gebrochen wird, daß der ausgezogene rote und der punktierte blaue
Strahl im Augenraum dieselbe Neigung w' mit der Achse bilden. Auf
die Gleichheit der Schnittweiten vom blauen und roten Licht, wie

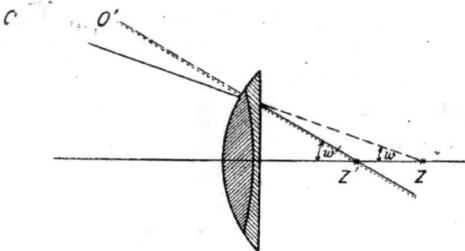

Abb. 149. Ein von Farbenfehlern befreites sammelndes Brillenglas.

beispielsweise bei farbenfreien Fernrohrobjektiven, kommt es hierbei
nicht an, sondern nur auf die gleiche Neigung der verschieden
farbigen Strahlen. Ein seitlich liegender weißer Punkt wird durch
ein solches Brillenglas wieder als weißer Punkt O′ gesehen, sofern eben
die verschiedenfarbigen Hauptstrahlen die gleiche Neigung haben,
und alle farbigen Strahlen zusammen gemischt weiß ergeben. Die Vermeidung der farbigen Neigungsdifferenz muß aber durch ein ziemliches
Gewicht des Brillenglases und ein verhältnismäßig kleines Gesichtsfeld bezahlt werden. Da die Vorteile in diesem Falle meist geringer
als die Nachteile sind, wird lieber der Farbenfehler in Kauf genommen.
Das ist verständlich, da unser Auge sowieso für die gelbgrünen
Strahlen am empfindlichsten ist, dagegen äußerstes rotes und blaues
Licht weniger stark empfindet.

Die Stargläser.

Wie aus der Tscherningschen Kurve (Abb. 117) hervorgeht,
lassen sich im allgemeinen punktuell abbildende von Kugelflächen
begrenzte Brillengläser mit solchen Wirkungen herstellen, wie sie zum
Ausgleich der einfachen Fehlsichtigkeiten am meisten gebraucht werden.
Das sind Gläser, die zwischen — 25 und + 7,5 dptr Brechkraft liegen.
Nur sehr selten werden stärkere Ferngläser als solche mit + 7 5 dptr
und — 25 dptr Brechkraft gebraucht. Es gibt aber Br⁐ ⁐er,
nämlich die am grauen Star Operierten, die zum Ausgleich ihrer
Fehlsichtigkeit meistens Brillengläser mit Wirkungen von etwa + 8
bis + 16 dptr brauchen. So starke Sammelgläser sind aber nach
der Tscherningschen Kurve bei Anwendung einfacher Kugelflächen
als Begrenzungsflächen nicht mehr punktuell abbildend herstellbar.
Da die starken sammelnden Brillengläser an sich das Blickfeld verkleinern, so ist es für die Starpatienten erst recht notwendig, daß
sie ein bis zum Rande brauchbares Brillenglas tragen.

Die verschiedenen Möglichkeiten, bei Sammelgläsern hoher Brechkräfte den Astigmatismus schiefer Büschel zu vermeiden, hat M. v. Rohr
ermittelt. Die Durchbiegung einer sphärischen Linse reicht nicht aus.
Man kann aber an Stelle einer Linse zwei unmittelbar hintereinander
angeordnete benutzen (Abb. 150) und hat dann die doppelte Flächen-
anzahl zur Verfügung, um die Fehler zu bekämpfen. Derartige
Doppelmenisken lassen sich zwar auch in diesen Stärken punktuell
abbildend herstellen, ihre Befestigung in einem Gestell ist aber unbequem, so daß sie praktisch wenig in Frage kommen.

Die zweite Möglichkeit, derartige stark sammelnde Brillengläser für
das blickende Auge zu korrigieren, besteht in der Verkittung zweier
Linsen aus Glasarten mit verschiedenen Brechungsexponenten (Abb. 151).
Wenn aber eine erhebliche Sammelwirkung erzielt werden soll, ist es
verständlich, daß das Sammelglas, das die Wirkung der zerstreuenden

Linse außerdem noch aufzuheben hat, sehr stark sein muß. Die Folge davon ist, daß ein solches verkittetes Glas entweder sehr schwer wird, oder daß, wenn das Gewicht gering bleiben soll, nur ein kleines Blickfeld übrig bleibt. Deshalb ist die Anwendung einer nicht sphärischen Fläche das dritte und beste Mittel zur Aufhebung des Astigmatismus schiefer Büschel bei starken Sammelgläsern.

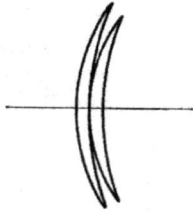

Abb. 150. Doppelmenisken für Starpatienten im Schnitt, etwa $^3/_4$ der nat. Größe.

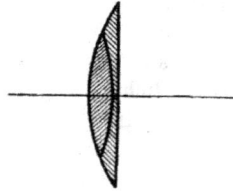

Abb. 151. Verkittetes Starglas im Schnitt, etwa $^3/_4$ der nat. Größe.

Unter einer asphärischen Fläche versteht man eine Umdrehungsfläche, deren Krümmungsmaß nicht wie bei einer Kugelfläche von der Mitte bis zum Rande gleich bleibt, sondern sich stetig ändert. Um sich die Entstehung einer solchen Fläche klar zu machen, gehen wir von folgenden Ueberlegungen aus: Läßt man sich einen Kreisbogen ABC

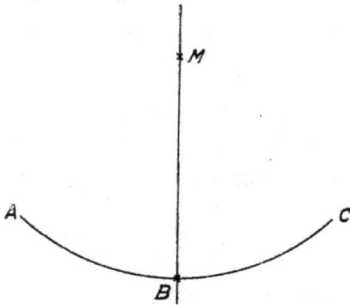

Abb. 152. Rotierender, eine Kugelfläche erzeugender Kreisbogen.

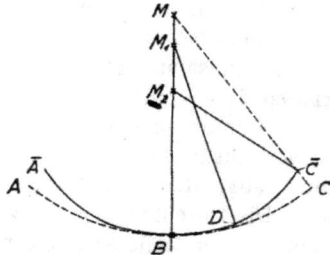

Abb. 153. Rotierende, eine asphärische Fläche erzeugende Kurve.

(Abb. 152) um einen mittleren Halbmesser BM als Achse drehen, so entsteht eine Kugelfläche. Wird das Stück BC oder BA des Kreisbogens so verbogen, daß der Abstand der dadurch entstandenen Kurve $\overline{ABDC}$ (Abb. 153) von der Mitte nach dem Rande einen stetig wachsenden Abstand von dem ursprünglichen Kreisbogen ABC erhält, so bleibt der Krümmungshalbmesser nicht gleich wie beim Kreisbogen, sondern er wird immer kürzer und ändert seine Richtung.

Für den Kreisbogen ABC ist der Krümmungshalbmesser BM gleich CM; für die Kurve dagegen ist er an der Stelle B gleich BM, an der Stelle D gleich DM_1 und an der Stelle $\overline{C}$ gleich $\overline{C}M_2$. Für die Kurve wird in bestimmter gesetzmäßiger Weise das Krümmungsmaß nach dem Rande zu immer stärker. Dreht man eine solche Kurve um den mittleren Halbmesser BM als Achse, so erhält man eine sogenannte asphärische oder nichtsphärische Fläche.

Durch die richtige Wahl der Abweichungen von der Kugelfläche kann man den störenden Astigmatismus schiefer Büschel beseitigen. Die Abweichungen von der Kugelfläche, von der man ausgeht, sind dabei äußerst gering. So beträgt beispielsweise die größte Abweichung am Rande bei einem Ausgangshalbmesser von 140 mm nur 160 Zehntausendstel Millimeter (μ.), das sind also noch nicht einmal 0,02 mm, aber sie genügt, um den Astigmatismus schiefer Büschel zu beseitigen. Dieser Erfolg stellt sich dadurch ein, daß das Krümmungsmaß bei einer solchen asphärischen Fläche an irgendeiner Stelle in 2 zueinander senkrechten Ebenen verschieden groß ist. Ist beispielsweise der Krümmungshalbmesser für das in der Zeichenebene verlaufende Tangentialstrahlenbüschel gleich der Strecke $\overline{C}M_t$ (Abb. 154), so ist der Krümmungshalbmesser für das senkrecht zur Zeichenebene verlaufende Sagittalstrahlenbüschel die Strecke $\overline{C}M_s$ also

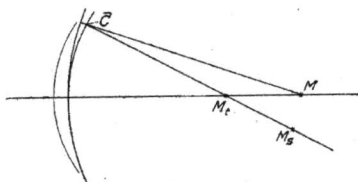

Abb. 154. Die Krümmungshalbmesser eines seitlichen Teils einer asphärischen zerstreuenden Fläche.

größer als CM_t. Bei einer sphärischen Zerstreuungsfläche hat das Tangentialstrahlenbüschel eine längere Schnittweite als das Sagittalstrahlenbüschel. Wenn jetzt aber die asphärische Zerstreuungsfläche im Tangentialschnitt einen kürzeren Krümmungshalbmesser, also eine größere Brechkraft als im Sagittalschnitt hat, so kann man sicher durch die richtige Wahl der beiden Krümmungshalbmesser den Unterschied der beiden Schnittweiten und somit den Astigmatismus aufheben.

Da die Abweichungen einer asphärischen Fläche von einer Kugelfläche sehr gering sind, so muß selbstverständlich die ausgeführte asphärische Fläche der Rechnung sehr genau entsprechen, damit auch die verlangten optischen Wirkungen erzielt werden. Ohne die bei der Herstellung von Linsen vielverwendete Prüfungsmethode, die das Auftreten bestimmter Interferenzfarben zur Erkennung kleinster Ausführungsfehler benützt, wäre die gute Herstellung einer asphärischen Fläche gar nicht möglich. Durch diese Untersuchungsmethode sind Abweichungen in der Größenordnung von $1/4$ Lichtwellenlänge von der richtigen Flächengestalt erkennbar.

Trotz der kleinen Abweichungen einer asphärischen Fläche von einer Kugelfläche ist sie leicht als solche zu erkennen, denn die kleinen Abweichungen ändern das Krümmungsmaß so, daß man diese Aenderungen schon mit einem einfachen Tastersphärometer (Abb. 82) erkennen kann, wenn man dieses kleine Meßgerät in der Mitte einer asphärischen Fläche aufsetzt und es langsam nach dem Rande zu verschiebt. Die Aenderung der Brechkraft einer solchen für Stargläser verwendeten Fläche beträgt zwischen Mitte und Rand meist mehr als eine Dioptrie.

Da man außer der Verwendung der asphärischen Fläche noch die Durchbiegung des Starglases als Korrektionsmittel zur Verfügung hat, so kann man nicht nur den Astigmatismus schiefer Büschel aufheben, sondern auch die Verzeichnung beeinflussen. Wollte man die Verzeichnung gänzlich beseitigen, so bekäme man sehr stark durchgebogene Brillengläser, die ein äußerst auffälliges, unschönes Aussehen hätten (Abb. 155). Man verzichtet deshalb auf die vollständige Beseitigung der Verzeichnung und wählt flachere, weniger auffällige Formen (Abb. 156). Durch die nichtsphärische Fläche läßt sich, wie bei jeder Korrektion, der Astigmatismus schiefer Büschel nur für einen bestimmten Blickwinkel und Blendenabstand wirklich aufheben. Es fragt sich nun, ob er dann auch, wie bei den

Abb. 155.　　　Abb. 156.

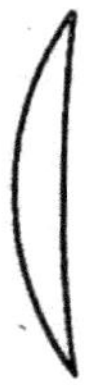

Abb. 155. Verzeichnungsfreies, asphärisches Starglas im Schnitt, etwa ³/₄ der nat. Größe.
Abb. 156. Asphärisches Starglas (Katralglas) im Schnitt, etwa ³/₄ der nat. Größe.

punktuell abbildenden Brillengläsern geringerer Brechkraft, für die kleineren Blickwinkel verschwindend ist oder nicht. Die punktuell abbildenden Stargläser mit einer asphärischen Fläche sind im Jahre 1908 von M. von Rohr berechnet worden. A. Gullstrand machte gleich zu Anfang darauf aufmerksam, daß von den drei Lösungsmöglichkeiten praktisch nur Stargläser mit einer nichtsphärischen Fläche in Betracht kämen. Diese Stargläser heißen deshalb auch Gullstrandsche Stargläser oder Katralgläser.

Die Herstellung der nichtsphärischen Fläche ist sehr schwierig; eine billige Massenanfertigung, wie bei Brillengläsern, die von Kugelflächen begrenzt sind, kommt dabei nicht in Frage. Infolgedessen sind die Katralgläser sehr teuer und nicht für jeden Starpatienten erschwinglich. Die aber noch bis vor kurzer Zeit am meisten verwendeten gleichseitigen Stargläser zeigen die größten astigmatischen Fehler, haben also das kleinste Blickfeld und sind deshalb unter allen

Umständen zu verwerfen. Durch die richtige Wahl der Durchbiegung kann man von Kugelflächen begrenzte Stargläser zwar nicht punktuell abbildend erhalten, wie wir schon aus der Tscherningschen Kurve wissen, aber die astigmatischen Fehler lassen sich stark vermindern. Diese sphärischen Stargläser günstigster Form, zuweilen auch Tscherningsche Stargläser genannt, sind mondförmig (Abb. 157) und sind ihrer Wirkung nach wesentlich besser als die gleichseitigen Gläser, wenn sie auch für größere Blickwinkel nicht zu vernachlässigende astigmatische Fehler übriglassen. Sie sind infolge der Herstellungsschwierigkeiten teurer als die gleichseitigen Stargläser, aber billiger als die punktuell abbildenden Stargläser mit einer asphärischen Fläche. Da gerade bei Starpatienten

Abb. 157.
Von Kugelflächen begrenztes Starglas günstigster Form im Schnitt, etwa $^3/_4$ der nat. Größe.

Tabelle 22. Astigmatismus schiefer Büschel verschiedener Stargläser.

Scheitel-brech-wert in dptr	Gleichseitige Gläser				Plangläser			
	Dicke in mm	Brechwert am Rande $w' = 35^0$		Astigma-tismus in dptr	Dicke in mm	Brechwert am Rande $w' = 35^0$		Astigma-tismus in dptr
		Sagittal	Tan-gential			Sagittal	Tan-gential	
+ 10	4,9	+ 12,16	+ 24,14	+ 11,98	4,5	+ 10,38	+ 13,53	+ 3,15
+ 12	5,6	+ 15,06	+ 33,32	+ 18,26	5,3	+ 12,47	+ 16,29	+ 3,82
+ 14	6,2	+ 18,26	+ 47,02	+ 28,76	6,1	+ 14,65	+ 19,37	+ 4,72
+ 16	6,6	+ 21,89	+ 63,79	+ 41,90	7,0	+ 16,97	+ 22,97	+ 6,00

Scheitel-brech-wert in dptr	Periskopische Gläser				Halbmuschelgläser			
	Dicke in mm	Brechwert am Rande		Astigma-tismus in dptr	Dicke in mm	Brechwert am Rande		Astigma-tismus in dptr
		Sagittal	Tan-gential			Sagittal	Tan-gential	
+ 10	4,6	+ 10,12	+ 12,37	+ 2,25	5,0	+ 9,53	+ 10,16	+ 0,63
+ 12	5,4	+ 12,35	+ 15,25	+ 2,90	6,0	+ 11,62	+ 12,82	+ 1,20
+ 14	6,3	+ 14,53	+ 18,27	+ 3,74	7,1	+ 13,89	+ 16,04	+ 2,15
+ 16	7,3	+ 16,85	+ 21,84	+ 4,99	8,5	+ 16,40	+ 20,12	+ 3,72

Scheitel-brech-wert in dptr	Gläser günstigster Form				Katralgläser			
	Dicke in mm	Brechwert am Rande		Astigma-tismus in dptr	Dicke in mm	Brechwert am Rande		Astigma-tismus in dptr
		Sagittal	Tan-gential			Sagittal	Tan-gential	
+ 10	4,5	9,47	9,68	+ 0,21	4,7	+ 9,38	+ 9,15	— 0,23
+ 12	6,5	11,62	12,79	+ 1,17	5,0	+ 11,19	+ 10,98	— 0,21
+ 14	7,1	13,89	16,04	+ 2,15	5,3	+ 13,16	+ 13,27	+ 0,11
+ 16	5,5	16,25	19,47	+ 3,22	6,9	+ 15,29	+ 15,62	+ 0,33

ein Zuwachs an brauchbarem Gesichtsfeld besonders wertvoll ist, so ist die Anwendung des teuren Korrektionsmittels, der asphärischen Fläche, zweifellos berechtigt. Aus der Tabelle 22 erkennt man die Größe der astigmatischen Fehler, die Stargläser verschiedener Form übrig lassen und auch aus den in den Abbildungen 158—160 wiedergegebenen Fehlerkurven kann man sich ein Bild von der Wirkung der verschiedenen Starglasformen machen. Die Kurven in Abb. 158 zeigen die astigmatischen Fehler eines gleichseitigen Starglases von + 14 dptr Scheitelbrechwert. In der wagerechten Richtung sind die Drehwinkel im Augenraum, in der senkrechten Richtung die astigmatische Abweichung aufgetragen. Schon bei 24° Blickdrehung zeigt dieses Glas einen Fehler von 5,4 dptr; dabei ist die Wirkung im Sagittalschnitt auch um 1,48 dptr größer geworden, so daß das gleichseitige Glas von 14 dptr Scheitelbrechwert bei 24° Blickdrehung wie die Vereinigung eines sphärischen Glases von + 15,5 dptr mit einem zylindrischen von 5,4 dptr Scheitelbrechwert wirkt. Bei stärkeren Drehungen wird der astigmatische Fehler schnell größer, und bei 35° Neigung hat er den Wert von 28,76 dptr erreicht. Im Sagittalschnitt ist die Wirkung ebenfalls um 4,26 dptr

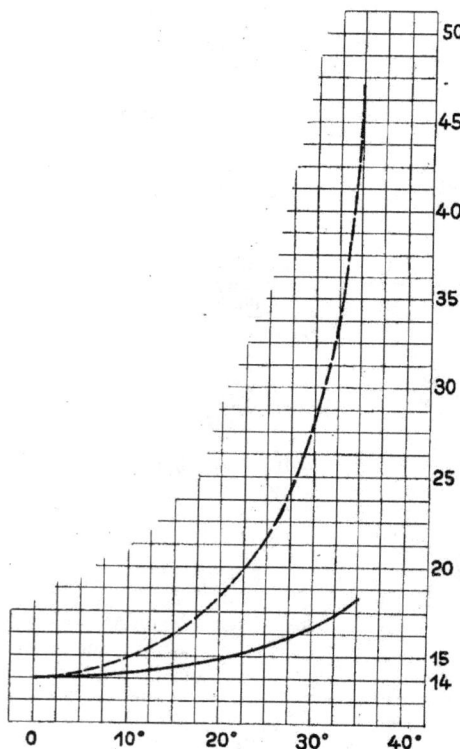

Abb. 158. Graphische Darstellung der astigmatischen Fehler eines gleichseitigen sammelnden Glases von + 14 dptr Scheitelbrechwert.

gestiegen, so daß das Glas bei 35° Blickdrehung wie die Vereinigung eines sphärischen Glases von + 18,26 dptr mit einem zylindrischen von 28,76 dptr Scheitelbrechwert wirkt. Daß bei solchen Fehlern ein Auge, das gerade durch ein Glas mit + 14 dptr Scheitelrefraktion berichtigt wird, nicht mehr ordentlich sehen kann, ist kein Wunder. Auf der Tafel sind Zeichen wiedergegeben, wie sie ein linsenloses Auge durch ein gleichseitiges Glas von + 14 dptr Scheitelbrechwert sieht. Diese Bilder geben uns in noch anschaulicherer Weise als die Fehlerkurven über die Leistungen eines solchen Starglases Aufschluß. Aus der Abbildung 159 erkennen wir die Wirkung eines sphärischen Starglases bester Form.

Die Kurven sind in gleicher Weise gezeichnet, wie für das gleichseitige Starglas mit derselben Scheitelbrechkraft. Wie man sieht, ist der astigmatische Fehler für einen Blickwinkel von 24 ° noch verhältnismäßig gering.

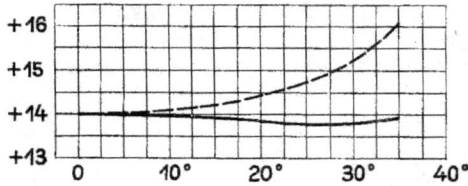

Abb. 159. Graphische Darstellung der astigmatischen Fehler eines sammelnden Glases günstigster Form von + 14 dptr Scheitelbrechwert.

Bei 35 ° Neigung erreicht er einen Wert von 2,1 dptr, das Glas wirkt also dort wie die Vereinigung eines sphärischen Glases von + 13,89 dptr mit einem zylindrischen von 2,15 dptr. Der Fehler ist wesentlich kleiner, als beim gleichseitigen Glas und deshalb sind auch die Bilder, wie aus der Tafel zu ersehen ist, bei gleicher Blickdrehung wesentlich besser. Den Fehlerverlauf eines Katralglases mit gleichem Scheitelbrechwert zeigt die Abb. 160. Man erkennt daraus, daß das Glas für 35° Blickdrehung den geringen astigmatischen

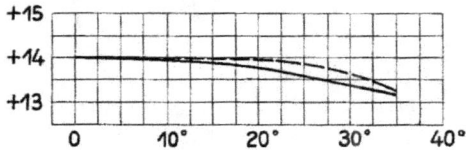

Abb. 160. Graphische Darstellung der astigmatischen Fehler eines Katralglases von + 14 dptr Scheitelbrechwert.

Fehler von 0,11 dptr hat. Aus dem Kurvenverlauf sehen wir aber auch, daß hier, abweichend von den punktuell abbildenden sphärischen Gläsern, ein ein wenig größerer astigmatischer Fehler für einen Blickwinkel von 24 ° übrig bleibt. Katralgläser haben also geringe Zonenfehler. Aus der Tafel erkennt man die Leistung eines solchen Glases und sieht, daß auch feine Einzelheiten bei 30 °.Blickdrehung noch gut erkannt werden können.

Die Nahebrillengläser.

Bei der Beobachtung im Endlichen gelegener Dinge akkommodiert das Auge auf die jeweilige Entfernung. Vielfach sind die Gegenstände in einer Ebene angeordnet, wie z. B. bei der Lese- oder Schreibfläche. Wie aus der Abb. 161 zu erkennen ist, werden da bei seitlicher Blickrichtung die Dingentfernungen größer. Durch geringes Entspannen der Akkommodation ist es möglich, auch die weiter seitlich, z. B. bei B liegenden Dinge deutlich zu sehen. Ist das Auge beim Blicken geradeaus beispielsweise auf 25 cm Entfernung eingestellt, akkommodiert also 4 dptr, so ist bei einer Blickdrehung von 40° der Dingabstand H_1B etwa 30 cm, vorausgesetzt, daß die Dinge in einer zur Hauptblickrichtung senkrechten Ebene liegen. Dann hat das Auge nur 3,3 dptr zu akkommodieren. Diesem Umstand muß man bei der Verwendung von Nahebrillen Rechnung tragen.

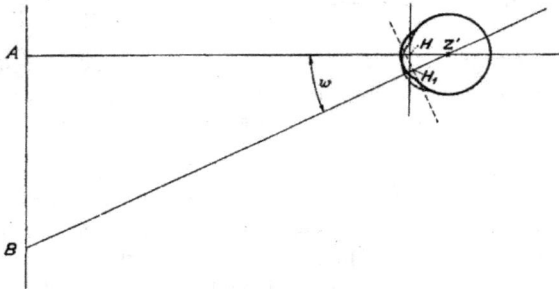

Abb. 161. Die Veränderung der Akkommodation bei der Beobachtung von Punkten einer Ebene.

Der jugendliche Fehlsichtige kann mit Hilfe seiner Fernbrille durch Akkommodation nahe Dinge gerade wie der jugendliche Rechtsichtige sehen. Höchstens hat er etwas andere Akkommodationsbeträge aufzubringen, und zwar muß der Kurzsichtige etwas weniger, der Uebersichtige etwas mehr akkommodieren als der Rechtsichtige. Ist beispielsweise der Arbeitsabstand vom Brillenhauptpunkt, die Strecke H_1O Abb. 162, 250 mm lang, die Brechkraft

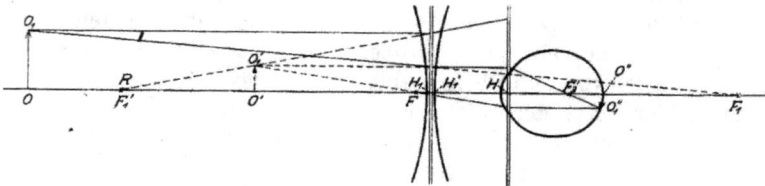

Abb. 162. Die Abbildung naher Dinge durch ein zerstreuendes Fernbrillenglas und das akkommodierende kurzsichtige Auge.

des Fernbrillenglases — 5 dptr, und der Abstand zwischen den beiden einander zugekehrten Hauptpunkten die Strecke $H'_1H = 13,3$ mm, so handelt es sich um ein kurzsichtiges Auge mit einem Hauptpunktsbrechwert von — 4,69 dptr; denn es ist

$$HR = a = f'_1 - \delta = (-200 - 13,3) \text{ mm} = -213,3 \text{ mm} = 0,2133 \text{ m}.$$

Daraus ergibt sich $A = \frac{1}{a} = \frac{1}{-0,2133\,m} = -\,\mathbf{4,69\ dptr.}$ Es fragt sich nun, wohin das in 25 cm Abstand vor dem Brillenglas liegende Ding von ihm abgebildet wird. Wir finden den Ort des Bildes folgendermaßen: der Dingabstand $H_1O = a_1 = -\,250$ mm $= -\,0,25$ m also ist $A_1 = \frac{1}{a_1} = \frac{1}{-0,25\,m} = -\,4$ dptr. D_1 ist nach Voraussetzung $-\,5$ dptr, folglich ist $B_1 = A_1 + D_1 = (-\,4 - 5)$ dptr $= -\,9$ dptr. Daraus folgt für die Bildweite $b_1 = \frac{1}{B_1} = \frac{1}{-9\,dptr} = -\,0,111$ m $= -\,111$ mm. Demnach ist der Abstand des Bildes H'_1O', das für das akkommodierende Auge als Ding dient, gleich
$HO' = a_a = HH'_1 + H'_1O' = (-13,3 - 111)$ mm $= -\,124,3$ mm $= -\,0,1243$ m, so daß sein Kehrwert, den wir entsprechend durch A_a bezeichnen,
$A_a = \frac{1}{a_a} = \frac{1}{-0,1243\,m} = -\,8,05$ dptr wird. Der Fernpunktabstand des Auges, die Strecke $HR = a$ ist in unserem Beispiel $-\,213,3$ mm, der Abstand des Punktes O', auf den sich das Auge durch Akkommodation einstellt, die Strecke $HO' = a_a$ ist gleich $-\,124,3$ mm. Die der Strecke RO' entsprechende Akkommodation ist gleich dem Unterschied der beiden Kehrwerte der entsprechenden Strecken, also

$$\frac{1}{-0,2133} - \frac{1}{-0,1243} = -\,4,69 + 8,05 = \mathbf{3,36\ dptr.}$$

Das ist der Betrag, den dieses kurzsichtige Auge zu akkommodieren hat, wenn der Abstand des Dinges vom Brillenglase 25 cm beträgt.

Zum Vergleich wollen wir jetzt die Akkommodation für ein übersichtiges Auge ausrechnen, das durch ein Glas von $+\,5$ dptr korrigiert wird (Abb. 163). Der Dingabstand vom Brillenglas, die Strecke H_1O sei wieder 250 mm, dann ist also $a_1 = -\,250$ mm $= -\,0,25$ m und $A_1 = \frac{1}{a_1} = \frac{1}{-0,25\,m} = -\,4$ dptr. $D_1 = +\,5$ dptr. Daraus ergibt sich $B_1 = A_1 + D_1 = (-\,4 + 5)$ dptr $= +\,1$ **dptr.** Die Bildweite, die Strecke H'_1O', ist entsprechend $b_1 = \frac{1}{B_1} = \frac{1}{1\,dptr} = 1$ m. Das Brillenglas bildet also das 250 mm vor ihm liegende Ding OO_1 1000 mm hinter seinem bildseitigen Hauptpunkte am Orte $O'O'_1$ ab. Dieses Bild dient dem übersichtigen akkommodierenden Auge als Ding. Der Abstand des Fernpunktes R des durch ein Glas von $+\,5$ dptr korrigierten Auges vom Augenhauptpunkt H die Strecke $HR = a$ ergibt sich zu: $a = f'_1 - \delta = 200 - 13,3 = 186,7$ mm $= 0,1867$ m. Es handelt sich also um ein Auge mit dem Hauptpunktsbrechwert

$A = \frac{1}{a} = \frac{1}{0,1867\,m} = \mathbf{5,36\ dptr.}$ Es kann in Akkommodationsruhe schein-

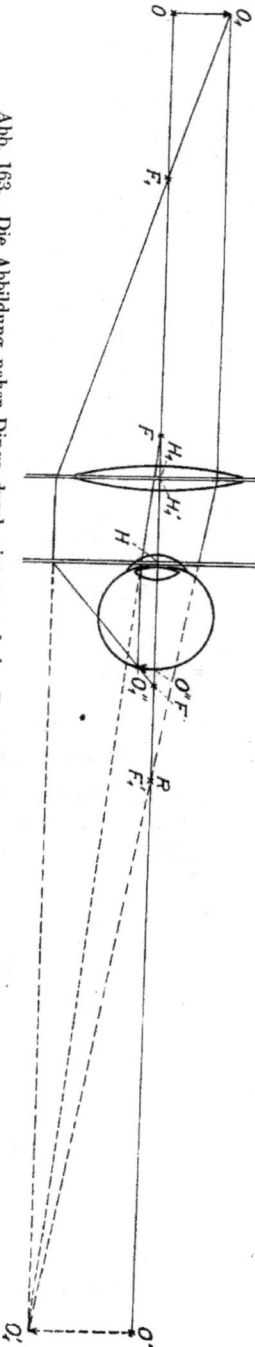

Abb. 163. Die Abbildung naher Dinge durch ein sammelndes Fernbrillenglas und das akkommodierende übersichtige Auge.

bare Dinge deutlich sehen, die 186,7 mm hinter seinem Hauptpunkt liegen. Durch Akkommodation soll es jetzt ein scheinbares Ding $O'O'_1$ deutlich sehen, dessen Abstand ist:

$$a_a = HO' = H'_1O' - H'_1H = b_1 - \delta =$$
$$(1000 - 13,3)\,\text{mm} = 986,7\,\text{mm} = 0,9867\,\text{m}.$$

Das Auge muß also eine Akkommodation aufwenden, die dem Unterschied der Abstände des Fernpunktsabstandes R und des scheinbaren Dinges O' also der Strecke RO' entspricht, sie ist also dem Unterschied der Kehrwerte dieser beiden Abstände gleich

$$\frac{1}{0,1867\,\text{m}} - \frac{1}{0,9867\,\text{m}} = (5,36 - 1,01)\,\text{dptr} =$$
4,35 dptr.

Ein rechtsichtiges Auge würde ein Ding in der gleichen Entfernung von seinem Hauptpunkte, also im Abstand von 263,3 mm = 0,2633 m durch einen Akkommodationsaufwand von $\frac{1}{0,2633} = $ **3,8 dptr** deutlich sehen.

Während also das mit einem Glas von —5 dptr korrigierte kurzsichtige Auge ein 25 cm vor dem Glase liegendes Ding schon deutlich sehen kann, wenn es 0,44 dptr weniger als ein rechtsichtiges akkommodiert, muß ein übersichtiges Auge, das durch ein Glas von + 5 dptr korrigiert wird, unter gleichen Umständen um 0,55 dptr stärker akkommodieren als das rechtsichtige Auge. Daraus erkennen wir also, daß unter gleichen Bedingungen das kurzsichtige Auge etwas weniger, das übersichtige Auge etwas mehr akkommodieren muß als das rechtsichtige; und zwar nimmt der Akkommodationsbetrag mit wachsender Kurzsichtigkeit ab, mit wachsender Uebersichtigkeit zu.

Solange das Auge über eine genügende Akkommodationsbreite verfügt, ist eine besondere Nahebrille selbstverständlich überflüssig. Sie wird mit zunehmenden Alter

und abnehmender Akkommodationsbreite notwendig (siehe Tab. 3
S. 53), und nach dem eben Angeführten wird man es erklärlich
finden, daß der Uebersichtige meist früher eine Nahebrille braucht
als der Kurzsichtige.

Nehmen wir zunächst einmal an, das Auge kann überhaupt nicht
mehr akkommodieren, so daß also der Nahepunkt mit dem Fernpunkt
zusammenfällt. Dann muß natürlich das Naheglas die Akkommodation des Auges ersetzen. Handelt es sich um ein rechtsichtiges
Auge, dessen Fern- und Nahepunkt im Unendlichen liegen, so kann
dieses Auge weit entfernte Dinge oder Bilder deutlich erkennen.
Man nennt deshalb auch altersichtige oder presbyopische Augen
weitsichtige Augen. Will ein solches Auge nahe Dinge deutlich
sehen, so muß das Naheglas diese Dinge in weiter Ferne abbilden.
Das geschieht einfach dadurch, daß man die zu beobachtenden Dinge
in die vordere Brennebene eines Sammelglases bringt. Dann bildet
das Naheglas, wie aus der Abb. 164 zu ersehen ist, dieses Ding OO_1

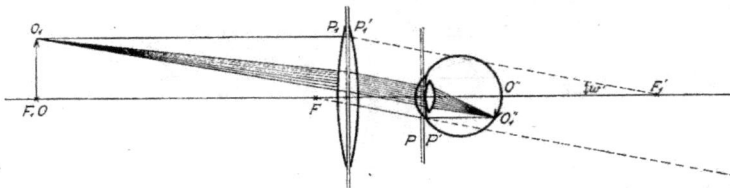

Abb. 164. Die Abbildung eines nahen Dinges in einem mit Naheglas ausgerüsteten
altersichtigen rechtssichtigen Auge.

in weiter Ferne ab. Aus dem Brillenglase treten Parallelstrahlenbüschel in das Auge ein. Die vom Dingpunkt O_1 herkommenden
Strahlen verlaufen im Bildraum des Brillenglases alle unter dem
Winkel w' zur Achse geneigt, den wir durch den Strahl $P'_1F'_1$ finden.
Dieses Parallelstrahlenbüschel kann aber das Auge auf der Netzhaut
vereinen. Es entsteht also dort das Bild $O''O''_1$, dessen Größe wir
finden, wenn wir von den aus dem Glas austretenden parallelen
Strahlen den auswählen, der den dingseitigen Brennpunkt des Auges F
und den Punkt P in der Hauptebene trifft und durch P' achsenparallel
im Bildraum des Auges verläuft. Das wirklich bilderzeugende Büschel
ist schraffiert gezeichnet. Die in der vorderen Brennebene des
Brillenglases liegenden Dinge sieht dann das Auge deutlich. Ein
solches Brillenglas wirkt genau wie eine Lupe. Ist der gewünschte
Arbeitsabstand z. B. 25 cm, so muß ein Glas mit einer Brennweite
von 25 cm, also einer Brechkraft von 4 dptr benutzt werden. In
einem Arbeitsabstand von 33 cm kann man unter den gleichen Bedingungen mit einem Naheglas von 3 dptr Brechkraft deutlich sehen.

Ein alterssichtiger Fehlsichtiger kann mit Hilfe seines Fernglases nur noch weit entfernte Dinge deutlich sehen und braucht
zum deutlichen Sehen naher Dinge eine ähnliche Hilfe wie der altersichtige Rechtsichtige. Man ordnet also vor dem Fernbrillenglas L_2
noch eine Sammellinse L_1 von solcher Brennweite an, daß sie die
zu betrachtenden Dinge OO_1 in weiter Ferne abbildet (Abb. 165).
Das geschieht, wenn das Ding F_1O_1 in der dingseitigen Brennebene
dieses Sammelglases L_1 liegt. Die vom Punkt O_1 ausgehenden
aus L_1 austretenden Strahlen verlaufen unter sich parallel, und unter
dem Winkel w'_1 zur Achse geneigt treten sie in das Fernglas L_2 ein,
kommen scheinbar von weit entfernten Punkten her, und die Linse L_2
erzeugt deshalb in ihrer bildseitigen Brennebene ein Bild $F'_2O'_1$. Um
dies zu zeichnen, wählen wir von den aus L_1 austretenden Strahlen
den aus, der nach dem dingseitigen Brennpunkt des Fernglases F_2
hinzielt, also den Strahl P_2F_2. Er geht nach dem Durchgang durch
die Linse L_2 achsenparallel von P'_2 nach P weiter. Verlängern wir

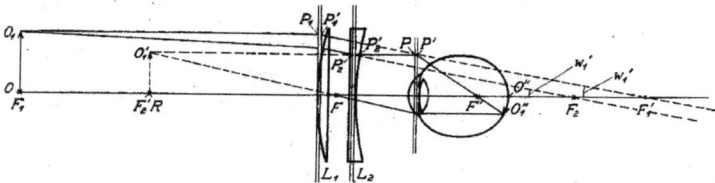

Abb. 165. Die Abbildung eines nahen Dinges in einem mit Fernglas und sammeln-
dem Zusatzglas ausgerüsteten altersichtigen kurzsichtigen Auge.

ihn rückwärts, so bestimmt er die Größe des Bildes $F'_2O'_1$. Es liegt
natürlich in der Fernpunktsebene des Auges und wird deshalb vom
Augensystem auf der Netzhaut in $O''O_1$ abgebildet, gerade wie wenn
weit entfernte Dinge durch die Fernbrille betrachtet werden. Ein
Naheglas setzt man meist nicht aus einem Fernglas und einem davor
angeordneten Sammelglas zusammen, man benutzt häufig ein Brillenglas, dessen Brechkraft etwa gleich der Summe der Brechkräfte des
Fern- und Naheglases ist. Ein Uebersichtiger mit einem Fernglas von
+ 5 dptr und einem Zusatzglas von + 3 dptr braucht also zum Lesen
in 33 cm Abstand ein Glas von + 8 dptr Brechkraft. Ein Kurzsichtiger
dagegen, der für die Ferne ein Glas von — 5 dptr verwendet und nicht
mehr akkommodieren kann, muß für einen Arbeitsabstand von 25 cm
ein Glas von (— 5 + 4) dptr = — 2 dptr Brechkraft benützen.
    Verfügt der Fehlsichtige dagegen noch über eine gewisse Ak-
kommodationsbreite, so wird die Brechkraft des Naheglases nicht um
den vollen Betrag erhöht, der dem Arbeitsabstand entspricht, sondern
nur um die Dioptrienzahl, die zur noch vorhandenen Akkommodationsbreite hinzugefügt werden muß, um in dem betreffenden

Arbeitsabstand deutlich sehen zu können. Hat z. B. ein Kurzsichtiger noch eine Akkommodationsbreite von 2 dptr, und er wünscht in 25 cm Abstand zu lesen, so wird er ein Leseglas bekommen, das dem Fernglas gegenüber nicht um + 4 dptr, sondern nur um + 2 dptr vermehrt wird. Die noch fehlenden etwa 2 dptr werden durch Akkommodation aufgebracht, so daß er trotzdem imstande ist, in dem gewünschten Abstand deutlich zu sehen. Der Träger dieser Nahebrille hat dabei den Vorteil, beim Seitwärtsblicken die Akkommodation etwas entspannen zu können, wie das beim Ueberblicken von Ebenen notwendig ist. Auch aus anderen Gründen wird man unbedingt das noch vorhandene Akkommodationsvermögen ausnützen. Wenn man die ganze Akkommodationsarbeit durch das Brillenglas ersetzen wollte, würde man durch die Untätigkeit des entsprechenden Muskels bewirken, daß das Akkommodationsvermögen noch schneller als sonst verloren ginge.

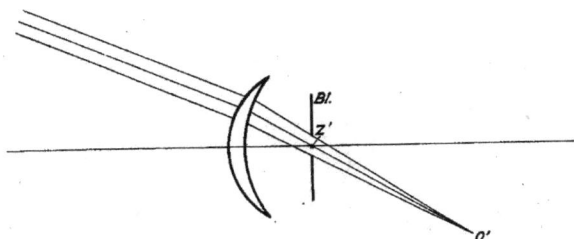

Abb. 166. Der Strahlenverlauf bei einem sammelnden, punktuell abbildenden Fernglas.

Natürlich ist es beim Betrachten naher Dinge gerade wie beim Fernsehen durch die Brille notwendig, daß das Auge nicht nur in der optischen Achse oder in der Nähe der Achse gelegene Dinge deutlich sehen kann, sondern es muß auch weiter seitlich der optischen Achse gelegene Dinge deutlich erkennen können. Gerade bei Nahearbeiten, z. B. beim Zeichnen, ist es notwendig, daß man die Augendrehung möglichst ausnutzt. Die Nahegläser müssen deshalb ebenfalls frei von Astigmatismus schiefer Büschel sein. Für sie gelten aber ganz andere Bedingungen als für die Ferngläser. Bei diesen wurde verlangt, daß von weit entfernten Dingpunkten stammende Strahlenbüschel, also einfallende Parallelstrahlenbüschel (s. Abb. 166) auf der Bildseite für eine am Orte des Augendrehpunkts Z' zu denkende Blende Bl in einem größeren Winkelraum frei von Astigmatismus schiefer Büschel sind. Beim Nahebrillenglas dagegen treten nicht parallele, sondern divergente Büschel ein (Abb. 167). Sie sollen sich ebenfalls für eine am Orte des Augendrehpunkts gedachte Blende im Bildraum zu wirklichen Bildpunkten, z. B. O', vereinigen, sollen also keinen Astigmatismus schiefer Büschel zeigen.

Die Ferngläser erfüllen diese Bedingung nicht ohne weiteres; denn es ist gar nicht gesagt, daß ein Brillenglas, das für weitentfernte Dinge frei von Astigmatismus schiefer Büschel ist, auch im Endlichen gelegene Dingpunkte fehlerlos abbildet. Man kann diesen Fehler nur für e i n e bestimmte Dingentfernung vollständig beseitigen. Streng genommen ist es also notwendig, besondere Nahebrillengläser für verschiedene Arbeitsabstände zu berechnen. Das bedeutete eine außerordentliche Erschwerung für die Herstellung der Brillengläser. Man hat versucht, ob nicht die Fernbrillengläser auch für Naharbeiten brauchbar sind. Der jugendliche Brillenträger benutzt seine Fernglas auch zum Sehen in der Nähe. Es wäre außerordentlich unbequem, wenn er zum Nahesehen andere Gläser gleicher Stärke verwenden müßte. Glücklicherweise ergibt sich, daß die punktuell abbildenden Ferngläser meist auch für die Beobachtung von Dingen in

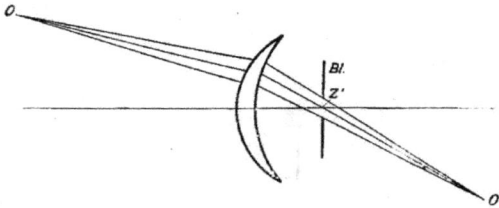

Abb. 167. Der Strahlenverlauf bei einem punktuell abbildenden Naheglas.

den üblichen Arbeitsabständen genügend gut abbilden und keinen merklichen Astigmatismus schiefer Büschel zeigen. In dieser Beziehung sind die stark durchgebogenen Wollastonschen Gläser den Ostwaltschen überlegen. Trotz alledem zieht man die Ostwaltschen Formen doch den Wollastonschen vor aus den schon früher angegebenen Gründen. Punktuell abbildende Ferngläser Ostwaltscher Form zeigen für 30° (Zerstreuungsgläser) oder 35° (Sammelgläser) augenseitiger Blickneigung bei der Abbildung eines in 33 cm vor ihnen liegenden Dingpunktes einen Astigmatismns schiefer Büschel, der beträgt:

für ein Glas von — 10 dptr Scheitelbrechwert = + 0,13 dptr
„ „ „ „ — 6 „ „ = — 0,11 „
„ „ „ „ — 1 „ „ = — 0,09 „
„ „ „ „ + 3 „ „ = — 0,19 „

Für reine Altersbrillen, also für Brillengläser, die die in ihrer vorderen Brennebene liegenden Dinge in weiter Ferne abbilden sollen, ist die optische Aufgabe eine andere. Bei ihnen treten divergente

Büschel ein und parallele Strahlenbüschel aus, gerade wie bei den Lupen (Abb. 168). Solche Brillengläser werden dann besser im umgekehrten Strahlengang berechnet, d. h. man nimmt an, die parallelen Büschel kämen von weitentfernten Dingpunkten. Das Glas muß aber

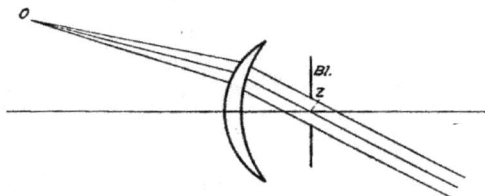

Abb. 168. Der Strahlenverlauf beim Naheglas für rechtsseitige Altersichtige.

jetzt für eine 25 mm vor der hohlen Fläche gelegenen Blende frei von Astigmatismus schiefer Büschel sein (Abb. 169). Die Aufgabe ist rechnerisch bequemer zu lösen, als im umgekehrten Strahlenverlauf. Bei dieser Blendenlage ergeben sich natürlich ganz andere Korrektionsmöglichkeiten, als bei der Anordnung der Blende hinter der Linse. Solche nach M. von Rohr als Lupenbrillen bezeichneten Linsen lassen sich bei Anwendung von Kugelflächen noch frei

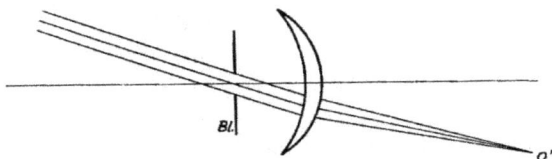

Abb. 169. Der Strahlenverlauf beim Lupenbrillenglas.

von Astigmatismus schiefer Büschel für wesentlich höhere Brechkräfte als für die Ferngläser herstellen. Während die von Kugelflächen begrenzten Fernbrillengläser nach der Tscherningschen Kurve nur bis etwa + 7,5 dptr frei von Astigmatismus schiefer Büschel ausführbar sind, können Lupenbrillengläser für einen Blendenabstand von 25 mm bis zu + 11 dptr Brechkraft punktuell abbildend hergestellt werden.

Wenn man die punktuell abbildenden Ferngläser ohne Gefahr, zu große astigmatische Fehler einzuführen, im allgemeinen auch als Nahegläser verwenden kann, so gilt das nicht für die Katralferngläser. Um den Starpatienten für Nahearbeiten ein großes brauchbares Blickfeld zu verschaffen, muß man besondere Nahegläser berechnen. Wollte man ganz genau vorgehen, so müßte man solche Gläser für die ver-

11

schiedenen Arbeitsabstände ausführen. Es genügt aber, Starnahegläser für einen Arbeitsabstand zu berechnen und man hat einen solchen von 25 cm gewählt. Der Starpatient kann nur die Dinge deutlich sehen, die in seine Fernpunktsebene abgebildet werden, also muß auch das Nahe glas die Bilder an dieser Stelle entwerfen, das heißt: das Naheglas muß für ein in 25 cm entferntes Ding denselben bildseitigen Scheitelbrechwert haben wie das Fernglas. Während man den Scheitelbrechwert durch A_∞ bezeichnet und durch den Index $_\infty$ ausdrücken will, daß das entsprechende Ding im Unendlichen liegt, bezeichnet man den Scheitelbrechwert für einen endlichen Dingabstand dadurch, daß man als Index diese Entfernung angibt. Durch $A_{250} = +12$ dptr will man ausdrücken, daß das entsprechende Starnaheglas für ein in 250 mm vor ihm liegendes Ding einen Scheitelbrechwert von $+12$ dptr hat und also ohne weiteres einem Starpatienten, der ein Fernglas von $+12$ dptr braucht, in 250 mm Abstand das Lesen ermöglicht. Für unendlich großen Dingabstand hat natürlich dieses Starnaheglas eine um etwa 4 dptr größere Brechkraft, also ungefähr $+16$ dptr. Um das zu verstehen, brauchen wir nur daran zu denken, daß einer Dingverschiebung eine gleichsinnige Bildverschiebung entspricht. Die für einen Dingabstand von 250 mm geltende bildseitige Schnittweite wird kleiner, wenn das Ding in das negativ Unendliche rückt. Wir wissen auch, daß man einem Auge, das nicht akkommodieren kann, ein um $+4$ dptr verändertes Glas zu Nahearbeiten geben muß, um es in 250 mm Abstand deutlich sehen zu lassen.

Man bezeichnet also zweckmäßigerweise das besonders für Nahearbeiten berechnete Katralnaheglas durch den bildseitigen Scheitelbrechwert, der einem Arbeitsabstand von 250 mm entspricht. Man braucht dann nur den Scheitelbrechwert des Feruglases zu kennen. Wünscht man aber ein Naheglas für einen größeren Arbeitsabstand, z. B. für 330 mm, dann dürfte das Naheglas nur um etwa 3 dptr und nicht um 4 dptr stärker als das Fernglas sein. Der Starpatient, der z. B. ein Fernglas von 14 dptr braucht, würde dann nicht ein Naheglas von $+14$ dptr erhalten, das ihm das Lesen in 250 mm ermöglichte, sondern ein Naheglas von $+13$ dptr, das um etwa 1 dptr schwächer ist und das deutliche Sehen in dem gewünschten Abstand von 330 mm gestattet. Außer der Angabe der Fernkorrektion ist also der Arbeitsabstand nötig, um das entsprechende Starnaheglas auswählen zu können.

Ist ein Starnaheglas für einen Dingabstand von 250 mm frei von Astigmatismus schiefer Büschel, so sind die astigmatischen Fehler auch bei der Beobachtung von Dingen in 33 cm Abstand gering, jedenfalls viel geringer, als wenn man Ferngläser zum Betrachten naher Dinge verwendete.

Da man diese Nahebrillengläser hauptsächlich benutzt, um ebene Flächen, etwa die Schreib- oder Leseflächen, zu beobachten, ist dafür ein ebenes Bildfeld wünschenswert. Weil man aber zur Aufhebung des Astigmatismus nur die Durchbiegung des Glases als Korrektionsmittel zur Verfügung hat, so läßt sich die auftretende Bildfeldkrümmung nicht vermeiden. Bei der Benutzung dieser Gläser bleibt nichts anderes übrig, als eine mittlere Einstellung zu wählen, d. h. die ebene Arbeitsfläche so zu legen, daß sie dem krummen Bildfelde gegenüber die geringsten Abweichungen zeigt, wie das aus der Abb. 170 hervorgeht. Die Tiefenschärfe genügt meist, um die Bildfeldkrümmung zu verdecken, sonst muß der Träger durch geringe Abstandsänderungen ausgleichend wirken.

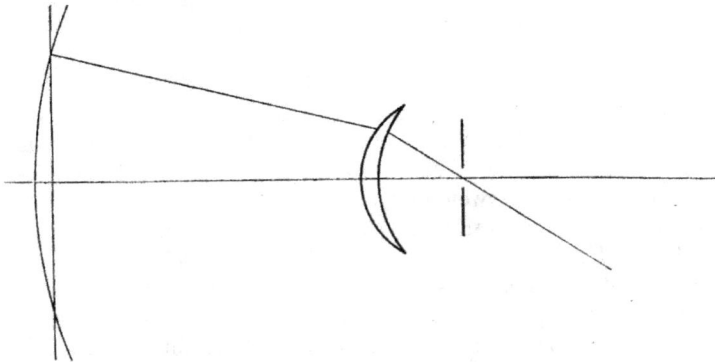

Abb. 170. Die mittlere Einstellung des gewölbten Bildfeldes gegenüber der ebenen Arbeitsfläche bei einem Lupenbrillenglas.

Vielfach ist es für alterssichtige Brillenträger bequemer, statt daß sie die Fern- und Nahebrille häufig wechseln, bei Nahearbeiten vor das Fernglas ein sammelndes Zusatzglas, einen sogenannten Vorhänger (s. Abb. 236 S. 217) zu setzen. Diese Vorhängergläser müssen ähnlich korrigiert sein, wie die Lupenbrillen, denn sie sollen auch meist die in ihrer vorderen Brennebene angeordneten Dinge in weiter Ferne abbilden. Wir kommen später nochmals ausführlicher auf diese Gläser zu sprechen.

Fernrohrbrillen.

Wie wir aus der Tscherningschen Kurve ersehen, können zerstreuende Gläser, die stärker als — 25 dptr sind, bei Verwendung sphärischer Flächen nicht mehr punktuell abbildend hergestellt werden. So starke zerstreuende Gläser werden erstens einmal selten gebraucht, zweitens haben sie an und für sich ein sehr großes dingseitiges Blickfeld, so daß man den dicken Randteil ohne Schaden durch

11*

Abschleifen unwirksam machen kann und dadurch ein kleineres augenseitiges Blickfeld übrig behält, in dem die astigmatischen Fehler nicht zu groß werden, und drittens gibt es so gut wie keine so hochgradig Kurzsichtigen, die nicht gleichzeitig schwachsichtig wären und deshalb kleinere Fehler gar nicht bemerken. Bei den zu lang gebauten kurzsichtigen Augen wird die Netzhaut allmählich so gedehnt, daß zwischen den einzelnen Nervenelementen Zwischenräume entstehen, so daß gewissermaßen der Abstand der benachbarten Nervenelemente vergrößert und dadurch das Sehvermögen herabgesetzt wird. Man kommt aus diesem Grunde mit den sphärischen Gläsern bester Form aus, die wohl auch in dem kleineren Blickfeld am Rande etwas Astigmatismus schiefer Büschel zeigen, aber praktisch allen Anforderungen genügen. Der astigmatische Fehler ist jedenfalls in den seltensten Fällen schuld daran, daß nicht genügend gesehen wird, denn auch beim Blicken durch die Mitte des Glases wird so gut wie nie die höchste Sehleistung des Trägers erzielt, da die meisten dieser hochgradig Kurzsichtigen das voll berichtigende Glas nicht tragen können. Sie begnügen sich fast immer mit einem schwächeren Glase und erreichen infolgedessen ein geringeres Sehvermögen, als sie bei Verwendung eines genau richtigen Fernglases haben könnten. Schuld daran ist wahrscheinlich, daß fast immer die schlechteste Form, das gleichseitige Glas, verwendet wird. Bei so starken zerstreuenden Gläsern nimmt schon bei sehr geringen Blickneigungen die Stärke des Glases und damit der Astigmatismus beträchtlich zu. Ein in der Mitte vollberichtigendes Glas würde schon bei geringem Schrägblicken überkorrigieren. Bei Verwendung von Gläsern bester Form, deren Stärke in dem kleinen zur Verfügung stehenden Blickfeld annähernd gleich bleibt, müßte ein vollkorrigierendes Glas vertragen werden.

Die durchweg herabgesetzte Sehleistung hochgradig Kurzsichtiger veranlaßte seinerzeit E. Hertel, die Durcharbeitung vergrößernder Brillensysteme erneut wieder anzuregen. Die Versuche, hochgradig Kurzsichtigen, die gleichzeitig herabgesetztes Sehvermögen haben, durch vergrößernde Systeme zu helfen, sind schon über 200 Jahre alt. Immer wieder sind aber die verwendeten Hilfsmittel in Vergessenheit geraten, wohl hauptsächlich deshalb, weil das Blickfeld der alten Systeme so außerordentlich klein war. Nachdem man wußte, welche Bedingungen ein Brillenglas, das fest vor dem sich bewegenden Auge angeordnet ist, erfüllen muß, konnte M. von Rohr mit Erfolg an die Aufgabe herangehen. Die Fernrohrbrille für hochgradig Kurzsichtige war das Ergebnis seiner Rechnungen.

Um das Sehvermögen der hochgradig Kurzsichtigen zu verbessern, hat seinerzeit der österreichische Augenarzt Fukala die operative Entfernung der Kristallinse vorgeschlagen. Dadurch wird die Brechkraft des Auges wesentlich geringer, seine Brennweite also länger, und das zu lang gebaute kurzsichtige Auge ist dann imstande, entweder ohne Glas oder mit einem schwächeren Fernbrillenglase entfernte Dinge deutlich zu sehen. Ein zu lang gebautes kurzsichtiges Auge mit normalem optischen System von 58,64 dptr Brechkraft hat nach der Entfernung der Linse gerade wie das operierte Starauge zur Bilderzeugung nur noch das Hornhautsystem mit einer Breckraft von 43,05 dptr. Die bildseitige Brennweite eines linsenlosen Auges ist im Glaskörper gemessen 31 mm. Da der Hauptpunkt eines solchen Auges im Hornhautscheitel liegt, so wird ein Auge von 31 mm Länge durch die operative Entfernung der Linse gerade rechtsichtig. Wie wir aus der Tabelle 4 sehen, trifft das für ein Auge mit einem Hauptpunktsbrechwert von — 13 dptr zu.

Ein großer Nachteil der Fukalaschen Operation liegt darin, daß das Auge dadurch sein Akkommodationsvermögen verliert. Zuweilen kommt es auch vor, daß sich bei dem operierten Auge, manchmal

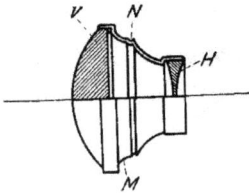

Abb. 171.
Fernrohrbrillensystem für hochgradig Kurzsichtige.

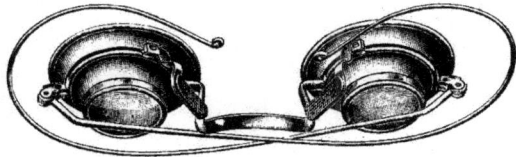

Abb. 172. Fernrohrbrille.

erst nach Jahren, die Netzhaut ablöst und das Auge erblindet. Gelingt die Operation, so wächst das Sehvermögen gerade wie beim Starpatienten um etwa 30 Proz., und es brauchen entweder gar keine oder nur schwache Gläser getragen zu werden. Die Steigerung des Sehvermögens läßt sich aber ebenso leicht durch ein schwach vergrößerndes optisches System herbeiführen, ja man kann durch die Wahl der Vergrößerung leicht eine stärkere Steigerung des Sehvermögens erzielen, als sie durch die Operation möglich ist. Ein solches System kann allerdings keine Einzellinse sein, sondern es besteht aus einer sammelnden Vorderlinse V (Abb. 171) und einem kleinen stark zerstreuenden Hintergliede H, die beide durch eine Metallfassung M im richtigen Abstande voneinander gehalten werden. Die Metallfassung hat etwa in der Mitte eine Nut N, mit deren Hilfe die kleinen leichten Systeme in einem besonderen Brillengestell gehalten werden (Abb. 172). Eine solche Brille heißt, entsprechend den darin verwendeten, holländischen Fernrohren ähnlichen Systemen, Fernrohrbrille.

Die vordere Sammellinse L_1 (Abb. 173) wirkt wie ein Fernrohrobjektiv und würde von einem weit entfernten Ding, dessen unterer
Punkt gerade auf der Achse, dessen oberer Punkt oberhalb der Achse
liegt und unter dem Winkel w erscheint, das umgekehrte wirkliche
Bild $F'_1 O'_1$ in seiner bildseitigen Brennebene erzeugen. Die dazwischen
tretende Zertreuungslinse L_2 läßt dieses Bild aber nicht zustande
kommen, sondern entwirft von ihm das scheinbare Bild $F'_b O'_2$. Das
Bild $F'_1 O'_1$ dient ihr als Ding und zwar hier als scheinbares Ding.
Der achsenparallel einfallende Strahl $P'P_1$ wird zum Brennstrahl $F'_2 P'_1$
und der Brennstrahl $P_2 F_2$ wird zum Achsenparallelstrahl $O'_2 P'_1$. Rückwärts verlängert scheinen die bildseitigen Strahlen von dem Punkte O'_2
herzukommen. $O'_2 F'_b$ ist also das scheinbare umgekehrte vergrößerte
Bild, das die Linse L_2 von dem scheinbaren Ding $O'_1 F'_1$ erzeugt. Dieses
Bild hat wieder eine aufrechte Lage wie das weit entfernte Ding. Das
ganze System erzeugt also aufrechte Bilder.

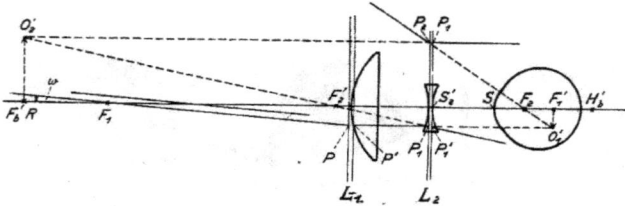

Abb. 173. Die Bilderzeugung durch ein Fernrohrbrillensystem für hochgradig
Kurzsichtige.

Damit nun das hinter ihm angeordnete hochgradig kurzsichtige
Auge korrigiert werden kann, muß der Ort F'_b mit dem Fernpunkt des Auges R zusammenfallen. F'_b ist der bildseitige Brennpunkt des Gesamtsystems, die Strecke $S'_2 F'_b$ also seine bildseitige
Schnittweite. Der Hauptpunkt des Gesamtsystems H'_b liegt ganz
außerhalb, so daß die Brennweite f' wesentlich länger als die Schnittweite s' ist, und die Brechkraft und der Scheitelbrechwert sehr verschieden sind. Bei einem Fernrohrbrillensystem 1,8-facher Vergrößerung mit einem Scheitelbrechwert von — 15 dptr ist die Brechkraft beispielsweise — 8,3 dptr. Für die genaue Anpassung der
Fernrohrbrille braucht man nur den Abstand des bildseitigen Brennpunktes vom augennahen Brillenscheitel oder den Scheitelbrechwert
zu kennen. Gerade bei der Fernrohrbrille erkennt man die Wichtigkeit des Scheitelbrechwertes. Durch die richtige Wahl der Stärken
der beiden Einzellinsen und ihres gegenseitigen Abstandes kann man
den gewünschten Scheitelbrechwert des Systems erreichen. Selbstverständlich bezeichnet man diese Systeme nach ihrem Scheitelbrechwert.

Besonders wichtig ist hier, daß der bildseitige Brennpunkt des Systems F'ᵦ mit dem Fernpunkt des Auges R genau zusammenfällt. Um das bei diesen Systemen mit hohem Scheitelbrechwert zu erreichen, muß selbstverständlich der Abstand zwischen augennahem Glasscheitel S'₂ und dem Hornhautscheitel S sehr genau berücksichtigt werden. Denn gerade bei Trägern vergrößernder Systeme kann man nur dann eine gute Wirkung erwarten, wenn gleichzeitig die genaue Vollkorrektion herbeigeführt wird. Ist das nicht der Fall, dann stellt das System die betrachteten Dinge undeutlich mittels Zerstreuungskreisen in der Fernpunktsebene dar. Durch das System werden sie vergrößert, so daß also die vergrößernde Wirkung der Fernrohrbrille vielfach gar keine bessere Sehleistung herbeiführt. Das ist, wie gesagt, bei genauer Vollkorrektion möglich, und erst dann hat das Auge den durch die Vergrößerung bedingten Vorteil. Ein Auge, das mit der besten einfachen Fernbrille etwa ¹/₅ Sehvermögen hat, erhält durch eine 2-fach vergrößernde Fernrohrbrille richtiger Wahl ²/₅ Sehvermögen. Oft ist die Steigerung des Sehvermögens mit der Fernrohrbrille gegenüber dem mit einfachem Glas erreichten größer, als die Vergrößerungszahl angibt, nämlich dann, wenn ein einfaches nicht vollkorrigierendes Glas verwendet würde. Ein solches wird, wie schon gesagt, häufig nicht vertragen, während die vollkorrigierende Fernrohrbrille stets ohne Schwierigkeiten ertragen wird.

Schwachsichtigkeit findet sich nicht nur bei hochgradig kurzsichtigen Personen, bei denen sie regelmäßig anzutreffen ist, sondern auch bei Rechtsichtigen und mäßig Fehlsichtigen. Besonders jetzt im Kriege haben viele Männer durch Augenverletzungen Schaden an ihrem Sehvermögen erlitten und sind dadurch in ihrer Erwerbstätigkeit schwer geschädigt worden. Man hat deshalb auch versucht, Fernrohrbrillen für solche schwachsichtigen Personen herzustellen, die rechtsichtig, oder nur schwach fehlsichtig sind. Fernrohrbrillen mit derartigen kleinen leichten Systemen lassen sich ebenfalls herstellen, wenn man nicht Vergrößerungen verlangt, die über die 2-fache hinausgehen. Sie bestehen wie die Fernrohrbrillen für hochgradig Kurzsichtige aus einer großen vorderen Sammellinse V (Abb. 174) und einer kleinen hinteren Zerstreuungslinse H. Vorder- und Hinterlinse werden gerade wie bei den Fernrohrbrillen für hochgradig Kurzsichtige durch eine Metallfassung M in festem Abstande voneinander gehalten.

Je nach der Stärke der beiden Einzelglieder und ihrem gegenseitigen Abstande kann man den Scheitelbrechwert und die Vergrößerung wählen. Bei einem Fernrohrbrillensystem für Rechtsichtige fällt der bildseitige Brennpunkt der Sammellinse F'₁ (Abb. 175) mit dem dingseitigen Brennpunkt des Zerstreuungssystems F₂ zusammen, gerade wie beim holländischen Fernrohr, so daß auch die Bilder weitentfernter Dinge in weiter Ferne liegen. In einem solchen System für schwachsichtige Uebersichtige entwirft die erste Linse L_1 (Abb. 176) von einem weitentfernten Ding ein wirkliches umgekehrtes Bild $F'_1 O'_1$ in ihrer bildseitigen Brennebene, das der zweiten Linse L_2 als

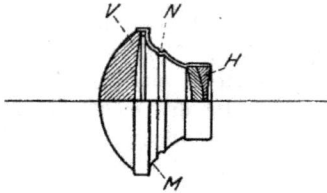

Abb. 174. Fernrohrbrillensystem für Rechtsichtige.

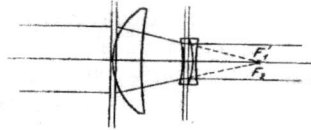

Abb. 175. Strahlengang in einem Fernrohrbrillensystem für Rechtsichtige.

scheinbares Ding dient. Es liegt vor dem dingseitigen Brennpunkt F_2, und deshalb erzeugt die Linse L_2 ein wirkliches vergrößertes Bild $F'_b O''_2$ von ihm. Der Punkt F'_b muß natürlich mit dem Fernpunkt des Auges R zusammenfallen, wenn die richtige Korrektion herbeigeführt werden soll.

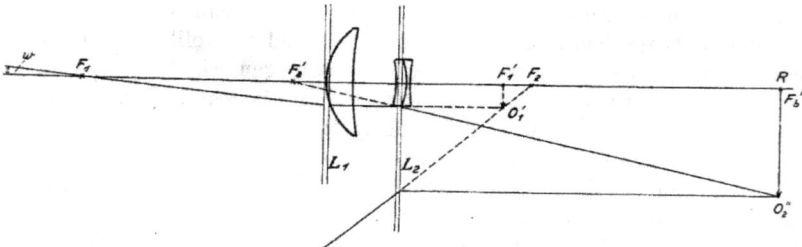

Abb. 176. Die Bilderzeugung durch ein Fernrohrbrillensystem für Uebersichtige.

Man sollte meinen, ein solches Fernrohrbrillensystem müßte sich für die verschiedensten Fehlsichtigkeiten durch die Aenderung des Abstandes der beiden Linsen einstellen lassen. Wie wir noch sehen werden, ist das aber nicht möglich. Da ein solches System durch ein Gestell wie ein einfaches Brillenglas fest vor dem Auge gehalten wird, muß es auch für das blickende Auge korrigiert, d. h. es muß vor allem für eine am Orte des Augendrehpunkts zu denkende Blende frei von Astigmatismus schiefer Büschel sein. Beschränkt man sich auf Systeme, die höchstens 2-fach vergrößern, so lassen sich die astigmatischen Fehler für einen leidlich großen Blickwinkel aufheben. Da die Systeme aus zwei Gliedern bestehen, so hat man durch die Durchbiegung der Einzellinsen, die Wahl der Glasarten und den Abstand der Linsen so viel Korrektionsmöglichkeiten, daß sich nicht nur der Astigmatismus für einen bestimmten

Winkel aufheben läßt, sondern daß auch die Verzeichnung und die farbige Neigungsdifferenz der Hauptstrahlen beseitigt wird.. Die in den Abb. 177—179 wiedergegebenen Kurven zeigen die astigmatischen Abweichungen für verschiedene Fernrohrbrillensysteme. Bei dem System mit dem Scheitelbrechwert von — 15 dptr, 1,8-facher Vergrößerung ist der Astigmatismus schiefer Büschel für einen Winkel von 10,5° gleich Null, das System ist also für diesen Winkel korri-giert. Für geringere und größere Blickwinkel blei-ben kleine Fehler übrig.

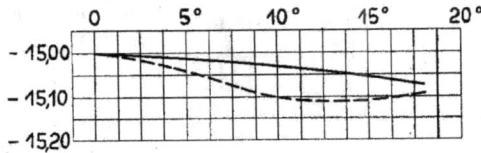

Abb. 177. Graphische Darstellung der astigmatischen Fehler eines Fernrohrbrillensystems von — 15 dptr Scheitelbrechwert und 1,3-facher Vergrößerung.

Das System ist also nicht ganz zonenfrei. Freilich muß der gegen-seitige Abstand der beiden Systemglieder stets gleichbleiben, und auf die Bequemlichkeit, die das holländische Fernrohr bietet, durch Ver-

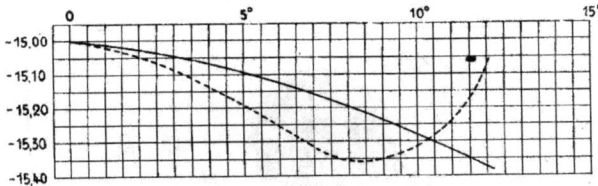

Abb. 178. Graphische Darstellung der astigmatischen Fehler eines Fernrohrbrillen-systems von — 15 dptr Scheitelbrechwert und 1,8-facher Vergrößerung.

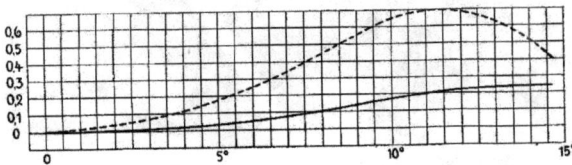

Abb. 179. Graphische Darstellung der astigmatischen Fehler eines Fernrohrbrillen-systems von 0 dptr Scheitelbrechwert und 1,8-facher Vergrößerung.

änderung der Abstände der beiden Systemglieder auf verschiedene Dingentfernungen einzustellen oder verschiedene Fehlsichtigkeiten zu korrigieren, muß man hier verzichten, wenn man nicht sofort den ganzen Korrektionszustand umwerfen will. Es bleibt also nichts weiter übrig, als diese schwach vergrößernden kleinen Fernröhrchen durch Herstellung bestimmter Systeme mit grob abgestuften Scheitelbrech-werten für verschiedene Fehlsichtigkeiten einzurichten. Die Zwischen-

werte dieser Systeme erhält man dadurch, daß man kleine augenseitige Aufsteckgläser (Abb. 180 b) an den Systemen a anbringt. Hat

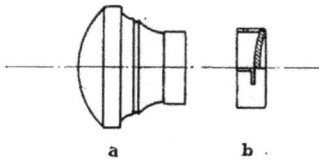

man beispielsweise ein Fernrohrbrillensystem von + 3 dptr Scheitelbrechwert, braucht aber eins von
+ 3,5 dptr, so wird ein augenseitiges
Aufsteckglas von + 0,5 dptr hinzugefügt.

Der Vorteil der Vergrößerung,
den diese Systeme gewähren, muß,
wie immer, durch eine Reihe von
Nachteilen bezahlt werden. Zu-
nächst dient die Fernrohrbrille nicht gerade zur Verschönerung,
wie aus der Abb. 181 wohl hervorgeht. Anfänglich scheuten sich
auch viele Patienten, eine solche auffällige Brille zu tragen. Die
Kriegsverletzten sind aber durch Kopfschüsse oft so entstellt worden,
daß eine solche Fernrohrbrille das Aussehen nicht verschlimmert, eher

Abb. 180. Fernrohrbrillensystem a
mit augenseitigem Aufsteckglas b.

Abb. 181.   Fernrohrbrille im Gebrauch.

verbessert. Damen, die sich nicht zum Tragen einer Fernrohrbrille
entschließen können, benützen sie in Form einer Stielbrille (Abb. 182
und 183), die sie nur dann vor die Augen nehmen, wenn sie etwas
deutlich erkennen wollen. Eine nur für ein Auge bestimmte Fernrohrstielbrille (Abb. 183) muß eine Augenmuschel tragen, damit sie
beim Gebrauch in die richtige Lage zum Auge kommt. Unvorteil-
haft ist auch das Gewicht der Fernrohrbrille. Während eine einfache
gefaßte oder ungefaßte Brille für einen stark Kurzsichtigen etwa 15 g

wiegt, beträgt das Gewicht einer Fernrohrbrille etwa 40 g, mit Aufsteckglas etwa 57 g. Durch besondere Vorrichtungen am Gestell
(s. Abb. 172 S. 165) läßt sich aber das Gewicht auf mehrere Trag-
flächen verteilen, daß der Benutzer dadurch keinerlei Schwierigkeiten
hat. Eine gewöhnliche Starbrille, die meist ohne Beschwerden getragen wird, wiegt durchschnittlich auch 35 g.

Abb. 182. Fernrohrstielbrille.

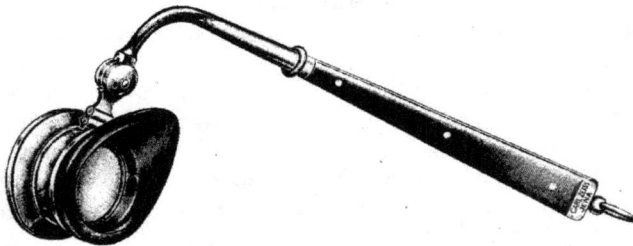

Abb. 183. Fernrohrstielbrille für einäugigen Gebrauch.

Der einzige wirkliche Nachteil besteht in der Kleinheit des Blickfeldes. Der hochgradig Kurzsichtige hat ja mit seiner einfachen Brille,
selbst wenn er Tragrandgläser benutzt, gerade ein sehr großes Blickfeld. Ein Kurzsichtiger, der durch ein Tragrandglas von — 15 dptr
Scheitelbrechwort und einem wirksamen Teil von 29 mm Durchmesser
korrigiert wird, hat ein augenseitiges Blickfeld von 2mal 30° und ein
dingseitiges von 2mal 38,6°. Ein Fernrohrbrillensystem von — 15 dptr
Scheitelbrechwert und einer 1,3-fachen Vergrößerung hat nur ein
augenseitiges Blickfeld von 18° und ein dingseitiges von 20°, während
ein 1,8-fach vergrößerndes System mit gleichem Scheitelbrechwert nur
einen Winkel von 12° augenseitig und einen Winkel von 9,2° dingseitig zu überblicken erlaubt. Wohl erlaubt das Fernrohrbrillensystem
nur ein viel kleineres Feld zu überblicken, dafür werden aber alle
Dinge größer und daher deutlicher wiedergegeben. Auch ist das
Blickfeld noch groß genug, um die Fernrohrbrillen auf der Straße
ohne Gefahr tragen zu können. Um auch durch Fernrohrbrillensysteme ein möglichst großes Blickfeld zu erreichen, verwendet man,
wenn es das Sehvermögen des Patienten einigermaßen zuläßt, immer

Systeme schwächerer Vergrößerung. Für hochgradig Kurzsichtige werden Fernrohrbrillensysteme mit 1,3-facher und 1,8-facher Vergrößerung ausgeführt.

Ein Fernrohrbrillensystem 1,8-facher Vergrößerung und der Wirkung Null, also für einen Rechtsichtigen passend, hat ein augenseitiges Blickfeld von 14° und ein dingseitiges von 8°. Das ist nicht viel, verglichen mit dem Blickfeld, das ein Rechtsichtiger mit vollem Sehvermögen hat. Aber das System ist sehr klein und so gefaßt, daß der Träger noch bequem an ihm vorbeisehen und dadurch auch die weiter seitlich gelegenen Dinge, wenn auch weniger deutlich, erkennen kann.

Wie wir schon erwähnten, lassen sich durch Fernrohrbrillensysteme nur geringere Schwachsichtigkeiten genügend verbessern, weil man Fernrohrbrillen mit starken Vergrößerungen nicht herstellen kann. Die öfters vorkommenden Schwachsichtigkeiten mittleren und höheren Grades verlangen optische Hilfsmittel mit starken Vergrößerungen. Den geringen Grad des Sehvermögens kann man sich im allgemeinen so vorstellen, daß die Nervenelemente der Netzhaut eines schwachsichtigen Auges größer sind, als bei einem vollsichtigen Auge, daß also die Netzhaut eines Schwachsichtigen grobmaschiger ist. Da sich, wie wir früher schon gesehen haben, die Bilder auf der Netzhaut aus einzelnen Elementen zusammensetzen (s. Abb. 64 S. 47), so ist es verständlich, daß bei großer Feinheit der einzelnen Elemente kleine Dinge gut wiedergegeben werden können, während bei schwachsichtigen Augen durch die Vergröberung der Netzhautelemente auch nur gröbere Dinge erkennbar sind. Will man deshalb kleine Einzelheiten auch mit einem schwachsichtigen Auge noch erkennen, so muß man sie durch ein optisches System genügend vergrößern. Wird beispielsweise, wie in der Abb. 184 a, feine Schrift unter Anwendung eines groben Rasters wiedergegeben, wobei die Buchstaben in lauter einzelne Punkte aufgelöst werden, die in bestimmten Abständen voneinander stehen, so ist sie nicht zu erkennen. Wird dagegen dieselbe Schrift vorher erst vergrößert und dann durch Punkte in demselben Abstand wiedergegeben, so kann man die einzelnen Buchstaben, wie man aus Abb. 184 b sieht, sehr gut erkennen. Die Vergrößerung muß natürlich je nach dem Grade der Schwachsichtigkeit gewählt werden.

Die optischen Hilfsmittel, die entfernte Dinge vergrößert zu beobachten erlauben, sind die Fernrohre. Um sich im Freien einigermaßen sicher bewegen zu können, genügt im allgemeinen eine ziemlich geringe Sehschärfe. Auch ein Mensch mit etwa $1/20$ und noch geringerem Sehvermögen kann sich noch ganz leidlich ohne fremde Hilfe zurechtfinden. Es ist aber für den Schwachsichtigen äußerst angenehm, durch das Fernrohr einmal einen bestimmten Gegenstand wirklich deutlich sehen zu können. Am besten verwendet man

zur Unterstützung Schwachsichtiger beim Sehen im Freien kleine
leichte Fernrohre. Die kleinsten und leichtesten sind zweifellos die
Fernrohrbrillensysteme, die man in Brillenform tragen kann. Freilich
vergrößern sie nur gering und genügen deshalb oft nicht den
an sie gestellten Ansprüchen. Man muß dann Fernrohre stärkerer
Vergrößerung anwenden. Da mit wachsender Vergrößerung des
Fernrohres auch das Blickfeld abnimmt, so kann man unmöglich zum
Sehen im Freien dauernd stärker vergrößernde Fernrohre vor dem
Auge gebrauchen, ganz abgesehen davon, daß das Gewicht zu groß
und eine genügend erschütterungsfreie Befestigung am Kopf un-

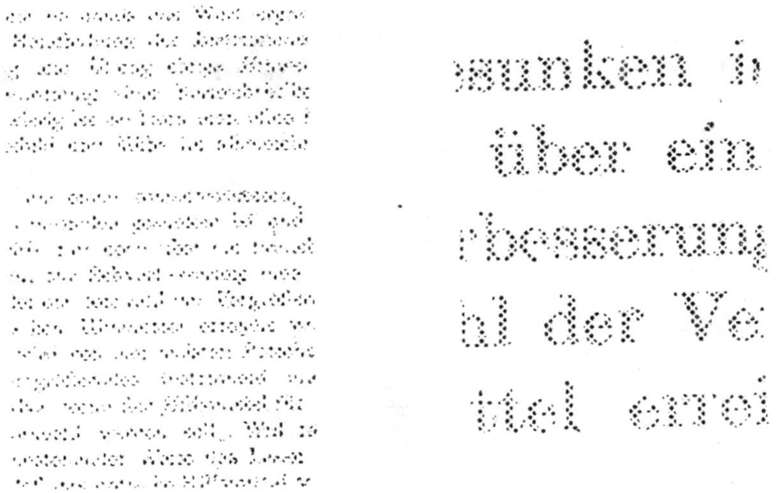

Abb. 184. Unter Anwendung eines groben Rasters wiedergegebene gewöhnliche (a)
und vergrößerte (b) Druckschrift.

ausführbar ist. Stärker vergrößernde Fernrohre können deshalb nur
dann und wann von Schwachsichtigen benutzt werden, wenn sie einen
sie interessierenden Gegenstand erkennen wollen, z. B. eine Uhr oder
den Namen eines Straßenschildes usw. Für solche Zwecke eignen
sich besonders kleine holländische Fernrohre und kleine Prismen-
feldstecher. Die letzteren sind den holländischen Fernrohren deshalb
überlegen, weil sie ein wesentlich größeres Gesichtsfeld bei gleicher
Vergrößerung aufweisen, und die Gesichtsfeldbeschränkung ist schon
sowieso recht erheblich. Die Beschränkung des Blickfeldes wird aber
durch die Verdeutlichung der beobachteten Dinge wettgemacht und
hier ist die Hauptsache, daß der Schwachsichtige überhaupt etwas zu
erkennen vermag.

Die Fernrohre sind im allgemeinen für Rechtsichtige eingerichtet. Meist ist das Okular etwas verstellbar, so daß auch geringe
Fehlsichtigkeiten ausgeglichen werden können. Soll ein Fernrohr
einem stark Fehlsichtigen deutlich vergrößerte Bilder von fernen
Dingen vermitteln, so muß er es entweder vor seiner korrigierenden
Brille benutzen, oder, falls er des geringen Nutzens wegen keine
tragen will, muß das korrigierende Brillenglas vor dem Okular angebracht we̊rden, gerade wie das augenseitige Aufsteckglas bei dem
Fernrohrbrillensystem.

Hilfsmittel für Nahearbeiten Schwachsichtiger.

Viel wichtiger als deutliches Sehen ferner Dinge ist für den Schwachsichtigen, durch Anwendung optischer Hilfsmittel wieder Nahearbeit
verrichten zu können. Die im allgemeinen vorkommenden Nahearbeiten
lassen sich meist ganz gut ausführen, wenn noch etwa die Hälfte des
normalen Sehvermögens vorhanden ist. Daß bestimmte berufliche
Arbeiten natürlich ein sehr viel höheres Sehvermögen erfordern, ist
leicht einzusehen, bedarf doch mancher Handwerker, z. B. der Uhr-
macher oder Goldarbeiter, mit vollem Sehvermögen noch vergrößernder
optischer Hilfmittel, um seine Aufgaben restlos erfüllen zu können.

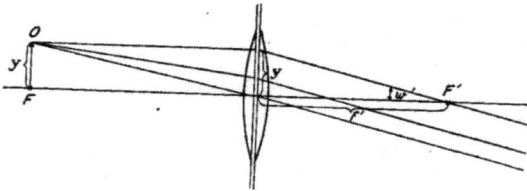

Abb. 185. Die Abbildung eines Dinges durch eine Lupe.

Als vergrößernde Hilfsmittel für Nahearbeiten kommen alle Arten
von Lupen in Betracht. Handelt es sich um schwachsichtige Augen, die
an sich rechtsichtig sind, so wird das Ding durch die Lupe vergrößert
in weiter Ferne abgebildet. Unter der Vergrößerung einer Lupe
versteht man das Verhältnis der scheinbaren Größe eines durch die
Lupe gesehenen Dinges zur scheinbaren Größe des in der deutlichen
Sehweite gesehenen Dinges. Als deutliche Sehweite hat man schon
seit langer Zeit einen Abstand von 25 cm angenommen, obwohl die
Strecke für viele Nahearbeiten etwas zu klein ist. Bei einer richtig
benutzten Lupe liegt das Ding FO (Abb. 185) in der vorderen Brennebene und wird deshalb von der Lupe im Unendlichen abgebildet.
Das hinter ihr befindliche Auge sieht dann das beobachtete Ding
unter dem Winkel w'. Die scheinbare Größe eines durch die Lupe

gesehenen Dinges ist, wie sich aus der Abb. 185 ergibt, $\operatorname{tg} w' = \frac{y}{f'}$, während die scheinbare Größe des in der deutlichen Sehweite s gesehenen Dinges gleich ist: $\operatorname{tg} w^* = \frac{y}{s}$ (Abb. 186). Die Vergrößerung der Lupe V, das Verhältnis der beiden scheinbaren Größen,

ist also: $V = \frac{\operatorname{tg} w'}{\operatorname{tg} w^*} = \frac{\frac{y}{f'}}{\frac{y}{s}} = \frac{y}{f'} \cdot \frac{s}{y} = \frac{s}{f'} = \frac{250 \text{ mm}}{f'}$. Daraus ergibt sich,

daß z. B. eine Lupe mit 100 mm Brennweite eine Vergrößerung hat, die gleich ist $V = \frac{250}{100} = 2{,}5$. Da man in der Brillenoptik meistens mit Brechkräften und nicht mit Brennweiten zu tun hat, so kann man die Vergrößerung der Lupe auch noch etwas anders ausdrücken. Wir fanden $V = \frac{s}{f'}$, dafür können wir auch schreiben:

$$V = \frac{1}{f'} \cdot \frac{s}{1} = \frac{\frac{1}{f'}}{\frac{1}{s}} = \frac{D}{\frac{1}{0{,}25 \text{ m}}} = \frac{D}{4 \text{ dptr}}.$$

Abb. 186. Die scheinbare Größe eines Dinges in der deutlichen Sehweite.

Wir erhalten also beispielsweise die Vergrößerung einer Linse von 100 mm Brennweite, also von 10 dptr Brechkraft nach der neuen Formel $V = \frac{D}{4 \text{ dptr}} = \frac{10}{4} = 2{,}5$, und man erfährt auf diese Weise sehr einfach, daß z. B. eine Sammellinse von $+4$ dptr eine 1-fache, eine Linse von 8 dptr eine 2-fache, eine Linse von 12 dptr eine 3-fache Lupenvergrößerung gewährt usw.

Schwachsichtige können verschiedene Lupen zu ihrer Naharbeit verwenden; die Wahl der Lupen hängt natürlich im wesentlichen davon ab, zu welchen Zwecken sie gebraucht werden sollen. In weitaus den meisten Fällen will man mit den Lupen lesen können. Dafür kommen zunächst einfache große Lesegläser mit Handgriff in Betracht (Abb. 187). Da sie aber im allgemeinen ziemlich schwach vergrößern, sind sie nur bei gering herabgesetztem Sehvermögen brauchbar. Meistens werden sie so verwandt, daß zwischen Auge und Lupe ein ziemlich großer Abstand besteht und die Lesefläche so vor der Lupe angeordnet ist, daß ein scheinbares vergrößertes Bild vor der Lupe entsteht. Selten wird das Leseglas so verwendet, daß das Bild in weiter Ferne zustande kommt, obwohl dann die Vergrößerung am stärksten ist.

Abb. 187. Leseglas.

Sollen stärkere Lupen zum Lesen verwendet werden, so ist die Einhaltung des richtigen Dingabstandes sehr wichtig, und man verwendet mit Vorteil Lupen, die auf Füßen ruhen und auf diese Weise stets den richtigen Abstand von der Lesefläche gewährleisten, indem man sie auf ihren Füßchen auf der Lesefläche der Zeile entlang verschiebt (Abb. 188). Vielfach ist noch eine Einstellmöglichkeit durch ein Gewinde vorgesehen, mit dem man den Abstand von der Lesefläche etwas verändern kann. Auch die sonst mehr für naturwissenschaftliche Arbeiten verwandte Lupe, die in einen Glaskegel eingekittet ist, kann man zum Lesen verwenden (Abb. 189). Freilich ist es dabei notwendig, das Auge nahe an die Lupe zu halten. Das Lesen ist infolge des geringen Abstandes zwischen Lesefläche und Lupe nicht gerade bequem, und die Lupe infolge ihres Aufbaues nicht bequem mitzuführen.

Abb. 188.
Einstellbare Dreifußlupe.

Abb. 189. Durch einen Glastrichter im sichtigen Abstand gehaltene Lupe.

Eine starke Lupenvergrößerung bei gleichzeitig großem freiem Dingabstand erhält man durch die Vereinigung eines Fernrohrs mit einer Lupe. Handelt es sich um die schwach vergrößernden Fernrohrbrillen, so sollte man meinen, daß der Träger einer solchen gerade so wie bei der Benutzung einer gewöhnlichen Brille durch Akkommodieren imstande wäre, auch nahe Dinge deutlich zu sehen, solange er nur über eine genügende Akkommodationsbreite verfügt. Wohl kann der Träger der Fernrohrbrille durch Akkommodieren Dinge in verschiedenen Entfernungen deutlich sehen; aber der Betrag der Akkommodation, den er aufbringen muß, um ein im Endlichen gelegenes Ding deutlich zu sehen, ist sehr viel größer als der, den er bei der Verwendung einer einfachen Brille aufbringen muß. Will beispielsweise ein hochgradig Kurzsichtiger mit einer 1,8-fachen Fernrohrbrille von —15 dptr ein Ding in 25 cm Abstand deutlich sehen, so muß er nicht etwa nur 4 dptr, wie bei der einfachen Brille, sondern etwa 9,5 dptr akkommodieren. Daraus erkennt man, daß die Akkommodationsarbeit beim Betrachten naher Gegenstände durch Fernrohrbrillen so groß ist, daß sie nicht dauernd geleistet werden kann. Bei Fernrohren stärkerer Vergrößerung ist das noch viel weniger der Fall. Man muß dem Auge die Arbeit durch optische Hilfsmittel wenigstens zum größten Teil abnehmen. Dafür eignen sich die dingseitigen Vorsatzgläser, wie wir sie schon bei den Nahebrillen für Altersichtige beschrieben haben

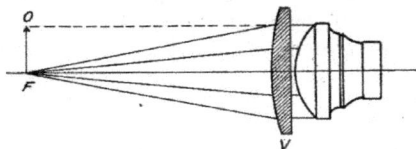

Abb. 190.   Fernrohrbrillensystem mit dingseitiger Vorsatzlinse.

(s. S. 157). Wird vor das Fernrohrfernbrillensystem (Abb. 190) oder vor ein Fernrohr (Abb. 191) ein Sammelglas V vorgeschaltet und das zu betrachtende Ding in dessen vorderer Brennebene FO angeordnet, so wird es durch dieses Glas in weiter Ferne abgebildet, und ferne Dinge oder Bilder können mit dem Fernrohrbrillensystem oder Fernrohr deutlich gesehen werden. Ein optisches Instrument, bestehend

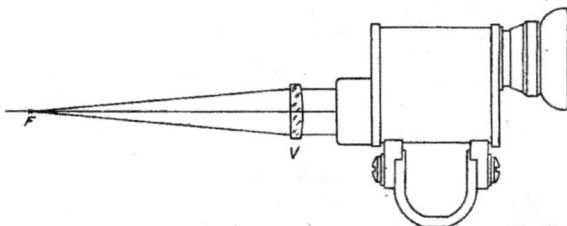

Abb. 191.   Prismenfernrohr mit dingseitiger Vorsatzlinse — Fernrohrlupe.

aus einer Lupe und einem dahinter angeordneten Fernrohr, nennt man eine Fernrohrlupe. Die Gesamtvergrößerung, die dabei herauskommt, hängt von der Vergrößerung der als Lupe wirkenden Vorsatzlinse und der Vergrößerung des Fernrohres ab. Würde die Vorsatzlinse allein als Lupe verwendet, so wäre ihre Vergrößerung ja einfach nach der oben erwähnten Formel $V = \dfrac{D}{4\,\text{dptr}}$ zu berechnen. Wird nun hinter der Vorsatzlinse noch ein vergrößerndes Fernrohr angeordnet (Abb. 191), so vergrößert das Fernrohr das Bild noch weiter. Haben wir z. B. eine Vorsatzlinse von 10 dptr, also mit

$$\frac{D}{4\,\text{dptr}} = \frac{10}{4} = 2,5\text{-facher Vergrößerung, und dahinter ein Fernrohr 6-facher}$$

Vergrößerung, so erhalten wir ein Instrument, das eine $2,5 \times 6 = 15$-fache Vergrößerung besitzt [1]). Dabei ist der freie Dingabstand noch 10 cm, während sonst eine einfache 15-fache Lupe eine Brennweite $f' = \dfrac{250 \text{ mm}}{15} = 16,6$ mm und somit einen freien Dingabstand von etwa 16 mm hat.

Die Berechnung der Lupenvergrößerung ist bei den Fernrohrbrillensystemen, die mit dingseitigen Vorsatzlinsen zur Nahearbeit verwendet werden, die gleiche. Denn es ist natürlich ganz gleichgültig, ob holländische Fernrohre oder Prismenfernrohre hinter den Lupen verwendet werden.

Statt eine Vorsatzlinse vor dem Objektiv zu verwenden kann man auch das Okular des Fernrohrs verschieben, um nahe gelegene Dinge deutlich zu sehen. Die Firma Busch hat ein kleines holländisches Fernrohr 3-facher Vergrößerung konstruiert, das einen so langen Okularauszug hat, daß auch noch Dinge in etwa 25 cm Entfernung deutlich gesehen werden können. Dabei wird das kleine Fernröhrchen in einer Art Automobilbrille gehalten (Abb. 192), damit man beim Nahearbeiten die Hände frei hat. Freilich ist das Gesichtsfeld dieses Systems ziemlich klein.

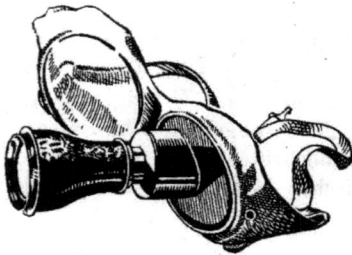

Abb. 192. Das Buschische holländische Fernrohr zum Beobachten ferner und naher Dinge.

1) Die Ableitung der Vergrößerungszahl einer Fernrohrlupe ist einfach und sei deshalb hier ausgeführt. Die Vergrößerung einer Lupe ist das Verhältnis der scheinbaren Größe eines durch die Lupe gesehenen Dinges zur scheinbaren Größe des mit freiem Auge in der deutlichen Sehweite gesehenen Dinges. Diese Erklärung gilt auch für die Fernrohrlupe.

Die Vergrößerung eines Fernrohrs ist das Verhältnis der scheinbaren Größe eines durch das Fernrohr gesehenen fernen Dinges zur scheinbaren Größe des mit freiem Auge gesehenen Dinges. Sie ergibt sich aus der Abb. 193. Das Fernrohrobjektiv Ob bildet ein weit entferntes, unter dem Winkel w erscheinendes Ding in seiner bildseitigen Brennebene $F'_2 O'$ ab. Dieses Bild y' wird durch das Okular Ok wieder in weiter Ferne abgebildet; denn beim richtig eingestellten Fernrohr fällt die bildseitige Brennebene des Objektivs mit der dingseitigen Brennebene des Okulars zusammen.

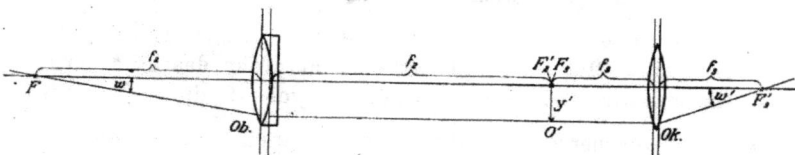

Abb. 193. Zur Ableitung der Fernrohrvergrößerung.

Am bequemsten sind natürlich immer vergrößernde optische Geräte, die dauernd zur Nahearbeit getragen werden können. Deshalb sind die Fernrohrbrillen den Fernrohrlupen vorzuziehen, solange die erreichbaren Vergrößerungen zur Verbesserung der Schwachsichtigkeit ausreichen. Will man das gesunkene Sehvermögen für Nahearbeiten wieder auf die Hälfte des normalen heben, so muß man beispielsweise einem Patienten mit $1/5$ Sehvermögen für Nahearbeiten ein 2,5-fach vergrößerndes optisches System geben. Das leistet eine 2-fach vergrößernde Fernrohrbrille mit einem Vorsatzglas, dessen

---

Durch das Okular betrachtet erscheint das Bild von y′ unter dem Winkel w′. Die scheinbare Größe des durch das Fernrohr gesehenen Dinges ist also tg w′, während die scheinbare Größe des mit freiem Auge gesehenen Dinges tg w ist. Die Fernrohrvergrößerung ist also $V_F = \dfrac{\text{tg } w'}{\text{tg } w}$. Wie aus der Abbildung ablesbar ist, ist

$$\text{tg } w' = \frac{y'}{f'_3} \text{ und tg } w = \frac{y'}{f_2} \text{ also ist } V_F = \frac{\text{tg } w'}{\text{tg } w} = \frac{\dfrac{y'}{f'_3}}{\dfrac{y'}{f_2}} = \frac{y'}{f'_3} \cdot \frac{f_2}{y'} = \frac{f_2}{f'_3} = \frac{-f'_2}{f'_3} \text{ ; also}$$

gleich dem Verhältnis der Objektivbrennweite zur Okularbrennweite.

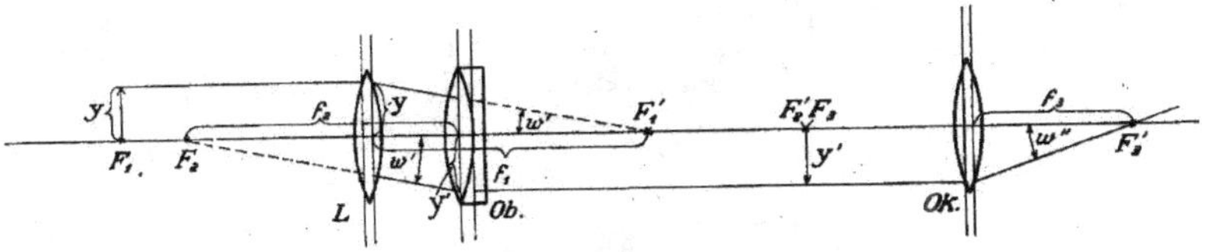

Abb. 194. Zur Ableitung der Fernrohrlupenvergrößerung.

Wird vor dem Fernrohrobjektiv noch die Lupe L (Abb. 194) angebracht, so bildet sie das Ding y, das in ihrer vorderen Brennebene angeordnet ist, in weiter Ferne unter dem Winkel w′ ab, das Fernrohrobjektiv erzeugt von diesem Bild, das Bild y′, und durch das Okular erscheint es schließlich unter dem Winkel w″. Die scheinbare Größe des durch die Fernrohrlupe betrachteten Dinges ist tg w″, während die scheinbare Größe des mit freiem Auge in der deutlichen Sehweite betrachteten Dinges tg w* ist (Abb. 186). Die Vergrößerung der Fernrohrlupe ist also $V = \dfrac{\text{tg } w''}{\text{tg } w^*}$.

Aus der Abb. 194 erkennen wir, daß tg w″ $= \dfrac{y'}{f'_3}$ und aus Abb. 186, daß tg w* $= \dfrac{y}{s}$.

Also ist: $V = \dfrac{\text{tg } w''}{\text{tg } w^*} = \dfrac{\dfrac{y'}{f'_3}}{\dfrac{y}{s}} = \dfrac{y'}{f'_3} \cdot \dfrac{s}{y}$. Wie wir aus der Abb. 194 sehen, ist

tg w′ $= \dfrac{y}{f'_1}$ und tg w′ $= \dfrac{y'}{f_2}$. Also ist $\dfrac{y'}{f_2} = \dfrac{y}{f'_1}$; und daraus folgt $y' = \dfrac{y \cdot f_2}{f'_1}$.

Setzen wir diesen Wert in den letzten Ausdruck für y′ ein, so erhalten wir

$$V = \frac{y \cdot f_2}{f'_3 \cdot f'_1} \cdot \frac{s}{y} = \frac{s}{f'_1} \cdot \frac{f'_2}{f'_3} = V_L \cdot V_F$$

also gleich der Lupenvergrößerung mal der Fernrohrvergrößerung.

12*

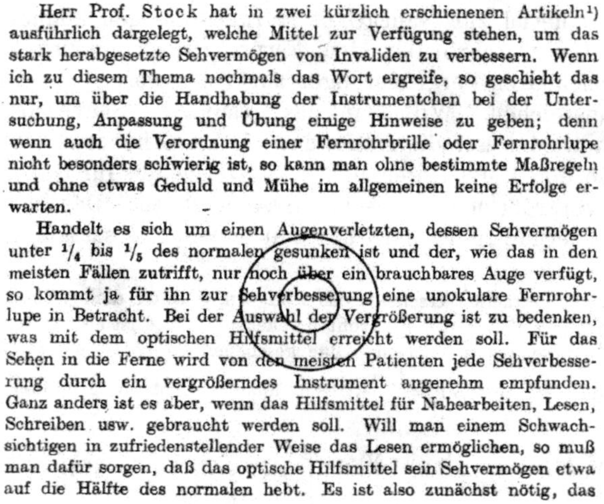

Herr Prof. Stock hat in zwei kürzlich erschienenen Artikeln[1]) ausführlich dargelegt, welche Mittel zur Verfügung stehen, um das stark herabgesetzte Sehvermögen von Invaliden zu verbessern. Wenn ich zu diesem Thema nochmals das Wort ergreife, so geschieht das nur, um über die Handhabung der Instrumentchen bei der Untersuchung, Anpassung und Übung einige Hinweise zu geben; denn wenn auch die Verordnung einer Fernrohrbrille oder Fernrohrlupe nicht besonders schwierig ist, so kann man ohne bestimmte Maßregeln und ohne etwas Geduld und Mühe im allgemeinen keine Erfolge erwarten.

Handelt es sich um einen Augenverletzten, dessen Sehvermögen unter $1/4$ bis $1/5$ des normalen gesunken ist und der, wie das in den meisten Fällen zutrifft, nur noch über ein brauchbares Auge verfügt, so kommt ja für ihn zur Sehverbesserung eine unokulare Fernrohrlupe in Betracht. Bei der Auswahl der Vergrößerung ist zu bedenken, was mit dem optischen Hilfsmittel erreicht werden soll. Für das Sehen in die Ferne wird von den meisten Patienten jede Sehverbesserung durch ein vergrößerndes Instrument angenehm empfunden. Ganz anders ist es aber, wenn das Hilfsmittel für Naharbeiten, Lesen, Schreiben usw. gebraucht werden soll. Will man einem Schwachsichtigen in zufriedenstellender Weise das Lesen ermöglichen, so muß man dafür sorgen, daß das optische Hilfsmittel sein Sehvermögen etwa auf die Hälfte des normalen hebt. Es ist also zunächst nötig, das

Abb. 195. Die Gesichtsfelder einer 1,8-fachen Fernrohrbrille mit einer Vorsatzlinse von + 9 dptr Brechkraft 4-facher Lupenvergrößerung (großer Kreis), und einer 6-fachen Fernrohrlupe mit einer Vorsatzlinse von + 8 dptr Brechkraft 12-facher Lupenvergrößerung (kleiner Kreis).

gesunken

noch über ein

Sehverbesserung

uswahl der Ver

'fsmittel erre'

meist

Abb. 196. Das Gesichtsfeld und die Größe, in der ein Träger einer 1,8-fachen Fernrohrbrille mit einer Vorsatzlinse von + 9 dptr Brechkraft die in Abb. 195 dargestellte Druckschrift sieht.

Vergrößerung gleich $\frac{2,5}{2} = 1,25$-fach ist. Eine solche Vergrößerung gewährt ein dingseitiges Vorsatzglas von 5 dptr Brechkraft, denn $V_L = \frac{5}{4} = 1,25$. Dingseitige Vorsatzgläser für Fernrohrbrillen kann man etwa bis zu 10 dptr brauchen. Noch stärkere Gläser lassen sich nicht gut anwenden, weil dann der freie Arbeitsabstand zu gering wird und vom Benutzer eine zu unbequeme Kopfhaltung verlangt. Mit einer Vorsatzlinse von 10 dptr Brechkraft erhält man in Verbindung mit einer 1,8-fachen vergrößernden Fernrohrbrille immerhin eine 4,5-fache Vergrößerung, und man kann damit noch Patienten ausrüsten, die etwa $\frac{1}{10}$ des vollen Sehvermögens haben.

Abb. 197.　Eine Fernrohrlupe.

Daß mit wachsender Vergrößerung das Gesichtsfeld abnimmt, wissen wir. Ein optischer Vorteil, in diesem Falle die Vergrößerung, muß immer durch einen Nachteil bezahlt werden. Die Abb. 196 zeigt

ube.

erbessei

,hl der

Abb. 198.　Das Gesichtsfeld und die Größe, in der die in Abb. 195 wiedergegebene Schrift mit Hilfe einer 6-fachen Fernrohrlupe mit einer Vorsatzlinse von + 8 dptr Brechkraft gesehen wird.

die vergrößernde Wirkung, aber auch die Einschränkung des Sehfeldes. In dieser Weise sieht ein Träger einer Fernrohrbrille 1,8-facher Vergrößerung mit einer Vorsatzlinse von + 9 dptr Brechkraft also von 4-facher Lupenvergrößerung die in Abb. 195 wiedergegebene Druckschrift. Der größere dort eingezeichnete Kreis gibt das Gesichtsfeld dieses vergrößernden Hilfsmittels an. Patienten mit stärker herabgesetztem Sehvermögen brauchen natürlich stärkere Lupen. Solche kann man nur erhalten unter Verwendung von stärker vergrößernden Prismenfernrohren (Abb. 197). Aus der Abb. 198 erhält man eine Vorstellung, wie die in Abb. 195 wiedergegebene Druckschrift durch eine solche Fernrohrlupe 12-facher Vergrößerung gesehen wird. Mit einem 6-fachen Prismenfernrohr und einer Vorsatzlinse von + 8 dptr erzielt man diese Vergrößerung. Bei den stark vergrößernden Lupen ist das Gesichtsfeld leider recht gering. Der in Abb. 195 eingezeichnete kleine Kreis gibt das mit dieser 12-fach vergrößernden Fernrohrlupe übersehene Feld an. Aus der Tabelle 23 erhält man einen Ueberblick über die Leistungen der verschiedenen Fernrohrlupen.

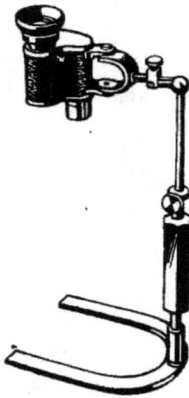

Abb. 199. Eine Fernrohrlupe am Erggeletschen Hufeisenfuß.

Natürlich kommt es bei diesen stärker vergrößernden Instrumenten sehr genau auf die Einhaltung des Arbeitsabstandes an. Ein bequemes Mittel, dies zu erreichen, bietet der Hufeisenfuß nach Erggelet (Abb. 199), der ähnlich wie eine Lupe mit Füßen (Abb. 188) den richtigen Abstand dauernd einhält. Gleichzeitig bringt er die Lesefläche in eine ebene Lage und beim Schreiben erlaubt er, die Schreibfläche festzuhalten, während mit der rechten Hand der Schreibstift geführt werden kann.

Um zu ermitteln, welches vergrößernde System ein Schwachsichtiger für seine Nahearbeiten zweckmäßigerweise benützt, muß man natürlich den Grad der Schwachsichtigkeit genau kennen, und ihm dann ein optisches Hilfsmittel mit einer solchen Vergrößerung geben, die sein Sehvermögen auf etwa die Hälfte des Normalen hebt. Zunächst wird natürlich immer mit Hilfe der üblichen Methoden sein Fernglas und sein Sehvermögen bestimmt. Mit Hilfe der gewöhnlichen Sehproben mit ihrer groben Abstufung ist im allgemeinen das Sehvermögen eines Schwachsichtigen nur ungenau zu ermitteln. Deshalb ist es bequemer, eine wesentlich feiner abgestufte Sehprobentafel zu benützen (Abb. 200), die kein höheres als halbes Sehvermögen zu bestimmen erlaubt. Ebenso läßt sich ja meist der Refraktionszustand infolge des herabgesetzten Sehvermögens schwierig be-

Tabelle 23.

System [1]	Ver-größerung	Durchmesser des Gesichts-feldes in mm	Freier Arbeits-abstand in cm
FB 1,8 × + 2	0,9	135 mm	50 cm
FB 1,8 × + 3	1,35	90 „	33 „
FL 3 × + 2	1,5	116 „	50 „
FB 1,8 × + 4	1,8	67 „	25 „
FB 1,8 × + 5	2,25	54 „	20 „
FL 3 × + 3	2,25	76 „	•32 „
FB 1,8 × + 6	2,70	45 „	17 „
FL 3 × + 4	3,00	57 „	24 „
FL 6 × + 2	3,00	62 „	50 „
FB 1,8 × + 7	3,15	39 „	14 „
FB 1,8 × + 8	3,6	34 „	12,5 „
FL 3 × + 5	3,75	46 „	19 „
FB 1,8 × + 9	4,05	30 „	11 „
FB 1,8 × + 10	4,5	27 „	10 „
FL 3 × + 6	4,5	38 „	15 „
FL 6 × + 3	4,5	40 „	32 „
FL 3 × + 7	5,25	33 „	13,5 „
FL 3 × + 8	6,00	29 „	12 „
FL 6 × + 4	6,00	30 „	24 „
FL 3 × + 9	6,75	25 „	11 „
FL 3 × + 10	7,50	23 „	10 „
FL 6 × + 5	7,50	24 „	20 „
FL 3 × + 12	9,00	20 „	8 „
FL 6 × + 6	9,00	20 „	15 „
FL 3 × + 14	10,5	17 „	7 „
FL 6 × + 7	10,5	17 „	13,5 „
FL 3 × + 16	12,0	14 „	6 „
FL 6 × + 8	12.0	15 „	12 „
FL 6 × + 9	13,5	13 „	11 „
FL 3 × + 19	14,25	12 „	5 „
FL 6 × + 10	15,0	12 „	10 „
FL 6 × + 12	18,0	11 „	8 „
FL 6 × + 14	21,0	9 „	7 „
FL 6 × + 16	24,0	8 „	6 „
FL 6 × + 19	28,5	7 „	5 „

1) FB bezeichnet eine Fernrohrbrille, FL eine Fernrorlupe; die hinter diesen abgekürzten Bezeichnungen stehenden Zahlen geben die Fernrohrvergrößerung und die Brechkraft des nötigen dingseitigen Aufsteckglases in dptr an, so daß also unter FB 1,8 × + 10 eine 1,8-fach vergrößernde Fernrohrfernbrille mit einem dingseitigen Aufsteckglas von + 10 dptr Brechkraft zu verstehen ist.

stimmen. Der Fehler, der dann bei der Sehschärfenbestimmung gemacht wird, wird beim Aussuchen des vergrößernden Systems mitvergrößert, und infolgedessen kommen dann nicht selten ziemliche Abweichungen vom richtigen Werte vor. Die Anwendung verschieden vergrößernder Hilfsmittel bei der Prüfung ist ein sehr bequemes und sicheres Auskunftsmittel, um zu erfahren, ob die Refraktion und das Sehvermögen richtig bestimmt worden sind. Beträgt beispielsweise das Sehvermögen mit gewöhnlichem Fernglas 0,1, so muß es unter Benutzung eines 3-fachen Fernröhrchens auf den 3-fachen Betrag, also auf 0,3 steigen, und unter Verwendung eines 6-fachen auf 0,6. Ist das nicht zu erreichen, so ist damit der sichere Beweis erbracht, daß das ermittelte Fernglas nicht richtig ist, da durch das vergrößernde System die Zerstreuungskreise mitvergrößert werden, und sich dann die errechneten Sehvermögen nicht erreichen lassen. Deshalb ist es richtiger, wenn man

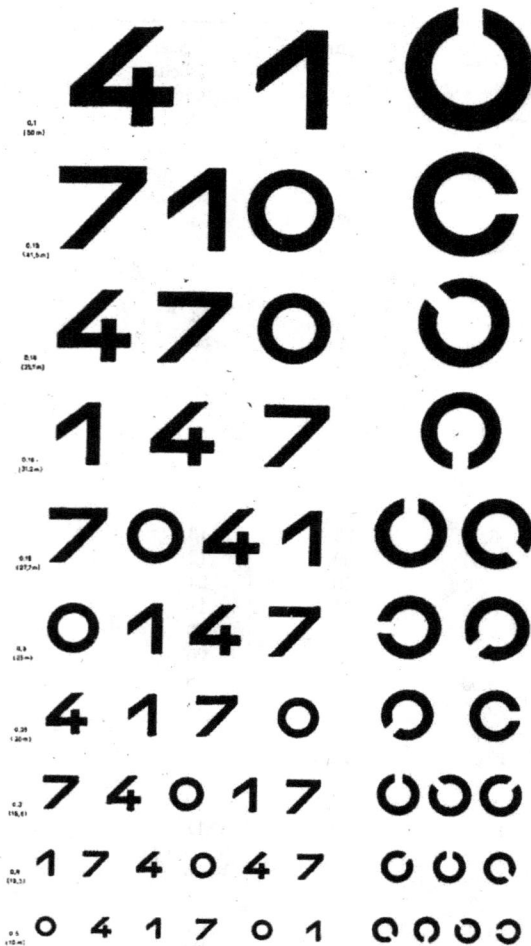

Abb. 200. Internationale Sehproben zur Prüfung Schwachsichtiger. ¼ der natürlichen Größe, also in 1,25 m verwendbar.

das Sehvermögen und den Refraktionszustand Schwachsichtiger mit Hilfe eines ziemlich stark vergrößernden Systems bestimmt. Das ist dadurch gut zu erreichen, daß ein auf die Leseprobe gerichtetes, fest aufgestelltes Fernrohr benutzt wird, durch das der Prüfling mit den in der Probierbrille sitzenden Gläsern blickt. Verwendet man dann beispielsweise ein 6-faches Fernrohr, so kann man den Rest seines Sehvermögens und seine Fehlsichtigkeit mit 6mal so großer Genauigkeit bestimmen, als ohne Fernrohr. Dann ist es viel leichter, das passende Instrument für ihn auszuwählen.

Zur Prüfung des Nahesehens bedient man sich am besten der Birkhäuserschen Leseproben für die Nähe, die zweifellos die mit größter Sorgfalt hergestellten und die besten jetzt existierenden gedruckten Nahesehproben sind. Freilich sind sie nicht für einen Leseabstand von 25 cm, sondern für einen solchen von 30 cm eingerichtet, und man muß deshalb, wenn man die richtige Vergrößerungszahl des optischen Hilfsmittels finden will, auch die Vergrößerung der Lupen auf diesen Abstand beziehen. Wird die Lupenvergrößerung auf eine deutliche Sehweite von 30 cm bezogen, so wird sie

$$V = \frac{30\ cm}{f\ cm}\ \text{oder}\ V = \frac{D\ dptr}{3,3\ dptr}.$$ Dadurch ergibt sich die Lupenver-

größerung einer Linse von 10 dptr zu $V = \frac{10}{3,3} = 3$ und nicht wie

sonst zu $V = \frac{10}{4} = 2,5$-fach. Ist also das Sehvermögen eines unbewaffneten oder mit dem einfachen Fernglas versehenen Auges beispielsweise 0,12, so muß man ein rund 4-fach vergrößerndes Instrument anwenden, um dem Patienten für seine Nahearbeiten etwa halbes Sehvermögen zu verschaffen. Aus der Tabelle 24 entnehmen

Tabelle 24.

Lupenvergrößerungen, bezogen auf 30 cm Leseabstand.

Dingseitiges Aufsteckglas	Vergrößerung des Aufsteckglases	Vergrößerung mit der Fernrohrbrille 1,8 ×	Vergrößerung mit der Fernrohrlupe 3 ×	Vergrößerung mit der Fernrohrlupe 6 ×
+ 2 dptr	0,6	1,1	1,8	3,6
+ 3 „	0,9	1,62	2,7	5,4
+ 4 „	1,2	2,16	3,6	7,2
+ 5 „	1,5	2,70	4,5	9,0
+ 6 „	1,8	3,24	5,4	10,8
+ 7 „	2,1	3,78	6,3	12,6
+ 8 „	2,4	4,32	7,2	14,4
+ 9 „	2,7	4,86	8,1	16,2
+ 10 „	3,0	5,4	9,0	18,0
+ 12 „	3,6	—	10,8	21,6
+ 14 „	4,2	—	12,6	25,2
+ 16 „	4,8	—	14,4	28,8
+ 19 „	5,7	—	17,1	34,2

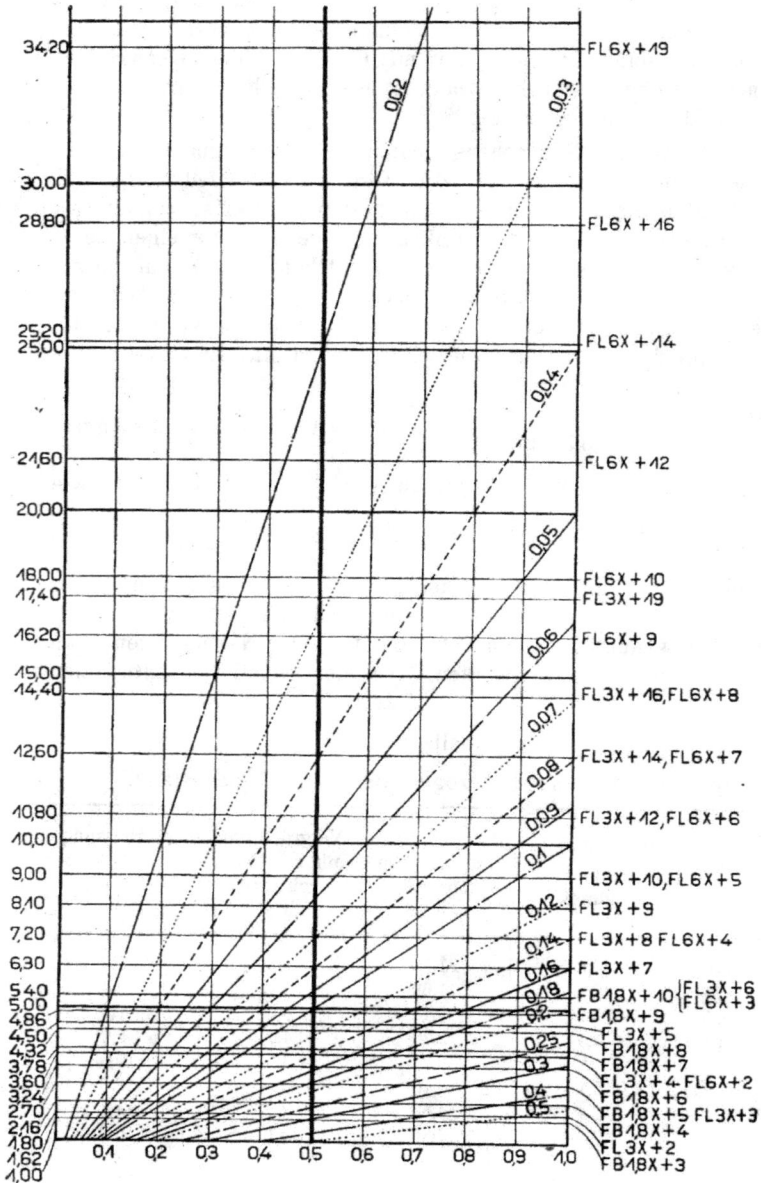

Abb. 201. Schema zur Ermittlung des vergrößernden Hilfsmittels für einen Schwachsichtigen bestimmten Grades, wobei die Vergrößerungen auf 30 cm Leseabstand
bezogen sind, also für die Birkhäuserschen Tafeln geltend.

wir, daß eine 1,8-fache Fernrohrbrille mit einem dingseitigen Aufsteckglas von + 8 dptr Brechkraft eine 4,32-fache Vergrößerung ergibt. Dieses optische Hilfsmittel muß also diesem Schwachsichtigen
eine genügende Sehverbesserung gewähren. Die Ermittelung des
ausreichend vergrößernden Hilfsmittels ohne jede Rechnung erlaubt
die Abb. 201.

In der Abb. 201 sind in der wagerechten Richtung die zu er-
reichenden Sehvermögen, in senkrechter Richtung die auf 30 cm Leseabstand bezogenen Vergrößerungen der optischen Hilfsmittel angegeben, während die schrägen, verschieden ausgezognen Linien den
Rest des noch vorhandenen Sehvermögens ohne vergrößernde Hilfsmittel bezeichnen. Hat man beispielsweise einen Schwachsichtigen
mit 0,1 Sehvermögen, so sucht man die schräge mit 0,1 bezeichnete
Linie auf und findet, daß sein Sehvermögen, wie selbstverständlich,
durch ein 10-fach vergrößerndes System auf volles Sehvermögen ge-
hoben wird. Verwendet man nur ein 5-fach vergrößerndes Instrument,
so kommt die schräge, 0,1 Sehvermögen darstellende Linie mit der
wagerecht verlaufenden, 5-facher Vergrößerung entsprechenden Linie
an der Stelle zum Schnitt, wo die senkrechte, halbes Sehvermögen
bezeichnende Linie verläuft. Ein 5-fach vergrößerndes Instrument
hebt 0,1 Sehvermögen eben auf die Hälfte. Da, wie bereits mehrfach
erwähnt wurde, etwa halbes Sehvermögen für die im täglichen Leben
vorkommenden Nahearbeiten ausreicht, ist die halbes Sehvermögen
bezeichnende senkrechte Linie stark ausgezogen worden. Hat man beispielsweise gefunden, daß ein Schwachsichtiger noch ein Sehvermögen
von 0,14 hat, so geht man an der diesem Sehvermögen entsprechenden
schrägen Linie bis zu der stark ausgezogenen mittleren senkrechten
Linie und findet, daß ein Instrument 3,6-facher Vergrößerung dieses
Sehvermögen auf die Hälfte hebt. Auf der rechten Seite der wagerechten Linie ist gleich angegeben, daß eine 3-fache Fernrohrlupe mit
einem Vorsatzglas von + 4 dptr und eine 6-fache Fernrohrlupe mit
einem Vorsatzglas von + 2 dptr Brechkraft die Vergrößerung hat.
Solange man aber noch mit einer Fernrohrbrille auskommt, wird man
ihr immer den Vorzug geben. In unserem eben angenommenen Falle
ist das eine Fernrohrbrille 1,8-facher Vergrößerung mit einem Vorsatzglas von + 7 dptr. Beträgt das Sehvermögen nur noch 0,04, dann
erkennt man aus der Abb. 201, daß mindestens ein 12,6-fach vergrößerndes Instrument notwendig ist, um das Sehvermögen auf die
Hälfte zu heben, dort finden wir auch gleich, daß eine 6-fache Fernrohrlupe mit einem Vorsatzglas von + 7 dptr oder eine 3-fache
Fernrohrlupe mit einem Vorsatzglas von + 14 dptr Brechkraft diese
Vergrößerung gewährt.

Die Nahesehproben mit fortlaufendem Text lassen eine genaue
Bestimmung des Sehvermögens nicht zu, weil dabei nicht nur die

angulare Sehschärfe geprüft wird, sondern auch andere Umstände, z. B. der Raumsinn und der Verstand des Prüflings eine Rolle spielen. Zu genauen Untersuchungen des Nahesehens eignen sich die photographisch hergestellten Sehproben nach Hegner, die in

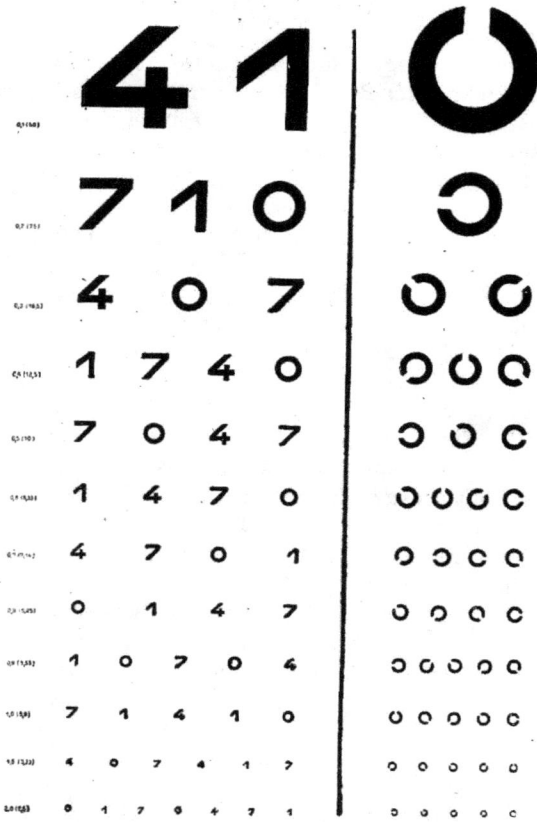

Abb. 202 5-fach vergrößert wiedergegeben sind. Sie sind für einen Leseabstand von 25 cm eingerichtet. Hat man einen Sehschwachen mit 0,12 Sehvermögen, so kann man ihm durch ein etwa 4-fach vergrößerndes Instrument etwa halbes Sehvermögen verschaffen, wie wir schon feststellten. Bei der Benutzung der Hegnerschen Naheseh-proben beziehen wir aber die Vergröße-rungen in richtiger Weise auf einen Beobachtungsabstand von 25 cm und erhalten infolgedessen für die verschieden zusammengesetzten Fernrohrlupen die in Tabelle 23 verzeichneten Vergrößerungszahlen, die kleiner sind als die in Tabelle 24 angegebenen. Nach der Tabelle 23 würde eine 1,8-fache Fernrohrbrille mit

Abb. 202. Internationale Sehproben auf Grund der von C. v. Heß herausgegebenen Tafeln zusammengestellt nach A. Hegner, 5mal vergrößert, also passend für einen Leseabstand von 125 cm.

einer dingseitigen Vorsatzlinse von + 9 dptr Brechkraft die gewünschte Sehverbesserung herbeiführen, während wir vorhin auf S. 187 fanden, daß für einen Sehschwachen diesen Grades eine Fernrohrbrille mit einer dingseitigen Vorsatzlinse von + 8 dptr Brechkraft genügte. Dieser scheinbare Widerspruch erklärt sich daraus, daß man bei der Prüfung des erhöhten Sehvermögens mit den

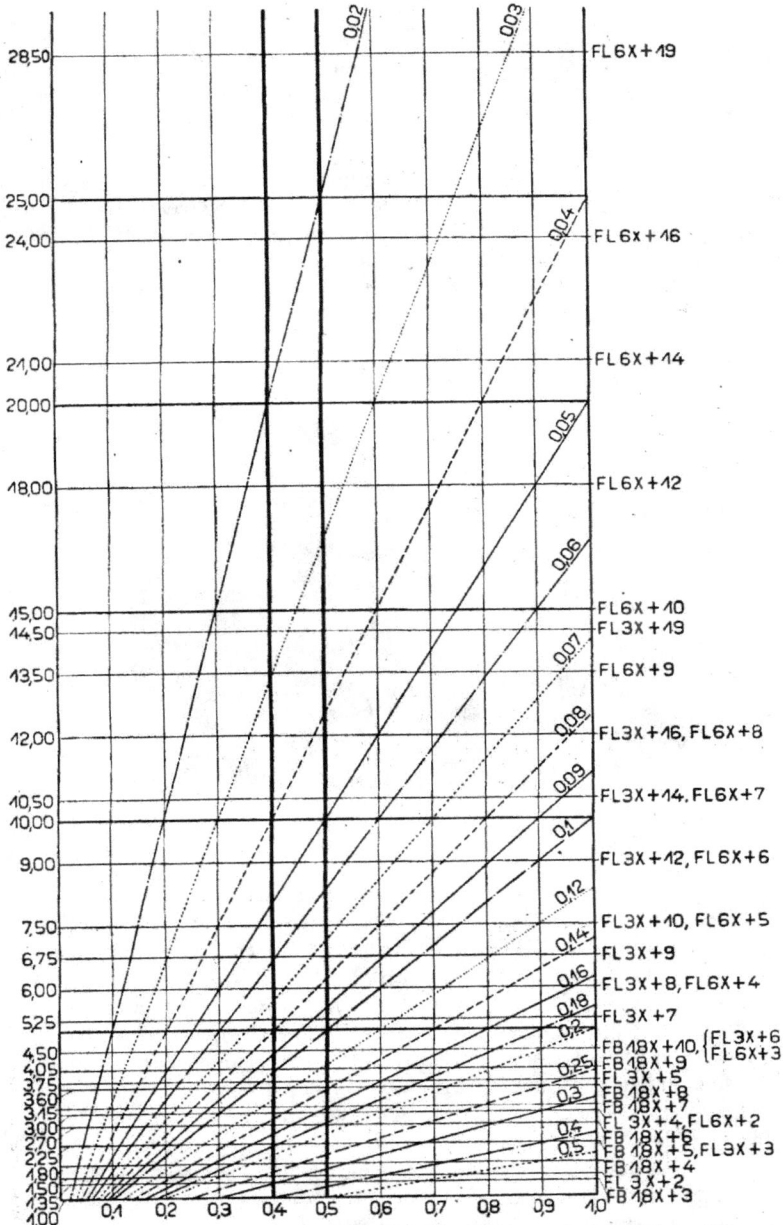

Abb. 203. Schema zur Ermittlung des vergrößernden Hilfsmittels für einen Schwachsichtigen bestimmten Grades, wobei die Vergrößerungen auf 25 cm deutliche Sehweite
bezogen sind, also für die Hegnerschen Nahesehproben geltend.

Hegnerschen Tafeln mehr verlangt, denn die halbem Sehvermögen entsprechenden Zeichen der Hegnerschen Tafeln sind im Verhältnis $25:30 = 5:6$ kleiner als die den gleichen Sehschärfengrad angebenden Birkhäuserschen Proben, ganz abgesehen davon, daß die Zahlen und Landoltschen Ringe schwerer erkannt werden als fortlaufender Text. Begnügt man sich damit, daß Schriftproben der Birkhäuserschen Tafeln von der Größe gelesen werden, die halbem Sehvermögen entsprechen, dann braucht man bei Verwendung der Hegnerschen Tafeln nur etwa 0,4 Sehvermögen zu erreichen. Die entsprechenden Zeichen haben etwa gleiche Größe. Die Zahlen sind ganz wenig größer, dafür sind sie schwerer zu erkennen als die Schrift.

Abb. 204. Eine Fernrohrlupe am Kopfbügel im Gebrauch.

Mit Hilfe eines entsprechenden Schemas (Abb. 203) kann man auch bei Anwendung der Hegnerschen Nahesehproben ohne jede Rechnung bei einem bestimmten Grad von Schwachsichtigkeit, das ausreichend verbessernde optische Hilfsmittel finden. Verfügt ein Schwachsichtiger z. B. noch über 0,14 Sehvermögen, so verfolgen wir die schräge, diesem Werte entsprechende strichpunktierte Linie bis zum Schnitt mit der senkrechten 0,4 Sehvermögen zugehörigen Linie und finden, daß der Schnittpunkt in der Höhe liegt, die etwa 3-facher Vergrößerung entspricht. Die wagerechte 3,15-fache Vergrößerung darstellende Linie schneidet die strichpunktierte in der Nähe des bereits gefundenen Schnittpunktes. Die am rechten Ende dieser Linie stehende Abkürzung F B 1,8 x + 7 sagt uns, daß eine Fernrohrbrille 1,8-facher Vergrößerung mit einem dingseitigen Aufsteckglas von $+7$ dptr die gewünschte Sehverbesserung herbeiführt. Noch genauer würde diese Aufgabe eine Fernrohrlupe 3-facher Vergrößerung mit einem Aufsteckglas von $+4$ dptr erfüllen. Solange aber eine Fernrohrbrille genügend vergrößert, zieht man sie immer der Fernrohrlupe vor, da sie für den Träger wesentlich bequemer ist.

Je stärker die Vergrößerung wird, desto kleiner wird natürlich, wie wir schon sahen, das Gesichtsfeld, desto mühseliger wird auch das Arbeiten mit solchen vergrößernden Hilfsmitteln. Trotz alledem werden sie selbst von hochgradig schwachsichtigen Patienten gern benutzt, weil sie damit doch unabhängiger werden und selbständig,

Abb. 205. Eine Fernrohrlupe am Lesepult im Gebrauch.

wenn auch mit vieler Mühe, einmal lesen können. Um für gewisse Arbeiten beide Hände frei zu haben, lassen sich die Fernrohrlupen auch noch an bestimmten Tragvorrichtungen (Abb. 204) anbringen, und für Schwachsichtige mit ganz geringem Sehvermögen ist zum Lesen ein kompliziert gebautes Lesepult (Abb. 205) notwendig, das dem Benutzer erlaubt, durch eine seitliche Verschiebung des die Schrift tragenden Brettes längs einer geraden Führungsschiene immer die Zeile festzuhalten und nach dem Lesen einer Zeile durch eine kleine Höhenverschiebung die nächste bequem zu finden. Das ist für den Schwachsichtigen zweifellos keine einfache Einrichtung, und trotzdem wird sie doch als Hilfsmittel angenommen, nur um nicht dauernd auf fremde Hilfe angewiesen zu sein.

Zweistärkengläser.

Will ein Alterssichtiger rasch einmal nahe Dinge deutlich sehen, so empfindet er den Uebelstand, immer erst seine Nähebrille aufsetzen oder seine Fernbrille mit der Nahebrille vertauschen zu müssen, oft recht störend. Dieser häufige Wechsel wird durch Anwendung der Bifocal- oder Zweistärkengläser vermieden. Der unbestreitbare Vorteil, der darin besteht, daß ein Altersichtiger ein- und dasselbe Glas sowohl zum deutlichen Sehen ferner als auch naher Dinge benutzen kann, muß freilich durch den Nachteil bezahlt werden, daß sich die Blickfelder verkleinern. Das gesamte Blickfeld ist natürlich unter beide Beobachtungsentfernungen zu teilen. Für viele Menschen ist aber die große Zeit- und Arbeitsersparnis, die die Verwendung von Zweistärkengläsern bietet, so vorteilhaft, daß der Nachteil, für beide Beobachtungsweiten mit einem kleineren Feld vorlieb nehmen zu müssen, gern in Kauf genommen wird. Mithin verdienen diese Gläser Beachtung und finden sie auch immer mehr.

Die Forderungen, die ein optisch vollkommenes Zweistärkenglas zu erfüllen hat, sind folgende:

1) Sowohl der Fern- als auch der Naheteil soll zu dem Auge zentriert sein, d. h. die optische Achse des Fern- und die des Naheteils sollen den Augendrehpunkt treffen.

2) Beide Teile sollen für eine am Orte des Augendrehpunkts zu denkende Blende frei von Astigmatismus schiefer Büschel, also punktuell abbildend, sein.

3) Beim Uebergang vom Naheteil zum Fernteil soll kein Bildsprung auftreten.

In kosmetischer und hygienischer Hinsicht hat ein gutes Zweistärkenglas ebenfalls mehrere Forderungen zu erfüllen. Die Grenzlinie zwischen dem Fern- und Naheteil soll unsichtbar sein und keine Stufe bilden, wo sich Schmutz ablagern kann. Es fragt sich nun, ob sich diese verschiedenen optischen, kosmetischen und hygienischen Forderungen gleichzeitig durch ein Zweistärkenglas erfüllen lassen, und wenn nicht, welche Bedingungen die wichtigsten sind, oder als solche angesehen werden.

Die Größe, die Form und die Lage der beiden Blickfelder muß zweckentsprechend ausgewählt sein. In den meisten Fällen wird das Zweistärkenglas hauptsächlich zum Sehen in die Ferne benützt. Es soll nur eine dann und wann vorkommende Beobachtung naher Dinge rasch und bequem erlauben. Der ein Zweistärkenglas benützende Landwirt will beispielsweise rasch nach seiner Taschenuhr sehen, sich eine kurze Notiz machen usw., ohne die Brille wechseln zu müssen. Für solche und ähnliche Fälle muß das Fernfeld möglichst groß bleiben und das Blicken nach möglichst allen Richtungen gestatten, das Nahefeld kann klein sein. Deshalb erhält bei vielen Zweistärkengläsern der Naheteil die Form eines kleinen Kreises (Abb. 206). Den oberen Rand des Naheteils R ordnet man meist 1 bis 2 mm unter dem optischen Mittelpunkt des Fernteils M an, und der Durchmesser des Naheteils beträgt etwa 18 mm. Wenn auch dieser kleine Naheteil namentlich beim Gehen für das Hinabsehen hinderlich ist, so erlaubt doch die Kreisform wenigstens schräg nach unten fernere Gegenstände wie z. B. den Weg, die Treppenstufe usw. deutlich durch den Fernteil zu erkennen.

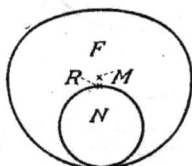

Abb. 206. Zweistärkenglas mit kleinem rundem Naheteil.

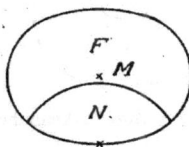

Abb. 207. Zweistärkenglas mit einem Naheteil in der Form eines Kreiszweiecks.

Benutzer von Zweistärkengläsern, die häufiger lesen müssen, öfter und längere Zeit hindurch nahe Dinge zu betrachten haben, sind mit dem kleinen kreisförmigen Naheteil vielfach nicht zufrieden. Für sie ist ein Naheteil N in der Form eines Kreiszweieckes (Abb. 207) vorteilhafter. Deshalb wird diese Naheteilform auch viel angewendet. Die obere Begrenzungslinie des Naheteils ist dabei ganz verschieden gekrümmt, so daß man Naheteile von sehr rundlicher (Abb. 208) bis zu ganz flacher oberer Grenze (Abb. 209) findet.

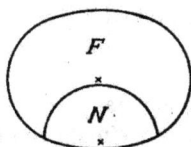

Abb. 208. Zweistärkenglas mit einem Naheteil in der Form eines rundlichen Kreiszweiecks.

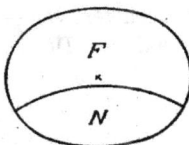

Abb. 209. Zweistärkenglas mit einem Naheteil in der Form eines flachen Kreiszweiecks.

Weniger bekannt und gebraucht, aber für bestimmte Brillenträger sehr zweckmäßig sind Zweistärkengläser mit kleinem Fern- und großem Naheteil. Sie sind dann vorteilhaft, wenn der Träger im wesentlichen Nahearbeit zu verrichten hat und nur dann und wann einmal ferne Dinge ansieht, wie das z. B. beim Wissenschafter zutrifft, der im wesentlichen am Schreibtisch arbeitet und nur dann und wann ein Buch holt. Für solche Zwecke vertauscht man am

besten die Größe und Lage der Teilfelder, so daß man Zweistärkengläser mit großem Naheteil und einem kleinen runden (Abb. 210)
oder zweieckigen (Abb. 211) Fernteil erhält. Solche Gläser nennt
man ihrer Aufgabe entsprechend Z w e i s t ä r k e n n a h e g l ä s e r
oder bifokale Nahegläser. Im Gegensatz zu ihnen wird man
dann die üblichen Zweistärkengläser mit großem Fern- und kleinem
Naheteil als Z w e i s t ä r k e n f e r n- oder bifokale Ferngläser
bezeichnen.

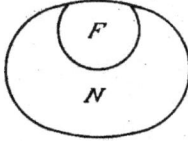

Abb. 210. Ein Zweistärkennaheglas.   Abb. 211. Ein Zweistärkennaheglas mit
zweieckigem Fernteil.

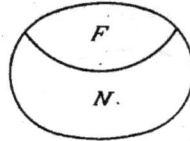

Die Unterschiede, die zwischen den Brechkräften des Fern- und
Naheteils bestehen, richten sich natürlich nach dem Grad der Alters-
sichtigkeit des Trägers. Der Naheteil wird immer um eine Sammelwirkung von so viel Dioptrien von der Brechkraft des Fernteils abweichen,
als der gewünschte Arbeitsabstand und die noch vorhandene Akkommodationsbreite des Trägers bedingen. Verfügt der Träger z. B. noch
über eine Akkommodationsbreite von 3 dptr, und wünscht er Dinge
bis zu 20 cm Entfernung deutlich sehen zu können, so müssen die
fehlenden + 2 dptr Brechkraft durch den Naheteil aufgebracht werden.
Der Naheteil wird sich also in diesem Falle um eine sammelnde Wirkung von 2 dptr vom Fernteil unterscheiden. Hat der Fernteil z. B.
einen Scheitelbrechwert von — 7 dptr, so muß der Naheteil einen solchen
von — 5 dptr haben. Der Naheteil von Zweistärkengläsern muß für
Träger, die überhaupt nicht mehr akkommodieren können, die gesamte Akkommodationsarbeit übernehmen. Er hat je nach dem gewünschten Arbeitsabstand eine um 3 oder 4, selten einmal um 5 dptr
vom Fernteil abweichende Brechkraft. Bei den vorrätig gehaltenen
Zweistärkengläsern weichen die Wirkungen der Naheteile meist
zwischen 0,5 und 4 dptr abgestuft in halben Dioptrien von den Wirkungen der Fernteile ab.

Dreierlei Arten von Zweistärkengläsern werden ausgeführt. Einmal
werden zwei verschiedene Brillengläserteile in einer Fassung vereinigt, zweitens erhält eine der beiden Begrenzungsflächen einer
Linse für den Fern- und Naheteil verschiedene Krümmungen. Diese
zweierlei Krümmungsmaß zeigende Begrenzungsfläche heißt die bifokale Fläche die D o p p e l- oder Z w e i s t ä r k e n f l ä c h e. Drittens
entsteht ein Zweistärkenglas dadurch, daß man an einer Linse eine

zweite entweder aus demselben oder aus anders brechendem Glasmaterial anbringt.

**Zweistärkengläser, die aus einem Fern- und einem
Naheglasteil zusammengesetzt sind.**

Die älteste Form des Zweistärkenglases, dessen Erfindung man
Benjamin Franklin zuschreibt, entspricht der ersten Art. Eine
Franklinsche Brille erhält man durch Vereinigung eines halben
Fernglases mit einem halben Naheglase in einer Fassung (Abb. 212).
Die Blickfelder werden hier genau geteilt, so daß die optischen
Achsen beider Teile zusammenfallen. Beide Teile können also zentrisch
vor dem Auge sitzen, man kann für beide Teile punktuell abbildende
Gläser wählen, und der Uebergang vom Fern- zum Naheteil erfolgt
ohne Bildsprung; denn bei der Beobachtung durch den optischen
Mittelpunkt gibt es keine prismatische Ablenkung. Alle drei optischen

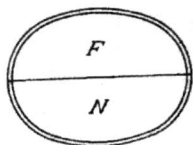 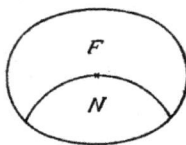 

Abb. 212.   Abb. 213.   Abb. 214.

Abb. 212. Franklinsches Zweistärkenglas.

Abb. 213. Franklinsches Zweistärkenglas mit zweieckigem Naheteil.

Abb. 214. Franklinsches Zweistärkenglas mit winkelrandig geschliffener Grenzfläche
im Schnitt.

Forderungen können durch ein solches Brillenglas erfüllt werden.
Einzig und allein bleibt ein kosmetischer und hygienischer Fehler
übrig, das ist die Fuge, in der die beiden halben Gläser zusammen-
stoßen, die natürlich nicht unsichtbar gemacht werden kann und deshalb unschön wirkt. Der verschiedenen Dicken und Krümmungen
des Fern- und Nahglases wegen müssen die aneinander stoßenden
Flächen eine Stufe bilden, auf der sich Schmutz ansammeln kann.
Solche Zweistärkengläser werden auch heute noch ausgeführt, nur
wählt man die Form der Blickfelder etwa so, wie es in der Abb. 213
dargestellt ist, so daß der Fernteil etwas größer ist als der Naheteil.
An den optischen Leistungen ändert sich dadurch nichts, wenn dafür
gesorgt wird, daß die optische Achse gerade durch die höchste Stelle
des Naheteils geht und genau mit der optischen Mitte des Fernteils
zusammenfällt. Wird das nicht beachtet, dann muß natürlich ein Bildsprung beim Uebergang vom Fern- zum Naheteil eintreten. Eine

13*

Stufe bleibt meist bestehen. Damit der Naheteil ordentlich fest sitzt, werden die Flächen, mit denen die beiden Teile aneinander stoßen, vielfach winkelrandig ausgestaltet, wie es die Abb. 214 erläutert.

Zweistärkengläser mit einer Doppelstärkenfläche.

Die zweite Art, die aus einem Stück geschliffenen Zweistärkengläser, sind wohl die verbreitetsten. Dabei ist die Ausgestaltung der Zweistärkenfläche die Hauptsache. Verschiedene Formen dieser Fläche sind möglich und werden auch ausgeführt. Außer der häufig gestellten Forderung, daß der obere Rand des Naheteils 1—2 mm unterhalb des optischen Mittelpunkts des Fernteils liegen soll, wird vielfach von dem Zweistärkenglas verlangt, daß die optische Mitte des Naheteils etwa 6 mm unterhalb des optischen Mittelpunkts des Fernteils liegen soll. Man nennt dann ein solches Glas ein Zweistärkenglas mit zentriertem Naheteil. Wie wir gleich sehen werden, genügt die Erfüllung dieser beiden Forderungen durchaus nicht, um ein Glas mit zentriertem Naheteil zu erhalten. Werden die beiden Bedingungen eingehalten, so ist natürlich über die Art der Zweistärkenfläche verfügt, es steht nur frei, die Vorder- oder Hinterfläche als solche auszubilden, und die Größe und die Form des Naheteils ist in gewissen Grenzen wahlfrei.

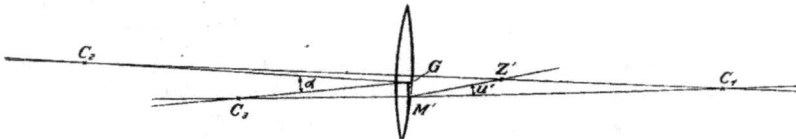

Abb. 215. Ein Uni-Bifo-Sammelglas, dessen hintere Fläche als Zweistärkenfläche ausgebildet ist.

Wählt man die Hinterfläche eines gleichseitigen Sammelglases zur Zweistärkenfläche, wobei die obere Grenzlinie G 2 mm und die optische Mitte des Naheteils M' 6 mm unterhalb der Fernglasmitte liegt, so erhält man ein in Abb. 215 im Schnitt dargestelltes Zweistärkenglas. Solche Gläser sind als Uni-Bifo-Gläser bekannt. Während der Fernteil zum Auge zentriert ist, da seine Achse C_2C_1 durch den Augendrehpunkt Z' verläuft, ist der Naheteil nicht zentriert, denn seine Achse C_3C_1 trifft den Augendrehpunkt Z' nicht. Die nach der optischen Mitte des Naheteils zielende Blicklinie M'Z' bildet mit der Achse den Winkel u'. Also selbst beim Blick durch die optische Mitte des Naheteils muß Astigmatismus schiefer Büschel auftreten, ganz abgesehen davon, daß das gleichseitige Brillenglas sowieso nicht punktuell abbildend ist.

An der Uebergangsstelle G vom Fern- zum Naheteil muß ein Bildsprung eintreten. Das erkennt man leicht daran, daß die beiden bei G auf der hinteren Fern- und der Naheteilfläche errichteten Lote C_2G und C_3G den Winkel α miteinander einschließen. Würden die beiden bei G auf der Fläche des Fern- und Naheteils errichteten unmittelbar benachbarten Lote parallel verlaufen, so müßten auch zwei benachbarte parallele dort einfallende Strahlen in gleicher Weise gebrochen werden, so daß sie nach dem Austritt aus der Linse benachbart parallel weiter liefen. Also in zwei unmittelbar benachbarten Blickrichtungen, die bei G durch den Fern- und Naheteil gingen, müßte in diesem Falle derselbe Gegenstand gesehen werden, nur durch den einen Teil deutlich, durch den anderen undeutlich. Anders ist es dagegen in dem in Abb. 215 gezeichneten Beispiel. Dort bilden ja die beiden bei G errichteten Lote den Winkel α miteinander. Zwei unmittelbar benachbarte parallele Strahlen, die bei G einfallen, von denen aber der eine durch den Fern-, der andere durch den Naheteil geht, müssen infolge der verschiedenen Einfallswinkel verschieden gebrochen werden. Ein gerade durch das Grenzgebiet blickendes Auge sieht deshalb in derselben Richtung zwei verschiedene Dinge, eins deutlich, das andere undeutlich; oder es sieht dasselbe Ding durch den Fernteil in einer anderen Richtung als durch den Naheteil. Wird also der Blick vom Fern- zum Naheteil gesenkt, so werden die betrachteten Dinge beim Uebergang plötzlich in einer anderen Richtung gesehen; sie bewegen sich scheinbar sprungartig, oder, wie man auch dafür sagt, es tritt ein Bildsprung auf. Er muß um so größer sein, je größer der durch die benachbarten Lote eingeschlossene Winkel α ist, und er verschwindet, wenn α gleich Null wird.

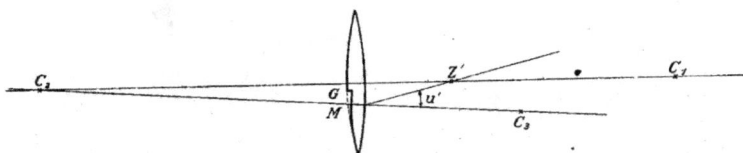

Abb. 216. Uni-Bifo-Sammelglas, dessen Vorderfläche als Zweistärkenfläche ausgebildet ist.

Ein solches Zweistärkenglas erfüllt also nicht eine einzige der drei optischen Forderungen. Ebensowenig befriedigend ist es in kosmetischer und hygienischer Hinsicht. Die Grenzlinie ist verständlicherweise deutlich sichtbar, und an der auf der Zweistärkenfläche entstehenden Stufe kann sich Schmutz ansiedeln. Die Stufe ist bei den Sammelgläsern, wie Abb. 215 zeigt, in der Mitte also bei G am höchsten und nimmt nach dem Glasrande zu ab.

Bildet man bei einem sammelnden Zweistärkenglas die Vorderfläche zur Zweistärkenfläche aus, so wird, wie aus Abb. 216 hervor-

geht, die Zentrierung des Naheteils noch schlechter, der Winkel u'
wird größer, ohne daß sich irgendein anderer Vorteil einstellt.

Heute werden in viel größerem Umfange als noch vor wenigen Jahren
meniskenförmige Brillengläser getragen, und für die an sich teuren
Zweistärkengläser verwendet man vielfach die besseren durchgebogenen
Formen. Soll ein meniskenförmiges Sammelglas zum Zweistärkenglas
ausgebildet werden, und soll der optische Mittelpunkt des Naheteils M
wieder 6 mm und die obere Grenze G des Naheteils 2 mm unterhalb
der optischen Achse des Fernteils liegen, so bildet man am besten
die Hinterfläche zur Zweistärkenfläche aus (siehe Abb. 217). Dann

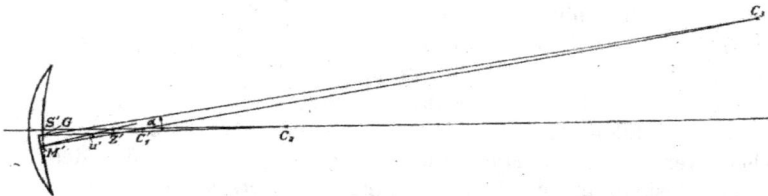

Abb. 217. Meniskenförmiges sammelndes Uni-Bifo-Glas mit innerer Zweistärkenfläche.

läuft die optische Achse des Naheteils durch den Kugelmittelpunkt
der Vorderfläche C_1, und da dieser Punkt dem Augendrehpunkt Z'
häufig nahe liegt, so ist die Dezentration des Naheteils wenigstens
nicht groß. Entschieden ungünstiger wird die Zentrierung des Naheteils eines sammelnden Zweistärkenglases, wenn man, wie in Abb. 218,
die Vorderfläche zur Bifokal-
fläche wählt. Dann muß ja
die optische Achse des Naheteils durch den Mittelpunkt
der Hinterfläche C_2 verlaufen, und der Winkel u',
den die nach dem Scheitel-
des Naheteils zielende Blicklinie M'Z' mit der Achse C_3C_2
einschließt, ist wesentlich

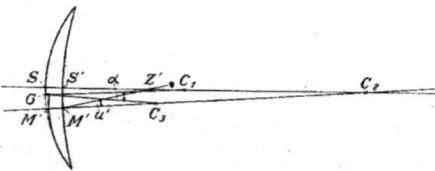

Abb. 218. Meniskenförmiges sammelndes Uni-
Bifo-Glas mit äußerer Zweistärkenfläche.

größer als bei dem gleichen Zweistärkenglas, dessen Hinterfläche zur
Bifokalfläche ausgestaltet wurde, wie in Abb. 217. Aus den vier
Abb. 215—218 sieht man deutlich, daß die Zentrierung des Naheteils
um so besser ist, je näher der Kugelmittelpunkt, in dem sich die
optischen Achsen des Fern- und Naheteils schneiden, dem Augen-
drehpunkt liegt. Und wir erkennen die Regel: bei sammelnden
Zweistärkengläsern muß man die Hinterfläche zur
Zweistärkenfläche wählen.

Die Zentrierung wird vollkommen erreicht, wenn dieser Kugelmittelpunkt mit dem Augendrehpunkt Z′ zusammenfällt. Das ist bei einem Sammelglas möglich, wenn bei einer Mitteldicke des Glases von 3 mm und einem Abstand des Augendrehpunktes Z′ vom Brillenscheitel S′ von 25 mm der Halbmesser der Vorderfläche 28 mm lang ist. Die Brechkraft der Vorderfläche ergibt sich dann zu

$$D_1 = \frac{n-1}{r_1} = \frac{1,52-1}{0,028 \text{ m}} = \frac{0,52}{0,028 \text{ m}} = 18,57 \text{ dptr.}$$

Solche Zweistärkengläser würden wenigstens eine optische Forderung, nämlich die der richtigen Zentrierung beider Teile, erfüllen. Durch die dabei nötige Festlegung des Halbmessers der Vorderfläche wird freilich wieder die Erfüllung der zweiten optischen Forderung gefährdet, daß beide Teile punktuell abbildend sein sollen. Aus der Tscherningschen Kurve (Abb. 117) ersieht man, daß ein Fernglas Wollastonscher Form von — 6,5 dptr und von + 7,75 dptr mit dieser Vorderfläche punktuell abbildet. Auch die benachbarten Gläser Wollastonscher Form etwa von — 9 bis + 7,75 dptr Brechkraft haben eine solche Vorderfläche, daß bei der Ausbildung der zweiten Fläche zur Zweistärkenfläche eine annähernde Zentrierung beider Teile gewährleistet wird. Auch würde der Naheteil einigermaßen, wenn auch nicht streng, punktuell abbilden. Gläser Wollastonscher Form sehen aber der starken Krümmung wegen unschön aus, auch werden sie der kurzen Halbmesser wegen bei der Herstellung recht teuer. Deshalb verzichtet man auf den Vorteil der genauen Zentrierung des Naheteils und bildet punktuell abbildende Ferngläser Ostwaltscher Form zu Zweistärkengläsern aus, wenn man wenigstens ein Glas haben will, bei dem der große Teil frei von astigmatischen Fehlern ist. Der Naheteil bildet dann natürlich nur annähernd punktuell ab; denn über seine Durchbiegung kann man nicht mehr verfügen.

Aus den Abb. 217 und 218 erkennt man auch, daß die dritte optische Forderung, die Vermeidung des Bildsprunges bei sammelnden meniskenförmigen Uni-Bifo-Gläsern nicht erfüllt wird. Die beiden Lote, die an der Grenzstelle G auf den den Fern- und Naheteil begrenzenden Flächen errichtet werden, die Strecken GC_3 und GC_2 in Abb. 217 und GC_1 und GC_3 in Abb. 218, schließen den Winkel α miteinander ein.

Die kosmetische und hygienische Forderung wird durch diese Gläser ebensowenig erfüllt, wie durch die gleichseitigen sammelnden Uni-Bifo-Gläser.

Zerstreuende Zweistärkengläser mit einer Doppelstärkenfläche, bei denen der oberste Punkt der Trennungslinie zwischen Fern- und Naheteil etwa 2 mm und der optische Mittelpunkt des Naheteils 6 mm unterhalb der optischen Achse des Fernteils liegt, haben etwa dieselben Eigenschaften, wie die sammelnden Gläser. Meistens erfüllen sie nicht eine der an ein Zweistärkenglas zu stellenden Forderungen.

Der Naheteil ist im allgemeinen nicht zentriert, denn seine optische Achse trifft den Augendrehpunkt Z' nicht, wie aus der Abb. 219 zu erkennen ist. Während bei den sammelnden Uni-Bifo-Gläsern die Zentrierung am günstigsten wird, wenn man die Hinterfläche zur Zweistärkenfläche ausbildet, ist es bei den zerstreuenden Gläsern gerade umgekehrt.

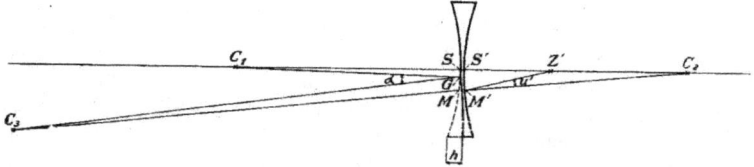

Abb. 219. Zerstreuendes Uni-Bifo-Glas mit vorderer Zweistärkenfläche.

Bei ihnen wird die Zentrierung am besten, wenn man die Vorderfläche zur Zweistärkenfläche wählt; denn der Kugelmittelpunkt der Hinterfläche C_2, durch den dann die optische Achse des Naheteiles verlaufen muß, liegt bei zerstreuenden Gläsern dem Augendrehpunkt Z' stets näher, als der Mittelpunkt der Vorderfläche C_1. Bei meniskenförmigen, zerstreuenden Gläsern kann man ebenfalls in einem bestimmten Falle die Zentrierung des Naheteils erreichen. Das ist

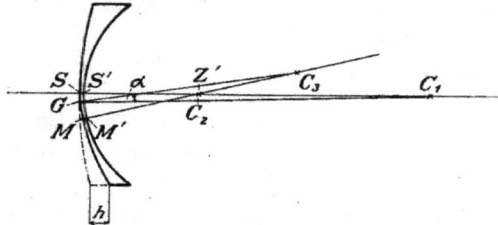

Abb. 220. Meniskenförmiges zerstreuendes Uni-Bifo-Glas mit vorderer Zweistärkenfläche und zentriertem Naheteil.

möglich, wenn der Mittelpunkt der hinteren Fernteilfläche C_2 mit dem Drehpunkte Z' zusammenfällt, wie das in Abb. 220 dargestellt ist, also wenn der Halbmesser der Hinterfläche eine Länge von 25 mm hat. Die Brechkraft der Hinterfläche wird dann:

$$D_2 = \frac{n-1}{r_2} = \frac{1{,}52 - 1}{0{,}025\ \text{m}} = \frac{0{,}52}{0{,}025\ \text{m}} = 20{,}8\ \text{dptr.}$$

So stark durchgebogene zerstreuende Gläse sehen unschön aus, außerdem können, die Gläser, wenn die Krümmung einer Fläche festgelegt ist, nicht mehr allgemein punktuell abbilden. Aus der Tscherningschen

Kurve ergibt sich, daß nur ein Glas Wollastonscher Form von 0 und ein Glas Ostwaltscher Form von $-20,8$, rund 21 dptr Brechkraft zufällig eine Hinterfläche mit einem Halbmesser von 25 mm erhält und also punktuell abbildet; denn wenn die Hinterfläche eine Brechkraft von $-20,8$ dptr hat, muß für ein Glas von 0 dptr die Brechkraft der Vorderfläche $D_1 = +20,8$ und für ein Glas von $-20,8$ dptr $D_1 = +0,0$ dptr sein. Die diesen Gläsern benachbarten punktuell abbildenden Ferngläser werden wenigstens einen annähernd zentrierten Naheteil aufweisen. Auf die Beseitigung des Astigmatismus schiefer Büschel beim Naheteil kann natürlich keine Rücksicht genommen werden; denn seine Form ist nicht mehr wahlfrei. Immerhin kann man annehmen, daß bei Zweistärkengläsern mit punktuell abbildendem Fernteil der Naheteil keine großen astigmatischen Fehler aufweisen wird. Daß der Bildsprung auch bei den zerstreuenden Zweistärkengläsern nicht zu vermeiden ist, zeigen die Abb. 219 und 220; denn die beiden im obersten Punkt der Trennungslinie G auf den beiden Begrenzungsflächen der Zweistärkenfläche errichteten Lote $C_1 G$ und $C_8 G$ schließen den Winkel α ein.

Die deutlich sichtbare Trennungslinie zwischen beiden Feldern bleibt bestehen, ebenso die Stufe, wo sich Unsauberkeiten ansammeln können, nur ist bei den zerstreuenden Gläsern die Stufe an der Stelle G am kleinsten oder sogar gleich Null, und wird nach dem Rande zu immer höher. Dort nimmt sie die Höhe h an, während sie bei Sammelgläsern gerade bei G am größten ist und nach dem Rande zu niedriger wird.

Ein von einer Doppelstärkenfläche begrenztes Zweistärkenglas, das alle optischen Forderungen erfüllt, gibt es nicht, wie wir aus den weiteren Ausführungen erkennen werden. Will man eine oder zwei erfüllen, so muß man die übrigen unberücksichtigt lassen. Wie wir bis jetzt sahen, kann man durch die richtige Wahl des Halbmessers der Vorderfläche bei Sammelgläsern und des Halbmessers der Hinterfläche bei Zerstreuungsgläsern die gleichzeitige Zentrierung des Naheteils herbeiführen. Wollte man beide Teile, den Fern- und den Naheteil, gleichzeitig streng punktuell abbildend machen, so wäre das nur möglich, wenn man sowohl die Vorder- als auch die Hinterfläche zu einer Zweistärkenfläche ausgestaltete. Dann hätte man freie Wahl über die Form des Fern- und auch des Naheteils. Da die Herstellung der Doppelstärkenfläche sehr kostspielig ist, so wird man ein Zweistärkenglas nicht mit solchen Flächen versehen. Deshalb verzichtet man lieber auf die strenge punktuelle Abbildung beider Teile und begnügt sich damit, daß der größere fehlerlos abbildet, und der kleinere Teil wenigstens keine großen astigmatischen Fehler zeigt.

Will man den Bildsprung an der Uebergangsstelle vom Fern- zum Naheteil vermeiden, so müssen, wie wir schon sahen, die beiden

an der obersten Stelle G der Trennungslinie auf der den Fern- und
Naheteil begrenzenden Fläche errichteten Lote parallel verlaufen, also
einen Winkel von 0° miteinander bilden. Das ist dadurch möglich,
daß man den Kugelmittelpunkt der Begrenzungsfläche des Naheteils C_3
(siehe Abb. 221) auf dem verlängerten Halbmesser GC_2 anordnet.
Die beiden Halbmesser GC_2 und GC_3 sind ja die in Frage kommenden
Lote; sie fallen aufeinander und deshalb werden die Dinge beim
Blicken in derselben Richtung gesehen, natürlich nur durch einen
Teil deutlich; ein Bildsprung kann beim Uebergang der Blickrichtung
vom Fern- zum Naheteil an der Stelle G nicht eintreten.

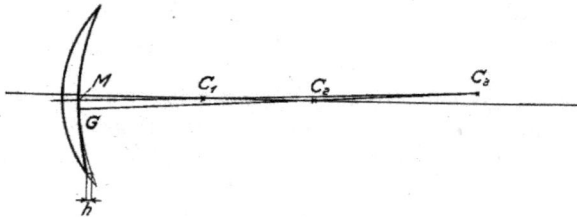

Abb. 221. Sammelndes Zweistärkenglas mit innerer Doppelstärkenfläche
ohne Bildsprung.

Durch diese Ausbildung der Doppelstärkenfläche kann man
die 3. optische Forderung erfüllen. Die Form des Glases läßt
sich natürlich so wählen, daß der größere Teil punktuell abbildet.
Verlegt man, wie das üblich ist, die höchste Stelle der Trennungslinie G 2 mm unterhalb der optischen Achse des Fernteils, dann ist
eine genaue Zentrierung des Naheteils zum Auge nur in den Sonder-
fällen möglich, daß bei Sammelgläsern der Mittelpunkt der Vorderfläche C_1 und bei Zerstreuungsgläsern der Mittelpunkt der Hinterfläche C_2 mit dem Augendrehpunkt zusammenfällt. Sonst ist eine
vollkommene Zentrierung des Naheteils nicht erreichbar, wie das
Abb. 221 zeigt; immerhin geht die optische Achse des Naheteiles
sehr nahe am Augendrehpunkt vorbei. Auch bei solchen Zweistärkengläsern ohne Bildsprung wird man immer bei Sammelgläsern die
Hinter-, bei Zerstreuungsgläsern die Vorderfläche zur Doppelstärkenfläche ausbilden, weil dann die Zentrierung des Naheteils am besten ausfällt; denn seine optische Achse muß dann bei Sammelgläsern durch
C_1 — den Kugelmittelpunkt der Vorderfläche — und bei Zerstreuungsgläsern durch C_2 verlaufen. Bei Sammelgläsern liegt aber stets C_1,
bei Zerstreuungsgläsern C_2 dem Augendrehpunkt am nächsten.

Bei jedem beliebig durchgebogenen Zweistärkenglas kann neben
der eben besprochenen Vermeidung des Bildsprungs auch die Zentrierung des Naheteils erreicht werden, wenn man die oberste Stelle

der Trennungslinie G auf die Achse des Fernteils verlegt, wie das in Abb. 222 dargestellt ist. Dann fallen die optischen Achsen des Fern- und Naheteils zusammen und treffen den Augendrehpunkt, beide Teile sind zentriert. Gleichzeitig ist der Bildsprung an der Trennungsstelle vermieden. Nur wird der Naheteil nicht streng, aber doch annähernd punktuell abbilden, wenn es der Fernteil tut. Die optischen Forderungen werden durch ein solches Zweistärkenglas mit einer Doppelstärkenfläche am besten erfüllt.

Leider bleiben in kosmetischer und hygienischer Beziehung noch Mängel übrig. An der obersten Stelle der Grenzlinie zwischen Fern- und Naheteil stoßen ja die beiden Flächen der Doppelstärkenfläche stufenlos aneinander, aber nach dem Rande zu bildet die Trennungslinie eine immer höher werdende Stufe (in Abb. 221 und 222 die Strecke h). Die Trennungslinie bleibt sichtbar und an der Stufe können sich Unsauberkeiten ansiedeln. Diese Zweistärkengläser sind unter dem Namen **Uni-Bifo-Demi-Luxe-Gläser** bekannt.

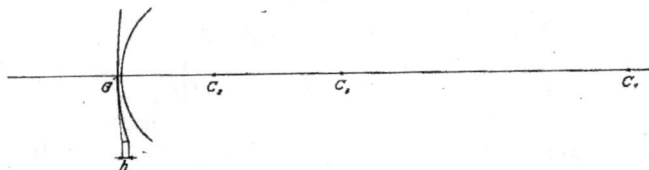

Abb. 222. Zerstreuendes Zweistärkenglas mit vorderer Doppelstärkenfläche mit zentriertem Naheteil und ohne Bildsprung.

Die Gestalt des Nahefeldes ist bei den bis jetzt besprochenen Zweistärkengläsern mit einer Doppelstärkenfläche eigentlich beliebig. Meist ist aber die Trennungslinie zwischen dem Fern- und Naheteil eine Kreislinie. Das ist am bequemsten, weil ja die Flächen mit kreisenden Schalen geschliffen werden. Je nach der Größe der Schleifschale erhält man Naheteile, die durch eine volle Kreislinie gegenüber dem Fernteil begrenzt sind (Abb. 206) oder solche, die einen Kreisbogen als Trennungslinie haben, so daß der Naheteil die Form eines Kreiszweieckes erhält (Abb. 207 bis 209).

Obwohl bei einem optischen Hilfsmittel, wie bei einem Zweistärkenglas, die optischen Vorzüge einzig maßgebend sein sollten, spielt das Aussehen für die meisten Träger eine so entscheidende Rolle, daß viele lieber einen optischen Nachteil in Kauf nehmen, um einen kosmetischen Vorzug dafür einzutauchen. Kosmetisch einwandfreie Zweistärkengläser mit einer Doppelstärkenfläche haben eine völlig stufenlose und somit kaum sichtbare Trennungslinie zwischen dem Fern- und Naheteile. Eine solche Fläche besteht aus Teilen zweier Kugelflächen. Zwei Kugelflächen durchdringen einander stets in einer Kreis-

linie, wir wollen sie hier den Schnittkreis nennen. Der Mittelpunkt
des Schnittkreises liegt auf der Verbindungslinie der beiden Kugelmittelpunkte der Doppelstärkenfläche. Wünscht man z. B. ein sammelndes Zweistärkenglas mit einem kreisförmigen Naheteil von 18 mm Durchmesser,
dessen oberer Rand 2 mm unter der optischen Achse des Fernteils
liegt, wie das in Abb. 223 dargestellt ist, so muß die Mitte des

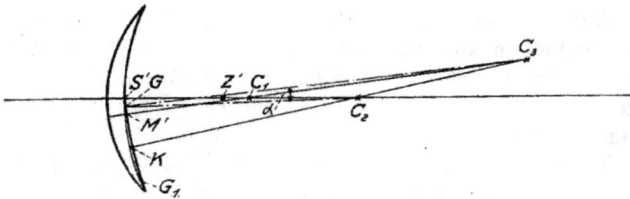

Abb. 223. Sammelndes Zweistärkenglas mit stufenloser Trennungslinie auf der
Doppelstärkenfläche.

Schnittkreises K, der also einen Durchmesser von 18 mm hat,
$2 + 9 = 11$ mm unter dem Fernteilscheitel S' liegen. Der Mittelpunkt der Naheteilsfläche C_3 muß auf der Verlängerung des Halbmessers der Hinterfläche des Fernteils liegen, der nach der Schnittkreismitte K hinzielt, also auf der Strecke KC_2. Dann schneidet sich
die Hinterfläche des Fern- und die des Naheteils in einer Kreislinie,
die die Punkte G und G_1 enthält; und es entsteht überall ein stufenloser Uebergang vom Fern- zum Naheteil. Der Naheteil hat kreisförmige Gestalt. In Abb. 224 ist ein zerstreuendes Zweistärkenglas mit

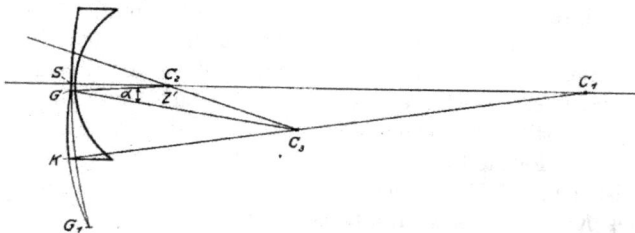

Abb. 224. Zerstreuendes Zweistärkenglas mit stufenloser Trennungslinie auf der
vorderen Doppelstärkenfläche.

Doppelstärkenvorderfläche im Schnitt dargestellt, bei dem der Schnittkreismittelpunkt K einen wesentlich größeren Abstand von der optischen
Achse des Fernteils hat, als in dem in Abb. 223 gezeichneten Beispiel.
Damit ein stufenloser Uebergang vom Fern- zum Naheteil entsteht,
muß der Mittelpunkt der vorderen Naheteilfläche C_3 auf dem Halbmesser KC_1 angeordnet werden. Liegt K, wie in diesem Beispiel,

22 mm und der oberste Punkt der Trennungslinie G 2 mm unterhalb
der optischen Achse des Fernteils, so erhält der Schnittkreis einen
Durchmesser von 40 mm und nur ein Bogen ASB (Abb. 225) bildet
die Trennungslinie zwischen Fern- und Nahe-
teil. Durch Verlegung des Schnittkreismittelpunktes K ändert sich die Gestalt des Naheteils. Wird sein Abstand von der optischen
Achse des Fernteils um die Strecke K_1K_2 vergrößert, so nimmt der Naheteil die Gestalt
eines Kreiszweieckes an, das immer flacher
wird, je größer dieser Abstand SK wird, wie
das aus Abb. 225 zu erkennen ist.

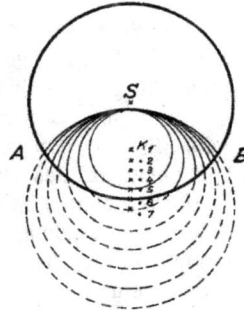

Kosmetisch und hygienisch sind diese
Zweistärkengläser mit stufenlosem Uebergang
zwischen beiden Teilen einwandfrei. Wie steht
es aber mit der Erfüllung der optischen Forderungen? Meist ist der Naheteil eines solchen
Zweistärkenglases zum Auge nicht zentriert.
Um die beste Zentrierung zu erhalten, wird

Abb. 225. Verschiedene
Formen der unsichtbaren
Trennungslinien bei
Doppelstärkenflächen.

wieder bei Sammelgläsern die Hinter-, bei Zerstreuungsgläsern die
Vorderfläche zur Doppelstärkenfläche ausgebildet. Dann verläuft die
optische Achse des Naheteils bei Sammelgläsern durch den Mittelpunkt
der gemeinsamen Vorderfläche C_1 (s. Abb. 223) und bei Zerstreuungsgläsern durch den Mittelpunkt der gemeinsamen Hinterfläche C_2 (siehe
Abb. 224). Diese beiden Mittelpunkte liegen, wie schon gesagt, dem
Augendrehpunkt immer am nächsten. Fallen sie mit ihm zusammen,
wie das bei bestimmt gekrümmten Begrenzungsflächen vorkommen
kann, so ist auch der Naheteil zentriert. Bei Sammelgläsern
wird immer ein mittleres Stück des Naheglases als Naheteil verwendet, denn die optische Achse des Naheglases trifft den Naheteil
in M' (Abb. 223). Wenn der Fernteil punktuell abbildet, so wird auch
der Naheteil nicht allzu große astigmatische Fehler zeigen, besonders
da er auch einigermaßen zentriert vor dem Auge sitzt. Zweistärken-
zerstreuungsgläser dieser Art sind in dieser Hinsicht ungünstiger. Die
optische Achse des Naheglases (C_3C_2 Abb. 224) trifft den Naheteil
im allgemeinen gar nicht. Es wird also ein exzentrisches Stück
des Naheglases als Naheteil verwendet. Je größer der Abstand des
Schnittkreismittelpunktes K vom Fernteilscheitel ist, desto exzen-
trischer wird der Naheteil. Selbst wenn er dann der Durchbiegung
nach einigermaßen punktuell abbildend ist, so muß doch die Bildgüte
leiden, weil ein zu stark seitlich gelegenes Stück des Naheglases als
Naheteil benutzt wird.

Die dritte optische Forderung, die Vermeidung des Bildsprungs
beim Uebergang vom Fern- zum Naheteil erfüllen diese Zweistärken-

gläser mit stufenloser Trennungslinie auch nicht. Wie aus den Abb. 223 und 224 hervorgeht, bilden die beiden in dem obersten Punkt der Trennungslinie G auf der Fern- und Naheteilsfläche errichteten Lote einen Winkel miteinander. Dieser Winkel α ist klein, wenn der Schnittkreismittelpunkt K nicht weit von dem Fernteilscheitel S entfernt liegt (siehe Abb. 223), er wird mit wachsendem Abstand SK größer, wie aus Abb. 224 zu ersehen ist. Infolgedessen nimmt auch mit diesem Abstand die Größe des Bildsprungs zu, so daß die Träger von Zweistärkengläsern mit großem Naheteil ein starkes Springen des Bildes beim Uebergang vom Fern- zum Naheteil in Kauf nehmen müssen.

Diese Zweistärkengläser mit einer Doppelstärkenfläche und stufenloser unsichtbarer Trennungslinie sind unter verschiedenen Namen im Handel eingeführt.

Allen diesen Zweistärkengläsern mit einer Doppelstärkenfläche ist gemeinsam, daß das Krümmungsmaß der Naheteilfläche geringer als das der Fernteilfläche sein muß, wenn diese Flächen zerstreuend wirken, wie das die Abb. 217; 219, 221 und 223 zeigen und daß umgekehrt das Krümmungsmaß der Naheteilfläche größer als das der Fernteilfläche sein muß, wenn sie sammelnde Flächen sind, wie das aus den Abb. 215, 216, 218, 220, 222, und 224 hervorgeht. Der Halbmesser der Naheteilfläche ist sehr einfach zu berechnen, wenn die Krümmung der Fernteilfläche bekannt ist. Soll z. B. an einem Fernglas von $+ 5$ dptr Scheitelbrechwert ein Naheteil angeschliffen werden, dessen Wirkung um 3 dptr stärker ist, also einen Scheitelbrechwert von $+ 8$ dptr hat, wenn die zerstreuende Hinterfläche eine Brechkraft von $- 7$ dptr besitzt, so muß die Brechkraft der Naheteilfläche $D_3 = (- 7 + 3)$ dptr $= - 4$ dptr sein. Der Halbmesser dieser Fläche wird also:

$$r_3 = \frac{n - 1}{D_3} = \frac{1,52 - 1}{- 4\,\text{dptr}} = \frac{0,52}{- 4\,\text{dptr}} = - 0,130\,\text{m} = - 130\,\text{mm lang,}$$

während der Halbmesser der Fernteilfläche

$$r_2 = \frac{n - 1}{D_2} = \frac{1,52 - 1}{- 7\,\text{dptr}} = \frac{0,52}{- 7\,\text{dptr}} = - 0,0743\,\text{m} = - 74,3\,\text{mm lang}$$

ist. Soll ein zerstreuendes Fernglas von $- 8$ dptr zum Zweistärkenglas mit einem Naheteil von $- 6$ dptr Scheitelbrechwert ausgestaltet werden, und die Vorderfläche des Fernglases hat eine Brechkraft von $+ 3$ dptr, so muß die Naheteilfläche eine solche von $(+ 3 + 2)$ dptr $= + 5$ dptr erhalten. Ihr Halbmesser wird also:

$$r_3 = \frac{n - 1}{D_3} = \frac{1,52 - 1}{+ 5\,\text{dptr}} = \frac{0,52}{+ 5\,\text{dptr}} = 0,104\,\text{m} = 104\,\text{mm lang,}$$

während der Halbmesser der Fernteilfläche

$$r_1 = \frac{n - 1}{D_1} = \frac{1,52 - 1}{+ 3\,\text{dptr}} = \frac{0,52}{3\,\text{dptr}} = 0,173\,\text{m} = 173\,\text{mm groß ist.}$$

Wie man daraus und auch aus den Abb. 223 und 224 erkennt, muß bei diesen Gläsern bei der Herstellung des Naheteils gewissermaßen Material auf die Fernteilfläche aufgetragen werden. Das ist natürlich praktisch nicht möglich, es muß vielmehr bei der Ausführung der Fernteilfläche das Material um den Naheteil herum, weggeschliffen werden, und zwar gerade so weit, daß sich die Fern- und Naheteilfläche in einer scharfen Kante schneiden. Die Herstellung solcher Zweistärkenflächen erfordert also große Sorgfalt, ist sehr schwierig und infolgedessen entsprechend kostspielig. Viel einfacher und deshalb billiger sind diese Flächen mit deutlich sichtbarer abgestufter Trennungslinie auszuführen.

Die viel seltener gebrauchten Zweistärkennahegläser mit kleinem Fern- und großem Naheteil, sind ebenfalls mit den verschiedenen Doppelstärkenflächen ausführbar und zeigen ganz entsprechende Eigenschaften, wie die Zweistärkenferngläser. Wir brauchen deshalb diese Nahegläser nicht ebenso ausführlich zu behandeln, wie die Zweistärkenferngläser. Meist werden die Zweistärkennahegläser den kosmetischen und hygienischen Forderungen entsprechend mit unsichtbarer Trennungslinie ausgeführt; auch deshalb, weil sich diese Doppelstärkenflächen, wie wir gleich noch sehen werden, leicht herstellen lassen. Man geht dabei von den Nahegläsern aus. In Abb. 226 ist ein solches sammelndes und in Abb. 227 ein zerstreuendes

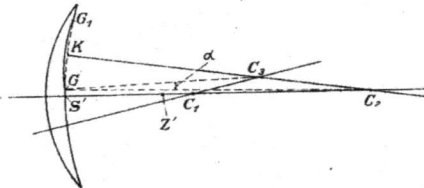

Abb. 226. Sammelndes Zweistärkennaheglas mit kreisförmigem Fernteil und unsichtbarer Trennungslinie.

Zweistärkennaheglas im Schnitt dargestellt. Der besseren Zentrierung des kleinen Fernteils wegen ist beim Sammelglas wieder die Hinter-, beim Zerstreuungsglas die Vorderfläche als Zweistärkenfläche ausgebildet worden. Eine genaue Zentrierung des Fernteils ist hier auch nur dann möglich, wenn bei Sammelgläsern der Mittelpunkt der gemeinsamen Vorderfläche C_1 und bei Zerstreuungsgläsern der Mittelpunkt der gemeinsamen Hinterfläche C_2 mit dem Augendrehpunkt Z' zusammenfällt. Das ist im allgemeinen nicht der Fall, weil Gläser mit so stark gekrümmten Flächen nicht gern ausgeführt werden. Die Zentrierung des Fernteils zum Auge ist deshalb meist nicht möglich, immerhin ist in vielen Fällen eine annähernde Zentrierung erreichbar. Wenn über die Durchbiegung des Naheglases so verfügt worden ist, daß es punktuell abbildet, so muß bei vorgeschriebenem Stärkenunterschied zwischen Fern- und Naheglas die Fernglasform in Kauf genommen werden, wie sie sich ergibt. Der Fernteil kann deshalb nicht streng, höchstens annähernd punktuell abbildend sein. Bei diesen Zweistärkengläsern

sind die Zerstreuungsgläser bezüglich der Bildgüte des Fernteils den
Sammelgläsern überlegen; also hier ist es gerade umgekehrt wie bei
den Zweistärkenferngläsern gleicher Art. Bei den sammelnden Zweistärkennahegläsern wird ein ganz ·exzentrischer Teil des Fernglases
als Fernteil benützt; die optische Achse des Naheglases C_1C_3 liegt
weit seitlich vom Fernteil GG_1, wie das Abb. 226 zeigt; und zwar
wird ein um so mehr zur Seite gelegenes Stück des Fernglases benützt, je größer der Abstand der Schnittkreismitte K vom Naheglas-
scheitel S' entfernt liegt. Beim zerstreuenden Glas fällt die Fernglasmitte M stets in den Fernteil, wie das Abb. 227 zeigt.

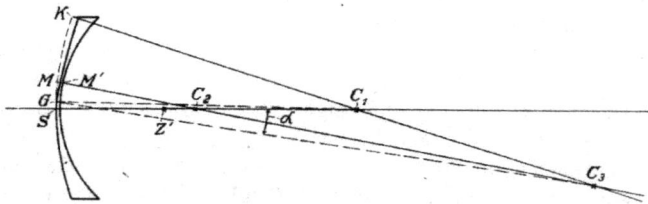

Abb. 227. Zerstreuendes Zweistärkennaheglas mit zweieckigem Fernteil und
unsichtbarer Trennungslinie.

Beim Uebergang vom Fern- zum Naheteil tritt auch hier ein
Bildsprung auf, denn die an der Trennungslinie auf der Fern- und
Naheteilfläche errichteten Lote GC_3 und GC_2
Abb. 226 und GC_1 und GC_3 Abb. 227
bilden einen Winkel α miteinander. Er wird
geradeso wie bei den entsprechenden Zweistärkenferngläsern um so größer, je weiter
sich der Schnittkreismittelpunkt K vom Nahe-
teilscheitel S entfernt. Dabei ändert sich
auch die Gestalt des Fernteils, der in Abb.
226 kreisrund, in Abb. 227 aber zweieckig
ausfällt; siehe auch Abb. 228. Die mit B_1
bezeichnete Trennungslinie zwischen beiden
Feldern entspricht dem in Abb. 226 dargestellten Glas, die Trennungslinie B_2 trennt
die beiden Teile des in Abb. 227 gezeichneten
Zweistärkennaheglases.

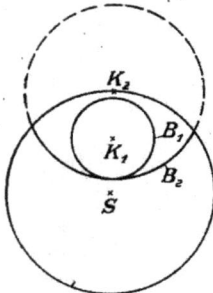

Abb. 228. Verschiedene
Verteilung der Felder bei
Zweistärkennahegläsern.

Bei diesen Zweistärkennahegläsern ist der Halbmesser der Fernteilfläche kleiner, als der der Naheteilfläche, wenn eine zerstreuende
Fläche zur Bifokalfläche gemacht wird (Abb. 226), und länger, wenn
die Doppelstärkenfläche sammelnd (Abb. 227) wirkt. In eine hohle
Kugelfläche eine stärker gekrümmte Fläche einzuschleifen, oder von
einer erhabenen Kugelfläche durch eine Schleifschale flacherer Krüm-

mung einen Teil wegzuschleifen, ist einfach ausführbar. Der viel bequemeren Herstellung wegen sind auch diese Zweistärkennahegläser viel billiger als die Zweistärkenferngläser mit unsichtbarer Trennungslinie.

Die Berechnung des Halbmessers der Fernteilfläche ist gerade so einfach, wie die Ermittlung der Krümmung der Naheteilfläche eines Zweistärkenfernglases. Haben wir z. B. ein Naheglas von + 7 dptr Scheitelbrechwert mit einer Hinterfläche von — 6 dptr Brechkraft, die zur Doppelstärkenfläche werden soll, und der Scheitelbrechwert des Fernteils soll um 4 dptr von dem des Naheteils abweichen, so daß er einen Wert von + 3 dptr erhält, so muß die zerstreuende Wirkung der Fernteilfläche um 4 dptr größer werden, muß also (— 6 — 4) dptr = — 10 dptr Brechkraft betragen. Daraus ergibt sich:

$$r_3 = \frac{n-1}{D_3} = \frac{1,52-1}{-10 \text{ dptr}} = \frac{0,52}{-10 \text{ dptr}} = -0,052 \text{ m} = -52 \text{ mm},$$

während der Halbmesser der Naheteilfläche

$$r_2 = \frac{n-1}{D_2} = \frac{1,52-1}{-6 \text{ dptr}} = \frac{0,52}{-6 \text{ dptr}} = -0,0867 \text{ m} = -86,7 \text{ mm}$$

lang ist. Haben wir ein zerstreuendes Naheglas von — 4 dptr Scheitelbrechwert mit einer Vorderfläche von + 5 dptr Brechkraft, und der Fernteil soll einen Scheitelbrechwert von — 7 dptr haben, so muß die Brechkraft der Fernteilfläche um 3 dptr schwächer, also (+ 5 — 3) dptr = 2 dptr werden. Daraus ergibt sich ein Halbmesser

$$r_3 = \frac{n-1}{D_3} = \frac{1,52-1}{2 \text{ dptr}} = \frac{0,52}{2 \text{ dptr}} = 0,26 \text{ m} = 260 \text{ mm}.$$

Der Halbmesser der Naheteilfläche ist

$$r_1 = \frac{n-1}{D_1} = \frac{1,52-1}{5 \text{ dptr}} = \frac{0,52}{5 \text{ dptr}} = 0,104 \text{ m} = 104 \text{ mm}.$$

So schön diese Zweistärkengläser mit stufenloser, unsichtbarer Trennungslinie aussehen, und so gern sie deshalb von den Trägern benutzt werden, so wenig angenehm ist es, daß sie meist keine der drei optischen Forderungen erfüllen,

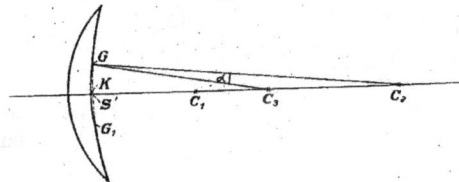

Abb. 229. Sammelndes Zweistärkennaheglas mit zentriertem Fern- und Naheteil.

die an ein Zweistärkenglas gestellt werden müssen. Man kann sie in dieser Hinsicht verbessern, wenn man die optischen Achsen des Fern- und Naheteils zusammenfallen läßt. In Abb. 229 ist ein solches sammelndes Zweistärkennaheglas

im Schnitt dargestellt. Der Schnittkreismittelpunkt K liegt ebenfalls
auf der gemeinsamen optischen Achse. Damit die richtige Anordnung
der beiden Felder vor dem Auge möglich ist, darf die gemeinsame
optische Achse nicht wagerecht verlaufen, sondern muß nach oben
gerichtet sein, wie sich aus Abb. 211 ergibt, und selbstverständlich
den Augendrehpunkt Z′ treffen. Dann sind beide Teile dem Auge
gegenüber zentriert. Die Durchbiegung des Naheglases, von dem
man hier ausgeht, kann man so wählen, daß es punktuell abbildet.
Dann ist zwar die Form des Fernglases bestimmt. Da aber von ihm
nur ein kleiner mittlerer Teil benützt wird, so sind auch im Fernteil
die astigmatischen Fehler verschwindend. Nur die Vermeidung des
Bildsprungs beim Uebergang vom Fern- zum Naheteil ist nicht möglich. Die an der Grenze G auf beiden Flächen errichteten Lote GC_3 und
GC_2 (Abb. 229) bilden einen endlichen Winkel α miteinander. Der
obere schraffiert gezeichnete Teil des Naheglases (Abb. 230) wird weg-

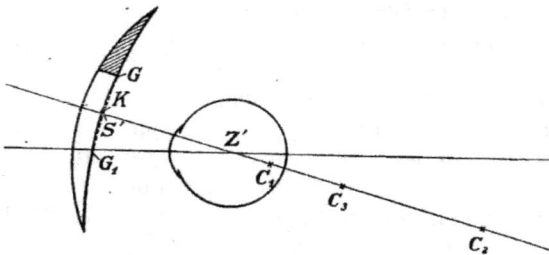

Abb. 230. Sammelndes Zweistärkennaheglas mit zentriertem Fern- und Naheteil
vor dem Auge.

geschnitten, erstens braucht man ihn nicht und zweitens würde er an
die Augenbrauen anstoßen und der Brille ein unschönes Aussehen ver-
leihen. Es wird also nur ein Teil des großen Zweistärkenglases verwendet.
Am zweckmäßigsten ist die pantoskopische Scheibenform oder die
Schuppenform, den der verwendete unschraffierte Teil des in Abb. 231
gezeichneten Glases zeigt. Die unbestreitbaren Vorteile, die ein
solches Zweistärkennaheglas aufweist, müssen, wie immer, durch einen
Nachteil bezahlt werden. Da diese Gläser aus einem großen Glas
herausgeschnitten werden, so muß bei Sammelgläsern die Mitteldicke,
bei Zerstreuungsgläsern die Randdicke entsprechend der Vergrößerung
des Durchmessers d des ganzen Glases gegenüber dem üblichen
Gläserdurchmesser zunehmen, so daß die herausgeschnittenen Gläser
schwerer sein müssen als die üblichen Zweistärkengläser. Der zweite
Nachteil, der in Kauf genommen werden muß, ist die Schiefstellung
des Glases, die natürlich nötig ist, um eine gute Zentrierung zu gewährleisten.

In ganz entsprechender Weise kann man auch Zweistärkenferngläser mit stufenloser, unsichtbarer Trennungslinie herstellen, bei
denen die Achsen des Fern- und Naheteils zusammenfallen, so daß
wenigstens zwei der optischen Forderungen erfüllt werden. Dabei
müßte der verwendete Teil aus dem großen Zweistärkenfernglas in
der in Abb. 232 gezeichneten Weise herausgeschnitten werden, und
die gemeinsame optische Achse müßte entsprechend nach unten um
den Augendrehpunkt verschwenkt werden, damit beide Teile zentriert
vor dem Auge angeordnet wären.

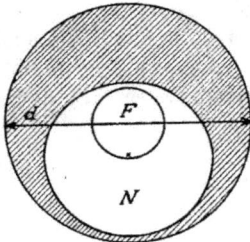

Abb. 231. Ausschnitt des Zweistärkennaheglases mit zentriertem Fern- und
Naheteil aus dem großen Glase.

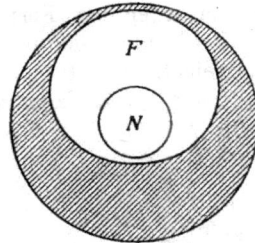

Abb. 232. Ausschnitt eines Zweistärkenfernglases mit zentriertem Fern- und
Naheteil aus dem großen Glase.

Zweistärkengläser mit einer Zusatzlinse.

Bei der dritten Art der Zweistärkengläser erhält man das Naheglas durch eine Zusatzlinie, die am Fernglas angebracht ist. Solche
Gläser werden nur als Zweistärkenferngläser mit kleinem unteren
Naheteil ausgeführt. Die Zweistärkennahegläser lassen sich, wie wir
sahen, durch entsprechendes Schleifen einer Doppelstärkenfläche viel
einfacher herstellen.

Die Zusatzlinse besteht entweder aus Glas mit demselben oder
aus Glas mit höherem Brechungsexponenten, verglichen mit dem
Material des Fernglases.

Besteht die Zusatzlinse aus Glas vom gleichen Brechungsexponenten wie das Fernglas, so wird sie einfach auf das Fernglas
aufgekittet, wie das in Abb. 233 im Schnitt dargestellt ist. Die
Linse L stellt das Fernglas, die schraffierte Linse L_z die Zusatzlinse
dar, deren Brechkraft zwischen + 0,5 und + 5 dptr liegt, je nach
der Akkommodationsbreite des Trägers. Von dieser Zusatzlinse L_z
wird nur der kleine schräg schraffierte exzentrische Teil gebraucht;
der wagerecht schraffierte Teil ist überflüssig. Die beiden Linsen
liegen mit den benachbarten gleichgekrümmten Flächen aneinander,
eine ganz dünne Kittschicht hält sie zusammen. Die winzig dünne
parallele Kittschicht hat auf den Verlauf der Strahlen keinen Einfluß.

Man kann diese Linsen optisch so behandeln, als ob der Naheteil
aus einem Stück Glas bestünde. Das heißt, diese zusammengekitteten
Zweistärkengläser zeigen in optischer Hinsicht genau dieselben Eigenschaften, wie die Zweistärkengläser mit einer Doppelstärkenfläche. Es
sind also genau die gleichen Arten von Zweistärkengläsern herzustellen, wie bei der Anwendung der verschiedenen Doppelstärkenflächen. Wir haben es deshalb nicht nötig, die verschiedenen Formen
hier noch einmal zu behandeln.

In dem in Abb. 233 gezeichneten Beispiel ist der optische Mittelpunkt des Naheteils M' 6 mm und der oberste Punkt der Trennungslinie G 2 mm unter dem Fernteilsscheitel S' angeordnet. Sowohl die
Zentrierung, wie die punktuelle Abbildung des Naheteils ist nur annähernd erreicht. Der Bildsprung an der Trennungslinie bleibt bestehen, wie der Winkel α zwischen den beiden Loten GC_3 und GC_2

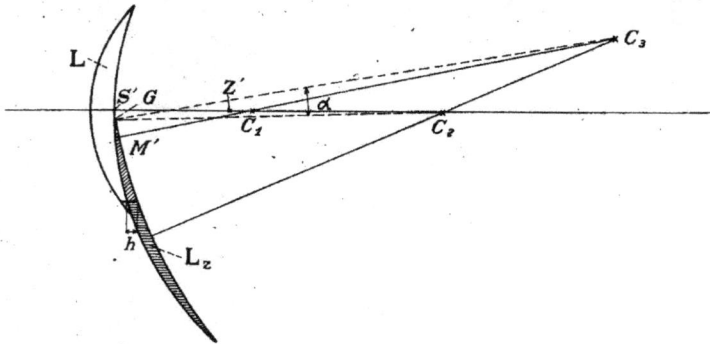

Abb. 233. Zweistärkenglas mit aufgekittetem Naheteil.

beweist. Optisch bleiben also dieselben Mängel, wie bei den Zweistärkengläsern mit einer Doppelstärkenfläche bestehen. Kosmetisch
und hygienisch sind aber die verkitteten Gläser den Gläsern mit einer
solchen Fläche weit unterlegen. Die Trennungslinie kann man nie unsichtbar machen, selbst wenn man den Rand der Zusatzlinse messer-
scharf machte, was praktisch verschiedene Nachteile hat. Auf dem
überstehenden Rand der Zusatzlinse, der in dem gezeichneten Beispiel Abb. 232 auf der Seite die Dicke h erreicht, sammeln sich
allerhand Unsauberkeiten, die durch die Spuren austretenden Kitts
noch besonders festgehalten werden. Zuweilen kommt es vor, daß
sich die Kittschicht löst und die Zusatzlinse abfällt, oder daß der
Kitt etwas weich wird und sich die Zusatzlinse verschiebt. Dagegen
sind als Vorteile anzuführen: die bequeme Herstellbarkeit, die nicht
annähernd die technischen Schwierigkeiten bietet, wie die Ausführung
einer Zweistärkenfläche, und die ganz beliebige Gestalt des Nahefeldes,

die man hier sehr leicht erreichen kann. Es ist auch möglich, zwei oder mehrere verschieden stark brechende Zusatzteile beliebiger Gestalt auf dem Fernglas anzuordnen.

Um die Zusatzlinse möglichst zu schützen, bringt man sie am besten auf der Hinterfläche des Fernglases an. Das ergibt in optischer Hinsicht zwar die besten sammelnden, dagegen mangelhafte zerstreuende Zweistärkengläser. Die zerstreuenden Gläser müßten eigentlich die Zusatzlinse auf der Vorderfläche des Fernglases tragen, dann würden sie, wie wir bereits sahen, in optischer Hinsicht die besten erreichbaren Eigenschaften haben.

Die Zweistärkengläser, bei denen die Zusatzlinse aus stärker brechendem Glasmaterial besteht, haben eine viel größere Bedeutung als die mit aufgekitteter Zusatzlinse aus Glasmaterial mit dem gleichen Brechungsexponenten.

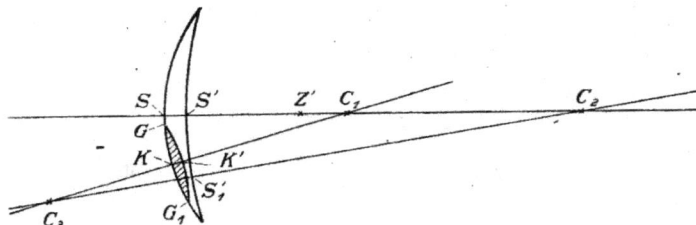

Abb. 234. Zweistärkenglas mit eingekittetem oder eingeschmolzenem Zusatzglas.

Um bei Zweistärkengläsern aus zwei verschiedenen Glasarten eine größere Sammelwirkung des Naheteils zu erreichen, wird in eine Fläche des Fernglases und zwar meist in die Vorderfläche eine dritte Fläche mit einem wesentlich kleineren Krümmungshalbmesser geschliffen, und die so entstehende Hohlung mit einer Linse aus stärker brechendem Glase ausgefüllt (Abb. 234). Die vordere Begrenzungsfläche ist dann für den Fern- und Naheteil dieselbe, so daß nach dem Einsetzen des Zusatzglases aus stärker brechendem Glasmaterial die Vorderfläche überhaupt keinerlei Stufe zeigt. Es fragt sich, wie unter diesen Umständen der Halbmesser der mittleren Fläche C_3K' gewählt werden muß, wenn der Naheteil einen bestimmten Brechkraftunterschied dem Fernteil gegenüber aufweisen soll. Daß seine Länge vom Brechungsexponenten des zum Zusatzglas verwendeten Materials abhängt, ist leicht verständlich. Hätte es denselben Brechungsexponenten wie das Material des Fernglases, dann hätte die mittlere Fläche überhaupt keinerlei Wirkung. Sie wird dagegen immer größer, je größer der Brechungsexponentenunterschied beider Glasarten ist. Die Sammelwirkung, die die Mittelfläche der Zusatzlinse hervorbringt, wird zum Teil wieder aufgehoben durch die Zerstreuungswirkung der Mittelfläche der Trägerlinse. Die vorgeschriebene Sammelwirkung D_N, um die der Naheteil vom Fernteil verschieden sein soll, ist der Unterschied zwischen der Brechkraft D_Z der eingesetzten Zusatzlinse aus stärker brechendem Glas und der Brechkraft D_T der Sammellinse, die aus der Trägerlinse durch den Ausschliff weggenommen worden ist. Es ist also: $D_Z - D_T = D_N$. Daraus finden wir den Krümmungshalbmesser r_3 der Mittelfläche. Nehmen wir an, daß wir die Dicke der Zusatzlinse vernachlässigen dürfen, dann ist: $D_Z = D_{1Z} + D_{3Z}$ und $D_T = D_{1T} + D_{3T}$. Folglich ist:

$D_{1Z} + D_{3Z} - D_{1T} - D_{3T} = D_N$.

$D_{3Z} - D_{3T} = D_N - D_{1Z} + D_{1T}$. Ist n_1 der Brechungsexponet der Zusatzlinse, n_2 der der Trägerlinse, dann ist:

$$\frac{n_1 - 1}{r_3} - \frac{n_2 - 1}{r_3} = D_N - \frac{n_1 - 1}{r_1} + \frac{n_2 - 1}{r_1}, \text{ oder:}$$

$$\frac{n_1 - n_2}{r_3} = D_N - \frac{n_1 - n_2}{r_1}$$

$$\frac{r_3}{n_1 - n_2} = \frac{1}{D_N - \dfrac{n_1 - n_2}{r_1}}, \text{ oder:}$$

$$r_3 = \frac{n_1 - n_2}{D_N - \dfrac{n_1 - n_2}{r_1}}.$$ Ist beispielsweise $D_N = +4$ dptr, $n_1 = 1,64$ $n_2 = 1,52$ und $r_1 = 86,7$ mm, dann wird:

$$r_3 = \frac{1,64 - 1,52}{4\,\text{dptr} - \dfrac{1,64 - 1,52}{0,0867\,\text{m}}} = \frac{0,12}{4\,\text{dptr} - 1,384\,\text{dptr}} = \frac{0,12}{2,616\,\text{dptr}}$$

$= 0,0459$ m $= $ **45,9 mm**.

Das eingesetzte, in der Abb. 234 schraffiert gezeichnete Stück aus stärker brechendem Glas stellt an sich eine zentrierte Linse mit der optischen Achse $C_3 C_1$ dar, während das von der mittleren und der hinteren Fläche begrenzte Stück des Fernglases das zusammen mit der eingesetzten Linse den Naheteil bildet, eine unzentrierte Linse ist, denn dessen optische Achse $C_3 C_2$ bildet ja einen Winkel mit der Achse $C_3 C_1$. Durch die Vereinigung einer zentrierten mit einer unzentrierten Linse entsteht natürlich niemals ein zentriertes Linsensystem. Der Naheteil ist also an und für sich exzentrisch und ist auch zum Auge nicht zentriert. Daß ein solches Linsensystem nicht punktuell abbilden kann, ist einleuchtend. Also weder die erste noch die zweite optische Forderung, die man an den Naheteil stellen muß, ist durch ein solches Zweistärkenglas erfüllbar.

Einen in sich und auch zum Auge zentrierten Naheteil könnte man nur erhalten, wenn man die Zusatzlinse in der Mitte des Fernglases (Abb. 235) anordnete, so daß die Kugelmittelpunkte $C_3 C_1 C_2$ auf einer Achse lägen, also in ähnlicher Weise, wie bei den Zweistärkengläsern mit einer Doppelstärkenfläche (Abb. 229 S. 209. Der zuverwendende Teil des Zweistärkenglases müßte nur entsprechend der Abb. 232 aus der großen Linse herausgeschnitten und mit richtiger Achsenneigung vor dem Auge angeordnet werden. Das wagerecht schraffierte Stück würde gar nicht gebraucht. Geht man bei einem solchen Zweistärkenglas von dem punktuell abbildenden Fernglas aus, so wird der kleine zentrische Naheteil auch höchstens ganz kleine astigmatische Fehler zeigen. Die beiden ersten optischen Forderungen wären also durch ein solches Glas erfüllbar. Dagegen ist die dritte Forderung, die Vermeidung des Bildsprungs unerfüllbar und zwar bei beiden Formen. Ist der Blick des Trägers gerade auf die Trennungslinie G gerichtet, so daß seine Richtung mit der Achse den Winkel w' einschließt, so durchläuft ein Teil der die Pupille ausfüllenden Strahlen den Fern-, der andere den Naheteil. Die beiden Teile des gemeinsamen bildseitigen Strahlenbüschels müssen im Dingraum von verschiedenen Dingen herkommen, da die den Fernteil durchlaufenden Strahlen unter dem Winkel w_F nach dem scheinbaren

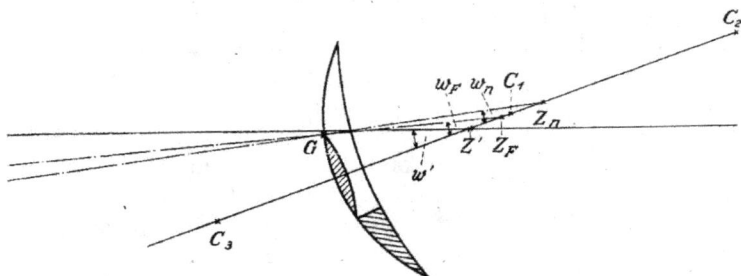

Abb. 235. Zweistärkenfernglas mit eingefügter Zusatzlinse und zentriertem Naheteil.

Drehpunkt Z_F des Fernglases und die den Naheteil durchlaufenden Strahlen unter dem Winkel w_n nach dem scheinbaren Drehpunkt Z_n des Naheglases zielen. Das Auge sieht also in dieser Richtung Doppelbilder oder, wie wir auch sagen können: beim Uebergang des Blickes vom Fern- zum Naheteil entsteht ein Bildsprung. Er tritt auf, obwohl hier die äußere Begrenzungsfläche für den Fern- und Naheteil die gleiche ist, so daß die an der Trennungsstelle G auf der Vorderfläche des Fern- und Naheteils errichteten Lote parallel laufen. Die Ablenkung an der Trennungslinie beruht auf der prismatischen Wirkung der Zusatzlinse aus stärker brechendem Glasmaterial.

Die zentrierte in Abb. 235 dargestellte Zweistärkenlinse wird nicht ausgeführt, sondern ausschließlich die in Abb. 234 gezeichnete Form, weil das Brillenglas sonst zu dick und schwer werden und ziemlich stark geneigt vorm Auge angeordnet werden müßte. Die Schönheit ist immer wieder ausschlaggebend. Die häufig gebrauchten Zweistärkenlinsen aus zwei Glasarten (Abb. 234) erfüllen also keine der drei optischen Forderungen, ja sie sind insofern noch schlechter als andere Zweistärkengläser, weil der Naheteil ein Linsensystem ist, das aus einer zentrischen und einer nicht zentrischen Linse zusammengesetzt ist und die Entstehung von Farbenfehlern begünstigt.

Die Zusatzlinse muß aus stärker brechendem Glas hergestellt werden. Man benützt dazu meist Flintglas. Um Linsensysteme ohne Farbenfehler zu erhalten, setzt man sie aus Linsen zusammen, die aus verschieden brechendem und zerstreuendem Glasmaterial bestehen. Meist genügt es, eine sammelnde Kronlinse mit einer zerstreuenden Flintlinse zu vereinigen, um die Farbenfehler befriedigend zu verkleinern. Hier wird aber gerade eine sammelnde Flintlinse mit einer zerstreuenden Kronlinse verbunden. Die Farbenfehler des Naheteils müssen daher noch größer sein, als die einer einfachen Linse. Also optisch sind diese Zweistärkengläser aus zwei verschiedenen Glasarten recht mangelhaft. Nur kosmetisch und hygienisch sind sie einwandfrei.

Entweder wird die Zusatzlinse in die entsprechend geformte Fernlinse eingekittet, wie das zuerst von der Firma S t r ü b i n in Basel gemacht wurde, oder sie wird eingeschmolzen, wie das neuerdings namentlich in Amerika in großem Maßstabe ausgeführt wird (Kryptokgläser). Die eingekitteten Linsen haben zwar den Vorteil, daß die Flächen tadellos hergestellt werden können und es auch bei der Vereinigung bleiben. Als Nachteil kommt allerdings hinzu, daß der Kitt unter Umständen einmal weich wird, der Naheteil sich verschiebt, oder gar herausfällt, oder daß Spuren der Kittflüssigkeit am Rande herausdringen und zu Schmutzansammlungen Veranlassung geben. Diese Mängel werden zwar beim Einschmelzen vermieden. Dafür kommt aber als Nachteil hinzu, daß durch den Schmelzprozeß nicht selten die Güte der Mittelfläche etwas leidet. Wenn auch die Temperatur beim Zusammenschmelzen so gewählt wird, daß die große Kronlinse mit dem Einschliff noch hart bleibt und nur die leichter schmelzbare Flintlinse weich wird und die Hohlung ausfüllt, so kann doch eine geringe Formänderung der Mittelfläche der Kronlinse vorkommen. Die Zweistärkengläser mit eingeschmolzenem Zusatzglas sind in kosmetischer und hygienischer Beziehung denen mit eingekittetem Zusatzglas überlegen und werden ihnen deshalb auch vorgezogen. Sie sehen wirklich sehr schön aus, denn die Trennungslinie ist so gut wie unsichtbar und beide Außenflächen sind ohne jede Stufe noch Kante, das ist aber auch ihr einziger Vorteil, dem eine große Reihe von Nachteilen gegenüberstehen.

Eine Zweistärkenbrille besonderer Art kann man sich schaffen, indem man vor die Fernbrille einen Vorhänger mit halbovalen Gläsern anordnet (s. Abb. 236 und 237). Der Vorhänger enthält Gläser mit denselben Scheitelbrechwerten, um die sich die Naheteile von den Fernteilen unterscheiden. Die Blickfelder werden bei Anwendung des

Vorhängers etwa in gleich große Hälften geteilt (s. Abb. 237), ähnlich wie bei der Franklinschen Brille (Abb. 212). Das halbe Vorsatzglas ist so vor dem Fernglas angeordnet, daß seine optische Achse mit der des Fernglases zusammenfällt. Als Naheglas dient dann ein Doppelmeniskus, der ebenfalls zentrisch vorm Auge sitzt. Sowohl das Fern- als auch das Naheglas kann punktuell abbilden. Der Doppelmeniskus gibt selbst bei dem Gebrauch sehr stark sammelnder Ferngläser gute Bilder. Wenn die optischen Achsen beider Teile zusammenfallen, kann

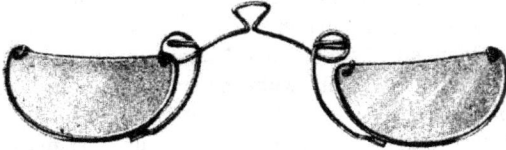

Abb. 236. Ein Vorhänger.

auch beim Uebergang des Blickes vom Fern- zum Naheteil kein Bildsprung auftreten. Wir sehen also, daß der Vorhänger alle drei optischen Forderungen restlos erfüllt. Die hygienische und kosmetische Forderung bleibt in gewisser Beziehung unerfüllt. Ein solcher Vorhänger ist natürlich auffälliger als ein Zweistärkenglas mit unsichtbarer Trennungslinie.

Abb. 237. Eine Brille mit Vorhänger.

Dafür hat er aber noch andere wichtige Vorzüge dem Zweistärkenglas gegenüber. Braucht man das Naheglas nicht, so kann man durch einen einfachen Griff den Vorhänger entfernen und dann durch den gerade beim Gehen sehr wichtigen unteren Teil des Fernteiles ungehindert sehen. Braucht man für verschiedene Arbeitsabstände verschieden starke Nahegläser, so kann man sich leicht durch Vorhänger mit verschieden starken Gläsern helfen, ohne daß an der Fernbrille etwas zu ändern ist.

Prismatische Gläser.

Für Augen mit Muskelgleichgewichtsstörungen, also Augen in Schielstellungen, werden Gläser gebraucht, die bereits in der Hauptblickrichtung eine vorgeschriebene prismatische Ablenkung einführen.

Wir werden die Wirkung dieser Gläser erst bei der Behandlung des beidäugigen Sehens durch Brillen richtig verstehen, wollen uns aber jetzt schon über die Wirkung eines prismatischen Glases unterrichten. Die Ablenkung eines Prismas δ haben wir schon auf S. 9 abgeleitet, und wir fanden, daß ein Keil mit einem brechenden Winkel von α^0 eine Ablenkung $\delta^0 = \alpha^0$ (n — 1) herbeiführt.

Zur Feststellung solcher fehlerhafter Augenstellungen benützt man einfache Glaskeile, die sich in allen Brillenprobierkästen befinden. In den meisten Fällen sind sie nach brechenden Winkeln geordnet. Wir sahen schon früher, daß diese Bezeichnung nicht zweckmäßig ist, denn sie benutzt als Maßeinheit eine mechanische Größe, den brechenden Winkel, während man doch mit Hilfe der Prismen eine optische Größe, die Ablenkung δ, messen will (s. unten). Neuerdings bestimmt man in der Brillenpraxis die prismatischen Ablenkungen nach Prismendioptrien und Centraden als Einheiten. Was man unter diesen Einheiten versteht, soll in folgendem abgeleitet werden.

Die Maßeinheiten für prismatische Ablenkungen.

Setzt man voraus, daß für die einfachen Prismen dasselbe Glasmaterial wie für die Brillengläser verwendet wird, so ergibt ein Prisma von 10^0 brechendem Winkel eine Ablenkung δ^0 die gleich ist α^0 (n — 1) = $10^0 \cdot (1,52 - 1) = 5,2^0$. Der Ablenkungswinkel ist also etwa halb so groß wie der brechende Winkel. Das zeigt auch die nachfolgende Tabelle 25, in der die Ablenkungen für die Prismen bis zu 20^0 brechendem Winkel angegeben sind.

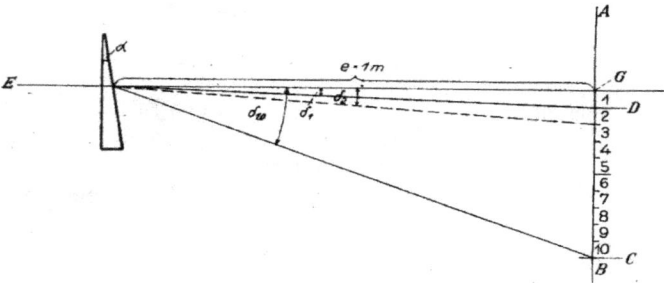

Abb. 238. Zur Ableitung der Prismendioptrie.

Ein Prisma oder ein prismatisches Glas hat die Wirkung von einer Prismendioptrie, wenn es einen Strahl so ablenkt, daß die Verschiebung des abgelenkten Strahls gegenüber der ursprünglichen Lichtrichtung in 1 m Abstand 1 cm beträgt. In der Abb. 238

stellt die Gerade EG die Richtung des einfallenden Strahles dar. Sie trifft den Auffangschirm AB, der 1 m von dem Prisma entfernt ist, senkrecht. Die prismatische Wirkung beträgt nun 1 Prismendioptrie (abgekürzt prdptr), wenn der abgelenkte Strahl den Schirm an der Stelle D durchstößt, die 1 cm von G entfernt ist, sie beträgt 2 Prismendioptrien, wenn der abgelenkte Strahl die Fläche AB in 2 cm Abstand von dem Nullpunkt G tifft, sie beträgt 10 dptr, wenn er sie 10 cm seitlich vom Nullpunkt also bei C durchstößt. Wie man aus der Abbildung erkennt, ist der Ablenkungswinkel δ_{10} nicht genau 10mal so groß, als der Ablenkungswinkel δ_1, es ist vielmehr $\operatorname{tg} \delta_{10}$ 10mal so groß als $\operatorname{tg} \delta_1$, denn die Strecke $GC = 10 \cdot GD$, und $\dfrac{GD}{e} = \operatorname{tg} \delta_1$, und $\dfrac{GC}{e} = \operatorname{tg} \delta_{10}$. Also ist auch $\operatorname{tg} \delta_{10} = \dfrac{10 \cdot GD}{e} = 10 \cdot \operatorname{tg} \delta_1$. Bei kleinen Winkeln kann man statt der Tangenten die Winkel selbst einsetzen, und da in der Brillenpraxis nur Keile mit verhältnismäßig kleinen Winkeln gebraucht werden, so darf man mit genügender Annäherung setzen: $\delta_{10} = 10 \cdot \delta_1$. Das zeigt auch die Tabelle 25, denn dort finden wir für eine Prismendioptrie eine Ablenkung von 0,57° und für 10 prdptr 5,71° Ablenkung. Erst bei etwa 20 Prismendioptrien macht sich eine kleine Abweichung bemerkbar.

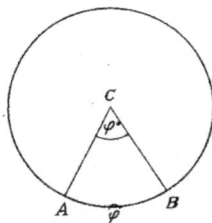

Abb. 239. Zur Ableitung des Centradian.

Zur dritten Maßeinheit für die Ablenkung prismatischer Gläser kommt man auf folgendem Wege: der Umfang eines Kreises u ist gleich $2 r \pi$, wo r der Kreishalbmesser und $\pi = 3,142$ ist; ihm entspricht ein Zentriwinkel von 360°. Hat man nur einen Kreisbogen, z. B. AB in Abb. 239, so entspricht seine Länge $\overset{\frown}{\varphi}$ (sprich φ Bogen) dem Zentriwinkel φ^0. Es verhält sich also der Winkel φ^0 zum Bogen $\overset{\frown}{\varphi}$ wie der Vollwinkel 360° zum Kreisumfang u also $\dfrac{\varphi^0}{\overset{\frown}{\varphi}} = \dfrac{360^0}{u} = \dfrac{360^0}{2 r \pi}$.

Setzt man den Kreishalbmesser $r = 1$, so wird $\dfrac{\varphi^0}{\overset{\frown}{\varphi}} = \dfrac{360^0}{2 \pi} = \dfrac{180^0}{\pi}$.

Ist der Bogen $\overset{\frown}{\varphi}$ gleich dem Halbmesser r, also jetzt gleich 1, so wird

$$\varphi^0 = \frac{180}{\pi} = \frac{180^0}{3,142} = 57,3^0.$$

Man nennt den Winkel, der dem Bogen von der Länge des Halbmessers entspricht, den Radian. Das ist aber keine brauchbare Maßeinheit für die in der Brillenoptik vorkommenden Ablenkungen; sie ist viel zu groß. Man nimmt deshalb den 100sten Teil des Radians und nennt ihn Centradian (abgekürzt ctrd), ihm entspricht ein

Winkel von 0,573°. Ein Prisma oder ein Brillenglas hat also eine
Wirkung von 10 ctrd, wenn die herbeigeführte Ablenkung 10mal so groß
als 0,573° ist, also 5,73° beträgt. Während die Einteilung nach ctrd eine
reine Winkelteilung ist, ist die Ordnung nach prdptr, wie wir schon
sahen, eine Tangententeilung. Trotzdem ist die Größe der Ablenkung
nach Centrad und nach Prismendioptrien praktisch gleich, wie wir
aus der Tabelle 25 ersehen, während die Ablenkung etwas abweichende
Werte annimmt, wenn die Angabe nach brechenden Winkeln erfolgt.
Ein Keil von 10 prdptr oder 10 ctrd entspricht einer Ablenkung
von 5,7°, ein 10°-Prisma lenkt dagegen nur um 5,3° ab.

Tabelle 25. Prismenablenkungen.

Brechender Winkel in Grad	Ablenkung δ in Grad	Prismen-dioptrien	Ablenkung δ in Grad	ctrd	Ablenkung δ in Grad
1	0,52	1	0,57	1	0,57
2	1,04	2	1,15	2	1,15
3	1,56	3	1,72	3	1,72
4	2,09	4	2,29	4	2,29
5	2,61	5	2,86	5	2,87
6	3,14	6	3,43	6	3,44
7	3,68	7	4,00	7	4,01
8	4,21	8	4,57	8	4,58
9	4,75	9	5,14	9	5,16
10	5,30	10	5,71	10	5,73
11	5,86	11	6,28	11	6,30
12	6,42	12	6,84	12	6,88
13	6,99	13	7,41	13	7,45
14	7,57	14	7,97	14	8,02
15	8,16	15	8,53	15	8,60
16	8,76	16	9,09	16	9,17
17	9,38	17	9,65	17	9,74
18	10,01	18	10,20	18	10,32
19	10,65	19	10,76	19	10,89
20	11,32	20	11,31	20	11,46

Die Bestimmung der Dezentration einer Linse.

Will man ein Brillenglas mit einer bestimmten Brechkraft so vor dem
Auge anordnen, daß es schon beim Blick durch die geometrische oder
mechanische Mitte des Brillenglases eine bestimmte vorgeschriebene

prismatische Wirkung einführt, so kann man das am einfachsten dadurch erreichen, daß man es dezentriert. Man muß dabei den geometrischen vom optischen Mittelpunkt des Glases unterscheiden. Bei einem zentrierten Glas fällt der geometrische und der optische Mittelpunkt zusammen, und die Blickrichtung durch die Mitte erfährt keine Ablenkung. Bei einem dezentrierten Glase dagegen liegt der optische Mittelpunkt seitlich vom geometrischen, und die Blickrichtung durch die geometrische Mitte erhält eine Ablenkung. Setzen wir ein einfaches Sammelglas voraus und lassen einen Achsenparallelstrahl in der Höhe h (Abb. 240) einfallen, so wird er so gebrochen, daß er auf der Bildseite durch den Brennpunkt F′ verläuft. Stellt man im Abstande e einen Schirm S auf, so durchstößt ihn der abgelenkte Strahl im Punkte B, während er ohne das Dazwischentreten der Linse den Punkt A getroffen hätte. Die Ablenkung durch die Linse hat eine Verschiebung des Durchstoßungspunktes um die Strecke d hervorgerufen. Bei gleicher Einfallshöhe h und gleichem Schirmabstand e ist die Strecke d abhängig

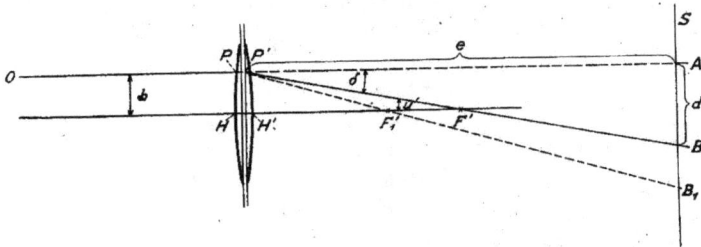

Abb. 240. Die prismatische Ablenkung durch Dezentration einer Sammellinse.

von der Brennweite der Linse oder von ihrer Brechkraft. Je kürzer die Brennweite ist, je näher also F′ der Linse liegt, desto stärker ist die Verschiebung d, also die prismatische Ablenkung. In der Abb. 240 würde eine Linse mit der Brennweite H′F′$_1$ den einfallenden Strahl OP nach P′B$_1$ ablenken. Aus der Abbildung können wir den Zusammenhang zwischen Einfallshöhe h, Brennweite f′ und Verschiebung d unschwer ablesen. Das Dreieck ABP′ ist dem Dreieck P′H′F′ ähnlich, denn der Winkel δ ist gleich dem Winkel u′ als innerer Wechselwinkel. $\angle$ P′AB = $\angle$ P′H′F′ als rechte Winkel, folglich sind auch $\angle$ ABP′ und $\angle$ H′P′F′ einander gleich. Folglich gilt: Die Höhe d verhält sich zur Grundlinie e wie die Höhe h zur Grundlinie f′, oder anders geschrieben:

$$\frac{d}{e} = \frac{h}{f'}. \quad \text{Daraus erhalten wir } d = \frac{e \cdot h}{f'} = e \cdot h \cdot D.$$

Setzen wir die Strecke e = 1 m, dann gibt uns die in Zentimetern gemessene Strecke d die Ablenkung in Prismendioptrien an, und wir

erhalten einfach d cm = h cm · D, d. h. die Zahl der Prismendioptrien ist
also jetzt nur abhängig von der Strecke h und der Brechkraft der
Linse D. Wird der Punkt P zum geometrischen Mittelpunkt des
Glases gewählt, so ist h die Dezentration. Wir müssen die entsprechenden Strecken in den beiden ähnlichen Dreiecken h und d im
gleichen Maßstabe, also in Zentimetern, ausdrücken. Für die Dezentration h = 1 cm bleibt dann übrig d cm = 1 cm D, d. h. in Worten aus-
gedrückt: Durch eine Dezentration von 1 cm führt die Linse eine
prismatische Wirkung von so viel Prismendioptrien ein, als die Linse
Brechkraftsdioptrien hat. Dezentriert man also eine Linse von 5 dptr
um 1 cm, so erhält man eine Ablenkung von 5 prdptr. Will man
nur eine geringere Ablenkung herbeiführen, so ist die Dezentration
leicht zu berechnen. Wird beispielsweise verlangt, daß eine Linse
von 7 dptr Brechkraft eine Ablenkung von 2 prdptr hervorbringt, so
muß die Dezentration $\frac{2}{7}$ cm betragen, denn während 7 prdptr durch
1 cm Dezentration hervorgebracht werden, sind zu 2 prdptr x Zenti-
meter Dezentration nötig. Es ist also:

$$\frac{x \text{ cm}}{1 \text{ cm}} = \frac{2 \text{ dptr}}{7 \text{ dptr}}; \quad x = \frac{2}{7} \text{ cm} = 0,28 \text{ cm} = 2,8 \text{ mm}.$$

Schielablenkungen kommen nicht nur nach der Seite vor, sondern
man findet auch solche in der Höhe oder auch in schräger Richtung.
In solchen Fällen gibt man bei der Verschrei-
bung von prismatischen Gläsern die Seiten- und
die Höhenablenkungen gesondert an. Höhenablenkungen müssen besonders genau bestimmt werden, weil die Augen gegen Höhenabweichungen sehr empfindlich sind. Kommen
nun beide Fehler, Seitenabweichung und Höhenabweichung gleichzeitig vor, so sind auch
Dezentrationen in zwei Richtungen notwendig.
Wenn bei einem Glase eine Seitenabweichung
von a Prismendioptrien und eine Höhenabweichung von b Prismendioptrien gefordert wird, so
ergibt sich daraus eine Gesamtdezentration von

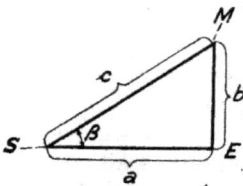

Abb. 241. Die Ermitt-
lung der endgültigen
Dezentration bei einer
vorgeschriebenen
Seiten- und Höhen-
ablenkung.

c Prismendioptrien, die in einer Richtung liegt, die nach dem Kräfte-
parallelogramm zu finden ist (Abb. 241). Den geometrischen Mittelpunkt M kann man also dadurch finden, daß man ihn in der wagerechten
Richtung um die Strecke a und in der senkrechten Richtung um die
Strecke b dem optischen Mittelpunkt S gegenüber verschiebt, wobei die
Strecken den vorgeschriebenen Prismendioptrien entsprechen. Ist also
beispielsweise ein Glas von —8 dptr mit einer Seitenabweichung von
3 Prismendioptrien und einer Höhenabweichung von 2 Prismendiop-

trien vorgeschrieben, so beträgt die Dezentration nach der Seite $SE = \frac{3}{8}$ cm $= 0,38$ cm $= 3,8$ mm, und die Höhenverschiebung $EM = \frac{2}{8}$ cm $= 0,25$ cm $= 2,5$ mm. Man kann auch die Gesamtwirkung c und den Winkel β aus dem Dreieck MES berechnen, denn es ist: $c^2 = a^2 + b^2$; also ist $c = \sqrt{a^2 + b^2}$. In unserem Beispiele würde also $c = \sqrt{3^2 + 2^2}$ prdptr $= \sqrt{9 + 4}$ prdptr $= \sqrt{13}$ prdptr $= 3,6$ prdptr betragen und einer Dezentration von $\frac{3,6}{8}$ cm $= 0,45$ cm $= 4,5$ mm entsprechen. Den Winkel β erhält man durch die Beziehung $tg\,\beta = \frac{b}{a}$. In unserem Falle ist tg $\beta = \frac{2}{3} = 0,66$, das entspricht einem Winkel β von 33,4°. An Stelle der etwas umständlichen Rechnung kann man sehr einfach und mit genügender Genauigkeit die Strecke c und den Winkel β zeichnerisch ermitteln. Man braucht nur die Anzahl der verordneten Prismendioptrien a und b im rechten Winkel wie in Abb. 241 in einem beliebigen Maßstabe aufzutragen und die Verbindungslinie c zu zeichnen. Wird beispielsweise eine Prismendioptrie durch die Strecke von 1 cm Länge dargestellt, dann zeichnen wir in unserem Falle die Strecke a 3 cm lang, setzen die Strecke b in 2 cm Länge senkrecht an und ziehen die Linie c. Dann finden wir die Länge der Linie c zu 3,6 cm, und mit Hilfe des Transporteurs den Winkel β zu 33°. Wir haben uns nur noch die in Millimetern ausgedrückte, 3,6 prdptr entsprechende Dezentration unter Berücksichtigung der Brechkraft des Glases in gewohnter Weise auszurechnen, oder können gleich die Dezentrationen aufzeichnen.

Wie aus der Tabelle 25 hervorgeht, sind die nach Prismendioptrien und Centrad angegebenen prismatischen Wirkungen praktisch gleich, weichen aber von den nach brechenden Winkeln angegebenen Wirkungen etwas ab. Die Verordnung prismatischer Gläser erfolgt meist nach brechenden Winkeln. Die Berechnung der Dezentration nimmt man aber bequemerweise unter Zugrundelegung von Prismendioptrien vor. Wenn z. B. ein Prisma mit 6° brechendem Winkel vorgeschrieben ist, wünscht man eine Ablenkung von 3,14°. Würde man auf Grund dieser Verordnung ein Glas mit einer Wirkung von 6 prdptr anwenden, so erhielt man eine Ablenkung von 3,43°, also eine Ablenkung, die um 0,29° zu groß wäre. Die Ablenkung wird also um etwa 0,1 oder um 10 Proz. der verlangten Ablenkung zu groß. Um die nach brechenden Winkeln verschriebene Ablenkung in Prismendioptrien richtig auszuführen, muß man die Zahl, die die Grade des brechenden Winkels angeben, um 10 Proz. verkleinern. Ist also ein Prisma mit 10° brechendem Winkel verschrieben, so darf nicht ein

Glas mit einer Wirkung von 10 prdptr, sondern von 9 prdptr verwendet werden. Das bewirkt eine Ablenkung von rund 5,1°, also
praktisch dieselbe, die ein Prisma mit 10° brechendem Winkel herbeiführt. Bei den stärkeren Prismen nimmt der Unterschied zwischen
den nach brechenden Winkeln und den nach prdptr bezeichneten
Keilen ab, so daß dann dieser Abzug nicht nötig ist (s. Tab. 25).

Starke prismatische Ablenkungen kann man häufig nicht durch
einfache Dezentrationen der üblichen Brillengläser herbeiführen, denn
sonst müßten ja die zentrierten Gläser, aus denen ein derartiges
dezentriertes Brillenglas auszuschneiden wäre, sehr groß sein. Man
stellt deshalb gleich prismatische Gläser nach Vorschrift her, indem
man die Hinterfläche um einen entsprechenden Winkel zur Vorderfläche geneigt anschleift (Abb. 242).

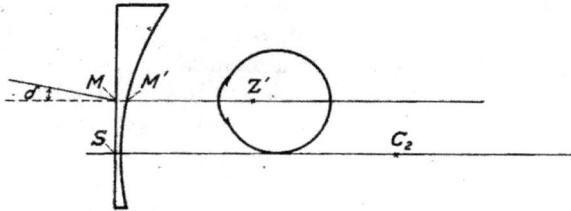

Abb. 242. Ein nicht zentriertes prismatisches Glas zum Auge.

Wenn ein exzentrisches Brillenglas, wie in Abb. 242, so vor dem
Auge angeordnet wird, daß in der Hauptblickrichtung M'Z' die geo-
metrische Mitte des Glases getroffen wird, läßt sich wohl eine be-
stimmte vorgeschriebene Ablenkung δ einführen; aber durch diese
Stellung des Glases muß die Güte der Abbildung leiden. Die optische
Achse SC₂ geht weit seitlich am Augendrehpunkt vorbei. Schon beim

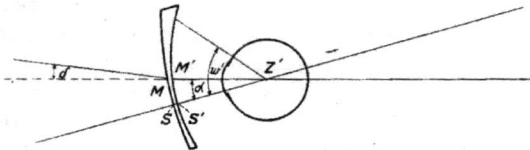

Abb. 243. Ein zentriertes zerstreuendes prismatisches Glas zum Auge.

Blick durch die geometrische Mitte entsteht Astigmatismus schiefer
Büschel, der für das nach der Seite blickende Auge noch größer
werden muß. Diese Fehler sind zu vermeiden, wenn ein punktuell
abbildendes Glas um den Augendrehpunkt Z' um einen bestimmten
Winkel α geschwenkt wird (Abb. 243), daß in der Hauptblickrichtung

M'Z' eine vorgeschriebene prismatische Ablenkung δ eintritt. Dabei müßte aber, wie das auch die Abbildung zeigt, das Glas unter Umständen ziemlich schief vor dem Auge angeordnet werden. Das würde bei großen Winkeln α unschön aussehen, und für so große Blickwinkel w', wie sie dabei vorkommen, würde eine punktuelle Abbildung nicht mehr bestehen. Deshalb benutzt man vielfach exzentrische, an sich punktuell abbildende Gläser so vor dem Auge, daß die optische Achse seitlich am Drehpunkt vorbeiläuft. Wohl verschlechtert man damit die Abbildung; aber die Brille mit einem derartig gestellten prismatischen Glase sieht besser aus, als eine solche mit schief stehendem Glase. Sind die Krümmungshalbmesser der Begrenzungsflächen dagegen sehr klein, etwa von der Größenordnung des Abstandes des Glasscheitels S' vom Drehpunkt Z', wie das bei den Gläsern Wollastonscher Form der Fall ist, dann kann man eine solche Linse um den Drehpunkt Z' schwenken, ohne daß sie dann eine auffällig schiefe Lage annimmt (Abb. 244). Diese Gläser haben

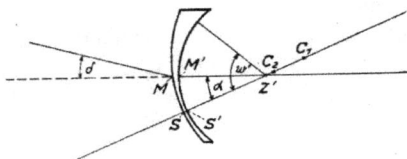

Abb. 244. Zerstreuendes prismatisches zentriertes Glas Wollastonscher Form.

außerdem den Vorteil, daß sie auch bei außerordentlich großem Blickwinkel w' von Astigmatismus schiefer Büschel frei sein können, so daß man prismatische Gläser erhält, die für das ganze gebrauchte Blickfeld punktuell abbildend sind. Der einzige Nachteil dieser Gläser ist die starke Krümmung der Begrenzungsflächen, wodurch sie ein etwas auffälliges Aussehen erhalten.

Das astigmatische Auge und die Brille.

Das astigmatische Auge.

Bis jetzt haben wir stets vorausgesetzt, daß das fehlsichtige Auge und das korrigierende Brillenglas in jedem beliebigen Meridianschnitt dieselbe Brechkraft hat, also achsensymmetrisch ist. Es gibt aber sehr viele fehlsichtige Augen, die in verschiedenen Meridianschnitten verschiedene Brechkräfte zeigen, sie heißen astigmatische Augen. Ein solches Auge zeigt bereits bei der Abbildung eines auf der optischen Achse gelegenen Dingpunktes bildseitig eine solche Strahlenvereinigung, wie wir sie als Fehler bei dem schiefen Durchgang von Strahlenbüscheln durch gewöhnliche gleichseitige Brillengläser gesehen haben. Einem Dingpunkte entpricht bei einer derartigen Abbildung nicht mehr ein Bildpunkt, sondern als engste Einschnürungen entstehen auf der Bildseite zwei Linien, die einen endlichen Abstand haben und senkrecht zueinander stehen. Liegt der Dingpunkt im Unendlichen, so nennt man sie Brennlinien.

Ein astigmatisches Strahlenbüschel kann im Auge dadurch entstehen, daß die Begrenzungsflächen seiner optischen Systeme keine achsensymmetrischen Flächen sind. Solange die Flächen achsensymmetrisch sind, ist das Krümmungsmaß in allen Meridianschnitten dasselbe, und alle von einem Achsenpunkt einfallenden Strahlen werden in den verschiedenen Meridianschnitten gleichmäßig gebrochen. Es werden also alle von einem Achsendingpunkt ausgehenden Strahlen in einem Bildpunkt vereinigt. Ist aber das Krümmungsmaß einer oder mehrerer Begrenzungsflächen in verschiedenen Meridianschnitten verschieden, so entsteht ein astigmatisches Büschel, und nur noch in zwei zueinander senkrechten Meridianschnitten kommen die Strahlen überhaupt zum Schnitt mit der Achse, nämlich in den mit der stärksten und schwächsten Krümmung, den sogenannten beiden Hauptschnitten, so daß stets die beiden Hauptschnitte senkrecht aufeinanderstehen. Die Strahlen der übrigen Meridianschnitte laufen windschief zur Achse und treffen höchstens noch die beiden Brennlinien. Ein solches astigmatisches Auge hat also zwei Hauptpunktsbrechwerte.

Der Einfachheit halber wollen wir zunächst annehmen, es sei nur eine Begrenzungsfläche der optischen Systeme des Auges astigmatisch, beispielsweise die Hornhautfläche, es könnte natürlich auch wohl die vordere oder die hintere Linsenfläche sein. Bei der Besprechung der Berichtigung astigmatischer Augen wollen wir ferner der bequemen Sprechweise wegen annehmen, daß ein Hauptschnitt wagerecht, der andere senkrecht liege, natürlich sind alle Lagen möglich. Das Büschel im senkrechten Hauptschnitt schneidet die Achse an einer anderen Stelle als das Büschel im wagerechten Hauptschnitt (Abb. 245). Ist die Brechkraft des Auges im senkrechten Hauptschnitt größer als im wagerechten, so ist am Orte des Schnittpunktes des senkrechten Büschels F'_s das wagerechte noch gar nicht zum Schnitt gekommen, und am Orte des Schnittpunktes des wagerechten Büschels F'_w ist das senkrechte bereits wieder auseinander gelaufen in gleicher Weise, wie wir das beim Astigmatismus schiefer Büschel beobachteten. Folglich muß dem am Orte des Schnittpunktes

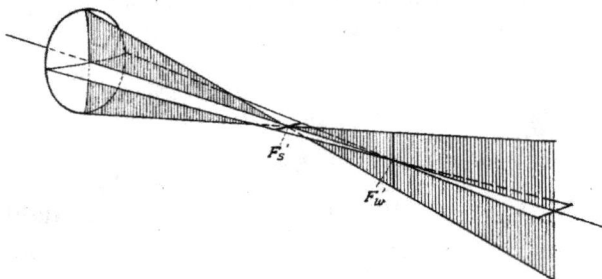

Abb. 245. Ein astigmatisches Strahlenbüschel längs der Achse perspektivisch dargestellt.

des wagerechten Büschels F'_w eine senkrechte, am Orte des Schnittpunktes des senkrechten Büschels F'_s eine wagerechte Bildlinie entstehen. Das ist wohl zu beachten. Während alle Querschnitte eines von einem Achsendingpunkt ausgehenden Strahlenbüschels in einem achsensymmetrischen Auge kreisförmig und am Bildort punktförmig sind, haben die Querschnitte durch ein solches Strahlenbüschel im astigmatischen Auge, wie wir es voraussetzten, die Form eines Kreises im Dingraum, einer Ellipse mit großer wagerechter Achse hinter dem

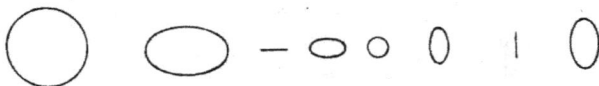

Abb. 246. Querschnitte durch ein astigmatisches Büschel.

Augensystem, einer wagerechten Linie am Orte des Brennpunktes F'_s, einer Ellipse mit großer wagerechter Achse, eines Kreises und einer Ellipse mit großer, senkrechter Achse zwischen beiden Brennpunkten, einer senkrechten Linie am Orte des Brennpunktes F'_w und einer Ellipse mit großer senkrechter Achse hinter diesem Brennpunkt, wie das Abb. 246 zeigt.

Durch solche astigmatische Systeme müssen beliebig gestaltete Dinge ganz undeutlich wiedergegeben werden. Höchstens können Dinglinien deutlich abgebildet werden, wenn sie in der Richtung eines der beiden Hauptschnitte liegen, wir haben sie schon auf S. 107 als abbildbare Linien kennen gelernt. Wagerechte und senkrechte Linien kommen in unserer Umgebung ziemlich oft vor. Ein astigmatisches Auge mit wagerechtem und senkrechtem Hauptschnitt würde also unter Umständen solche Dinglinien deutlich sehen können; aber trotzdem keinen deutlichen Gesamteindruck von den Dingen erhalten. Ein astigmatisches Auge mit schräg liegenden Hauptschnitten hat wohl kaum Gelegenheit, entsprechend gelegene Dinglinien zu sehen. Diese Möglichkeit, einmal eine Linie deutlich zu sehen, nützt dem astigmatischen Auge auch nichts, da es doch von allen Dingen der Umgebung nur einen undeutlichen Eindruck erhält. Man muß deshalb die Abbildung in einem solchen astigmatischen Auge durch besondere optische Hilfsmittel so beeinflussen, daß einem Dingpunkt immer wieder ein Bildpunkt entspricht, ähnlich wie im rechtsichtigen Auge.

Die verschiedenen Arten astigmatischer Augen und ihr Ausgleich.

Das in einem Hauptschnitt rechtsichtige, im anderen kurzsichtige Auge.

Um über diese etwas verwickelten Vorgänge bei der Bilderzeugung in einem korrigierten astigmatischen Auge eine klare Vorstellung zu erhalten, wollen wir langsam von den leichteren zu den schwierigeren Fällen übergehen und zunächst einmal voraussetzen, es handle sich um ein astigmatisches Auge, das in einem Hauptschnitt rechtsichtig und im anderen Hauptschnitt kurzsichtig ist. Die Kurzsichtigkeit bestehe im senkrechten Hauptschnitt. Der Brennpunkt dieses Schnittes F'_s (Abb. 247 a) liegt dann vor der Netzhaut innerhalb des Glaskörpers, während im wagerechten rechtsichtigen Hauptschnitt der Brennpunkt F'_w in Akkommodationsruhe auf der Netzhaut liegt (Abb. 248 a). Den Strahlenverlauf in den beiden Hauptschnitten stellt man am besten für jeden Schnitt gesondert dar; denn eine perspektivische Darstellung würde zu unübersichtlich werden. Wir müssen uns aber immer daran erinnern, daß die beiden Hauptschnitte in Wirklichkeit senkrecht aufeinanderstehen. Betrachten wir zuerst den wagerechten Hauptschnitt, in dem Rechtsichtigkeit besteht, so erkennen wir, daß ein weit entferntes (Abb. 248 a) Ding, dessen unterer Endpunkt auf der Achse liegt, gerade wie im rechtsichtigen Auge auf der Netzhaut in $F'_w O'_w$ abgebildet wird. Im senkrechten Hauptschnitt dagegen (Abb. 247 a) wird ein entsprechendes weit entferntes Ding in der vor der Netzhaut liegenden Brennebene $F'_s O'_s$ wiedergegeben. Die senkrechten Büschel gehen natürlich nach dem Schnitt bei $F'_s O'_s$ auseinander und erzeugen auf der Netzhaut Zerstreuungsfiguren, in unserem Falle senkrechte Linien, z. B. B'_s.

— 229 —

Alle Dingpunkte werden also auf der Netzhaut als senkrechte Linien wiedergegeben. Aber auch in der vor der Netzhaut gelegenen Brennebene $F'_sO'_s$ entsteht kein deutliches Bild, denn an dieser Stelle sind die wagerechten Büschel noch nicht zum Schnitt gekommen, es können also dort alle Dingpunkte nur als wagerechte Linie B'_w wiedergegeben werden. Deshalb sind, wie wir schon sahen, nur in den Richtungen der Hauptschnitte liegende Dinglinien darstellbar. Nehmen wir einmal an, es handle sich um ein Ding in Kreuzform ABCD (Abb. 247 b), dann würde der senkrechte Kreuzarm AB auf der Netzhaut deutlich wie A′B′ in Abb. 247 c wiedergegeben werden können, denn jeder Dingpunkt wird dort in einen senkrechten Strich ausgezogen; die Brennlinien überdecken sich zum Teil und bringen so scheinbar ein deutliches

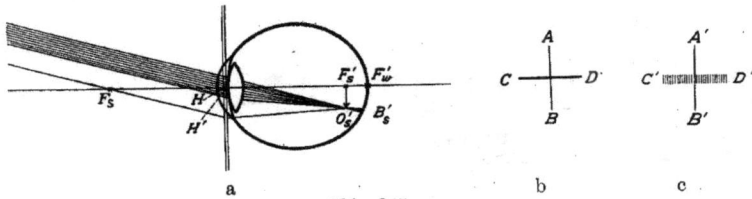

Abb. 247.

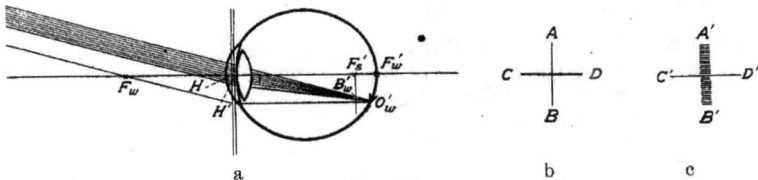

Abb. 248.

Abb. 247 u. 248. Die Abbildung eines weitentfernten Dinges in einem astigmatischen Auge, das im senkrechten Hauptschnitt kurzsichtig (247 a), im wagerechten (248 a) rechtsichtig ist, die in beiden Hauptschnitten abbildbaren Linien (247 b u. 248 b) und ihre Bilder auf der Netzhaut (247 c) und in der Brennebene F'_s (248 c).

Bild der Linie zustande, während der wagerechte Kreuzarm CD ganz verwaschen wie C′D′ in Abb. 247 c wiedergegeben wird. Umgekehrt entsteht in der Brennebene des senkrechten Schnittes bei F'_s eine deutliche Abbildung des wagerechten Kreuzarmes C′D′ und eine verwaschene A′B′ (Abb. 248 c) des senkrechten, weil dort alle fernen Dingpunkte zu wagerechten Bildlinien ausgezogen werden.

Da das Auge in dem senkrechten Hauptschnitt zu lang gebaut, also kurzsichtig ist, und die Netzhaut hinter dem Brennpunkt F'_s liegt, so muß im Endlichen vor dem Auge ein Ding zu finden sein, das in Akkommodationsruhe auf der Netzhaut abgebildet wird. Es liegt in der Ebene, die den Fernpunkt R_s des kurzsichtigen senk-

ok—

rechten Hauptschnittes trifft. Ein diesen Fernpunkt R_s (Abb. 249) enthaltendes Ding R_sO_1 wird durch die senkrechten Büschel dieses astigmatischen Auges auf der Netzhaut in $R'_sO'_{1s}$ abgebildet, alle wagerecht verlaufenden Strahlenbüschel müssen dagegen die in der Fernpunktsebene R_* befindlichen Dingpunkte hinter der Netzhaut in $R'_{sw}O'_{1w}$ (Abb. 250) zur Abbildung bringen. Die wagerechten Strahlenbüschel sind auf der Netzhaut noch nicht zum Schnitt gekommen, und es entsteht deshalb dort von jedem Punkt des Dinges R_sO_1 ein

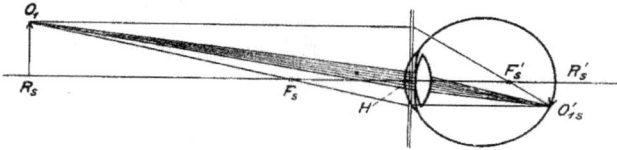

Abb. 249.

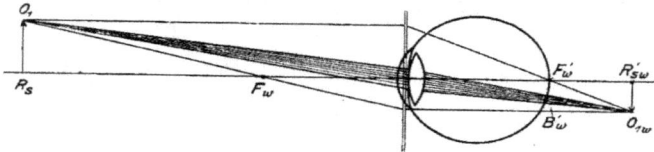

Abb. 250.

Abb. 249 u. 250. Die Abbildung eines in der Fernpunktsebene gelegenen Dinges in einem astigmatischen im senkrechten Hauptschnitt (249) kurzsichtigen, im wagerechten Hauptschnitt (250) rechtsichtigen Auge.

a   b

Abb. 251. Abbildbare Linien (a) in der Fernpunktsebene R_s und ihre Wiedergabe auf der Netzhaut (b) eines astigmatischen Auges.

wagerechter Strich wie B'_w. Es können infolgedessen in Akkommodationsruhe auf der Netzhaut wagerechte Linien einer den Fernpunkt R_s enthaltenen Ebene deutlich wiedergegeben werden, wie z. B. der Kreuzarm CD (Abb. 251 a) als wagerechte Bildlinie $C'D'$ (Abb. 251 b). Der senkrechte Kreuzarm AB wird dagegen undeutlich auf der Netzhaut dargestellt wie $A'B'$ in Abb. 251 b.

Wir haben also folgenden Fall: Der Fernpunkt des wagerechten Hauptschnittes R_w liegt im Unendlichen, während der Fernpunkt R_s des senkrechten Hauptschnittes im Endlichen vor dem Auge liegt.

Den Abstand des Fernpunktes vom Augenhauptpunkt bezeichneten wir beim achsensymmetrischen fehlsichtigen Auge mit a. Seinen Kehrwert $\frac{1}{a} = A$ nannten wir den Hauptpunktsbrechwert, der uns als Maß für die Fehlsichtigkeit diente. Hier müssen wir zwei Hauptpunktsbrechwerte in den beiden Hauptschnitten unterscheiden, nämlich $\frac{1}{a_I} = A_I$ und $\frac{1}{a_{II}} = A_{II}$. Den Unterschied der beiden Hauptpunktsbrechwerte $A_I - A_{II} = A_s$ nennt man den Totalastigmatismus des Auges.

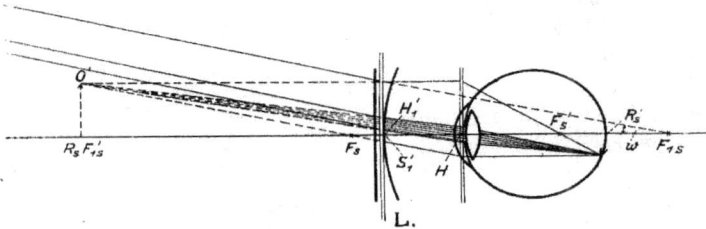

Abb. 252.

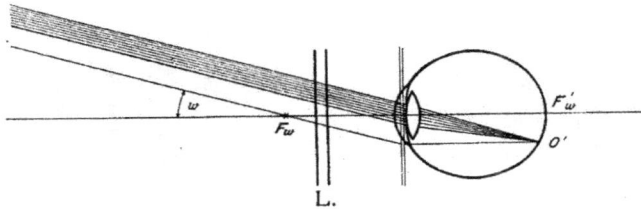

Abb. 253.

Abb. 252 u. 253. Die Abbildung eines weitentfernten Dinges in einem mit dem Fernglas bewaffneten Auge, das im senkrechten Hauptschnitt kurzsichtig und im wagerechten Hauptschnitt rechtsichtig ist.

Das hier angenommene im senkrechten Schnitt kurzsichtige, im wagerechten Schnitt rechtsichtige astigmatische ruhende Auge kann also gleichzeitig weit entfernte senkrechte und in der Ebene des Fernpunktes R_s liegende wagerechte Linien deutlich sehen. Die meisten Dinge müssen undeutlich erscheinen. Deshalb müssen wir das Auge im senkrechten Schnitt genau wie ein kurzsichtiges Auge korrigieren, müssen also ein zerstreuendes Brillenglas L (Abb. 252) so vor dem Auge anbringen, daß es von einem weitentfernten Ding ein Bild R_sO' in der Fernpunktsebene erzeugt. Das ist nur möglich, wenn der bildseitige Brennpunkt des Glases F'_{1s} mit dem Fernpunkt R_s zusammenfällt. Wir haben genau die gleichen Korrektionsbedingungen

wie bei einem achsensymmetrischen kurzsichtigen Auge zu erfüllen
(s. Abb. 75 S. 60), und haben es also nicht nötig, darauf noch weiter
einzugehen. Wohl aber müssen wir auf einen Punkt besonders aufmerksam machen. Dieses Brillenglas L muß ganz anders beschaffen
sein als ein solches, das ein achsensymmetrisches kurzsichtiges Auge
berichtigt; denn es darf die zerstreuende Wirkung nur im senkrechten
Schnitt haben. Im wagerechten Hauptschnitt dagegen, wo das Auge
rechtsichtig ist, darf das Brillenglas überhaupt nicht wirken, muß
also dort wie eine planparallele Platte beschaffen sein (Abb. 253).
Das Brillenglas muß auch in zwei zueinander senkrechten Hauptschnitten verschiedene Brechkräfte haben, muß also ebenfalls astigmatisch sein. Ein zerstreuendes Zylinderglas erfüllt diese Forderungen.
Es ist auf einer Seite von einer
Planfläche ABCD (Abb. 254), auf der
anderen Seite von einer hohlen Zylinderfläche EFGH begrenzt.

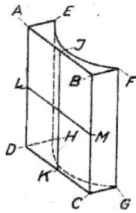

Abb. 254. Eine zerstreuende Zylinderlinse
perspektivisch dargestellt.

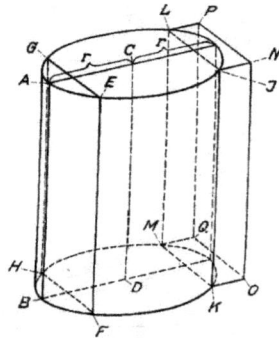

Abb. 255. Ein Zylinder perspektivisch
dargestellt.

Eine Zylinderfläche entsteht dadurch, daß sich eine gerade
Linie AB (Abb. 255) um eine zweite ihr parallele CD dreht, die
als Achse dient. Eine solche in einen Glasklock LPJNMQKO ein-
geschliffene oder an einem Glasblock angeschliffene Fläche GHABEF
hat in der Ebene ABCD, die die Zylinderachse CD enthält, die
Wirkung Null, weil dort die Krümmung Null ist. Diese Richtung des
Glases IK (Abb. 254) und AB (Abb. 255) nennt man die Zylinderachse. In einer dazu senkrechten Ebene GAEJL kann die Zylinderfläche
eine vorgeschriebene Brechkraft haben, ganz nach der Wahl des
Drehungshalbmessers AC = r. Wird als zweite Begrenzungsfläche der
Zylinderlinse, wie bereits erwähnt, eine plane Fläche ABCD in Abb. 254
und PNOQ in Abb. 255 verwendet, so muß die Wirkung des Glases in
der Richtung der Zylinderachse, also der Richtung JK Abb. 254 Null
sein, weil sowohl die Vorder- als auch die Hinterfläche der Linse das
Krümmungsmaß Null haben. In dem dazu senkrechten Schnitt LM
Abb. 254 dagegen wirkt die Linse wie eine plankonkave Linse.

Handelt es sich beispielsweise in unserem Falle um ein astigmatisches Auge, bei dem im senkrechten Hauptschnitt der Abstand des Fernpunktes R_s (Abb. 252) vom Augenhauptpunkte H die Strecke $a_I = -213{,}3$ mm mißt, so ist der Hauptpunktsbrechwert

$$A_I = \frac{1}{a_I} = \frac{1}{-0{,}2133\,\text{m}} = -4{,}69\ \text{dptr.}$$

Der Fernpunkt des wagerechten Hauptschnittes ist unendlich weit entfernt, also ist der Hauptpunktsbrechwert $A_{II} = \frac{1}{a_{II}} = \frac{1}{\infty} = 0$ dptr, so daß der Totalastigmatismus

$$A_s = A_I - A_{II} = (-4{,}69 - 0)\ \text{dptr} = -4{,}69\ \text{dptr beträgt.}$$

Liegt der bildseitige Hauptpunkt des Brillenglases H'_1 13,3 mm vor dem Augenhauptpunkt H, so muß die Brennweite des berichtigenden Brillenglases $f'_s = a_I + \delta = -213{,}3$ mm $+ 13{,}3$ mm $= -200$ mm sein. Daraus ergibt sich, daß die Brechkraft des Brillenglases

$$D_1 = \frac{1}{-0{,}2\,\text{m}} = -5\ \text{dptr sein muß.}$$

Den Halbmesser der Zylinderfläche erhält man nach der bekannten Formel $r = \frac{n-1}{D}$; in unserem Falle ist er also $r_z = \frac{n-1}{D_z} = \frac{1{,}52-1}{-5\,\text{dptr}} = \frac{0{,}52}{-5\,\text{dptr}} = 0{,}104$ m $= 104$ mm.

Dieses zylindrische Brillenglas muß dann so vor dem Auge angeordnet werden, daß die Richtung, in der es die Wirkung Null hat, wagerecht zu liegen kommt (Abb. 252), also in dem Schnitt, in dem das Auge rechtsichtig ist und keine Berichtigung notwendig hat. Ein in das Brillenglas einfallendes Parallelstrahlenbüschel, das von einem weitentfernten Dingpunkt herkommt, wird dann im wagerechten Schnitt durch das Brillenglas überhaupt nicht verändert und durch das Augensystem auf der Netzhaut N vereinigt. Im senkrechten Hauptschnitt dagegen wird es durch das Brillenglas so divergent gemacht, als ob es von einem Punkte seiner bildseitigen Brennebene herkäme und kann dann durch den stärker wirkenden Hauptschnitt des Auges ebenfalls auf der Netzhaut vereinigt werden. Es kann also an keiner Stelle des bildseitigen Strahlenbüschels eine Bildlinie entstehen. Die anderen windschief verlaufenden Strahlen kommen ebenfalls an der gleichen Stelle zum Schnitt. Jedem weitentfernten Dingpunkt entspricht nun ein Bildpunkt auf der Netzhaut. Jedes beliebig geformte Ding kann jetzt deutlich erkannt werden.

Das in einem Hauptschnitt rechtsichtige, im andern übersichtige Auge.

Handelt es sich im zweiten Falle um ein astigmatisches Auge, das im senkrechten Schnitt rechtsichtig, im wagerechten Schnitt dagegen übersichtig ist, so liegt der Brennpunkt des senkrechten Hauptschnittes F'_s Abb. 256 auf der Netzhaut, der Brennpunkt des wagerechten Haupt-

schnittes F'_w dagegen hinter ihr. In diesem Schnitte ist das Auge
zu kurz gebaut, also übersichtig. Im senkrechten Hauptschnitte
werden weit entfernte Dinge auf der Netzhaut abgebildet. Da aber
dort nur die senkrechten Strahlenbüschel zum Schnitt kommen,
die wagerechten dagegen erst hinter der Netzhaut, so entsteht auf der
Netzhaut von jedem weit entfernten Dingpunkt eine wagerechte Brennlinie und nur eine wagerecht verlaufende weit entfernte Dinglinie, wie

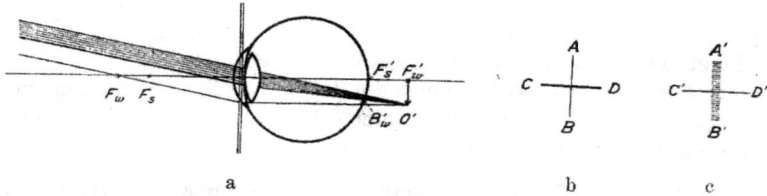

a   b   c

Abb. 256. Die Abbildung eines weit entfernten Dinges im wagerechten übersichtigen
Hauptschnitt eines astigmatischen Auges, das im anderen Hauptschnitt rechtsichtig
ist (a). Abbildbare Linsen (b), die auf der Netzhaut in der in (c) dargestellten
Weise wiedergegeben werden.

z. B. die Linie CD Abb. 256b, kann dort deutlich wiedergegeben werden
(C′D′ in Abb. 256c). In der hinter der Netzhaut liegenden Brennebene
des wagerechten Hauptschnittes $F'_w O'$ dagegen würde jeder weit entfernte Dingpunkt als eine senkrechte Linie wiedergegeben werden, so
daß nur senkrecht verlaufende Dinglinien wie die in Linie AB Abb. 256 b
in dieser Ebene deutlich abbildbar wären.

Im wagerechten Schnitt können auf der Netzhaut nur Dinge
wiedergegeben werden, die gerade wie beim übersichtigen Auge, hinter

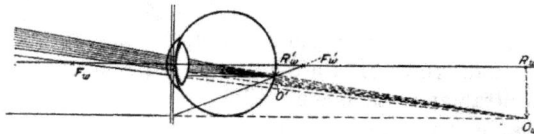

Abb. 257.

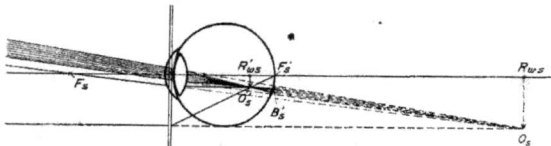

Abb. 258.

Abb. 257 u. 258. Die Abbildung eines in der Fernpunktsebene des wagerechten
Hauptschnitts liegenden scheinbaren Dinges in einem astigmatischen Auge, das im
wagerechten Hauptschnitt übersichtig, im senkrechten Hauptschnitt rechtsichtig ist.

ihm in der dem Fernpunkt R_w angehörenden Ebene liegen. Das
können nur scheinbare Dinge sein (Abb. 257). Jedes ebene, nach diesen
Dingpunkten zielende, im wagerechten Schnitt verlaufende Strahlenbüschel kommt zwar auf der Netzhaut zum Schnitt, im senkrechten
stärker brechenden Schnitt (Abb. 258) vereinigen sich die nach diesen
Dingpunkten zielenden Büschel, aber bereits vor der Netzhaut bei
$R'_{ws}O'_s$, so daß wieder jeder Punkt des scheinbaren Dinges in der
Fernpunktsebene $R_{ws}O_s$ als senkrechte Linie auf der Netzhaut wiedergegeben wird, wie z. B. B's. Von einem scheinbaren in der Fernpunktsebene liegenden kreuzförmigen Ding ABCD (Abb. 259 a), entsteht
deshalb auf der Netzhaut ein deutliches Bild A'B' (Abb. 259 b) des
senkrechten und ein verwachsenes Bild C'D' des wagerechten Armes.

Abb. 259. Abbildbare Linien (a), die in der Fernpunktsebene R_w liegen und ihre
Wiedergabe (b) auf der Netzhaut eines astigmatischen Auges, das im wagerechten
Hauptschnitt übersichtig, im senkrechten rechtsichtig ist.

Der Fernpunkt des senkrechten Hauptschnittes dieses astigmatischen Auges liegt also im Unendlichen, der des wagerechten Büschels
im Endlichen hinter ihm bei R_w. Dieses Auge vermag gleichzeitig
weit entfernte wagerechte und scheinbare in der Fernpunktsebene
gelegene senkrechte Linien deutlich zu sehen. Von einer deutlichen
Abbildung beliebig gestalteter entfernter Dinge kann also nicht die

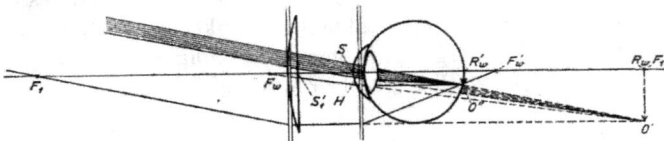

Abb. 260. Die Abbildung eines weit entfernten Dinges in einem mit einer sammelnden
Zylinderlinse bewaffneten astigmatischen Auge, das im dargestellten wagerechten
Hauptschnitt übersichtig ist.

Rede sein. Es muß deshalb ein Fernglas gesucht werden, das im
wagerechten Schnitt genau so wirkt, wie das Sammelglas vor einem
übersichtigen Auge (siehe S. 82), also weit entfernte Dinge am Orte
des Fernpunktes R_w abbildet (Abb. 260), im senkrechten Hauptschnitt
dagegen die Wirkung Null hat. Diese Aufgabe erfüllt ein sammelndes
zylindrisches Brillenglas (Abb. 261). Es wird vorn von einer erhabenen

Zyliuderfläche ABCD, hinten von einer Planfläche EFGH begrenzt, hat in der Richtung der Zylinderachse JK die Wirkung Null, senkrecht dazu, also in der Richtung LM, die Wirkung einer Sammellinse. Handelt es sich hier beispielsweise um ein astigmatisches Auge, das im wagerechten Hauptschnitt eine Uebersichtigkeit von $+ 5,36$ dptr hat, so liegt der Fernpunkt R_w (Abb. 260) 186,7 mm hinter dem Augenhauptpunkt H, oder 188 mm hinter dem Hornhautscheitel S, und das Brillenglas, dessen Scheitel S'_1 einen Abstand von 12 mm von dem Hornhautscheitel S hat, muß eine Schnittweite

$$s' = \bar{\delta} + \bar{a} = 12 \text{ mm} + 188 \text{ mm} = 200 \text{ mm} = 0,2 \text{ m}$$

haben. Sein Scheitelbrechwert hat also im wagerechten Hauptschnitt den Wert $A_\infty = \dfrac{1}{0,2 \text{ m}} = 5$ dptr. Es muß so vor dem Auge angeordnet werden, daß seine Zylinderachse senkrecht steht. Ein von einem weitentfernten Punkte einfallendes Strahlenbüschel wird also im senkrechten Schnitt von dem Brillenglas überhaupt nicht verändert. Das Augensystem vereinigt die Strahlen in diesem Schnitt gerade auf der Netzhaut. Im wagerechten Schnitt werden die einfallenden Parallelstrahlen durch das Brillenglas so konvergent gemacht, daß sie nach den Punkten der Fernpunktsebene $R_w O'$ hinlaufen, und vom Augensystem auf der Netzhaut vereinigt werden können. Wir erhalten nun die Schnittpunkte sowohl der bildseitigen senkrechten als auch der wagerechten Büschel, die von weit entfernten Dingpunkten ausgehen auf der Netzhaut, nich mehr wie bei dem astigmatischen System an zwei verschiedenen Orten. Folglich findet auch keine astigmatische Abbildung mehr statt, es entspricht vielmehr einem weit entfernten Dingpunkt ein Bildpunkt auf der Netzhaut, und jedes irgendwie gestaltete Ding kann von einem so ausgerüsteten Auge deutlich gesehen werden.

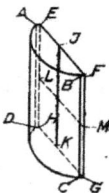

Abb. 261. Eine sammelnde Zylinderlinse, perspektivisch dargestellt.

Das in beiden Hauptschnitten kurzsichtige Auge.

Als nächsten Fall wollen wir ein astigmatisches Auge voraussetzen, das in den senkrecht und wagerecht angenommenen Hauptschnitten verschieden kurzsichtig ist. Dann liegen beide Brennpunkte innerhalb des Glaskörpers, also vor der Netzhaut. Der Brennpunkt des senkrechten Hauptschnittes F'_s (Abb. 262) liege noch weiter vor der Netzhaut N als der des wagerechten F'_w. Es entsteht dann in diesem Auge von jedem Punkte eines weitentfernten Dinges in der Brennebene des senkrechten Hauptschnittes eine wagerechte Brennlinie. Von einem kreuzförmigen Ding ABCD (Abb. 248 b) wird nur der wagerechte Arm deutlich wiedergegeben (C'D' Abb. 248c). In der Brennebene des wagerechten Hauptschnittes dagegen entspricht jedem Dingpunkt eine senkrechte Bildlinie. Es entsteht dort also von einem Ding in Kreuzform ein Bild mit deutlichem senkrechten Kreuzarm, wie es in Abb. 247c gezeichnet ist. Auf der Netzhaut selbst erzeugen die astigmatischen Strahlenbüschel Zerstreuungsfiguren in Form von Ellipsen mit senkrecht stehenden großen Ellipsenachsen. Dies ist verständlich, wenn man sich an die Querschnitte durch ein astigmatisches Büschel (Abb. 246) erinnert. Im senkrechten Hauptschnitt vermag dieses Auge in Akkommodationsruhe wagerechte Dinglinien auf der Netzhaut abzubilden, die in der Ebene des Fernpunktes R_s liegen, während durch wagerechte Strahlenbüschel senkrechte Dinglinien auf der Netzhaut deutlich wiedergegeben werden können, die in der Fernpunktsebene R_w liegen, das heißt also: die Dingpunkte der Ebene R_s werden auf der Netzhaut selbst als wagerechte Linien wiedergegeben, weil ja nur die senkrechten Büschel dort zum Schnitt kommen, während

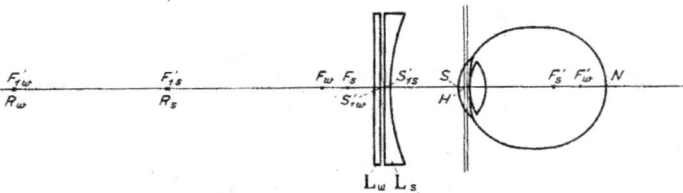

Abb. 262. Ein astigmatisches Auge mit seinen ausgleichenden Zylindergläsern, das in beiden Hauptschnitten kurzsichtig ist, im senkrechten Schnitt dargestellt.

sich die von dort ausgehenden wagerechten Strahlenbüschel erst hinter der Netzhaut schneiden, und umgekehrt werden von allen Dingpunkten der Fernpunktsebene R_w senkrechte Bildlinien auf der Netzhaut erzeugt; denn es kommen wohl alle wagerecht verlaufenden Strahlenbüschel von diesen Dingpunkten auf der Netzhaut zum Schnitt, aber die von dort ausgehenden senkrecht verlaufenden Strahlenbüschel schneiden sich bereits vor der Netzhaut. Ein solches astigmatisches Auge, das in beiden Schnitten kurzsichtig ist, vermag also in Akkommodationsruhe in der Fernpunktsebene R_s wagerecht liegende und in der Fernpunktsebene R_w senkrecht stehende Dinglinien deutlich zu sehen. Das nützt einem solchen Auge nicht viel, denn derartige Dinglinien kommen ja doch so nur selten vor.

Um dieses Auge zu korrigieren, verfährt man ganz ähnlich wie beim kurzsichtigen achsensymmetrischen Auge, nur mit dem Unterschied, daß man beide Schnitte getrennt behandelt und sie durch Gläser ausgleicht, die nur einen Hauptschnitt beeinflussen. Wollen wir also das Auge im senkrechten Hauptschnitt korrigieren, und nehmen wir z. B. an, daß der Fernpunkt R_s 212 mm vor dem Hornhautscheitel S liegt, so ist ein zerstreuendes Brillenglas L_s, dessen augennaher Scheitel S'_{1s} 12 mm vor dem Hornhautscheitel liegt, notwendig, das eine bildseitige Schnittweite von — 200 mm besitzt. Dann fällt gerade sein bildseitiger Brennpunkt F'_{1s} mit dem Fernpunkt R_s des Auges zusammen. Die Ausgleichsbedingung ist erfüllt. Im wagerechten Schnitt darf dieses Glas die einfallenden Büschel nicht beeinflussen, muß also da die Wirkung Null haben, folglich ist ein zerstreuendes, zylindrisches Glas von

$$\frac{1}{-0,2\ \text{m}} = -5\ \text{dptr Scheitelbrechwert nötig, dessen Zylinderachse wage-}$$

rechts liegt. Um die Korrektion im wagerechten Hauptschnitt herbeizuführen, muß ein zweites Brillenglas L_w verwendet werden, dessen Schnittweite so gewählt ist, daß sein bildseitiger Brennpunkt F'_w mit dem Fernpunkt R_w zusammenfällt. Der Fernpunkt R_w liege beispielsweise 346 mm, der Brillenglasscheitel S'_{1w} 13 mm vor dem Hornhautscheitel; dann muß das Glas eine Schnittweite von — 333 mm Länge haben. Dabei darf das Brillenglas im senkrechten Hauptschnitt die Wirkung des zylindrischen Glases L_s nicht ändern, darf dort die auffallenden Büschel nicht beeinflussen. Diese Bedingungen erfüllt ein zerstreuendes zylindrisches Brillenglas von — 3 dptr Scheitelbrechwert und senkrecht stehender Zylinderachse. Nach der Anbringung dieser beiden Brillengläser muß das astigmatische Auge vollständig berichtigt sein. Ein von einem weit entfernten Dingpunkt einfallendes Parallelstrahlenbüschel wird im senkrechten Schnitt durch das Brillenglas L_s so divergent gemacht, als ob es von einem Punkt, der den Fernpunkt R_s enthaltenden Ebene herkäme. Im wagerechten Schnitt wird das Strahlenbüschel durch das Brillenglas L_w so verändert, daß es scheinbar von einem Punkte der den Fernpunkt R_w enthaltenden Ebene ausgeht, so daß beide Büschel vom Augensystem auf der Netzhaut vereinigt werden können. Da jetzt dort sowohl senkrechte als auch wagerechte Büschel zum Schnitt kommen, müssen sich auch alle anderen Strahlen der übrigen ebenen Büschel dort vereinigen. Ein Punkt weit entfernter Dinge wird durch die beiden Brillengläser und das Auge wieder in einem Bildpunkt auf der Netzhaut abgebildet. Das Auge vermag also jetzt beliebig gestaltete ferne Dinge deutlich zu sehen.

Die beiden ausgleichenden Brillengläser sind, wie wir sahen, zwei zylindrische Gläser mit senkrecht zueinander stehenden Zylinderachsen. Die gleiche Wirkung, die die beiden Zylinderlinsen hervorbringen, kann auch durch Vereinigung einer sphärischen Linse mit einer Zylinderlinse erreicht werden. In unserem Beispiel ist es notwendig, daß das Brillenglas im senkrechten Hauptschnitt eine Wirkung von —5 dptr, im wagerechten Hauptschnitt eine Wirkung von — 3 dptr hat. Die Gläser haben folgende Wirkungen:

im senkrechten Hauptschnitt		im wagerechten Hauptschnitt		
— 5 dptr	und	0 dptr	=	Wirkungen des Glases L_s
— 0 dptr	und	— 3 dptr	=	Wirkungen des Glases L_w
— 5 dptr	und	— 3 dptr	=	Gesamtwirkung beider Gläser.

Verwendet man zum Ausgleich im wagerechten Schnitt zunächst ein achsensymmetrisches Glas von — 3 dptr Scheitelbrechwert, so führt es auch im senkrechten Schnitt die gleiche Wirkung ein. Dort wird aber ein Glas mit einem Scheitelbrechwert von — 5 dptr verlangt; folglich muß noch eine Zylinderlinse von — 2 dptr Wirkung hinzugefügt werden, deren Zylinderachse wagerecht liegt, die also in dem wagerechten Schnitt keine Wirkung hat. Oder man könnte auch zum Ausgleich zunächst ein achsensymmetrisches zerstreuendes Glas von — 5 dptr verwenden, dann würde der senkrechte Schnitt richtig korrigiert, der wagerechte dagegen um — 2 dptr überkorrigiert sein. Um auch diesen Schnitt mit der nötigen Wirkung zu versehen, müßte man dem achsensymmetrischen Glas noch ein sammelndes zylindrisches Glas von + 2 dptr Scheitelbrechwert mit senkrechter Zylinderachsenlage hinzufügen.

Das in beiden Hauptschnitten übersichtige Auge.

Als letzten Fall wollen wir ein astigmatisches, in beiden Hauptschnitten zu kurz gebautes also übersichtiges Auge annehmen, bei dem sowohl der Brennpunkt F'_s des senkrecht angenommenen, als auch der des wagerecht angenommenen Hauptschnittes F'_w hinter der Netzhaut liegt (Abb. 263). Ein solches Auge kann in Akkommodationsruhe ohne optische Hilfsmittel keinen wirklichen Dingpunkt deutlich

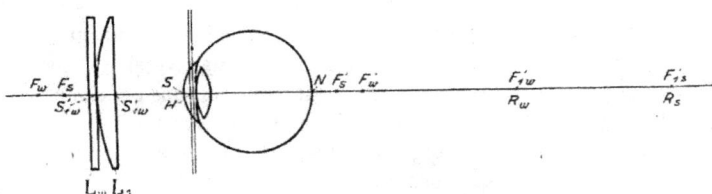

Abb. 263. Ein astigmatisches in beiden Hauptschnitten übersichtiges Auge mit seinen berichtigenden Zylindergläsern im senkrechten Schnitt dargestellt.

sehen. Jeder Punkt eines weit entfernten Dinges würde im senkrechten Hauptschnitt in der Brennebene F'_s als wagerechte, im wagerechten Hauptschnitt in der Brennebene F'_w als senkrechte Linie wiedergegeben werden. Auf der Netzhaut werden die Dinge durch Zerstreuungsfiguren wiedergegeben, und zwar wird jeder Punkt durch eine Ellipse dargestellt, deren lange Achse wagerecht liegt. Dieses astigmatische Auge kann in Akkommodationsruhe nur gerade Linien deutlich sehen, die in den beiden die Fernpunkte R_s^* und R_w enthaltenen Ebenen verlaufen. Da sie hinter dem Auge liegen, können nur scheinbare gerade Dinglinien deutlich gesehen werden, und zwar wagerechte Linien, die in der Ebene des Fernpunktes R_s und senkrechte Linien, die in der Ebene des Fernpunktes R_w liegen.

Um ein solches Auge zu befähigen, in Akkommodationsruhe weitentfernte Dinge deutlich zu sehen, muß man es in ähnlicher Weise wie ein achsensymmetrisches übersichtiges Auge ausgleichen, nur mit dem Unterschied, daß zur Berichtigung hier 2 Linsen notwendig sind, die in den beiden Hauptschnitten verschiedene Wirkungen haben. Die Schnittweiten der beiden Linsen müssen so groß sein, daß die bildseitigen Brennpunkte F'_{1s} und F'_{1w} mit den entsprechenden Fernpunkten R_s und R_w zusammenfallen. Gleichzeitig wird von den Brillengläsern verlangt, daß sie nur in dem Hauptschnitt, den sie korrigieren sollen, wirksam sind, den dazu senkrecht stehenden Hauptschnitt dagegen unbeeinflußt lassen. Zu diesem Zwecke müssen sammelnde Zylindergläser verwendet werden.

Beträgt beispielsweise der Abstand des Fernpunktes R_s des senkrechten Hauptschnittes vom Hornhautscheitel S 321,3 mm, der des Fernpunktes R_w im wagerechten Hauptschnitt 185 mm, so ist zum Ausgleich des senkrechten Schnittes eine sammelnde Zylinderlinse L_s nötig, die bei einem Scheitelabstand $S'_{1s}S$ von 12 mm Länge eine Schnittweite von 333,3 mm, also eine Scheitelbrechkraft von $+ 3$ dptr hat und dessen Zylinderachse wagerecht liegt. Zur Aufhebung der Fehlsichtigkeit im wagerechten Hauptschnitt wird ein sammelndes Zylinderglas L_w mit 200 mm Schnittweite also 5 dptr Scheitelbrechwert und senkrechter Zylinderachsenlage gebraucht, wenn die Entfernung zwischen dem Glasscheitel S'_{1w} und dem Hornhautscheitel S 15 mm beträgt. Mit Hilfe dieser beiden Gläser wird ein von einem weit entfernten Dingpunkt einfallendes Parallelstrahlenbüschel auf der Netzhaut in einem Punkt vereinigt; denn im senkrechten Schnitt sammelt das entsprechende Zylinderglas die Parallelstrahlen so, daß sie nach einem Punkt der Fernpunktsebene R_s zielen, und infolgedessen durch das Augensystem gerade auf der Netzhaut vereinigt werden. Im wagerechten Schnitt werden die Parallelstrahlen durch das andere Zylinderglas so geändert, daß sie nach einem Punkt der Fernpunktsebene R_w hinstreben, und durch das Augensystem gerade auf der Netzhaut zum Schnitt kommen. Alle übrigen außerhalb der beiden Hauptschnitte verlaufenden Strahlen kommen ebenfalls dort zum Schnitt. Der astigmatische Fehler des Auges ist also durch die beiden Gläser aufgehoben.

Dieselbe Wirkung, die die zwei sammelnden Zylindergläser mit senkrecht zueinander gekreuzten Zylinderachsen hervorbringen, kann auch erreicht werden, durch die Vereinigung eines achsensymmetri-

schen Brillenglases mit einem zylindrischen Glase. Verwendet man
zum Ausgleich ein achsensymmetrisches Brillenglas von $+3$ dptr,
so hat es in beiden Hauptschnitten dieselbe Wirkung. Im wagerechten
Hauptschnitt ist aber zur Aufhebung des Augenfehlers ein Glas mit
einem Scheitelbrechwert von $+5$ dptr notwendig. Deshalb muß dem
achsensymmetrischen Glas von $+3$ dptr noch ein zylindrisches Glas
von $+2$ dptr hinzugefügt werden, dessen Achse senkrecht liegt.
Dann bleibt im senkrechten Hauptschnitt, wo das zylindrische Glas
die Wirkung Null hat, die Wirkung des sphärischen Glases von
$+3$ dptr allein übrig, im wagerechten Hauptschnitt kommt die Summe
der beiden Wirkungen zustande. Der Ausgleich dieses Auges läßt
sich auch dadurch erreichen, daß man ein achsensymmetrisches Glas
von $+5$ dptr Scheitelbrechwert verwendet, und diese Wirkung in beiden
Hauptschnitten einführt. Dadurch ist aber der senkrechte Schnitt überkorrigiert, und dem sphärischen Glas von $+5$ dptr Scheitelbrechwert muß ein zerstreuendes zylindrisches Glas von -2 dptr Scheitelbrechwert hinzugefügt werden, dessen Achse wagerecht verläuft. Dann
bleibt im wagerechten Schnitt, wo das Zylinderglas die Wirkung Null
hat, der Scheitelbrechwert des achsensymmetrischen Glases von $+5$ dptr
allein übrig, während man im senkrechten Schnitt die Summe beider
Gläserwirkungen $+5$ dptr -2 dptr $= +3$ dptr erhält.

Außer den bis jetzt angeführten astigmatischen Augen, sind noch
solche Augen möglich, die in einem Hauptschnitt übersichtig, im
andern kurzsichtig sind. Der Ausgleich solcher Augen mit gemischtem
Astigmatismus ist nach den Ausführungen ohne weiteres klar und
bedarf keiner besonderen Behandlung.

Die Bildgröße im berichtigten astigmatischen Auge.

Wie wir gesehen haben, ist wie beim fehlsichtigen achsensymmetrischen Auge zur vollständigen Aufhebung der Fehlsichtigkeit eines
astigmatischen Auges erforderlich, daß der bildseitige Brennpunkt des
Fernglases mit dem Fernpunkt des Auges zusammenfällt. Nur hat man
hier zwei Fernpunkte in den beiden Hauptschnitten zu berücksichtigen.
Der zwischen Auge und Brille nötige Abstand bedingt, daß gerade wie
beim achsensymmetrischen Auge die Brechkräfte oder Scheitelbrechwerte der ausgleichenden Gläser von den Hauptpunktsbrechwerten des
Auges in den beiden Hauptschnitten der Größe des Abstandes entsprechend abweichen. Von diesem Abstand ist auch die Gesamtbrechkraft des aus Brille und Auge bestehenden Systems abhängig. Sie ist
in beiden Hauptschnitten verschieden. Wenn z. B. ein astigmatisches
Auge normaler Länge in einem Hauptschnitt rechtsichtig, im anderen
dagegen kurzsichtig ist, dann muß die Brechkraft im rechtsichtigen
Hauptschnitt den Wert von $58,64$ dptr, im kurzsichtigen Hauptschnitt

dagegen einen höheren Wert haben, denn dort ist ja die Brennweite kürzer. Setzen wir einmal ein astigmatisches Auge voraus, das zur Aufhebung seiner Fehlsichtigkeit im kurzsichtigen Hauptschnitt ein Fernglas von — 5 dptr Brechkraft braucht. Der Hauptpunkt des Brillenglases liege dabei 12 mm vor dem Hornhautscheitel. Dann muß der Fernpunkt des Auges R_s (wir nehmen den kurzsichtigen Haupschnitt senkrecht an) in diesem Schnitte 200 mm vor dem Brillenhauptpunkt H'_1 und 213,3 mm vor dem Augenhauptpunkt H liegen. Dementsprechend beträgt der Hauptpunktsbrechwert des Auges im senkrechten Schnitt $\dfrac{1}{-0,2133 \text{ m}} = -4,69$ dptr. Die Brechkraft des Augensystems in diesem Schnitt finden wir mit Hilfe der Formel $B = A + D$, die wir hier in der Form $D = B - A$ anwenden. Wir fanden bereits, daß der gerade auf der Netzhaut abgebildete Fernpunkt R_s den Abstand $a_s = -0,2133$ m vom Augenhauptpunkt H hat, daß also $A_s = \dfrac{1}{a_s} = -4,69$ dptr ist. Der Bildabstand ist durch die Augenlänge gegeben. Da wir ein Auge mit normaler Linse voraussetzen, so ist hier die Bildweite b gleich der bildseitigen Brennweite eines normalen Auges also gleich 22,79 mm im Glaskörper gemessen, oder auf Luft bezogen gleich 17,06 mm, und demnach ist: $B = \dfrac{1}{b} = \dfrac{1}{0,01706 \text{ m}} = 58,64$ dptr. Also wird die Brechkraft des Auges im senkrechten Schnitt: $D_s = B_s - A_s = 58,64$ dptr $+ 4,69$ dptr $= 63,33$ dptr. Da das berichtigende Brillenglas hier im wagerechten Hauptschnitt die Brechkraft Null hat, so behält auch die Gesamtbrechkraft des aus Brille und Auge bestehenden Systems den Wert der Brechkraft des normalen Auges, also 58,64 dptr. Die Gesamtbrechkraft im senkrechten Hauptschnitt erhalten wir mit Hilfe der Formel:

$$D_s = D_{1s} + D_{11s} - \delta D_{1s} D_{11s}$$
$$= (-5 + 63,33 - 0,0133 \cdot -5 \cdot 63,33) \text{ dptr} =$$
$$= (-5 + 63,33 + 4,21) \text{ dptr} = 62,54 \text{ dptr.}$$

Die Folge davon muß sein, daß die Größe der Bilder in den beiden Hauptschnitten des korrigierten Auges verschieden ausfällt; denn wir wissen ja von früher her, daß die Größe eines weit entfernten Dinges umgekehrt proportional der Brechkraft oder proportional der Brennweite des abbildenden System ist. Nehmen wir einmal an, es wird ein weit entferntes quadratisches Ding betrachtet, dessen Begrenzungslinien den Hauptschnitten parallel laufen, und dessen Seiten unter einem solchen Winkel erscheinen, daß eine Seite auf der Netzhaut im rechtsichtigen Schnitt die Länge von 2 mm erhält, dann verhält sich die Bildgröße β_s der gleichlangen Dingseite im senkrechten Schnitt, zur Bildgröße β_w im wagerechten Schnitt wie die Brechkraft D_w im wagerechten zur Brechkraft D_s im senkrechten Haupt-schnitt. Es ist also $\beta_s = \dfrac{\beta_w \cdot D_w}{D_s} = \dfrac{2 \text{ mm} \cdot 58{,}64 \text{ dptr}}{62{,}54 \text{ dptr}} = \textbf{1,88 mm.}$

Wie man sieht, wird auf der Netzhaut nicht ein Quadrat, sondern ein Rechteck mit den Seiten von 2 mm und 1,88 mm erzeugt. In jedem astigmatischen Auge sind die Gesamtbrechkräfte der beiden Haupt-schnitte verschieden, deshalb ist diese unähnliche Wiedergabe aller Dinge unvermeidbar. Liegen die Hauptschnitte nicht senkrecht und wagrecht, sondern schräg, so werden natürlich geradlinig begrenzte Dinge mit senkrechten und wagrechten Linien etwas verzerrt wieder-gegeben. An dieser Sache ist durch einfache Brillengläser in vor-geschriebenem Abstande nichts zu ändern. Der Träger muß sich daran gewöhnen.

Der Einfluß des Abstandes des astigmatischen Systems vom Auge.

Wie bei der Korrektion achsensymmetrischer Augen, muß auch bei der Verordnung und Anpassung einer astigmatischen Brille, so-bald es sich um starke Gläser handelt, auf den Abstand zwischen Hornhaut- und Brillenscheitel geachtet werden. Die Aenderung der Stärken berechnet man genau nach denselben Regeln und mit denselben Hilfsmitteln wie bei achsensymmetrischen Brillengläsern; nur muß die Berechnung der Scheitelbrechwerte in den beiden Hauptschnitten durchgeführt werden. Erschwerend fällt ins Gewischt,, daß bei der Verordnung zwei Brillengläser im Probiergestell gebraucht werden, infolgedessen zwei Scheitelabstände zu berücksichtigen sind. Man muß also außer dem Abstand des augennahen Brillenscheitels vom Hornhautscheitel noch den Abstand zwischen den beiden Gläsern kennen und unter Umständen auch darauf Rücksicht nehmen, ob das Zylinderglas vor oder hinter dem kugeligen Glase angeordnet war.

Die zylindrischen Probiergläser gleichen in ihrem wirksamen Schnitt plankonkaven und plankonvexen Linsen; sie haben infolge-dessen dieselben Scheitelbrechkräfte und Brennweiten wie die in den Tabellen 6 S. 67 und 13 S. 90 angegebenen achsensymmetrischen Linsen mit einer Planfläche. Daraus erkennen wir, daß die zer-streuenden zylindrischen Probiergläser praktisch nach Scheitelbrech-werten geordnet sind, gerade wie die sphärischen. Die sammelnden zylindrischen Probiergläser sind nur dann nach Scheitelbrechwerten be-zeichnet und geordnet, wenn sie so gebraucht werden, daß die Zylinder-fläche dem Auge zugekehrt ist. Meist geschieht das aber nicht, und das Glas hat dann einen Scheitelbrechwert, der bei starken Gläsern etwas von der Bezeichnung abweicht (siehe Tabelle 13 S. 90).

In der Ebene der Zylinderachse hat das Zylinderglas die Wir-kung Null, der Scheitelbrechwert des sphärischen Glases behält dort also unverändert seine Geltung. In dem dazu senkrechten Schnitt kommt die Wirkung des Zylinderglases dazu. Durch einfaches Zusammenzählen der Dioptrienwerte, nach denen die Probiergläser bezeichnet sind, glaubt man den Scheitelbrechwert der beiden vereinigten Gläser zu erhalten. Die einfache Summe ist nur der richtige Wert für Gläser mit verschwindender Dicke und verschwindend kleinem Abstand, ergibt aber genügend genaue Werte für schwache sphärische und schwache Zylindergläser. Auch die Scheitelbrechwerte stärkerer zerstreuender Gläser kann man einfach summieren ohne fürchten zu müssen, zu große Fehler zu machen, weil sie infolge ihrer Mitteldicke praktisch als unendlich dünne Linsen betrachtet werden können. Höchstens ist der gegenseitige Abstand bei der Berechnung der Gläser zu berücksichtigen. Daraus ergibt sich die Regel, die Gläser im Probiergestell einander so nahe wie möglich anzuordnen. Große Vorsicht ist dagegen geboten, wenn es sich um die Vereinigung starker sammelnder sphärischer Gläser mit sammelnden Zylindern handelt. Bildet man da einfach die Summe der Dioptrienwerte, nach denen die Gläser benannt sind, so erhält man zum ,Teil ganz falsche Werte und darf sich nicht wundern, daß das einfache in die endgültige Brille eingesetzte Glas, das in dem einen Hauptschnitt einen dieser Summe entsprechenden Scheitelbrechwert hat, den Träger nicht befriedigt.

Die Vereinigung eines starken sammelnden sphärischen Glases mit einem sammelnden zylindrischen kommt öfters bei der Feststellung der Fehlsichtigkeit eines linsenlosen Auges vor; denn durch die infolge der Operation entstandene Narbe ist die Hornhaut eines solchen Auges fast immer astigmatisch.

Um dem Starpatienten in seine Brille ein Glas einsetzen zu können, das in beiden Hauptschnitten unter Berücksichtigung der nötigen Aenderung des Scheitelabstandes die Fehlsichtigkeit genau so gut aufhebt, wie die Vereinigung der beiden Probiergläser im Probiergestell, muß eine Umrechnung vorgenommen werden. Dazu bedient man sich der Tabelle 26. In der senkrechten Reihe dieser Tabelle sind die sphärischen, in der wagerechten die zylindrischen Probiergläser nach ihren Benennungen in Dioptrien angegeben. Wenn beispielsweise ein sphärisches Glas von $+13$ dptr mit einem Zylinderglas von $+4$ dptr vereinigt ist, so ergibt sich nicht etwa in dem Hauptschnitt, in dem beide Gläser wirken, ein Scheitelbrechwert von $+17$ dptr, sondern man erhält aus der Tabelle den Scheitelbrechwert von 17,27 dptr. Dabei ist vorausgesetzt, daß der Scheitel des Zylinderglases den des sphärischen Glases berührt und daß das Zylinderglas vor dem sphärischen, also dingseitig steht und seine Planseite dem sphärischen Glase zukehrt. Besteht zwischen dem Zylinderglasscheitel S'_{1z} und dem Scheitel des sphärischen Glases S_{1s}.

noch ein Abstand von d mm (Abb. 264), so kommt zu dem in der Tabelle gefundenen Betrag von 17,27 dptr noch ein weiterer Wert hinzu, den man mit Hilfe der untersten Reihe der Tabelle 26 ermitteln kann. Dort ist der Zusatzwert für den Abstand von $d = 1$ mm angegeben. Ist also der Abstand zwischen den beiden Glasscheiteln gerade 1 mm groß, so wird der in der Tabelle gefundene Scheitelbrechwert einfach um diesen Betrag vermehrt, so daß sich in unserem Beispiele ergeben würde:

$$17,27 \text{ dptr} + 0,017 \text{ dptr} = 17,29 \text{ dptr}.$$

Ist der Abstand d z. B. 3 mm groß, so muß der angegebene Zusatzwert erst mit 3 multipliziert werden, das ergibt in unserem Falle $3 \cdot 0,017$ dptr $= 0,051$ dptr, und dieser Zusatzwert ist dem aus der Tabelle entnommenen Scheitelbrechwert hinzuzufügen, so daß wir als Scheitelbrechwert im zweiten Hauptschnitt den Wert von

$$17,27 \text{ dptr} + 0,051 \text{ dptr} = 17,32 \text{ dptr}$$

erhalten. Die Abweichung von der einfachen Summe der Scheitelbrechwerte der beiden vereinigten Gläser ist nicht erheblich, aber

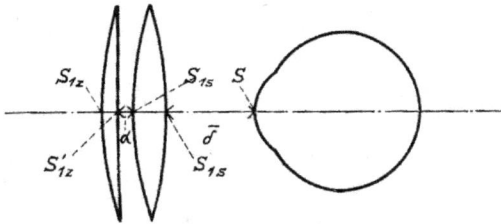

Abb. 264. Die übliche Stellung des sphärischen und zylindrischen Probierglases vor dem Auge.

für einen guten Beobachter doch bemerkbar. Setzt man das Zylinderglas hinter das sphärische, also augenseitig ins Probiergestell, dann werden die Abweichungen von der einfachen Summe sehr erheblich, wie wir gleich an einem Beispiel sehen werden. Es sei bei der Verordnung ein sphärisches Glas von $+13$ dptr und augenseitig ein zylindrisches Glas von $+4$ dptr Scheitelbrechwert verwandt worden. Die Wirkung im 1. Hauptschnitt, also in der Richtung der Zylinderachse ist dann $+13$ dptr. Im 2. Hauptschnitt ist sie 17,25 dptr, wenn sich die Scheitel beider Gläser berühren, wie wir aus der mit *) bezeichneten 13ner Reihe unter dem Zylinder von $+4$ dptr finden. Ist aber der Scheitelabstand d zwischen beiden Gläsern 3 mm, so kommt nach der letzten senkrechten Reihe ein Zuwachs von $3 \cdot 0,200$ dptr $= 0,6$ dptr hinzu, so daß sich ein Gesamtscheitelbrechwert von 17,25 dptr $+0,6$ dptr $= 17,85$ dptr im zweiten Hauptschnitt ergibt. Wir erkennen daraus, daß unter diesen Umständen eine sehr zu beachtende

Abweichung von der einfachen Summe der Scheitelbrechweite der Probiergläser zustande kommt. Daraus folgt die Regel: Man ordnet die Zylindergläser immer vor den sphärischen Probiergläsern an und macht ihren gegenseitigen Abstand so klein wie möglich.

Tabelle 26.

Aenderung des Scheitelbrechwerts

einer Gläserzusammensetzung im Probiergestell bei verschiedenen Abständen der einander zugekehrten Scheitel der Kugellinse und des Zylinders.

Kugellinse (sph) dptr		Zylinder (zyl)								*) Zuwachs in dptr bei Scheitelabstand d (mm), wenn zyl augenseitig.
		+1	2	3	4	5	6	7	8	
		Zusammensetzung in dptr bei Scheitelberührung, wenn zyl *) augenseitig, **) dingseitig.								
+8	*)	9,04	10,05	11,07	12,07	13,09	14,10	15,12	16,12	0,070 d
	**)	9,01	10,04	11,08	12,14	13,20	14,28	15,38	16,50	
9	*)	10,06	11,08	12,09	13,11	14,13	15,15	16,17	17,18	0,095 d
	**)	10,01	11,05	12,10	13,16	14,23	15,32	16,43	17,56	
10	*)	11,08	12,10	13,12	14,11	15,17	16,19	17,22	18,24	0,120 d
	**)	11,03	12,06	13,12	14,19	15,27	16,36	17,49	18,63	
11	*)	12,10	13,13	14,15	15,18	16,21	17,24	18,27	19,30	0,145 d
	**)	12,02	13,07	14,14	15,21	16,31	17,41	18,54	19,69	
12	*)	13,12	14,15	15,18	16,21	17,25	18,29	19,32	20,36	0,170 d
	**)	13,02	14,08	15,15	16,23	17,34	18,45	19,59	20,75	
13	*)	14,14	15,18	16,21	17,25	18,29	19,34	20,38	21,42	0,200 d
	**)	14,03	15,09	16,17	17,27	18,38	19,50	20,65	21,83	
14	*)	15,16	16,20	17,24	18,28	19,33	20,39	21,43	22,48	0,230 d
	**)	15,03	16,11	17,20	18,30	19,42	20,55	21,72	22,90	
15	*)	16,18	17,23	18,27	19,32	20,37	21,44	22,49	23,54	0,260 d
	**)	16,03	17,11	18,21	19,32	20,45	21,59	22,76	23,96	
16	*)	17,20	18,25	19,30	20,36	21,42	22,49	23,54	24,60	0,290 d
	**)	17,04	18,12	19,23	20,35	21,49	22,63	23,82	25,02	
**) Zuwachs in dptr bei Scheitelabstand d (mm), wenn zyl dingseitig.		0,001 d	0,004 d	0,010 d	0,017 d	0,029 d	0,042 d	0,058 d	0,076 d	

Es sei nochmals betont, daß bei der Verordnung astigmatischer Gläser hoher Brechkraft sorgfältig darauf zu achten ist, daß der Prüfng genau durch die Mitte der gleichseitigen Probiergläser blickt.

Durch geringes Schrägblicken kann er sich mit Hilfe des Astigmatismus schiefer Büschel eine ganz andere Wirkung verschaffen, als der Untersucher auf Grund der verwandten Gläser gefunden zu haben glaubt.

Auf Grund der sich in den beiden Hauptschnitten ergebenden Scheitelbrechwerte ist noch die Aenderung zu berechnen, die sich durch die Abstandsänderung des Probierglasscheitels S'_{1s} vom Hornhautscheitel S bei der Anpassung der endgültigen Brille nötig macht. Sie erfolgt genau in der bei achsensymmetrischen Gläsern angewendeten Weise (siehe S. 91). Durch diese Umrechnungen ergibt sich dann ein Glas mit zwei Scheitelbrechwerten, die unter Umständen nicht unwesentlich von den Dioptrienwerten der Verordnung abweichen. Unterbleibt aber die Umrechnung, dann darf man sich nicht wundern, daß das endgültige Brillenglas ein geringeres Sehvermögen vermittelt, als die beiden Probiergläser im Probiergestell. Um die Umrechnung richtig vornehmen zu können, muß natürlich in der Verordnung der Abstand des augenseitigen Glasscheitels S'_{1s} vom Hornhautscheitel die Strecke $\bar{\delta}$ (Abb. 264) angegeben sein. Man erhält sie durch eine Keratometermessung, unter Umständen unter Zuhilfenahme des Tiefentasters (siehe S. 74). Ferner muß die Verordnung die Strecke d den Abstand der beiden einander zugewandten Glasscheitel enthalten. Man ermittelt sie am einfachsten durch Schätzung, indem man über einen kleinen an den Rand der Probiergläser angelegten Millimetermaßstab wegvisiert. Genau ermittelt man die Strecke d, indem man mit einer Schublehre (s. Abb. 84 S. 76) erst den Abstand des Scheitels S_{1z} vom Scheitel S'_{1s} mißt, während die Gläser im Probiergestell sitzen, und nach dem Herausnehmen der Gläser mit dem gleichen Instrument ihre Mitteldicken, also die Strecken $S_{1s} S'_{1s}$ und $S_{1z} S'_{1z}$ bestimmt. Zieht man die Summe dieser beiden Strecken von dem zuerst gemessenen Abstand der Scheitel $S_{1z} S'_{1s}$ ab, so bleibt die Strecke d übrig.

Außerdem sollte die Verordnung noch die Angabe der mit den Probiergläsern erreichten Sehschärfe enthalten. Denn nur durch den Vergleich der durch die endgültige Brille erreichten Sehschärfe mit der bei der Untersuchung festgestellten kann der Optiker prüfen, ob das Brillenglas alle billigen Forderungen erfüllt oder nicht.

Durch diese Umrechnungen ergeben sich oft Gläser mit zwei Scheitelbrechwerten, die von abgerundeten Werten abweichen, und die infolgedessen von den Brillenglasherstellern gar nicht regelmäßig angefertigt werden. Dann bleibt dem Optiker nichts übrig, als das nächstliegende Glas zu geben und die etwa verbleibenden Fehlerreste durch den Abstand der Brille von dem Auge auszugleichen, wie das nachfolgende Beispiel zeigt.

Lautet die Verordnung $+ 11$ dptr sph mit $+ 3$ dptr zyl A 90°, Zylinderglas dingseitig, Abstand des augennahen Glasscheitels vom

Hornhautscheitel 17 mm, Abstand der beiden Gläserscheitel 3 mm, so sind nach Tabelle 26 die beiden Scheitelbrechkräfte in den beiden Hauptschnitten bei 17 mm Scheitelabstand + 11 dptr und + 14,17 dptr. Soll der Scheitelabstand 12 mm groß werden, so finden wir mittels der Kurventafel Abb. 94 S. 95, wenn wir mit Hilfe eines Lineals von der 17 mm Scheitelabstand entsprechenden senkrechten Linie in den + 11 dptr und + 14,17 dptr zugehörigen Höhen wagerecht bis zur 12 mm Scheitelabstand entsprechenden senkrechten Linie herübergehen, die Scheitelbrechwerte: + 11,6 dptr und + 15,3 dptr. Gläser mit diesen Scheitelbrechwerten werden aber nicht vorrätig gehalten. Das nächstgelegene astigmatische Glas hat die Scheitelbrechwerte von + 11,5 dptr und + 15,5 dptr. Nach der Kurventafel Abb. 94 würde aber dieses Auge im 1. Hauptschnitt durch ein Glas mit dem Scheitelbrechwert von 11,5 dptr in 13 mm Scheitelabstand, im 2. Hauptschnitt durch ein Glas mit dem Scheitelbrechwert von + 15,5 dptr in 11 mm Scheitelabstand vollständig berichtigt werden. Man muß deshalb auf eine vollkommene Korrektion verzichten und das Glas mit den Scheitelbrechwerten von + 11,5 dptr und + 15,5 dptr im Mittelwert der beiden verschiedenen Scheitelabstände also in

$$\frac{(13 + 11) \text{ mm}}{2} = 12 \text{ mm Abstand anordnen.}$$

Die Bezeichnung der Hauptschnittslagen.

Für die vollständige Berichtigung eines astigmatischen Auges ist außer der richtigen Wahl der Stärken in beiden Hauptschnitten des Glases die Lage der Hauptschnitte sehr wichtig. Fallen die Hauptschnitte des korrigierenden Glases mit denen des Auges nicht zusammen, dann ist eine völlige Aufhebung der Fehlsichtigkeit nicht möglich. Bei der Herstellung der astigmatischen Fernbrille muß deshalb auch auf die Lage der Zylinderachse, durch die ja die Lage der Hauptschnitte bestimmt ist, besonders sorgfältig geachtet werden. Die verschiedenen Instrumente, die zur Ermittelung des Brechwertzustandes eines Auges dienen, wie z. B. die Ophthalmometer, vor allen die Probierbrillen, haben Winkelteilungen, mit deren Hilfe die richtige Achsenlage eines zylindrischen Glases festgestellt werden kann. Die Art der Angabe der Zylinderachse war bisher recht verschieden. Man rechnete die Winkel sowohl von der Wagerechten als auch von der Senkrechten von 0° bis 90°, mußte aber dann noch die Richtung der Zählung angeben. In neuerer Zeit wird das internationale Achsenschema, das auf dem internationalen Ophthalmologenkongreß in Neapel 1909 zur allgemeinen Anwendung empfohlen wurde, ziemlich häufig verwendet. Dieses in der Abb. 265 dargestellte Schema hat für die Verschreibung gewisse Vorteile, weil, wie der amerikanische Augenarzt H e r m a n n K n a p p nachgewiesen hat, in

86 Proz. aller Fälle die Zylinderachsen für die astigmatischen Ferngläser beider Augen symmetrisch zur Mittellinie AB liegen, so daß einer Achsenlage von 45° für das rechte Auge auch meist eine solche von 45° für das linke Auge entspricht. Bei diesen Teilungen liegen die Nullpunkte auf der Wagerechten nach der Nase zu. Die Teilungen wachsen nach oben, und zwar die für das linke Auge geltende in der Uhrzeigerrichtung und die für das rechte Auge geltende ent-

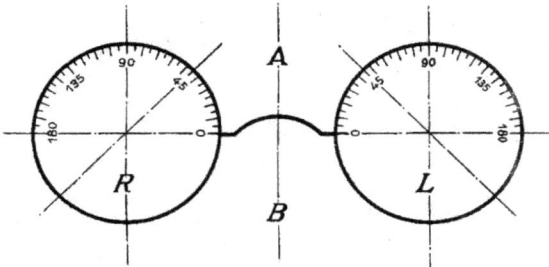

Abb. 265.   Das internationale Schema zur Bezeichnung der Zylinderachsenlage.

gegengesetzt. Der kleine Vorteil, den dieses Schema vielfach für die Verschreibung bietet, hat aber in technischer Hinsicht so viele Nachteile im Gefolge, daß man es nicht mehr anwenden sollte. Das beste Achsenschema ist zweifellos das in Abb. 266 dargestellte, das der technische Ausschuß für Brillenoptik (Tabo) angenommen hat, der vor einigen Jahren in Deutschland zu-

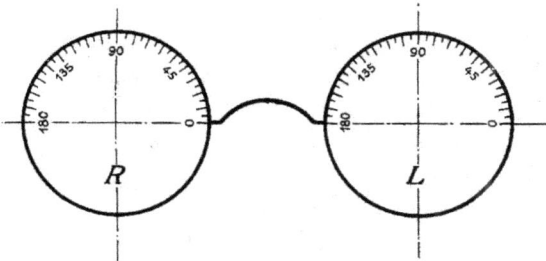

Abb. 266.   Das Taboschema.

sammengetreten ist und die Normalisierung auf dem Gebiete der Brille bearbeitet. Das Schema, das nach der Abkürzung dieser Körperschaft Taboschema heißt, ist auch in England und Amerika üblich, und wendet die in der Mathematik übliche Zählung der Winkel an. Der Nullpunkt dieser Teilung liegt auf der Wagerechten rechts vom Beschauer, und sie wächst entgegengesetzt der Uhrzeigerrichtung nach oben. Für das rechte wie das linke Auge ist die Teilung dieselbe. Wird sie auf dem unteren Halbbogen angebracht, so muß die Bezifferung so gewählt werden, daß eine beliebige Achsenlage durch dieselbe Zahl angegeben wird, wie durch die Teilung am oberen Bogen.

Die Umrechnung astigmatischer Systeme.

Zur Aufhebung der Fehlsichtigkeit eines astigmatischen Auges trägt man in der endgültigen Brille natürlich nicht zwei, sondern stets nur ein Glas, das dann in den beiden Hauptschnitten die zwei vorgeschriebenen Scheitelbrechwerte aufweist. Solche astigmatische Gläser einfacher Art sind entweder auf beiden Seiten von Zylinderflächen, deren Zylinderachsen senkrecht zueinander stehen, oder auf einer Seite von einer Kugel-, auf der anderen von einer Zylinderfläche begrenzt. Die Krümmungen der Kugel- und Zylinderflächen lassen sich so berechnen, daß das Glas die vorgeschriebenen Scheitelbrechwerte in beiden Hauptschnitten hat.

Zur Ermittelung der Fehlsichtigkeit eines astigmatischen Auges mit Hilfe des Probierbrillengestells werden fast immer zwei Probiergläser verwendet. Entweder benützt man zwei zylindrische Gläser mit senkrecht gekreuzten Zylinderachsen oder vereinigt ein kugeliges Glas mit einem sammelnden oder zerstreuenden Zylinderglas. Den verwendeten Gläsern entsprechend wird die Verordnung aufgeschrieben. Benutzen wir nochmals das für das in beiden Hauptschnitten kurzsichtige Auge gewählte Beispiel, wobei die Scheitelbrechwerte des ausgleichenden Systems im wagerechten Hauptschnitt — 3 dptr, im senkrechten — 5 dptr sind, dann könnte die Verordnung lauten:

— 3 dptr zyl. Achse 90⁰ ⊃ — 5 dptr zyl. Achse 0⁰, oder
— 3 dptr sph. ⊃ — 2 dptr zyl. Achse 0⁰, oder
— 5 dptr sph. ⊃ + 2 dptr zyl. Achse 90⁰.

Es ist ohne weiteres verständlich, daß zylindrisch durch zyl., sphärisch durch sph. abgekürzt wird. Die beiden wagerecht liegenden Klammern werden gelesen: kombiniert oder vereinigt mit. Daß die drei verschiedenen Vereinigungen zweier Probierbrillengläser in den beiden Hauptschnitten dieselben Wirkungen hervorbringen, erkennt man deutlich, wenn man sie in folgender übersichtlicher Weise aufschreibt, wobei die Wirkungen jeden Glases in den beiden Hauptschnitten untereinander geschrieben und die Summen gebildet werden.

	1. Hptschn.	2. Hptschn.
	0⁰	90⁰
— 3 dptr zyl. Achse 90⁰ ergibt:	— 3 dptr	— 0 dptr
⊃ — 5 dptr zyl. Achse 0⁰ ergibt:	— 0 „	— 5 „
Summe:	— 3 dptr	— 5 dptr

		1. Hptschn.	2. Hptschn.
		0°	90°
— 3 dptr sph.	ergibt:	— 3 dptr	— 3 dptr
⊃— 2 dptr zyl. Achse 0°	„	— 0 „	— 2 „
	Summe:	— 3 dptr	— 5 dptr

		1. Hptschn.	2. Hptschn.
		0°	90°
— 5 dptr sph.	ergibt:	— 5 dptr	— 5 dptr
⊃+ 2 dptr zyl. Achse 90°	„	+ 2 „	— 0 „
	Summe:	— 3 dptr	— 5 dptr

Nicht immer wird in die endgültige Brille ein astigmatisches Glas eingesetzt, das der Verordnung ganz genau entspricht, da man auch durch anders gestaltete astigmatische Gläser dieselben Wirkungen erzielen kann, wie wir noch sehen werden. An Stelle einer Vereinigung von zwei gekreuzten Zylindern wird ein Glas mit einer sphärischen und einer zylindrischen Fläche verwendet, oder anstatt des verordneten sammelnden Zylinders wird ein Glas mit einer zerstreuenden Zylinderfläche benützt. In solchen Fällen ist eine kleine Umrechnung der Verordnung nötig. Dabei werden Fehler am sichersten vermieden, wenn man die Umrechnung nach dem obigen Schema ausführt. Besondere Vorsicht ist bei der Umrechnung von Gläsern mit gemischtem Astigmatismus nötig, also solchen Gläsern oder Gläservereinigungen, die in einem Hauptschnitt sammeln, im anderen zerstreuen.

		1. Hptschn.	2. Hptschn.
		30°	120°
+ 2 dptr zyl. A. 30°	ergibt:	— 0 dptr	+ 2 dptr
⊃— 1,5 dptr zyl. A. 120°	„	— 1,5 „	— 0 „
	Summe:	— 1,5 dptr	+ 2 dptr

also ein Glas, das im 1. Hauptschnitt, der in 30° verläuft, einen Scheitelbrechwert von — 1,5 dptr, im 2. Hauptschnitt einen solchen von + 2 dptr hat. Soll ein Glas mit einer kugeligen Fläche von + 2 dptr Brechkraft verwendet werden, so ergibt sich:

		1. Hptschn.	2. Hptschn.
		30°	120°
+ 2 dptr sph.	ergibt:	+ 2 dptr	+ 2 dptr,
	die Summe:	— 1,5 dptr	+ 2 „ erfordert
— 3,5 dptr zyl. A. 120°		— 3,5 „	— 0 dptr,

woraus folgt, daß dann eine zerstreuende Zylinderfläche von — 3,5 dptr Brechkraft verwendet werden muß, deren Zylinderachse in einer Neigung von 120° verläuft.

Schiefwinklig gekreuzte Zylinder.

Hebt man die Fehlsichtigkeit eines astigmatischen Auges · bei der Untersuchung mit Hilfe von zwei Zylindergläsern auf, so stellt man die Zylinderachsen in den meisten Fällen senkrecht zueinander. Die Abstufungen der im Probierkasten vorhandenen Zylindergläser sind meist klein genug, um eine ausreichend genaue Aufhebung der Fehlsichtigkeit herbeizuführen. Um den Astigmatismus ganz genau auszugleichen, benutzt man zuweilen zwei Zylindergläser, deren Achsen keinen rechten, sondern einen spitzen Winkel miteinander einschließen. Man spricht dann von schiefwinklig gekreuzten Zylindern. Dabei muß man bedenken, daß durch die Hintereinanderschaltung astigmatischer optischer Systeme immer wieder ein einfaches astigmatisches, bildseitiges Strahlenbüschel entsteht, wie viel derartige astigmatische Systeme auch hintereinander angeordnet werden, und wie verschieden auch die Hauptschnitte der einzelnen astigmatischen Systeme zueinander stehen mögen. Verschiedentlich hat man behauptet, den astigmatischen Zustand eines Auges nur durch schiefwinklig gekreuzte Zylindergläser aufheben zu können, weil man bei der Untersuchung gefunden hatte, daß nicht nur die Hornhaut, sondern auch die Linse des Auges astigmatisch war, und die Hauptschnitte der Hornhaut und der Linse einen spitzen Winkel miteinander bildeten. Trotz dieser gar nicht selten vorkommenden Beschaffenheit der beiden optischen Systeme ist das Auge doch einfach astigmatisch. Das bildseitige Strahlenbüschel weist zwei zueinander senkrecht stehende Hauptschnitte auf, in denen sie verschiedene Schnittweiten hat, so daß also ein bestimmter Grad von Astigmatismus vorhanden ist. Die Hauptschnitte des astigmatischen Gesamtsystems des Auges fallen dann weder mit den Hauptschnitten der Hornhaut noch mit denen der Linse zusammen, sondern haben eine andere Lage, und der astigmatische Betrag ist nicht ohne weiteres die Summe der astigmatischen Beträge der Hornhaut und des Linsensystems. Da man den Astigmatismus des Hornhautsystems meistens objektiv bestimmt, dagegen den Astigmatismus der Augenlinse allein nicht bestimmen kann und der Gesamtastigmatismus vom Astigmatismus des Hornhautsystems abweicht, sowohl was den Betrag als auch die Hauptschnittslage angeht, so ist man wohl auf die eben erwähnte irrige Meinung gekommen. Immerhin kann man auch den Gesamtastigmatismus eines Auges richtig durch zwei schiefwinklig gekreuzte Zylindergläser aufheben. Man darf nur dabei nicht denken, daß etwa die einfache Summe der Zylinderwirkungen der beiden Linsen die zur Berichtigung nötigen Wirkungen in den beiden sich ergebenden Hauptschnitten und die Hauptschnittslage des einen oder anderen Zylinderglases mit den endgültigen Hauptschnitten zusammenfiele. Die Verordnung $+1$ dptr zyl. A. 45^0 ⊃ -3 dptr zyl. A. 180^0 ergibt beispielsweise die Wirkung von $+0,5$ dptr sph. ⊃ $-2,5$ dptr zyl. A. 171^0. Mit Hilfe einiger Formeln kann man sich die aus 2 schiefwinkelig gekreuzten Zylindern ergebenden Hauptschnittslagen und Wirkungen berechnen. Die Formeln haben nur für dünne Brillengläser Geltung, deren gegenseitiger Abstand verschwindend klein ist. Da diese schiefwinkelig gekreuzten Zylinder selten vorkommen, kann die immerhin etwas umfangreiche Ableitung der Formeln unterbleiben. Der Scheitelbrechwertmesser erlaubt die Scheitelbrechwerte in den beiden sich ergebenden Hauptschnitten und auch die endgültige Hauptschnittslage ohne weiteres genau zu messen, so daß die zeitraubende Berechnung überflüssig wird.

Die verschiedenen Formen der üblichen astigmatischen Gläser.

Bis jetzt haben wir immer angenommen, daß zur Aufhebung der Fehlsichtigkeit eines astigmatischen Auges Brillengläser verwendet werden, die entweder von zwei Zylinderflächen oder von einer sphärischen und einer zylindrischen Fläche begrenzt sind. Drei verschiedene Formen von Gläsern sind demnach zur Korrektion eines astigmatischen Auges möglich.

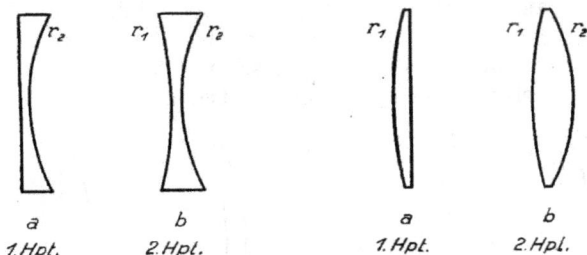

Abb. 267.   Abb. 268.

Abb. 267. Eine zerstreuende sphärozylindrische Linse mit gleichartig wirkenden Grenzflächen in den beiden Hauptschnitten dargestellt.

Abb. 268. Eine sammelnde sphärozylindrische Linse mit gleichartig wirkenden Grenzflächen in den beiden Hauptschnitten dargestellt.

Ein astigmatisches Glas, das von einer sphärischen und einer zylindrischen Fläche gleichartiger Wirkung begrenzt wird, ähnelt einer gleichseitigen Linse; sie zeigt in beiden Hauptschnitten die in Abb. 267a und b dargestellten Querschnitte, wenn es sich um ein zerstreuendes und die in Abb. 268a und b gezeichneten Querschnitte, wenn es sich um ein sammelndes Glas handelt. Das von zwei Zylinderflächen begrenzte astigmatische Glas entspricht dem plankonkaven und plankonvexen achsensymmetrischem Brillenglase, wie die in Abb. 269 a und b und 270 a und b gezeichneten Querschnitte in den beiden Hauptschnitten beweisen. Ein astigmatisches Glas, das von einer sphärischen und einer zylindrischen Fläche entgegengesetzter Wirkung begrenzt wird, hat in einem Hauptschnitt die Form eines

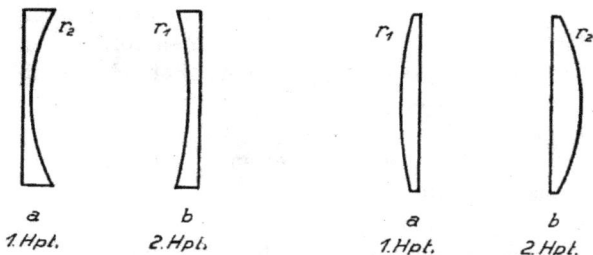

Abb. 269.　　　　　　　　Abb. 270.

Abb. 269. Ein zerstreuendes bizylindrisches Glas mit zwei zylindrischen Begrenzungsflächen in den beiden Hauptschnitten dargestellt.
Abb. 270. Ein sammelndes bizylindrisches Glas mit zwei zylindrischen Begrenzungsflächen in den beiden Hauptschnitten dargestellt.

plankonkaven (Abb. 271 b) oder eines plankonvexen Glases (Abb. 272 b), während es im anderen Hauptschnitt (Abb. 271 a und 272 a) die Gestalt eines schwach gekrümmten Meniskus hat. Diese Gläser werden deshalb den achsensymmetrischen periskopischen Gläsern gleichgestellt, und zuweilen periskopische kombinierte Gläser genannt. Außer den

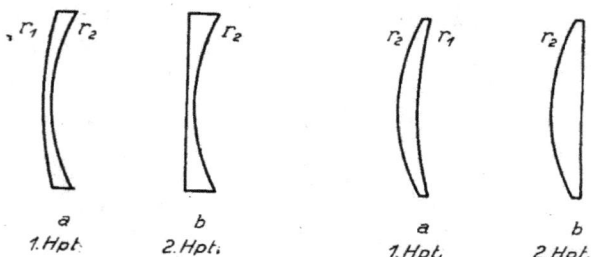

Abb. 271.　　　　　　　　Abb. 272.

Abb. 271. Ein zerstreuendes sphärozylindrisches Glas mit entgegengesetzt wirkenden Begrenzungsflächen in den beiden Hauptschnitten dargestellt.
Abb. 272. Ein sammelndes sphärozylindrisches Glas mit entgegengesetzt wirkenden Begrenzungsflächen in den beiden Hauptschnitten dargestellt.

eben angeführten Formen achsensymmetrischer Gläser gibt es noch mondförmige Gläser oder Menisken mit ganz verschiedener Flächenkrümmung, oder wie wir auch sagen, meniskenförmige Gläser ganz verschiedener Durchbiegung.

Wie wir sahen, kann man achsensymmetrische Brillengläser mit einem bestimmten Scheitelbrechwert in unendlich vielen Formen herstellen. Dasselbe gilt auch für astigmatische Gläser; man kann sie in ähnlicher Weise durchbiegen. Dabei ändern sich die Krümmungsmaße der Begrenzungsflächen und so auch beide Krümmungen der Zylinderfläche, so daß aus ihr eine sogenannte torische Fläche entsteht und das meniskenförmige astigmatische Brillenglas von einer torischen und einer sphärischen Fläche begrenzt wird.

Die torischen Flächen sind für die astigmatischen Brillengläser so wichtig, daß wir uns etwas ausführlicher damit beschäftigen müssen. Eine torische Fläche entsteht dadurch, daß sich ein Kreisbogen AB Abb. 273 und 274 um eine auf seinem mittleren Halbmesser CC_1 senkrecht stehende und in der Ebene des Kreisbogens liegende Achse DE dreht, die aber den Mittelpunkt des Bogens C_1 nicht trifft. Der Halbmesser CC_2, um den der Bogen schwingt, heißt der Rotationsradius. Er kann größer (Abb. 273) oder kleiner (Abb. 274) sein,

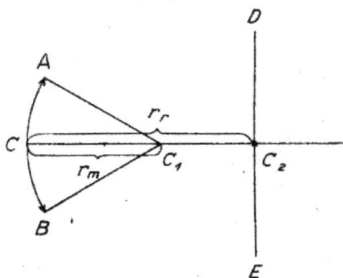

Abb. 273. Die Radien einer wurstförmigen torischen Fläche.
Abb. 274. Die Radien einer tonnenförmigen torischen Fläche.

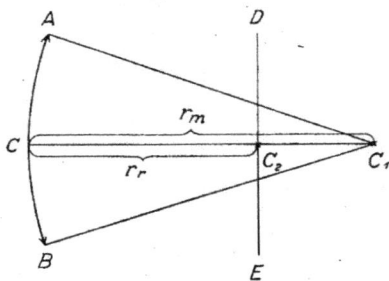

als der Halbmesser des schwingenden Kreisbogens, den man den Meridianradius nennt. Ist er kleiner als der Rotationsradius ($r_m < r_r$ Abb. 273), so entsteht eine wurstförmige torische Fläche (wie z. B. der Gummireifen eines Autos). Ist dagegen der Rotationsradius kürzer als der Meridianradius ($r_r < r_m$ Abb. 274), so entsteht eine tonnenförmige torische Fläche. Diese Flächen können sowohl erhaben als hohl hergestellt werden, je nachdem das Glasmaterial innerhalb (Abb. 275 und 276 S) oder außerhalb (Abb. 275 und 276 Z) der Fläche angeordnet ist, so daß wir viererlei torische Flächen zu unterscheiden haben, nämlich sammelnde wurst- (Abb. 275 S) und tonnenförmige (Abb. 276 S) und zerstreuende wurst- (Abb. 275 Z) und tonnenförmige Flächen (Abb. 276 Z). Der Schnitt, der den schwingenden Kreisbogen AB enthält — in unseren Abbildungen 273 und 274 die Zeichenebene — heißt der Meridianschnitt. Der dazu senkrecht stehende Schnitt GHS_1 (Abb. 275 und 276), der von dem mittleren Rotationsradius CC_2 durchlaufen wird, heißt der **Aequatorschnitt**. Dem Meridian- und Rotationsradius entsprechend sind die Brechkräfte der torischen Fläche in den beiden Hauptschnitten verschieden. Durch die Wahl der beiden Radien kann man die verschiedensten torischen Flächen mit einem vorgeschriebenen Unterschied in den beiden Brechkräften herstellen. Dadurch ist man imstande, astigmatische Brillengläser mit denselben Scheitelbrechwerten in den beiden Hauptschnitten, aber den verschiedensten Durchbiegungen zu erzeugen. Vielfach hat man sich die Herstellung torischer Flächen dadurch etwas bequemer gemacht, daß man den Rotationsradius für alle möglichen Flächen gleich groß wählt. Oft hat er eine feste Länge von 87 mm, und die torische Fläche hat dann in dem Aequatorschnitt bei Verwendung von Glas mit dem Brechungsexponenten 1,52 eine Brechkraft von 6 dptr. Diese torischen Gläser entsprechen den achsensymmetrischen

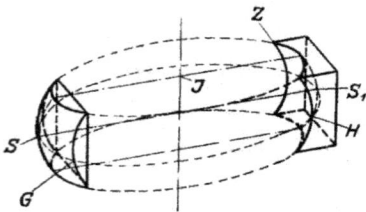

Abb. 275. Wurstförmige torische Fläche
perspektivisch gezeichnet.

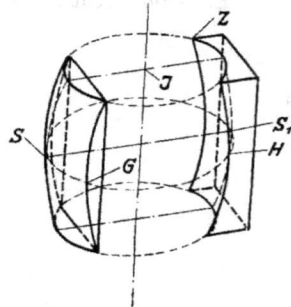

Abb. 276. Tonnenförmige torische
Fläche perspektivisch gezeichnet.

Halbmuschelgläsern. Trotz dieses festgehaltenen Rotationsradius kann man, wie wir sahen, für ein Glas noch vier verschiedene torische Flächenformen wählen.

Um die üblichen Formen der astigmatischen Gläser kennen zu lernen, nehmen wir als Beispiel ein astigmatisches Glas an, das im senkrechten Hauptschnitt die Wirkung — 5, im wagerechten die Wirkung — 3 dptr haben soll. Die Mitteldicke dieser Gläser ist so gering, daß ihre Wirkung nicht ins Gewicht fällt, so daß also die Summen der Brechkräfte von der Vorder- und Hinterfläche die Gesamtbrechkräfte, die praktisch den Scheitelbrechwerten gleichkommen, mit ausreichender Genauigkeit ergeben. Das sphärozylindrische Glas mit gleichwirkenden Flächen (Abb. 267) hat eine zylindrische Vorderfläche von — 2 dptr Brechkraft und senkrecht stehender Zylinderachse.

Der Zylinderradius $r_1 = \dfrac{n-1}{D_1} = \dfrac{0,52}{-2 \text{ dptr}} = -0,260 \text{ m} = -260 \text{ mm}$.

Die Hinterfläche ist eine Kugelfläche mit der Brechkraft von — 3 dptr,

so daß ihr Radius $r_2 = \dfrac{0,52}{-3\ \text{dptr}} = -0,173\ \text{m} = -173\ \text{mm}$ groß ist. Das

bizylindrische Glas (Abb. 269) ist vorn durch eine Zylinderfläche mit der Brechkraft von — 3 dptr und senkrechter Zylinderachse begrenzt, so daß

der Radius $r_1 = \dfrac{n-1}{D_1} = \dfrac{0,52}{-3\ \text{dptr}} = -0,173\ \text{m} = -173\ \text{mm}$ lang ist,

während die Hinterfläche von einer Zylinderfläche mit einer Wirkung von — 5 dptr und wagerecht liegender Zylinderachse gebildet wird,

also einen Radius $r_2 = \dfrac{n-1}{D_2} = \dfrac{0,52}{-5\ \text{dptr}} = -0,104\ \text{m} = -104\ \text{mm}$

haben muß. Ein sphärozylindrisches Glas mit entgegengesetzt wirkenden Flächen (Abb. 271) hat eine Vorderfläche, von + 2 dptr Zylinderwirkung und senkrecht liegender Zylinderachse also 260 mm Zylinderradius, während die zweite Fläche eine Kugelfläche von — 5 dptr Brechkraftswirkung ist, also einen Radius von $r_2 = -104$ mm Länge hat. Ein sphärotorisches Glas mit einer wurstförmigen sammelnden torischen Fläche, deren Aequatorschnitt eine Wirkung von $D_{1r} = + 6$ dptr zeigt, hat seinen Rotationsradius

$$r_r = \frac{0,52}{6\ \text{dptr}} = 0,087\ \text{m} = + 87\ \text{mm}$$

(Abb. 277 a). Bei der wurstförmigen torischen Fläche ist die Brechkraft im Meridianschnitt D_{1m} größer. In unserem Falle muß sie um 2 dptr größer sein, also + 8 dptr betragen. Folglich ist der Meridian-

radius $r_m = \dfrac{0,52}{8\ \text{dptr}} = 0,065\ \text{m} = 65\ \text{mm}$. Damit das Glas in den beiden

Hauptschnitten die vorgeschriebene Wirkung — 5 und — 3 dptr erhält, muß die kuglige Hinterfläche eine zerstreuende Wirkung von — 11 dptr, also einen Radius von

$$r_{2k} = \frac{n-1}{D_{2k}} = \frac{0,52}{-11\ \text{dptr}} = -0,0473\ \text{m} = -47,3\ \text{mm}$$

haben. Dann erhält man im Meridianschnitt (Abb. 277 b), hier dem ersten Hauptschnitt, die Wirkung

$$D_1 = D_{1m} + D_{2k} = + 8\ \text{dptr} - 11\ \text{dptr} = -3\ \text{dptr}$$

und im Aequatorschnitt, dem zweiten Hauptschnitt, die Wirkung

$$D_2 = D_{1r} + D_{2k} = + 6\ \text{dptr} - 11\ \text{dptr} = -5\ \text{dptr}.$$

Das Glas muß so vor dem Auge angeordnet werden, daß der 1. Hauptschnitt wagerecht liegt.

Nehmen wir jetzt ein torisches Glas mit einer sammelnden torischen tonnenförmigen Fläche an, deren Rotationsradius ebenfalls 87 mm lang ist, also eine Brechkraft von $D_{1r} = + 6$ dptr besitzt, so muß die Brechkraft im Meridianschnitt D_{1m} geringer als im Aequatorschnitt sein, in unserem Beispiel 2 dptr geringer, also + 4 dptr sein. Dieser Brechkraft entspricht ein Meridianradius von

$$r_{1m} = \frac{n-1}{D_{1m}} = \frac{0,52}{4 \, dptr} = 0,130 \text{ m} = 130 \text{ mm.}$$

Damit die Gesamtbrechkraft in den beiden Hauptschnitten — 3 und — 5 dptr beträgt, muß die zerstreuende hintere Kugelfläche eine Brechkraft von — 9 dptr aufweisen, also einen Radius von

$$r_{2k} = \frac{n-1}{D_{2k}} = \frac{0,52}{-9 \, dptr} = -0,0578 \text{ m} = -57,8 \text{ mm}$$

Länge haben. Dann haben wir im Aequatorschnitt, jetzt dem ersten Hauptschnitt, eine Wirkung $D_1 = D_{1r} + D_{2k} = 6 \, dptr - 9 \, dptr = -3 \, dptr$ (Abb. 278a), und im Meridianschnitt eine Wirkung von

$$D_2 = D_{1m} + D_{2k} = +4 \, dptr - 9 \, dptr = -5 \, dptr$$

(Abb. 278 b). Das Glas ist also so vor dem Auge anzuordnen, daß der Meridianschnitt wagerecht liegt.

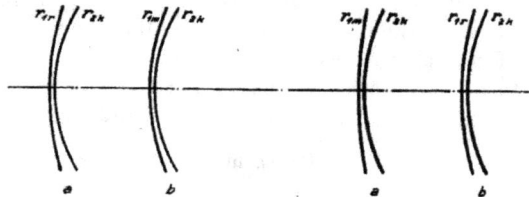

Abb. 277. Abb. 278.

Abb. 277. Ein zerstreuendes sphärotorisches Glas mit sammelnder wurstförmiger torischer Fläche in den beiden Hauptschnitten dargestellt.

Abb. 278. Ein zerstreuendes sphärotorisches Glas mit sammelnder tonnenförmiger torischer Fläche in den beiden Hauptschnitten dargestellt.

Setzen wir jetzt voraus, daß das sphärotorische Glas eine zerstreuende wurstförmige Fläche mit dem gleichen Rotationsradius hat, also eine Brechkraft von $D_{2r} = -6 \, dptr$, dann muß im Meridianschnitt die stärkere Brechkraft D_{2m} vorhanden sein, in unserem Beispiel also — 8 dptr, und der Meridianradius muß dementsprechend eine Länge von $r_{2m} = \frac{0,52}{-8 \, dptr} = -0,065 \text{ m} = -65 \text{ mm}$ haben. Damit sich die vorgeschriebenen Gesamtbrechkräfte ergeben, ist eine sammelnde Kugelfläche von $D_{1k} = +3 \, dptr$, also einem Radius von $r_{1k} = \frac{0,52}{3 \, dptr} = 0,173 \text{ m} = 173 \text{ mm}$ notwendig. Dann haben wir im Aequatorschnitt, dem ersten Hauptschnitt, die Wirkung

$$D_1 = D_{1k} + D_{2r} = +3 \, dptr - 6 \, dptr = -3 \, dptr$$

(Abb. 279a) und im zweiten Hauptschnitt, hier dem Meridianschnitt,

$$D_2 = D_{1k} + D_{2m} = +3 \, dptr - 8 \, dptr = -5 \, dptr$$

(Abb. 279 b). Das Glas muß also so vor dem Auge angeordnet werden, daß der Aequatorschnitt in wagerechte Lage kommt.

Nehmen wir als letzten Fall eine zerstreuende tonnenförmige torische Fläche mit einem Rotationsradius von 87 mm, also einer Brechkraft von $D_{2r} = -6$ dptr an, so muß im Meridianschnitt die Wirkung geringer, in unserem Falle also $D_{2m} = -4$ dptr sein. Dementsprechend erhält der Meridianradius eine Länge von

$$r_{2m} = \frac{0{,}52}{-4 \text{ dptr}} = -0{,}130 \text{ m} = -130 \text{ mm}.$$

Zur Erreichung der gewünschten Gesamtbrechkräfte von -3 und -5 dptr, hat die vordere sammelnde Kugelfläche eine Brechkraft von $D_{1k} = +1$ dptr, also einen Radius von

$$r_{1k} = \frac{0{,}52}{1 \text{ dptr}} = 0{,}520 \text{ m} = 520 \text{ mm}.$$

Dann entsteht im Meridianschnitt, dem ersten Hauptschnitt, eine Gesamtwirkung von $D_1 = D_{1k} + D_{2m} = +1$ dptr -4 dptr $= -3$ dptr (Abb. 280 a) und im Aequatorschnitt eine Wirkung von

$$D_2 = D_{1k} + D_{2r} = +1 \text{ dptr} - 6 \text{ dptr} = -5 \text{ dptr}$$

(Abb. 280 b). In diesem Falle muß der Aequatorschnitt wagerecht vor dem Auge liegen.

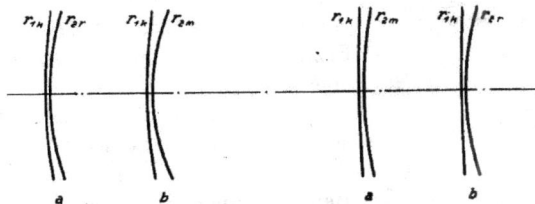

Abb. 279.   Abb. 280.

Abb. 279. Ein zerstreuendes sphärotorisches Glas mit zerstreuender wurstförmiger torischer Fläche in den beiden Hauptschnitten dargestellt.

Abb. 280. Ein zerstreuendes sphärotorisches Glas mit zerstreuender tonnenförmiger torischer Fläche in den beiden Hauptschnitten dargestellt.

Wir sehen also, daß bei gleichbleibendem Rotationsradius 4 verschieden durchgebogene sphärotorische Gläser möglich sind. Wird der Rotationsradius geändert, so kann man eine Unzahl torischer Gläser herstellen, die in den beiden Hauptschnitten die gleichen Scheitelbrechwerte haben.

Bei den torischen Gläsern kann man nun freilich nicht mehr von einer Zylinderachse sprechen; man kann eigentlich nur zwischen dem ersten und zweiten Hauptschnitt unterscheiden. Welchen davon man als ersten und welchen als zweiten Hauptschnitt bezeichnet, ist im allgemeinen gleichgültig. Da bei Kurzsichtigkeiten fast ausschließlich zerstreuende, bei Uebersichtigkeiten sammelnde Zylindergläser verwendet werden, so fällt bei den Verordnungen die Zylinderachse immer in den schwächeren Hauptschnitt. Lautet beispielsweise die Verordnung:

+ 4 dptr sph $\subset$ + 3 dptr zyl Achse 90°, so ist in dem senkrechten Hauptschnitt die Wirkung der beiden Gläser + 4 dptr, im wagerechten Hauptschnitt + 7 dptr. Bei den sphärozylindrischen Gläsern ist die Zylinderachse durch drei Punkte bezeichnet. Bei den am meisten angewandten sphärozylindrischen Gläsern mit gleich wirkenden Begrenzungsflächen entspricht der mit der Zylinderachse zusammenfallende angezeichnete Hauptschnitt der schwächeren Wirkung. Bei sphärotorischen Gläsern bezeichnet man den schwächeren Hauptschnitt durch drei Punkte (Abb. 281), dann erhält dieser Schnitt in den meisten Fällen dieselbe Richtung wie die Zylinderachse in den Verordnungen. Vielfach wird diese angezeichnete Richtung auch noch die Zylinderachse genannt, obwohl das nicht ganz richtig ist. Ein torisches Glas, das die beiden Scheitelbrechwerte + 4 und + 7 dptr aufweist, muß dann ebenfalls so in das Brillengestell eingesetzt werden, daß der durch die drei Punkte bezeichnete erste Hauptschnitt mit der Wirkung + 4 dptr senkrecht steht, also wie die Zylinderachse bei der Verordnung. Die Kennzeichnung des einen Hauptschnittes ist für den Optiker zur Erzielung der richtigen Zylinderachsenlage wichtig.

Wird ein sphärozylindrisches Glas mit entgegengesetzt wirkenden Begrenzungsflächen verwendet, also in unserem Beispiel einer sammelnden Kugelfläche und einer zerstreuenden Zylinderfläche, so muß die angezeichnete Zylinderachse, die hier den stärksten Hauptschnitt bezeichnet, um 90° der Vorschrift gegenüber gedreht werden. Die Umrechnung erfolgt am sichersten nach dem Schema auf S. 251.

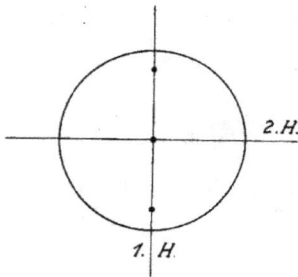

Abb. 281. Die Kennzeichnung des ersten Hauptschnittes eines astigmatischen Glases durch drei Punkte.

Sphärotorische Gläser, z. B. Punktalgläser, werden auch in einfacher Weise durch Angabe der Scheitelbrechwerte in den beiden Hauptschnitten bezeichnet. Ein unserem Beispiel entsprechendes Punktalglas trägt folglich die Bezeichnung + 4 + 7, d. h. also, im ersten Hauptschnitt hat es einen bildseitigen Scheitelbrechwert von + 4 dptr, im zweiten einen solchen von + 7 dptr. Der erste Hauptschnitt, der durch die erste Zahl, den Grundbrechwert, angegeben wird, ist durch 3 Punkte wie in Abb. 281 gekennzeichnet. Der Unterschied der beiden Zahlen gibt den astigmatischen Betrag oder die Zylinderwirkung an. Die Bezeichnungsweise ist so lange ganz zweifelsfrei, als es sich um rein zerstreuende oder rein sammelnde sphärotorische Gläser handelt. Es kann jedoch einmal zu Mißverständnissen kommen, wenn Gläser, die in einem Hauptschnitt eine sammelnde, im anderen eine zerstreuende Wirkung haben, in dieser kurzen Weise bezeichnet werden. Bei derartigen gemischt astigmatischen Gläsern ist es immer ratsam, daß der Optiker vor dem Einsetzen der Linsen ihre Wirkungen in der übersichtlichen auf S. 251 behandelten Weise aufschreibt, weil man dann leicht erkennt, wie die beiden Hauptschnitte liegen müssen. Weiß er, daß die erste der beiden Zahlen stets den Scheitelbrechwert im ersten Hauptschnitt angibt, der auf dem Glase durch die üblichen 3 Punkte gekennzeichnet ist, so kann eigentlich kein Fehler vorkommen.

Lautet z. B. die Verordnung — 3 dptr sph $\subset$ + 4 dptr zyl A 10 °, und es soll ein sphärotorisches Glas in der endgültigen Brille mit der abgekürzten Bezeichnung + 1 — 3 verwendet werden, so muß der gekennzeichnete erste Hauptschnitt mit der Wirkung von + 1 dptr in die Richtung von 100 ° fallen; denn die Verordnung ergibt in ausführlicher Schreibweise:

	10 °	100 °
— 3 dptr sph	= — 3	— 3 dptr
+ 4 dptr zyl A 10 ° =	0	+ 4 „
	— 3	+ 1.

Die abgekürzte Bezeichnungsweise ist für den Hersteller bequem und stimmt gleich zahlenmäßig mit dem Ergebnis einer optischen Messung überein. Auch birgt sie für den Optiker, wie wir sahen, keine Schwierigkeiten. Für Verordnungen sollte man aber diese abgekürzte Bezeichnungsweise auf keinen Fall anwenden, sonst kommen zu leicht Verwechslungen vor. Die Verordnung ist ja nichts weiter wie ein Untersuchungsprotokoll, und die Beschreibung muß dabei der Versuchsanordnung in allen Einzelheiten entsprechen, sonst kann man niemals einen etwa gemachten Fehler finden.

Das blickende astigmatische Auge.

Ordnet man ein astigmatisches Brillenglas so vor einem astigmatischen Auge an, daß die beiden bildseitigen Brennpunkte mit den beiden Fernpunkten und die Hauptschnitte des Glases mit denen des Auges zusammenfallen, dann wird wohl ein durch die Mitte des Brillenglases blickendes astigmatisches Auge völlig berichtigt. Wir müssen aber berücksichtigen, daß sich das astigmatische Auge hinter dem feststehenden astigmatischen Brillenglas ebenso um den Augendrehpunkt dreht, wie ein achsensymmetrisches. Ein astigmatisches Brillenglas entspricht darum erst dann allen billigen Forderungen, wenn es die Fehlsichtigkeit des Auges nicht nur beim Blicken durch die Mitte, sondern auch beim Seitwärtsblicken in einem genügend großen Winkelraum völlig aufhebt. Es muß also auch für schiefe Blickrichtungen die beiden richtigen Wirkungen und Hauptschnittslagen aufweisen. Ueber die Frage, welche räumliche Lage die Hauptschnitte bei der Bewegung des Auges einnehmen, geben das Listingsche und das Dondersische Gesetz Aufschluß. Mit Hilfe der perspektivischen Darstellung einer Kugel in Abb. 282 wollen wir versuchen, uns die Bewegungsgesetze klarzumachen. Die Blickrichtung PZ', bei der das Auge wagerecht geradeaus blickt, nennt man die Hauptblickrichtung und die dabei vom Auge eingenommene Stellung die Primärstellung. Jede andere Stellung heißt Sekundärstellung. Um aus der Primärstellung in eine Sekundärstellung zu gelangen, kann das Auge verschiedene Bewegungen ausführen. Das Listingsche Gesetz sagt nun aus, daß die Hauptschnitte des Auges in der Sekundärstellung die Lagen einnehmen, die entstehen würden, wenn das Auge in der durch die primäre PZ' und sekundäre Blickrichtung SZ' bestimmten Ebene eine einfache Drehung um den Winkel α ausgeführt hätte. Das Dondersische Gesetz sagt, daß die Stellung

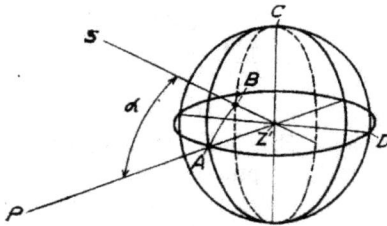

Abb. 282. Schematische perspektivische Darstellung der Augenbewegungen.

des Auges in einer Sekundärstellung unabhängig vom Wege ist, auf dem es dahingelangt ist, d. h. also, wenn das Auge einmal eine bestimmte Blickrichtung nach der Seite und nach der Höhe erreicht hat, z. B. die Richtung SZ', so ist die Lage der Hauptschnitte in dieser sekundären Blickrichtung immer dieselbe, ob das Auge nun direkt aus der Primärstellung PZ' nach der Sekundärstellung SZ' übergegangen ist, oder ob es vorher nach ganz anderen Richtungen geblickt hat und auf einem ganz umständlichen Wege die zweite Stellung erreichte. Mit Hilfe dieser beiden Gesetze kann man die räumliche Lage der Hauptschnitte eines Auges bei irgend einer Blickrichtung bestimmen.

Wie wir fanden, wird beim Blicken durch das Brillenglas in der Richtung der optischen Achse dann eine Berichtigung herbeigeführt, wenn die beiden Brennpunkte des astigmatischen Glases F'_{1s} und F'_{1w} (Abb. 283) mit den beiden Fernpunkten R_s und R_w zusammenfallen. Bewegt sich das astigmatische Auge um seinen Drehpunkt Z', so beschreiben die beiden Fernpunkte R_s und R_w zwei konzentrische Kreisflächen, deren Mittelpunkt der Augendrehpunkt Z' ist. Infolgedessen muß man von einem fehlerlos ausgleichenden astigmatischen Brillenglas verlangen, daß die Brennpunktsflächen mit den beiden Fernpunktskugeln zusammenfallen. Dann würde tatsächlich bei jeder Blickrichtung eine genaue Berichtigung möglich sein, vorausgesetzt, daß auch die Hauptschnitte des Glases und des Auges immer zusammen-

fallen. Die Abbildung 283 gibt uns eine Vorstellung von dieser Aufgabe. Die Hauptschnitte des Auges und des Brillenglases nehmen
wir senkrecht und wagerecht an. Die Bewegungen des Auges wollen
wir uns auch nur in den beiden Hauptschnitten S_1B und S_1C vorgenommen denken, sodaß die Hauptschnitte des Auges denen des Brillenglases immer gleich gerichtet bleiben, in unserem Falle senkrecht
und wagerecht. Bei einer Bewegung des Auges in dem wagerechten

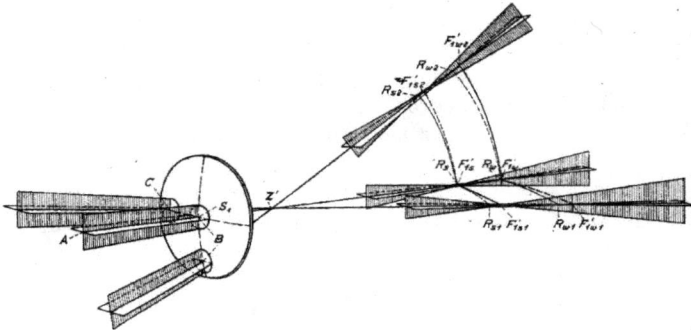

Abb. 283. Der Strahlenverlauf bei schiefen Blickrichtungen in den beiden Hauptschnitten eines sphärotorischen Glases, perspektivisch dargestellt nach M. v. Rohr.

Schnitt, also aus der Blickrichtung AZ' nach CZ', müßte das Brillenglas
weit entfernte Punkte nach Rs_1 und Rw_1 abbilden, das Auge würde
dann in dieser Blickrichtung gerade so gut wie in der Hauptblickrichtung korrigiert sein. Genau dasselbe gilt für die Bewegung des
Auges im senkrechten Hauptschnitt des Brillenglases S_1B. Es fragt
sich nun, ob es astigmatische Gläser gibt, die diese Bedingungen
erfüllen.

Der Astigmatismus schiefer Büschel astigmatischer Gläser.

Wir bezeichnen die astigmatischen Gläser nach ihren Scheitelbrechwerten in den beiden Hauptschnitten, und müssen, wenn wir
ihre Wirkungen nach der Seite prüfen wollen, untersuchen, wie sich
ihre auf die Scheitelkugel bezogenen Scheitelbrechwerte bei schiefen
Blickrichtungen verhalten. In der Hauptblickrichtung ist das senkrechte und wagerechte Büschel gleichwertig. Abb. 283 zeigt uns, daß
bei einer Augendrehung in der wagerechten Ebene S_1CZ' das wagerechte Büschel ein Tangentialstrahlenbüschel, das senkrecht stehende
Büschel ein Sagittalstrahlenbüschel wird. Bei Blickneigungen in dem
senkrechten Hauptschnitt S_1BZ' wird das wagerechte Büschel zum
Sagittalstrahlenbüschel und das senkrechte zum Tangentialstrahlenbüschel. Dabei sollten die Schnittpunkte der Tangential- und Sagittalstrahlenbüschel, wie schon gesagt, auf den Fernpunktskugeln liegen.

Bei den meisten astigmatischen Gläsern tritt ähnlich wie bei vielen achsensymmetrischen Gläsern Astigmatismus schiefer Büschel auf, der sich darin äußert, daß die Wirkungen in den beiden Hauptschnitten bei schiefen Blickrichtungen nicht dieselben bleiben wie in der Hauptblickrichtung, d. h. die Brennpunkte gleiten nicht auf den Kreisbögen der Fernpunkte; infolgedessen kann ein astigmatisches Auge bei schrägen Blickrichtungen auch nicht mehr vollkommen korrigiert werden. Es fragt sich nun, welche Hilfsmittel zur Verfügung stehen, um die aufgestellten Bedingungen durch ein astigmatisches Glas zu erfüllen. Da man zum Ausgleich astigmatischer Augen auch nur einfache Brillengläser verwenden kann, die von nicht zu schwierig herzustellenden Flächen begrenzt sein dürfen, so bleibt, ganz ähnlich wie bei den achsensymmetrischen Gläsern, kein anderes Mittel als die Durchbiegung übrig, um den Astigmatismus schiefer Büschel zu beseitigen.

Durch die Veränderung des Rotationsradius kann man, wenn man berücksichtigt, daß mit einem Rotationsradius immer 4 verschiedene torische Flächen gleicher astigmatischer Wirkung möglich sind, eine Unzahl verschiedener torischer Gläser mit denselben Scheitelbrechwerten herstellen, die Gläser also in der verschiedensten Weise durchbiegen. Leider ist unter den vielen möglichen Formen, die ein Glas mit zwei bestimmten Scheitelbrechwerten annehmen kann, keine Form zu finden, durch die die bereits aufgestellten Forderungen genau erfüllt werden. Würde ein sphärotorisches Glas in den beiden Hauptschnitten für einen bestimmten Winkel die gleiche astigmatische Wirkung wie in der optischen Achse zeigen, so könnte man von korrigierten astigmatischen Brillengläsern sprechen, gerade so wie man von korrigierten achsensymmetrischen Brillengläsern sprechen kann, bei denen für einen bestimmten vorgeschriebenen Blickwinkel der Astigmatismus aufgehoben ist, auch wenn die beiden Brennpunktkurven nicht mit den Fernpunktskreisen genau zusammenfallen. Das geschieht ja bei den achsensymmetrischen punktuell abbildenden Gläsern auch nicht; denn ihre Bildfeldkrümmung ist fast immer etwas zu gering, so daß die Wirkung des Glases nach dem Rande zu etwas zu schwach wird. Bei den besten astigmatischen Gläsern mit torischer und sphärischer Begrenzungsfläche finden wir ganz ähnliche Erscheinungen. Die Bildfeldkrümmung ist im allgemeinen ebenfalls zu gering, so daß also die Brennpunktskurven $F'_{1s} F'_{1s1}$, $F'_{1s} F'_{1s2}$, $F'_{1w} F'_{1w1}$ und $F'_{1w} F'_{1w2}$ (Abb. 283) flacher gekrümmt sind als die Fernpunktskreise $R_s R_{s1}$, $R_s R_{s2}$, $R_w R_{w1}$, $R_w R_{w2}$. Auch bleiben die beiden Brennpunktskurven nicht konzentrisch, d. h. also die in der Hauptblickrichtung vorgeschriebene astigmatische Differenz bleibt in den beiden Hauptschnitten für stärker geneigte Blickrichtungen nicht bestehen. Hinzu kommt noch, daß die Krümmung der Brennpunkts-

kurven in den beiden Hauptschnitten im Meridian- und im Aequatorschnitt voneinander abweichen, so daß die Abweichungen von der
vorgeschriebenen astigmatischen Differenz in beiden Hauptschnitten,
die astigmatischen Fehler, verschieden sind. Wären sie in beiden
Schnitten Null, so hätten wir ein korrigiertes astigmatisches Brillenglas und entsprechend der Bezeichnung eines korrigierten photographischen Objektivs würde man dann für die Abbildung auf der Netzhaut von einem anastigmatischen astigmatischen Brillenglas sprechen
müssen. Das ist eine unmögliche Bezeichnung. Deshalb hat Gullstrand für ein korrigiertes Brillenglas, auch für ein korrigiertes
astigmatisches, die Bezeichnung p u n k t u e l l a b b i l d e n d e s Glas
eingeführt. Man verstände also unter einem punktuell abbildenden
astigmatischen Brillenglas ein Glas, das einen weit entfernten abseits
der Achse gelegenen Dingpunkt bei einem bestimmten Neigungswinkel
des Auges auf der Netzhaut in einem genauen Bildpunkt abbildet.
Wirklich punktuell abbildende astigmatische Brillengläser sind unter
Anwendung sphärischer und torischer Begrenzungsflächen nicht zu
erhalten. Man muß sich mit annähernd korrigierten Gläsern, also
Gläsern günstigster Form oder nach M. v. R o h r Gläsern zweck-
mäßiger Durchbiegung begnügen.

Um sich von der Güte der Abbildung solcher Gläser eine Vorstellung zu machen, müssen wir der Bezeichnung und Darstellung
der astigmatischen Fehler astigmatischer Brillengläser noch einige
Aufmerksamkeit schenken. Wenn wir die
Scheitelbrechwerte eines astigmatischen
Brillenglases bei schrägen Blickrichtungen
mit den in der Mitte vorhandenen ver-
gleichen wollen, so müssen wir sie, wie
schon früher gezeigt, auf die Scheitelkugel
beziehen. Der Scheitelbrechwert in der
optischen Achse wird im Aequatorschnitt
mit A, siehe Abb. 284, im Meridianschnitt
mit M bezeichnet, so daß ihr Unterschied
$A - M = A_s$ der in der Achse vorgeschriebene astigmatische Betrag ist. Bei der
Blickdrehung des astigmatischen Auges im
Aequatorschnitt AqAq um einen bestimmten

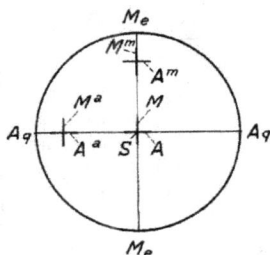

Abb. 284. Zur Bezeichnung der
astigmatischen Fehler astigmatischer Brillengläser.

vorgeschriebenen Winkel seien die auf die Scheitelkugel bezogenen
Brechwerte A^a und M^a, so daß ihr Unterschied $A^a - M^a = A^a_s$
ist. Bewegt sich das Auge im Meridianschnitt MeMe um den gleichen
vorgeschriebenen Winkel, so seien die auf die Scheitelkugel bezogenen
Brechwerte in der Richtung des Aequatorschnittes A^m und in der
Richtung des Meridianschnittes M^m. Der Unterschied zwischen beiden
Scheitelbrechwerten ist dann $A^m - M^m = A^m_s$.

Die astigmatischen Beträge in der Meridian- und Aequatorebene bei bestimmter Blickneigung weichen von dem astigmatischen Betrag in der optischen Achse ab, und diese Abweichung $A_s^a - A_s = y_1$ nennt man den astigmatischen Fehler in der Aequatorebene, während man den Unterschied zwischen $A_s^m - A_s = y_2$ den astigmatischen Fehler in der Meridianebene nennt. Untersucht man die Aenderung des astigmatischen Fehlers y_1 und y_2 mit der Durchbiegung [1]), so findet man, daß sich die Fehler durch parabolische Kurven darstellen lassen. In der Abbildung 285 ist in der wagerechten Richtung die Durchbiegung des Glases nach Dioptrien und in der senkrechten der astigmatische Fehler y_1 und y_2 in Bruchteilen von Dioptrien dargestellt. Würden beide Fehler gleichzeitig verschwinden, so müßten sich die beiden, die Fehler darstellenden Parabeln gerade auf der Abszissenachse schneiden. Das geschieht im allgemeinen nicht. An der Stelle, an der ein astigmatischer Fehler verschwindet, ist meistens der andere ziemlich groß. Deshalb erfüllen im allgemeinen die Gläser ihre Aufgabe am besten, bei denen beide Fehler gleichzeitig möglichst klein werden, also hier das der Stelle E, dem der Achse am nächsten liegenden Schnittpunkt der beiden Parabeln, entsprechende Glas. Astigmatische Gläser dieser Durchbiegung sind also torische Gläser günstigster Form. Man könnte sie auch zum Unterschied von punktuell abbildenden Gläsern punktförmig oder punktähnlich abbildende Linsen nennen, da die Fehler im allgemeinen so klein bleiben, daß sie nicht störend bemerkt werden. Durch die richtige Wahl der Durchbiegung kann man die Fehler so klein halten, daß sie das Sehvermögen eines astigmatischen Auges

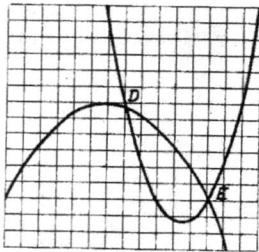

Abb. 285. Graphische Darstellung der Abhängigkeit der astigmatischen Fehler astigmatischer Gläser von der Durchbiegung, schematisch wiedergegeben.

nicht herabsetzen. Dann müssen die Fehler aber unter allen Umständen unter 0,25 dptr bleiben. Diese Bedingung ist zu erfüllen.

Wenn die gewöhnlichen sphärozylindrischen Gläser auf astigmatische Fehler in den beiden Hauptschnitten für verschiedene Neigungswinkel untersucht werden, so findet man, daß der astigmatische Fehler, in dem die Zylinderachse enthaltenen Hauptschnitt verhältnismäßig klein bleibt, daß er dagegen in dem senkrecht zur Zylinderachse stehenden Hauptschnitt sehr hohe Beträge annimmt und infolgedessen recht mangelhaftes Sehen bedingt. Das ist nicht verwunder-

---

1) Diese Untersuchungen sind namentlich von H. Boegehold, J. Spanuth und E. Weiss ausgeführt worden.

lich, denn wenn wir ein astigmatisches Sammelglas mit einer sammelnden Kugel- und einer ebensolchen Zylinderfläche haben, so wirkt das Glas ja in dem die Zylinderachse enthaltenden Schnitt wie ein plankonvexes, in dem senkrecht dazu liegenden Schnitt wie ein bikonvexes Glas. Von ihm wissen wir aber (s. S. 122), daß es für den Astigmatismus schiefer Büschel die ungünstigste Form hat. Aus der Besprechung der achsensymmetrischen Gläser ist uns bekannt, daß die schwach durchgebogenen Gläser wie die periskopischen Gläser zum Teil ganz wesentlich besser als die gleichseitigen Gläser sind; deshalb darf es uns nicht wundern, daß auch die sogenannten periskopischen sphärozylindrischen Gläser, bei denen die Kugelfläche immer die entgegengesetzte Wirkung wie die Zylinderfläche zeigt, für das blickende Auge besser sind, als die bizylindrischen und sphärozylindrischen Gläser mit Flächen gleicher Wirkung. Man erhält dann in dem senkrecht zur Zylinderachse liegenden Schnitt ein Glas, das die Form eines Meniskus hat (Abb. 271 u. 272).

Des höheren Preises sphärotorischer Gläser wegen werden trotz schlechterer Wirkung noch häufig sphärozylindrische Gläser verwendet. Durch die richtige Wahl eines Zylinderglases kann man dem Träger eines solchen Glases unter Umständen gewisse Vorteile beim Sehen verschaffen. Da wir wissen, daß bei sphärozylindrischen Gläsern mit Flächen gleicher Wirkung die Fehler, in der die Zylinderachse enthaltenen Ebene wesentlich kleiner bleiben als im anderen Hauptschnitt, so wird man bei der Ausführung der Brille solche Gläser verwenden, wenn die Zylinderachse in die Richtung fällt, die beim Blicken am meisten gebraucht wird. Liegt also die Zylinderachse annähernd senkrecht, so wird man Brillenträgern, die im wesentlichen die Brille zum Beobachten im Freien, beim Gehen usw. brauchen, ein solches Brillenglas einsetzen, weil dann der Brillenträger beim Blicken nach abwärts gut sehen kann. Ist dagegen ein Glas mit wagerechter Achsenlage nötig, dann wird man besser ein sphärozylindrisches Glas mit entgegengesetzt wirkenden Begrenzungsflächen anwenden.

Die vorstehenden Ausführungen werden durch die in Abb. 286 und 287 wiedergegebenen Fehlerkurven bestätigt. In der wagerechten Richtung sind dabei die Drehwinkel des Auges aufgetragen, in der senkrechten die auf die Scheitelkugel bezogenen Brechwerte in den beiden Hauptschnitten. Beim vollkommenen Glas müßten die Brechwerte für alle Winkel dieselben Werte wie in der Richtung der Achse behalten; die diese Werte darstellenden Linien müßten der Abszissenachse in der eingetragenen Höhe parallel verlaufen. Dann würden die beiden Bildschalen mit den Fernpunktskugeln zusammenfallen. Bei den sphärozylindrischen Gläsern wird bei der Bewegung des Auges in der Ebene, die die Zylinderachse enthält, der Scheitelbrech-

wert in der Richtung der Zylinderachse, also im tangentialen Schnitt,
stärker (die von — 4 und + 4 ausgehenden gestrichelten Kurven),
im senkrecht dazu liegenden Sagittalschnitt ganz wenig stärker (die
von — 6 und + 6 ausgehenden ausgezogenen Kurven), so daß schließ-

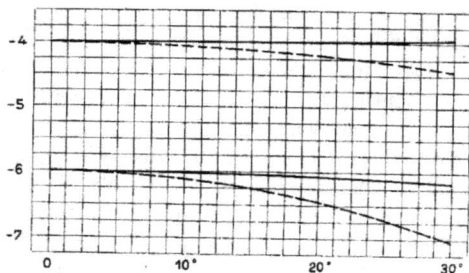

Abb. 286. Graphische Darstellung der astigmatischen Fehler eines sphärozylindrischen
Glases, das von einer sphärischen Fläche von — 4 dptr und einer zylindrischen
Fläche von — 2 dptr Brechkraft begrenzt wird.

lich bei einer Blickdrehung von 30° und 35° der in der Mitte vorgeschriebene Astigmatismus von 2 dptr einen etwas geringeren Wert
hat, wie aus der Annäherung der beiden erwähnten Kurven hervorgeht. Bei der Blickdrehung im anderen Hauptschnitt, also in
der Richtung senkrecht zur Zylinderachse nimmt dagegen der Fehler

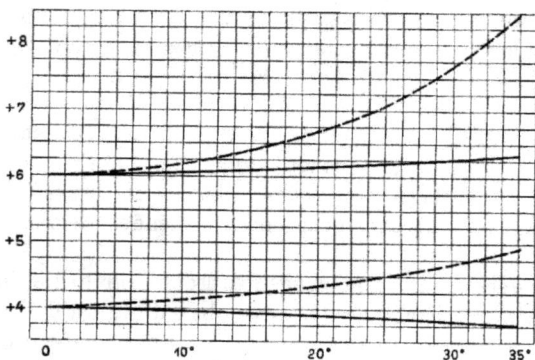

Abb. 287. Graphische Darstellung der astigmatischen Fehler einer sphärozylindrischen
Linse mit Flächen gleicher Wirkung und + 4 dptr und + 6 dptr Scheitelbrechwert
in beiden Hauptschnitten.

rasch zu. Der Brechwert des in der Richtung dieses Hauptschnittes
selbst verlaufenden Büschels, also des Tangentialbüschels (die von — 6
und + 6 ausgehenden gestrichelten Kurven), wächst nach dem Rande
zu sehr beträchtlich, der Brechwert im Sagittalbüschel (die von — 4

und + 4 ausgehenden ausgezogenen Kurven) nimmt dagegen ein wenig ab. Der in der Mitte des Glases vorgeschriebene astigmatische Unterschied von 2 dptr hat am Rande einen ganz anderen Betrag, beim zerstreuenden Glase etwa 3 dptr, beim Sammelglase etwa 4,7 dptr, so daß in dieser Blickrichtung von einer Korrektion des astigmatischen Auges nicht mehr gesprochen werden kann. Betrachtet man dagegen die graphischen Darstellungen der Fehler der entsprechenden sphäro-

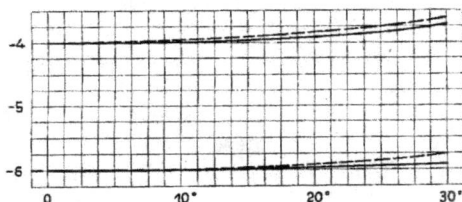

Abb. 288. Graphische Darstellung der astigmatischen Fehler eines sphärotorischen Glases günstigster Form — 4 dptr und — 6 dptr Scheitelbrechwert in den beiden Hauptschnitten.

torischen Gläser bester Form (Abb. 288 und 289), so findet man bei der Blickdrehung in dem ersten Hauptschnitt sowohl wie im zweiten die Scheitelbrechwerte nach dem Rande zu etwas geringer werden. Das ist genau dieselbe Erscheinung, die wir bei den achsensymmetrischen Gläsern beobachteten, und es ist der Ausdruck dafür, daß die Bildfeldkrümmung etwas zu gering ist, daß also die Bildschalen flacher als

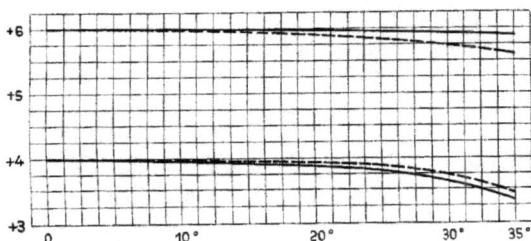

Abb. 289. Graphische Darstellung der astigmatischen Fehler eines sphärotorischen Glases günstigster Form von + 4 dptr und + 6 dptr Scheitelbrechwert in den beiden Hauptschnitten.

die Fernpunktskugeln sind. Würden nun stests die beiden zusammengehörenden die Scheitelbrechwerte darstellenden Kurven bis zum Rande parallel laufen, dann würde ja der vorgeschriebene astigmatische Unterschied immer gleich bleiben, und man hätte ein korrigiertes, also punktuell abbildendes astigmatisches Glas. Das astigmatische Auge brauchte gerade nur wie bei den achsensymmetrischen punktuell abbildenden Gläsern die Abweichung von der richtigen Bildfeldkrümmung durch geringes Akkommodieren auszugleichen. Das ist aber leider hier nicht so; die beiden zusammengehörenden Kurven (eine gestrichelte und eine ausgezogene), die die Brechwerte im ersten und zweiten Hauptschnitte darstellen, laufen nicht genau parallel, sondern weichen am Rande etwas ab, aber sie laufen wenigstens gleichsinnig. Daraus erkennt man, daß die Fehler in beiden Hauptschnitten etwa gleich groß sind und sich in erträglichen Grenzen halten.

Um die Güte der Abbildung der verschiedenen astigmatischen Gläser prüfen zu können, kann man ganz ähnlich vorgehen wie bei der Prüfung achsensymmetrischer Gläser, indem man den Sehvorgang wiederholt und an Stelle des sich bewegenden Auges eine kleine, um eine senkrechte 25 mm hinter dem Brillenscheitel angeordneten Achse drehbare Kamera verwendet. Auf diese Weise sind auch die auf der Tafel wiedergegebenen Bilder hergestellt. Selbstverständlich muß bei diesen Aufnahmen das das optische System des Auges vertretende Kameraobjektiv ebenfalls astigmatisch sein, so daß der astigmatische Betrag des Brillenglases gerade genau aufgehoben wird, wenn die beiden optischen Achsen zusammenfallen. Durch Drehen des Brillenglases um seine optische Achse und entsprechendes Drehen des astigmatischen Kameraobjektivs kann man natürlich alle möglichen Achsenschnitte des Brillenglases untersuchen, also nicht bloß die beiden Hauptschnitte, sondern auch alle dazwischenliegenden, die optische Achse enthaltenden Schnitte. Die Untersuchung auf diesem Wege ist zweifellos bequemer. als die Durchrechnung eines astigmatischen Glases in den außerhalb der Hauptschnitte gelegenen Ebenen. Wie die Aufnahmen zeigen, liegen die Bilder in einem Schnitt, der um 45 $^\circ$ zu den beiden Hauptschnitten geneigt ist, bei einem zylindrischen Glas der Güte nach etwa zwischen denen der beiden Hauptschnitte. Die bei der Drehung in diesem Schnitt erhaltenen Bilder sind besser als die im zweiten, aber schlechter als im ersten, die Zylinderachse enthaltenden Hauptschnitt. Bei einem sphärotorischen Glas bester Form finden wir, daß die Bilder auch in diesem Schnitt der Güte nach denen in den beiden Hauptschnitten entsprechen, so daß auf Grund dieser Prüfung der Beweis erbracht ist, daß ein sphärotorisches Brillenglas günstiger Form das Auge nicht nur in den beiden Hauptschnitten, sondern auch in allen anderen Schnitten befriedigend korrigiert, so daß man sagen kann, ein sich hinter einem solchen Glas drehendes astigmatisches Auge kann bei jeder beliebigen Blickrichtung etwa ebenso gut sehen wie in der Hauptblickrichtung. Ein solches Glas erfüllt dann alle billigerweise zu stellenden Forderungen.

Es fragt sich nun, in welchen Stärken sphärotorische Brillengläser zu finden sind, deren Fehler y_1 und y_2 genügend klein bleiben. Bei den achsensymmetrischen Gläsern fanden wir durch die Tscherningsche Kurve, daß immer zwei Formen punktuell abbildender

Gläser möglich waren, wenn es überhaupt eine Lösung gab. Bei den sphärotorischen Gläsern haben wir für je zwei Scheitelbrechwerte infolge der verschiedenen Anordnung von torischen Flächen bei gleicher Durchbiegung vier Formen. Die verschiedenen Formen sind natürlich, was die Bildgüte anlangt, von verschiedenem Wert. Immer kann man die beste auswählen. Gerade aber wie bei den achsensymmetrischen Gläsern bei Anwendung sphärischer Flächen der Vermeidung des Astigmatismus schiefer Büschel eine Grenze gesetzt ist, so ist das auch bei den sphärotorischen Gläsern der Fall. Ebenso wie bei achsensymmetrischen Gläsern lassen sich etwa in dem Bereich von — 25 bis + 7,5 dptr Scheitelbrechwert im ersten Hauptschnitt unter Verwendung sphärischer und torischer Flächen die astigmatischen Fehler genügend klein halten, auch wenn der astigmatische Betrag ziemlich hohe Werte annimmt. Steigt dagegen der Scheitelbrechwert im ersten Hauptschnitt über + 8 dptr, dann kann man unter Anwendung dieser Flächen eine befriedigende Korrektion nicht mehr herbeiführen. Diese starken astigmatischen Sammelgläser werden aber gerade für die Staroperierten gebraucht.

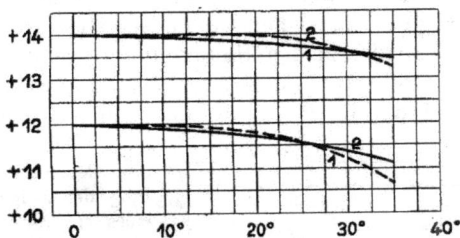

Abb. 290. Graphische Darstellung der astigmatischen Fehler eines astigmatischen Katralglases von + 12 und + 14 dptr Scheitelbrechwert. Die mit 1 bezeichneten Kurven geben die Werte im ersten, die mit 2 bezeichneten die im zweiten Hauptschnitt an.

Ganz ähnlich wie bei den achsensymmetrischen Gläsern muß man auch hier vorgehen und astigmatische Stargläser dadurch zu verbessern suchen, daß man entweder mehrere Gläser vereinigt, oder eine nichtsphärische Fläche anwendet. Es entstehen auf diese Weise die asphärotorischen Stargläser oder astigmatischen Katralgläser. Von ihnen ist etwa dasselbe wie von den sphärotorischen zu sagen. Sie sind auch nicht vollständig korrigiert, so daß die Brennpunktskurven nicht genau mit den Fernpunktskreisen zusammenfallen. Man kann nur die beste Form suchen, bei der der astigmatische Unterschied in der optischen Achse beim Blicken in den beiden Hauptschnitten etwa den gleichen Betrag behält, und die astigmatischen Fehler so verhältnismäßig klein gehalten werden (s. Abb. 290). Die sonst vielfach verwandten einfachen sphärozylindrischen Gläser haben infolge ihrer starken Brechkräfte außerordentlich große astigmatische Fehler, wie aus der graphischen Darstellung (Abb. 291) hervorgeht. Auch die sphärotorischen Gläser günstigster Form zeigen noch erhebliche Abweichungen (siehe Abbildung 292).

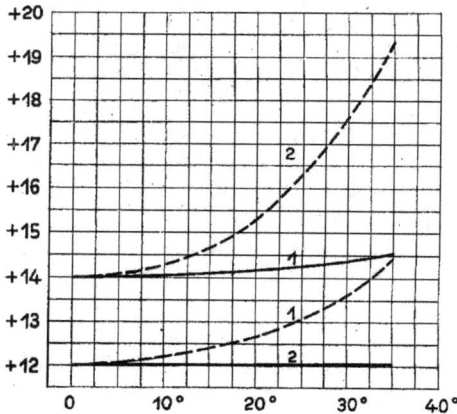

Abb. 291. Graphische Darstellung der astigmatischen Fehler eines sphärozyhndrischen Starglases von + 12 und + 14 dptr Scheitelbrechwert. Die mit 1 bezeichneten Kurven geben die Werte in dem die Zylinderachse enthaltenden Hauptschnitt, die mit 2 bezeichneten die im anderen Hauptschnitte an.

Für die vollständige Aufhebung der Fehlsichtigkeit der astigmatischen Augen, namentlich solcher mit hohen astigmatischen Beträgen, ist die genaue Lage der beiden Hauptschnitte wichtig. Nicht selten sitzt das Probiergestell etwas anders auf der Nase wie das endgültige Brillengestell, und die im Probiergestell gefundene Achsenlage muß

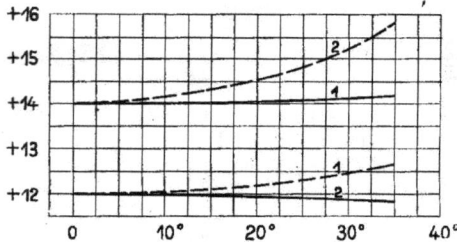

Abb. 292. Graphische Darstellung der astigmatischen Fehler eines sphärotorischen Starglases günstigster Form von + 12 und + 14 dptr Scheitelbrechwert. Die mit 1 bezeichneten Kurven geben die Werte im ersten, die mit 2 bezeichneten die im zweiten Hauptschnitt an.

im Brillengestell etwas geändert werden, damit die Lage der Hauptschnitte des Glases genau mit der Hauptschnittslage des Auges übereinstimmt. Deshalb ist es zweifellos am richtigsten, für astigmatische Brillengläser, besonders für solche mit starkem Astigmatismus, runde Fassungsbrillen zu verwenden, die es erlauben, das Glas noch nachträglich im Brillengestell zu drehen, bis man die richtige Lage der beiden Hauptschnitte gefunden hat. Freilich darf dann auch nicht vergessen werden, das Glas in der gefundenen richtigen Lage sicher zu befestigen, damit es der Träger beim Putzen nicht etwa wieder verdrehen kann. Die runde Form des Glases bietet außerdem für den Optiker noch den Vorteil, daß es, wenn es dem Kunden nicht paßt,

anderweitig verwendet werden kann, während nicht passende oval-
geschliffene astigmatische Gläser fast immer entwertet sind. Ganz besonders wenig für astigmatische Gläser geeignet sind Klemmer mit
Federn, die in der senkrechten Ebene wirken, da die Hauptschnitte
der Gläser je nach dem Aufsetzen des Klemmers verschiedene Lagen
vor dem Auge einnehmen können.

Astigmatische Nahegläser.

Ein alterssichtig gewordenes astigmatisches Auge wird durch
gleiche Hilfsmittel zum Nahesehen befähigt, wie ein alterssich-
tiges achsensymmetrisches Auge. Das korrigierte astigmatische Auge
kann weit entfernte Punkte deutlich sehen, kann also parallel einfallende Strahlenbüschel auf der Netzhaut zu Bildpunkten vereinigen.
Sollen im Endlichen liegende Dinge deutlich gesehen werden, so
braucht man sie nur in der vorderen Brennebene eines sammelnden
Glases anzuordnen, dann bildet sie dieses Glas in weiter Ferne ab
und läßt Parallelstrahlenbüschel in das berichtigende astigmatische
Glas eintreten (siehe auch Abb. 165 S. 158). Ein solches Vorsatzglas
setzt also einen alterssichtigen Träger astigmatischer Gläser in den
Stand, nahe Dinge deutlich zu sehen. Es ist selbstverständlich ein
achsensymmetrisches Glas, denn den Astigmatismus des Auges gleicht
das Fernglas aus. Wird an Stelle eines Fernglases mit Vorsatzglas
eine astigmatische Nahebrille getragen, dann vereinigt man dieses
achsensymmetrische Vorsatzglas gleichzeitig mit dem Fernbrillenglas,
indem man seine sphärische Wirkung um die Stärke des Vorsatz-
glases vermehrt. Der astigmatische Unterschied oder die Zylinderwirkung bleibt also für das Fern- und das Naheglas gleich. Das gilt
natürlich auch für solche astigmatische Nahegläser, die dem Auge
nicht die gesamte Akkommodationsarbeit ersparen. Es fragt sich
nun, ob die astigmatischen Ferngläser, die dem blickenden Auge
bis zum Rand möglichst fehlerlose Bilder vermitteln, auch zur Beobachtung naher Gegenstände geeignet sind. Auch hier gilt dasselbe,
was bereits für achsensymmetrische Gläser gesagt worden ist (siehe
S. 160). Selbstverständlich ist ein Glas, das für parallel einfallende
Strahlenbüschel für eine am Orte des Augendrehpunkts gedachte
Blende frei von astigmatischen Fehlern schiefer Büschel ist, nicht
mehr so gut für divergent einfallende Strahlenbüschel korrigiert. Im
allgemeinen sind aber die dadurch entstehenden Fehler gering, so
daß die astigmatischen Fernbrillengläser auch zum Nahesehen verwendbar sind. Nur bei astigmatischen Gläsern starker Brechkraft
stimmt das nicht mehr. Sie müssen besonders als Nahegläser berechnet werden. Deshalb werden auch besondere astigmatische Star-

gläser mit nichtsphärischen Flächen für Nahearbeiten in ähnlicher Weise wie die achsensymmetrischen Starnahegläser hergestellt (siehe S. 162).

Astigmatische Zweistärkengläser.

Astigmatische Gläser lassen sich ebenso wie achsensymmetrische als Zweistärkengläser herstellen, und zwar in denselben verschiedenen bereits besprochenen Arten. Wie wir fanden, unterscheidet sich das astigmatische Naheglas nur um einen bestimmten Betrag einer sphärischen Sammelwirkung von dem Fernglas. Der Fern- und Naheteil hat also die gleiche astigmatische Wirkung mit den gleichen Hauptschnittslagen. Die kuglige Begrenzungsfläche eines astigmatischen Glases wird als Zweistärkenfläche ausgestaltet. Das bedeutet insofern eine Beschränkung, als jetzt die Wahl dieser Fläche nicht mehr frei ist. Wie wir aber früher sahen, ist es nicht gleichgültig, ob man die Vorder- oder Hinterfläche zur Doppelstärkenfläche macht. Für Sammelgläser ist es vorteilhafter, die Hinterfläche zu benützen, für Zerstreuungsgläser wirkt die vordere Zweistärkenfläche besser. Glücklicherweise erhält man die besten astigmatischen Sammelgläser bei Verwendung einer sammelnden torischen Fläche, so daß dann sowieso die kuglige Hinterfläche als Doppelstärkenfläche übrig bleibt; ebenso haben die stärkeren astigmatischen Zerstreuungsgläser bester Form eine zerstreuende torische Fläche, so daß die kuglige Vorderfläche als Zweistärkenfläche benützt werden muß. Alles, was bei den achsensymmetrischen Zweistärkengläsern über optische, kosmetische und hygienische Eigenschaften gesagt worden ist, gilt auch für astigmatische Zweistärkengläser.

Dann und wann kommt es vor, daß astigmatische Zweistärkengläser verlangt werden, für deren Naheteil eine andere astigmatische Wirkung vorgeschrieben ist, als für den Fernteil. Diesem Verlangen könnte man nun dadurch Rechnung tragen, daß man die astigmatische, also die torische oder zylindrische Fläche, zur Zweistärkenfläche machte, und an sie eine zweite torische oder zylindrische Fläche entsprechender Wirkung und Achsenlage anschliffe. Der technischen Schwierigkeiten bei der Ausführung wegen wird dieser Weg selten eingeschlagen. Einfacher ist es dann, ein Zweistärkenglas nach der Art der Franklinschen Gläser herzustellen, aus dem Fernglas einen Teil auszuschneiden und durch ein besonders gestaltetes Naheglasstück auszufüllen (siehe Abb. 213 S. 195). Man kann aber eine solche ungewöhnliche Forderung auch durch die Anwendung eines Vorhängers (siehe Abb. 236, S. 217) erreichen, der nicht achsensymmetrische, sondern astigmatische Gläser enthält, die so gewählt sind, daß das Fernglas und der Vorhänger zusammen die für den Naheteil verlangten Wirkungen in den vorgeschriebenen zwei Hauptschnitten ergeben.

Die Herstellung astigmatischer Zweistärkengläser ist insofern
schwieriger als die achsensymmetrischer, weil bei jenen noch die
Lage der beiden Hauptschnitte berücksichtigt werden muß. Der Ort
der kleinen an- oder einzuschleifenden dritten Begrenzungsfläche muß
nicht nur dem optischen Mittelpunkt M, sondern auch der Zylinderachse 1. H. 1. H. gegenüber sehr genau bestimmt werden, wie das
aus der Abbildung 293 ersichtlich ist, wo der erste Hauptschnitt eine
Neigung von etwa 30° der Wagerechten gegenüber aufweist. Astigmatische Zweistärkengläser können deswegen immer nur auf Grund von
Verordnungen, aber nicht auf Vorrat, wie die achsensymmetrischen, angefertigt werden, wenn man nicht eine ungeheuere Zahl verschiedener
Gläser ausführen wollte. Nur die in Abb. 294 dargestellten Gläser mit
zentriertem Fern- und Naheteil können auch als astigmatische Zweistärkengläser auf Vorrat hergestellt werden; denn bei ihnen ist die

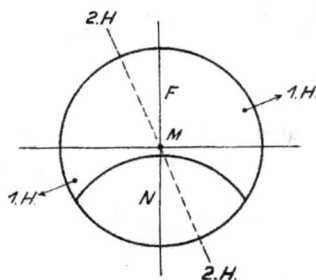

Abb. 293. Ein astigmatisches
Zweistärkenglas.

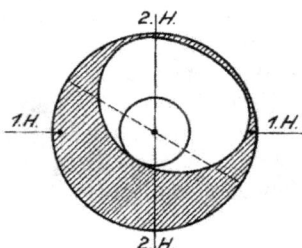

Abb. 294. Ein astigmatisches Zweistärkenglas, das aus einem großen Glas in
der richtigen Hauptschnittslage ausgeschnitten ist.

Wahl der Hauptschnittslagen vor dem Ausschneiden des Doppel-
stärkenglases aus der großen Scheibe frei, wie das auch die Abbildung
zeigt, wo wieder der erste Hauptschnitt 1. H. 1. H. eine Neigung von
30° der Wagerechten gegenüber zeigen soll. Der nicht schraffierte
Teil hat, in das Brillengestell eingesetzt, die verlangte Hauptschnittslage. Ebenso kann bei jeder beliebigen Zylinderachsenlage das Zweistärkenglas entsprechend ausgeschnitten werden. Das ist neben der
möglichen gleichzeitigen Zentrierung des Fern- und Naheteils ein
großer technischer Vorteil.

Astigmatische Sehhilfen für Schwachsichtige.

Ist ein schwachsichtiges Auge gleichzeitig astigmatisch, so kann
man sein herabgesetztes Sehvermögen durch dieselben vergrößernden
Hilfsmittel verbessern, die für achsensymmetrische Augen mit geringem Sehvermögen verwendet werden, nur muß man die astig-

matische Korrektion an ihnen anbringen. Fernrohrbrillen lassen sich einfach dadurch astigmatisch machen, daß man ein augenseitiges astigmatisches Aufsteckglas anbringt (Abb. 180), das die astigmatischen Fehler des Auges ausgleicht. Dabei ist dafür zu sorgen, daß sich dieses astigmatische Aufsteckglas auf dem Fernrohrbrillensystem nicht drehen kann, die Hauptschnitte also dauernd in der richtigen Stellung gehalten werden. Der Ausgleich des astigmatischen Fehlers des Auges läßt sich auch dadurch erreichen, daß die augennahe Fläche des optischen Systems torisch geschliffen ist.

Auch auf dem Okular eines Fernrohrs oder einer Fernrohrlupe läßt sich ein astigmatisches Glas anbringen. Nur ist ein derartig astigmatisch gemachtes Instrument in der Anwendung etwas bedenklich, weil die richtige Lage der Hauptschnitte von dem Benutzer gefunden werden muß und nicht, wie bei einer Brille, dauernd eingehalten wird. Bei unokularen Fernrohrstielbrillen (Abb. 183) hat man eine der Augenhöhle angepaßte Muschel, die das System in richtiger Lage vor dem Auge zu halten erlaubt. Verwendet man eine solche auch an. Fernrohren oder Fernrohrlupen, dann ist die richtige Achsenlage des astigmatischen Glases vor dem Auge einigermaßen gewährleistet. Bei einem Doppelfernrohr oder einer binokularen Fernrohrlupe kommen angepaßte astigmatische Aufsteckgläser ohne weiteres in die richtige Stellung, weil man ein solches Gerät nur in bestimmter Stellung brauchen kann. Vielfach ist es am einfachsten, daß man einem astigmatischen Schwachsichtigen eine einfache berichtigende astigmatische Brille tragen läßt, vor der er dann zum Deutlichsehen das Fernrohr oder die Fernrohrlupe benutzt.

Astigmatische prismatische Gläser.

Muß ein astigmatisches Auge auch noch einer Schielablenkung wegen korrigiert werden, also ein Glas erhalten, das schon in der Hauptblickrichtung ablenkt, so kann man in ähnlicher Weise wie bei den achsensymmetrischen Gläsern vorgehen und die vorgeschriebene Ablenkung durch Dezentration herbeiführen. Natürlich ist das nur möglich, solange beim astigmatischen Glas in der Ebene, in der eine prismatische Ablenkung erreicht werden soll, auch eine Wirkung vorhanden ist. Prismatische Ablenkungen werden fast ausschließlich in wagerechter und senkrechter Richtung verschrieben. Ist eine prismatische Ablenkung nur in einer, z. B. in der wagerechten Richtung notwendig, und liegen die Hauptschnitte des astigmatischen Glases wagerecht und senkrecht, so wird die Dezentration nach den schon früher angewendeten Regeln berechnet, natürlich unter Einsetzung der Brechkraft, die im wagerechten Hauptschnitt vorhanden ist. Lautet die Verordnung beispielsweise: — 3 dptr sph ⌒ — 2 dptr zyl

Achse 90°, Prisma 2°, Basis innen, so erfolgt die Ablenkung im zweiten hier wagerechten Hauptschnitt mit der Wirkung von — 3 dptr — 2 dptr = — 5 dptr. Wir wissen von früher, daß bei einem Glas von — 5 dptr Brechkraft eine Dezentration von 1 cm eine Ablenkung von 5 prdptr ergibt und finden deshalb, daß eine Wirkung von 2 prdptr durch eine Dezentration von $\frac{2}{5}$ cm = 4 mm erzielt wird. Um diesen Betrag muß also der geometrische Mittelpunkt dem optischen gegenüber in wagerechter Richtung verschoben werden.

Würde bei einem Glase mit gleichen Hauptschnittslagen auch noch eine Ablenkung in senkrechter Richtung verschrieben sein, so wäre die Berechnung ebenso einfach, und es wäre noch eine zweite Verschiebung des geometrischen Mittelpunktes in senkrechter Richtung nötig.

Die Dezentration ist etwas umständlicher zu ermitteln, wenn die Hauptschnitte schräg liegen, die prismatische Ablenkung aber in der wagerechten Richtung verlangt wird. Eine astigmatische Fläche hat in ihren beiden Hauptschnitten die stärkste und die schwächste Wirkung. In Abb. 295 liegt der schwächste Hauptschnitt senkrecht und hat dort die Brechkraft D_1, der stärkste Hauptschnitt liegt wagerecht und hat die Brechkraft D_2. So ist z. B. bei einer Zylinderfläche von — 3 dptr Brechkraft $D_2 = -3$ dptr und $D_1 = 0$ dptr. In jedem zwischen D_1 und D_2 liegenden Meridianschnitt wirkt die Fläche mit einer Brechkraft, die zwischen den beiden Hauptschnittsbrechkräften liegt. Sind die Meridianschnitte M_1 und M_2

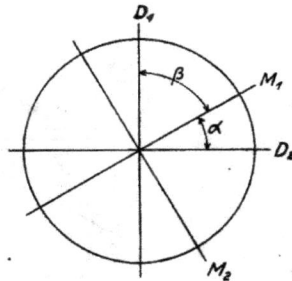

Abb. 295. Zur Ermittlung der Brechkraft in einem beliebigen Meridianschnitt einer astigmatischen Fläche.

beispielsweise um 45° gegen die Hauptschnitte D_1 und D_2 geneigt, so ist die Brechkraft in ihnen gerade die Hälfte von $D_1 + D_2$, also in unserem Beispiel würde $M_1 = -1,5$ dptr und $M_2 = -1,5$ dptr sein. Je näher der Meridianschnitt M_1 dem Hauptschnitt D_2 liegt, also je kleiner der Winkel α ist (Abb. 295), desto ähnlicher sind die Brechkräfte in beiden Ebenen, je mehr sich aber der Winkel α dem Wert von 90° nähert, desto mehr weicht die Brechkraft im Meridianschnitt M_1 von der Brechkraft D_2 ab und wird D_1 immer ähnlicher. Immer ist die Summe der Brechkräfte in den beiden Hauptschnitten der Summe der Brechkräfte in 2 senkrecht zueinander stehenden Meridianschnitten gleich; es ist also

$$M_1 + M_2 = D_1 + D_2.$$

Ist D_1, wie in unserem Beispiel, gleich Null, dann ist $M_1 + M_2 = D_2$. Die Werte von M_1 und M_2 ändern sich mit dem Winkel α, und zwar ist $M_1 = D_2 \cos^2 \alpha$ und $M_2 = D_2 \cdot \sin^2 \alpha$; also wird

$$M_1 + M_2 = D_2 \cos^2 \alpha + D_2 \sin^2 \alpha = D_2 (\cos^2 \alpha + \sin^2 \alpha) = D_2;$$

denn $\cos^2 \alpha + \sin^2 \alpha = 1$. Ist der Winkel α beispielsweise 30° und $D_2 = -3$ dptr, so wird

$$M_1 = D_2 \cdot \cos^2 \alpha = -3 \cdot 0,75 \text{ dptr} = -2.25 \text{ dptr und}$$
$$M_2 = D_2 \sin^2 \alpha = -3 \cdot 0,25 \text{ dptr} = -0,75 \text{ dptr.}$$

Diese Werte lassen sich auch zeichnerisch einfach ermitteln. Trägt man auf der Wagerechten von der Mitte S (Abb. 296) den Wert von D_2, in unserem Falle — 3 dptr, in einer beliebigen Maßeinheit, z. B. in Zentimetern, auf, so stellt die Strecke SA = D_2 den Wert — 3 dptr dar. Fällt man jetzt von A auf den Meridianschnitt M_1S ein Lot AB,

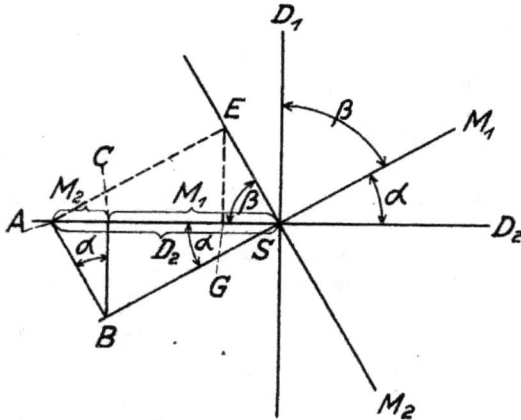

Abb. 296. Die zeichnerische Ermittlung der Brechkraft in einem beliebigen Meridianschnitt einer astigmatischen Fläche oder Linse.

so wird die Gerade M_1S in dem Punkte B getroffen. Von B aus fällt man nochmals ein Lot auf die Gerade SA, das sie im Punkt C trifft; dann stellt die Strecke SC = M_1 die Brechkraft im Meridian M_1S dar; denn $\frac{SB}{SA} = \cos \alpha$, und $\frac{SC}{SB} = \cos \alpha$. Multiplizieren wir beide Gleichungen, so erhalten wir $\frac{SB \cdot SC}{SA \cdot SB} = \cos^2 \alpha$, oder $\frac{SC}{SA} = \cos^2 \alpha$; oder $\frac{M_1}{D_2} = \cos^2 \alpha$; $M_1 = D_2 \cos^2 \alpha$. Messen wir die Strecke SC, so finden wir in unserem Falle eine Länge von 22,5 mm = 2,25 cm, das einen Wert von — 2,25 dptr darstellt. Entsprechend ist $\frac{AB}{SA} = \sin \alpha$ und

$$\frac{CA}{AB} = \sin \alpha,$$ durch Multiplikation erhält man: $$\frac{AB \cdot CA}{SA \cdot AB} = \sin^2 \alpha;$$ oder

$$\frac{CA}{SA} = \sin^2 \alpha;$$ oder $$\frac{M_2}{D_2} = \sin^2 \alpha,$$ woraus folgt $M_2 = D_2 \sin^2 \alpha$. Aus Abb. 296 sieht man ohne weiteres, daß $M_1 + M_2 = D_2$, da $SC + CA = SA$ ist.

Man kann, um die Wirkung in dem Meridian M_2S zu ermitteln, auch von A aus ein Lot auf die Gerade M_2S fällen, das sie im Punkte E schneidet. Wird von dort aus ein weiteres Lot auf die Gerade SA gefällt, so wird sie im Punkte G getroffen. Die Strecke SG entspricht dann der Brechkraft M_2; denn es ist $\frac{SE}{SA} = \cos \beta$, und $\frac{SG}{SE} = \cos \beta$, also ist

$$\frac{SE \cdot SG}{SA \cdot SE} = \cos^2 \beta, \text{ oder } \frac{SG}{SA} = \cos^2 \beta.$$

Da aber $\beta + \alpha = 90^0$, so ist $\cos \beta = \sin \alpha$ und also

$$\frac{SG}{SA} = \sin^2 \alpha; \quad \frac{SG}{D_2} = \sin^2 \alpha; \text{ also } SG = D_2 \cdot \sin^2 \alpha = M_2.$$

Die Strecke SG ist gleich der Strecke CA. Messen wir die Strecke, so finden wir 7,5 mm $= 0,75$ cm, was einer Brechkraft von $- 0,75$ dptr entspricht.

Hat das astigmatische Glas auf der anderen Seite eine Kugelfläche als Grenzfläche, so kommt eine sphärische Wirkung hinzu, die in jedem Meridianschnitt denselben Wert hat. Ist ihre Brechkraft beispielsweise $- 4$ dptr, so ist die Gesamtbrechkraft des sphärozylindrischen Glases im ersten Hauptschnitt $- 4$ dptr, im zweiten $- 7$ dptr. Lautet also beispielsweise die Verordnung $- 4$ dptr sph $\supset - 3$ dptr zyl, Achse 60^0 mit 3 prdptr, Basis innen, so ist der Winkel $\beta = 60^0$, also $\alpha = 30^0$ und die Gesamtbrechkraft in dem jetzt wagerecht verlaufenden Meridianschnitt M_1S (Abb. 297)
$M_1 = - 4$ dptr $- 2,25$ dptr $= - 6,25$ dptr.

Abb. 297. Die Dezentration eines astigmatischen Glases in zwei zu einander senkrechten außerhalb der Hauptschnitte liegenden Meridianebenen.

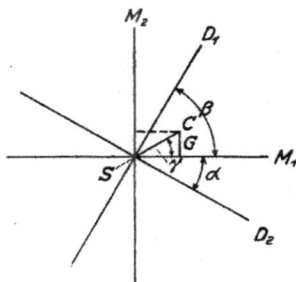

Um die der vorgeschriebenen prismatischen Ablenkung entsprechende Dezentration zu finden, verfahren wir wie früher bei den achsensymmetrischen Gläsern, sie ist $\frac{3}{6,25}$ cm $= 4,8$ mm, um so viel liegt der geometrische Mittelpunkt G vom optischen Mittelpunkt S entfernt.

Kommt außer einer prismatischen Ablenkung in der Wagerechten eine zweite in dem senkrechten Meridianschnitt hinzu, so ist die in dieser Richtung noch auszuführende Dezentration in genau derselben Weise zu errechnen, indem man die in dem Schnitte M_2S geltende Brechkraft zugrunde legt.

Würde in unserem Beispiel noch eine prismatische Ablenkung von 2 prdptr im senkrechten Schnitt verlangt, so wäre die Dezentration in dieser Richtung, da $M_2 = -4{,}75$ dptr beträgt, gleich

$$\frac{2}{4{,}75}\ \text{cm} = 4{,}2\ \text{mm.}$$

Zu der seitlichen Verschiebung des geometrischen Mittelpunktes um die Strecke $SG = 4{,}8$ mm würde nun noch eine Verschiebung um 4,2 in dazu senkrechter Richtung hinzukommen, so daß der geometrische Mittelpunkt an den Ort C gelangte. Bei zwei prismatischen Ablenkungen könnte man natürlich auch gleich die Gesamtdezentration SC und den entsprechenden Winkel γ ausrechnen. Die aber eben beschriebene Art gibt weniger Veranlassung Fehler zu machen.

In unserem Beispiel hatten wir eine zylindrische Fläche vorausgesetzt; hat man an ihrer Stelle eine torische Fläche, so ist die Berechnung ganz ähnlich. Bei einem sphärotorischen Glase ist zwar die Brechkraft der torischen Fläche in keinem der beiden Hauptschnitte gleich Null. Trotzdem kann man bei der Berechnung der Dezentration eines astigmatischen sphärotorischen Glases genau so verfahren, wie bei der eben besprochenen für ein sphärozylindrisches Glas geltenden Berechnung. Man braucht nur den Unterschied der Brechkräfte in den beiden Hauptschnitten zu bilden und den gefundenen Wert als astigmatische Wirkung oder als Zylinderwirkung D_2 anzusehen. Man kann aber auch für zwei senkrecht aufeinander stehende Meridianschnitte die Gesamtbrechkräfte aus den

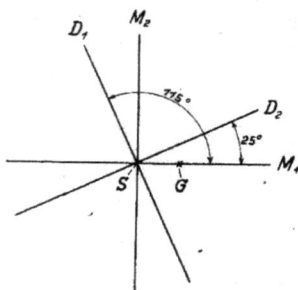

Abb. 298. Die Dezentration eines astigmatischen Glases in einer nicht mit einem Hauptschnitt zusammenfallenden Meridianebene.

beiden Scheitelbrechkräften in den Hauptschnitten und damit die Dezentration bestimmen. Für ein sphärotorisches Glas mit den beiden Hauptschnittsbrechkräften -4 und -7 dptr gilt dieselbe Dezentration, die wir für das sphärozylindrische Glas berechneten. Ein Beispiel wird das am besten erläutern. Es sei verordnet ein Glas -5 dptr sph $\supset -2{,}5$ dptr zyl Achse 115°, Prisma 2°, Basis innen, und es soll in der endgültigen Brille ein dezentriertes sphärotorisches Glas verwendet werden, so ist der Scheitelbrechwert im ersten Hauptschnitt (Abb. 298) $D_1 = -5$ dptr, im zweiten Hauptschnitt $D_2 = -7{,}5$ dptr und der erste Hauptschnitt D_1S bildet mit dem wagerechten Meridian M_1S einen Winkel von 115°, also mit dem zweiten Hauptschnitt D_2S einen Winkel von 25°. Der Scheitelbrechwert im wagerechten Meridian ist also:

$$M_1 = D_2 \cdot \cos^2 25^\circ = -7{,}5 \cdot 0{,}9063^2 \, \text{dptr} = -7{,}5 \cdot 0{,}8214 \, \text{dptr} = -6{,}16 \, \text{dptr},$$

und die 2 prdptr entsprechende Dezentration ist gleich:

$$\frac{2}{6{,}16} \; \text{cm} = 0{,}33 \; \text{cm} = 3{,}3 \; \text{cm},$$

um die der geometrische Mittelpunkt G dem optischen S gegenüber verschoben sein muß. Wesentlich einfacher ist natürlich das Aufsuchen des geometrischen Mittelpunktes bei einem astigmatischen Glase, wenn man einen Scheitelbrechwertmesser benützen kann, der ohne weiteres bei richtig gewählter Achsenlage die prismatische Ablenkung einzustellen und den geometrischen Mittelpunkt anzuzeichnen gestattet.

Wir haben bisher immer stillschweigend vorausgesetzt, daß in einer beliebigen Meridianebene die Ablenkung bei einer Dezentration etwa wie in einem Hauptschnitt erfolgte, müssen aber daran denken, daß alle außerhalb der Hauptschnitte liegenden Strahlen windschief verlaufen, also nicht in der betreffenden Meridianebene bleiben.

Das beidäugige Sehen.

Das beidäugige Sehen eines rechtsichtigen Augenpaares.

Um das beidäugige Sehen durch die Brille besprechen zu können, müssen wir uns erst die Grundgesetze des beidäugigen Sehens mit freien Augen klar machen. Setzen wir also zunächst zwei rechtsichtige Augen voraus, die weit entfernte Dinge betrachten, so stehen die beiden Augenachsen OZ'_r und OZ'_l parallel (Abb. 299). Sie drehen sich um gleiche Winkel α_r und α_l, wenn sich der Blick von einem weit entfernten Punkt O auf einen anderen O_1 richtet. Ein solcher angeblickter Punkt, der auf beide Netzhautgruben N_r und N_l abgebildet wird, wird nur einfach wahrgenommen.

Das, was wir auf S. 54 über das Beobachten räumlicher Dinge sagten, gilt natürlich auch für das Betrachten mit beiden Augen. Die deutlichsten Eindrücke von unserer Umgebung erhalten wir dadurch, daß wir die einzelnen Dinge nacheinander anblicken. Dabei denken wir uns die im Raume verteilten Dinge auf eine weit entfernte Ebene, die Einstellungsebene, projiziert, und nennen diese perspektivische Darstellung der Dinge die Hauptperspektive. Die Hauptperspektiven, die für beide Augen nacheinander entstehen, sind fast gleich, solange es sich um weit entfernte Dinge handelt, obwohl die beiden perspektivischen Zentren — die beiden Augendrehpunkte Z'_r und Z'_l — um einen endlichen Betrag — den Augenabstand — voneinander entfernt sind.

Um eine Blickrichtung der einen Dingpunkt fixierenden Augen zu beschreiben, braucht man die Angabe zweier Winkel. Als Nullrichtung sieht man eine zu der senkrechten Frontalebene lotrecht stehende Blickrichtung, die Hauptblickrichtung an. Der Winkelunterschied der Blickebene gegen ihre wagrechte (oder Null-)Lage heißt Erhebungswinkel. Dann können in dieser Erhebungsebene die Blicklinien nur noch aufeinander, zu- und voneinander weg gedreht werden, und den Unterschied gegen die in dieser Ebene geradeaus nach vorn gezogene Richtung heißt der Seitenwendungswinkel. Rechtsichtige Augen beschreiben beim Betrachten ferner Dinge immer gleiche Seitenwendungs- und Erhebungswinkel, deshalb sind die perspektivischen Darstellungen für beide Augen gleich. Die in jeder Blickrichtung entstehende Füllperspektive bringt in der Hauptsache alle uns umgebenden Dinge undeutlich auf der Netzhaut zur Darstellung und ist — soweit es sich nicht um die Wiedergabe weit entfernter Dinge handelt — infolge ihrer getrennt voneinander gelegenen perspektivischen Zentren, der beiden Pupillenmitten E_r und

E_l, für beide Augen verschieden. Das ist aus der Abb. 299 leicht erkennbar; denn beim Anblicken des weit entfernten Punktes O liegt der durch die Füllperspektiven wiedergegebene, im Endlichen gelegene Punkt O_2 für das rechte Auge links, für das linke Auge rechts vom angeblickten Punkt O.

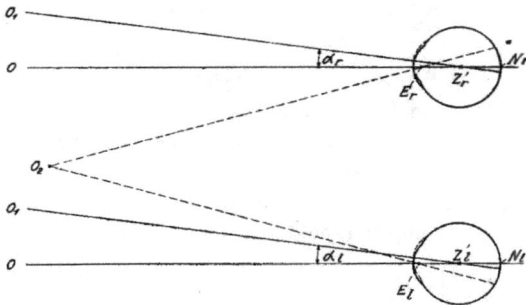

Abb. 299. Die Beobachtung weit entfernter Dinge durch ein rechtsichtiges Augenpaar.

Betrachtet ein rechtsichtiger beidäugiger Beobachter nahegelegene Dinge, so sind beide Augenachsen auf den angeblickten Punkt gerichtet (Abb. 300). Sie schließen jetzt einen Winkel α, den K o n - v e r g e n z w i n k e l, miteinander ein, der um so größer ist, je näher die Dinge liegen und je größer der Augenabstand d ist; vergleiche α_2 mit α_1. Will man nahe Dinge deutlich sehen, so muß man bekanntlich akkommodieren, und zwar um so mehr, je näher sie liegen.

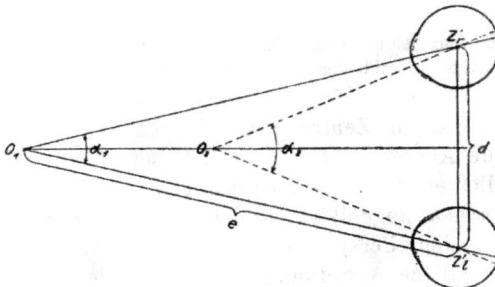

Abb. 300. Die Beobachtung naher Dinge durch ein rechtsichtiges Augenpaar.

Wenn wir also die Augenachsen konvergent stellen, so akkommodieren wir auch. Deshalb sind beide Tätigkeiten miteinander verbunden, so daß ein rechtsichtiger Mensch ohne weiteres um einen bestimmten Betrag akkommodiert, wenn er einen bestimmten Konvergenzwinkel α zwischen den Augenachsen herstellt. Selbstverständlich ist der Konvergenzwinkel α bei einem festen Dingabstand für verschiedene Augendrehpunktsabstände $Z'_rZ'_l$ verschieden groß. Ist beispielsweise das Ding von den beiden Augenhauptpunkten 250 mm entfernt, so daß ein Akkommodationsbetrag von 4 dptr aufgebracht werden muß, so schließt ein Augenpaar mit einem Drehpunktsabstand von 65 mm einen Konvergenzwinkel α von 15 ^{0} ein; denn

$$\sin \frac{\alpha}{2} = \frac{d}{2\,e} = \frac{65}{2\cdot 261,7} = \frac{65}{523,4} = 0,124$$

Diesem Wert entspricht ein Winkel von 7,13^0, so daß $\alpha = 14,26^0$ groß wird. So wird für jede Entfernung und jeden Augenabstand ein ganz bestimmter Konvergenzwinkel herbeigeführt.

Beim Betrachten naher Dinge entsteht ebenfalls für jedes Auge nacheinander eine Hauptperspektive, die bei der verschiedenen

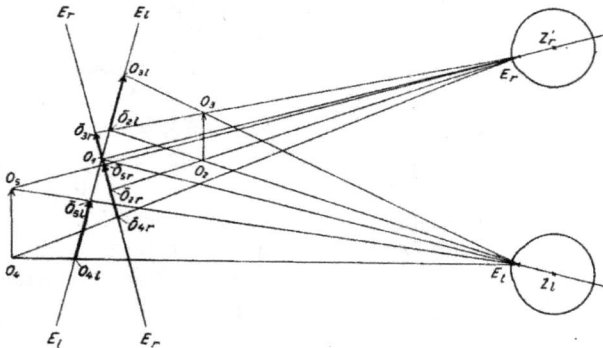

Abb. 301. Die Verschiedenheit der beiden Perspektiven, die für beide Augen von denselben Dingen beim Anblicken eines nahen Dingpunktes entstehen.

Lage der perspektivischen Zentren, der beiden Augendrehpunkte Z_r und Z_l, für beide Augen nicht mehr gleich sein kann. Trotzdem werden alle angeblickten Punkte nur einfach gesehen, da sie jedesmal auf die Netzhautgruben abgebildet werden. Gerade durch die Verschiedenheit der beiden Perspektiven und der Konvergenzwinkel können wir die räumliche Anordnung der Dinge viel besser wahrnehmen, als es bei einäugiger Beobachtung, wobei wir über die Tiefenanordnung der Dinge nur durch ihre scheinbare Größe Aufschluß erhalten, möglich ist.

Die Perspektiven, die beim Anblicken jedes einzelnen Punktes entstehen, sind, wie aus der Abb. 301 deutlich hervorgeht, beim Betrachten naher Dinge für beide Augen erst recht verschieden. Wird der Punkt O_1 angeblickt, so entstehen von den Dingen O_2O_3 und O_4O_5 auf den beiden der Netzhaut des rechten und linken Auges zuge-

ordneten Einstellungsebenen E_r und E_l zwei ganz voneinander ab-
weichende perspektivische Darstellungen $\overline{O_{2r}O_{3r}}$, $\overline{O_{4r}O_{5r}}$ und $\overline{O_{2l}O_{3l}}$,
$\overline{O_{4l}O_{5l}}$ mit den Zentren E_r und E_l. Während nun der angeblickte
und auf den Netzhautgruben N_r und N_l abgebildete Punkt O nur
einfach wahrgenommen wird, entstehen von den anderen Dingen,
also von O_2O_3 und O_4O_5, Doppelbilder. Das gilt für die meisten
Dingpunkte, die durch indirektes Sehen wahrgenommen werden.

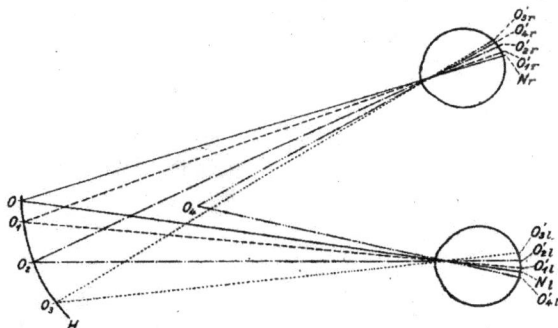

Abb. 302. Die im indirekten Sehen einfach gesehenen Dingpunkte (der Horopter).

Dinge, die seitlich des angeblickten Punktes liegen, werden einfach
gesehen, wenn ihre Bilder im rechten und linken Auge auf entsprechende Netzhautstellen fallen, d. h. auf Stellen, die von
den Netzhautmitten N_r und N_l aus um gleiche Beträge nach derselben Seite liegen, wie z. B. in der Abb. 302 die Bildpunkte O'_{1r} und

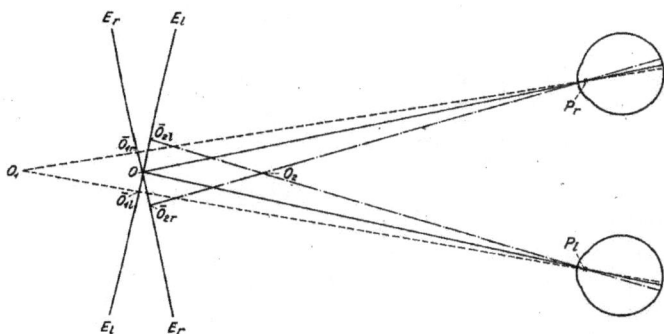

Abb. 303. Die Entstehung gleichliegender und gekreuzter Doppelbilder.

O'_{1l}. Außer dem angeblickten Punkt O werden die Punkte O_1, O_2, O_3
einfach gesehen. Die Kurve OH oder, räumlich betrachtet, die
Fläche, die die im indirekten Sehen nur einfach bemerkten Punkte
umfaßt, heißt der Horopter. Alle außerhalb des Horopters liegende

Punkte, wie z. B. O_4, werden doppelt gesehen, weil sie auf nicht entsprechende oder disparate Netzhautstellen O'_{4r} und O'_{4l} abgebildet werden. Je nach der Lage der Dinge entstehen gleichliegende oder gekreuzte Doppelbilder. Wird der Punkt O Abb. 303 angeblickt, und die Punkte O_1 und O_2 kommen in beiden Augen im indirekten Sehen zur Wiedergabe, so erhält man vom Punkte O_1 gleichliegende, vom Punkte O_2 gekreuzte Doppelbilder. O_1 wird vom rechten Auge rechts vom fixierten Punkte nach $\overline{O}_{1r}$ projiziert, während O_2 links von O nach $\overline{O}_{2r}$ verlegt wird; entsprechend ist es beim linken Auge.

In den meisten Fällen werden diese Doppelbilder, die im indirekten Sehen entstehen müssen, von dem Beobachter gar nicht bemerkt, weil im wesentlichen nur auf die angeblickten, einfach gesehenen Punkte geachtet wird. Das direkte Sehen vermittelt uns also

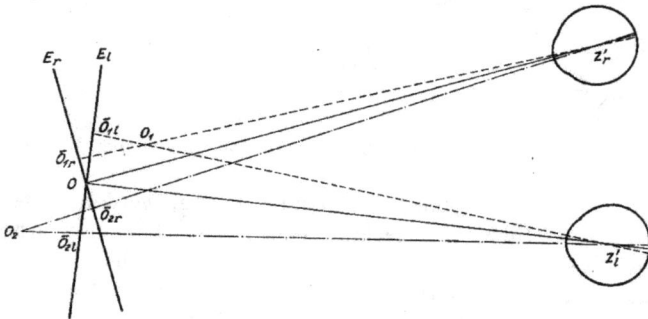

Abb. 304. Die Entstehung der Hauptperspektiven bei der Beobachtung naher Dinge durch ein rechtsichtiges Augenpaar.

die hauptsächlichsten Eindrücke unserer Umgebung, während die bei jeder Blickrichtung entstehenden Füllperspektiven uns nur Anhaltspunkte geben, wohin wir zu blicken haben. Die dabei entstehenden Doppelbilder übersehen wir, wie wir auch den blinden Fleck gar nicht bemerken. Nur bei besonderer Aufmerksamkeit und nach einiger Uebung kann man die Doppelbilder erkennen.

Die Verschiedenheit der Hauptperspektiven ist dagegen, notwendig, um die räumliche Anordnung der Dinge richtig zu erfassen. Die dingseitigen Hauptperspektiven können wir uns auf zwei Einstellungsebenen E_r und E_l (Abb. 304), die senkrecht auf den zwei nach einem mittleren Punkte O wagerecht verlaufenden Blicklinien OZ'_r und OZ'_l stehen, entstanden denken. Die vor und hinter den Einstellungsebenen liegenden Dingpunkte, wie z. B. O_1, O_2, werden von den beiden perspektivischen Zentren Z'_r und Z_l durch Blicklinien auf die Einstellungsebenen projiziert. Gerade dadurch, daß die in

den Hauptserspektiven ganz verschieden gelegenen Punkte, wie z. B.
$\bar{O}_{1r}$ und $\bar{O}_{1l}$, gleichzeitig auf beiden Netzhautmitten abgebildet werden,
kommt die sichere räumliche Wahrnehmung des Punktes O hinter
dem Punkte O_1 zustande. Je weiter der angeblickte Dingpunkt von
den Augen entfernt ist, desto kleiner wird der Konvergenzwinkel, und
desto ähnlicher werden die beiden perspektivischen Darstellungen auf
den Einstellungsebenen. Mit wachsender Entfernung der Dingpunkte
wächst die Schwierigkeit, ihre räumliche Lage wahrzunehmen, bis in
einer bestimmten Entfernung die Hauptperspektiven beider Augen
völlig gleich werden. Dann kann man nicht mehr von Räumlich-
sehen sprechen. Diese Grenze hängt von der Sehschärfe und vom
Augendrehpunktsabstand ab. Hat man beispielsweise zwei hintereinander liegende Punkte OO_1 Abb. 305, die vom rechten Auge aus
genau in Deckung gesehen werden, für das linke dagegen sehr

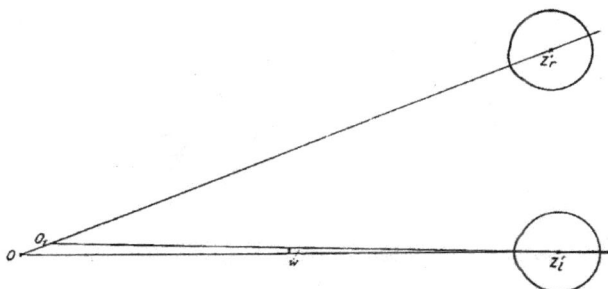

Abb. 305. Zur Bestimmung der Grenze des räumlichen Sehens.

nahe nebeneinander zu liegen scheinen, so können sie noch so lange
getrennt und somit deutlich räumlich hintereinander gesehen werden,
wie der Winkel w größer als etwa eine halbe Bogenminute ist. Falls
es sich um besonders günstige, strichförmige Dinge handelt, so daß
die Breitenwahrnehmung ausschlaggebend ist kann der Winkel noch
kleiner als 30'' sein. Je größer der Augenabstand $Z'_rZ'_1$ ist, desto
größer kann auch die Entfernung OZ' sein. Für Augenpaare mit
vollem Sehvermögen und Drehpunktsabständen zwischen 50 und
72 mm hört das räumliche Sehen in 350 bis 500 m Entfernung auf.

Das beidäugige Sehen durch die Brille.

Die Brille mit achsensymmetrischen Gläsern
gleicher Stärke.

Setzen wir zunächst ein Augenpaar voraus, das durch achsensymmetrische Brillengläser gleicher Stärke korrigiert wird, dann vollzieht sich das beidäugige Sehen durch die zentrierte Brille ganz

ähnlich wie das freie Sehen. Weit entfernte Dinge werden mit parallelen Augenachsen beobachtet. Der Unterschied gegenüber dem freien Sehen besteht nur darin, daß, die Seitenwendungs- und Erhebungswinkel etwas andere Werte annehmen. Das kommt daher, daß die Augendrehpunkte Z'_r und Z'_l (Abb. 306) in die scheinbaren Augendrehpunkte Z_r und Z_l verlegt werden, daß also die wirklichen Drehwinkel w' hinter den Brillengläsern bei Sammelgläsern größer, bei Zerstreuungsgläsern kleiner sind, als die Winkel w im freien Sehen.

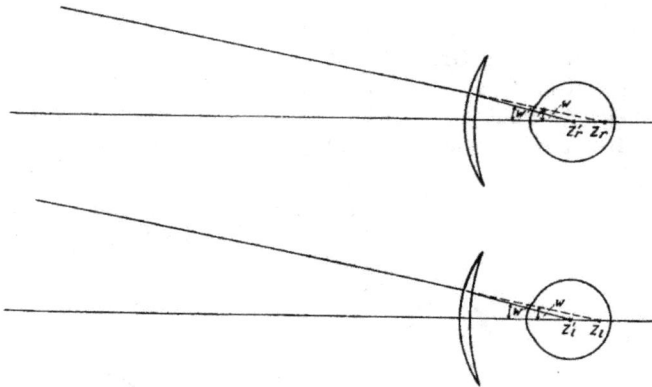

Abb. 306. Das beidäugige Beobachten ferner Dinge durch sammelnde achsensymmetrische Brillengläser gleicher Stärke.

Werden die zentrierten Brillengläser mit parallel gerichteten Achsen auch zum Sehen in der Nähe benutzt, so muß natürlich auch der Konvergenzwinkel α' (Abb. 307) dem Winkel α im freien Sehen gegenüber eine Aenderung erleiden, und damit auch der Ak-

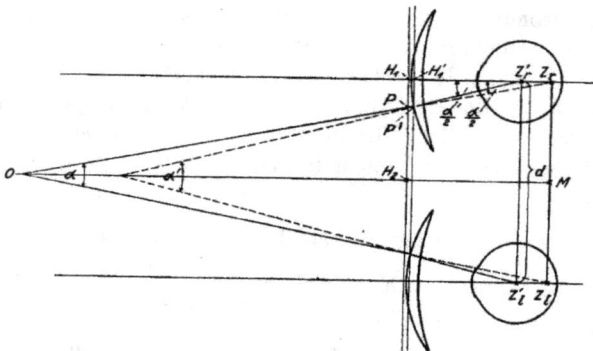

Abb. 307. Das beidäugige Beobachten naher Dinge durch eine richtig angepaßte Fernbrille mit sammelnden achsensymmetrischen Gläsern gleicher Stärke.

kommodationsbetrag. Setzen wir beispielsweise voraus, es handele sich um das Augenpaar eines Uebersichtigen mit 65 mm Augenabstand, das durch achsensymmetrische Gläser von $+5$ dptr Brechkraft für die Ferne korrigiert wird und einen 250 mm von der Brille entfernten Dingpunkt beobachtet. $H'_1 Z'_r$ sei 26 mm, dann ergibt sich $H_1 Z = a$, der Abstand des scheinbaren Drehpunkts, aus

$$A = B - D = \frac{1}{b} - 5 \text{ dptr} = \frac{1}{0,026 \text{ m}} - 5 \text{ dptr} = 38,5 \text{ dptr} - 5 \text{ dptr} =$$

33,5 dptr. Also ist $a = \frac{1}{A} = \frac{1}{33,5 \text{ dptr}} = 0,0299 \text{ m} = 29,9 \text{ mm}$, also ist auch $H_2 M = 29,9$ mm. Da wir die Strecke OH_2 zu 250 mm Länge annehmen, wird $OM = 279,9$ mm und es ist $\frac{MZ_r}{MO} = \text{tg} \frac{\alpha}{2} = \frac{32,5}{279,9} = 0,116$.

Daraus ergibt sich $\frac{\alpha}{2} = 6^0,67$, und $\alpha = 13^0,3$. Infolge der Aehnlichkeit der Dreiecke MOZ_r und $H_1 PZ_r$ ist $H_1 P : MZ_r = H_1 Z_r : MO$, also ist

$$H_1 P = \frac{H_1 Z_r \cdot MZ_r}{MO} = \frac{29,9 \cdot 32,5 \text{ mm}}{279,9} = 3,47 \text{ mm};$$

und $\text{tg} \frac{\alpha'}{2} = \frac{H_1 P}{H'_1 Z'_r} = \frac{H'_1 P'}{H'_1 Z'_r} = \frac{3,47}{26} = 0,133$. Daraus ergibt sich $\frac{\alpha'}{2} = 7,65^0$

und $\alpha' = 15,3^0$. Der Uebersichtige muß also um ein in der angegebenen Entfernung liegendes Ding deutlich zu sehen, 15,3° konvergieren. Dabei muß er 4,35 dptr akkommodieren (siehe S. 156). Ein Rechtsichtiger mit gleichem Augenabstand würde bei genau gleicher Dingentfernung 3,8 dptr zu akkommodieren haben, dabei würde der Konvergenzwinkel 13,4° betragen. Durch die Brille wird also die Akkommodation und die Konvergenz des Fehlsichtigen dem Rechtsichtigen gegenüber etwas geändert. Der Uebersichtige hat in dieser Hinsicht etwas mehr, der Kurzsichtige etwas weniger zu leisten. Daran gewöhnt sich der Brillenträger bald, vorausgesetzt, daß die Brillengläser wirklich mit parallelen Achsen zentrisch vor den Augen stehen, so daß die beiden Achsen die beiden Augendrehpunkte treffen. Um eine derartige Stellung der Gläser zu gewährleisten, ist eine gute Messung des Augendrehpunktabstandes notwendig.

Die Messung des Drehpunktsabstands.

Da die Augendrehpunkte selbst einer Messung nicht zugänglich sind, muß man ihren Abstand durch die Messung der gegenseitigen Pupillenentfernung zu erreichen suchen. Der Abstand der Pupillenmitten ist dann gleich dem Drehpunktsabstand, wenn die beiden Augenachsen parallel gerichtet sind, wenn also das Augenpaar ein weit entferntes Ding betrachtet. Zur Messung des Pupillenabstandes werden verschiedene Methoden und zwar ähnliche, wie zur Messung des Abstandes des Hornhautscheitels vom Brillenscheitel, angewendet. Was über die Vorzüge und Nachteile der verschiedenen Methoden dort (S. 74) gesagt wurde, gilt auch hier.

Die Messung mit einem einfachen Maßstab gibt leicht zu Fehlern Anlaß, da man infolge des Gesichtsbaues mit dem Maßstab den Pupillen nicht genügend nahe kommen kann. Visiert nun der Messende mit einem Auge über die Teilung nach den Pupillenmitten des zu Messenden, so kann er den Abstand wesentlich zu klein bestimmen, wenn er von einem Punkte aus nach beiden Pupillen visiert. Unter Berücksichtigung des Abstandes des blickenden Auges des Messenden könnte man den Augendrehpunktsabstand ausrechnen, wenn der Prüfling das visierende Auge des Messenden anblickt. Das Verfahren ist aber zu umständlich. Viel besser ist dann schon das von V i k t o r i n vorgeschlagene Verfahren für die Messung des Pupillenabstandes mit einem einfachen Maßstab: das Visieren nach dem rechten Auge des Patienten, mit

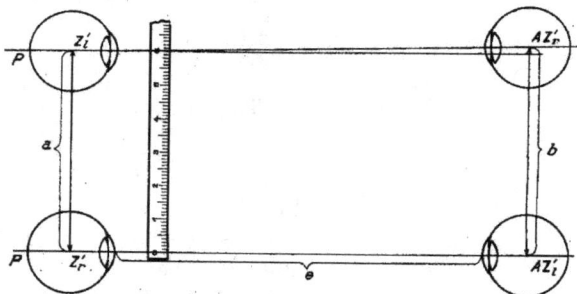

Abb. 308. Das Viktorinsche Verfahren zur Bestimmung des Pupillenabstandes mit Hilfe eines einfachen Maßstabes.

dem linken und das Visieren nach dem linken Patientenauge mit dem rechten Auge vorzunehmen (Abb. 308), während der Patient ein fernes Ding beobachtet. Genaue Werte erhält man dann, wenn zufällig der Augenabstand des Patienten mit dem des Messenden übereinstimmt. Der Abstand des Prüflings vom Prüfer e ist gegenüber dem möglichen Unterschied ihrer Augenabstände a und b so groß, daß bei den vorkommenden Unterschieden die Meßfehler gering sind, wie aus der Abbildung 308 hervorgeht.

Genauere Ergebnisse erhält man, wenn man zum Messen Diopter verwendet. Als einfachsten Diopter kann man den Doppelmaßstab ansehen, der aus zwei etwa 1 cm voneinander entfernten Millimetermaßstäben besteht, oder den Glasmaßstab von N i t s c h e und G ü n t h e r mit zur Hälfte versilberter Rückfläche und einer Teilung auf der Vorderfläche. Dabei wird die vordere Millimeterteilung durch die zur Hälfte versilberte Rückfläche abgebildet, so daß man ebenfalls *zwei hintereinanderliegende Maßstäbe* hat. Beim Messen des Pupillenabstandes des Prüflings, der ein fernes Ding beobachtet, wird vom Beobachter am besten etwas von unten herauf über die beiden Maßstäbe so nach den Pupillenmitten geblickt, daß zwei entsprechende Teilstriche in der Visierlinie liegen. Dann erhält man den richtigen Abstand der beiden Pupillenmitten und damit den Abstand der Drehpunkte. In gleicher Weise verfährt man, wenn man einen Maßstab mit zwei verstellbaren, Kimme und Korn tragenden Schiebern hat, mit deren Hilfe der Abstand zweier paralleler Visierlinien bestimmt werden kann.

Am sichersten aber läßt sich der Drehpunktsabstand durch Instrumente mit dingseitigem telezentrischen Strahlengang bestimmen. Im Keratometer (siehe S. 74) haben wir eine solche Einrichtung kennen gelernt, bei der durch Anordnung einer kleinen Blende in der bildseitigen Brennebene einer Sammellinse alle Hauptstrahlen im Dingraum achsenparallel laufen. Wie man mit einem solchen Instrument

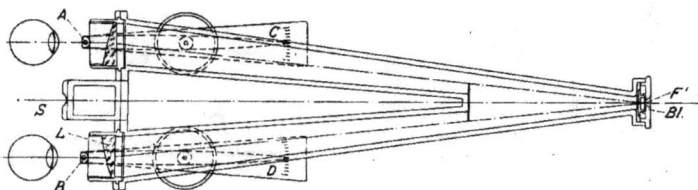

Abb. 309. Der Buschische Augenabstandsmesser im Schnitt gezeichnet.

mißt, ist beim Keratometer beschrieben worden. Nach diesem Prinzip ist z. B. der Augenabstandsmesser der Firma B u s c h (Abb. 309) gebaut. In der Brennebene F′ einer Sammellinse L von großem Durchmesser ist eine Blende Bl angeordnet, durch die man die durch die Linse schwach vergrößerten Zeiger A und B und die Pupillen des Prüflings beobachtet. Indem man das Meßgerät mit Hilfe des Sattels S auf den Nasenrücken des Prüflings setzt, werden die vor der Linse liegenden zwei beweglichen Zeiger A und B so eingestellt, daß sich die Spitzen auf die Pupillenmitten projizieren. An zwei Teilungen C und D kann dann der Abstand einer Pupillenmitte von der Mitte der Nasenwurzel abgelesen werden. Um das Gewicht des Gerätes nicht unnötig zu vergrößern, sind nur zwei exzentrische Teile aus der großen Linse herausgeschnitten worden. Unmittelbar oberhalb der Blende Bl ist eine Fixationsmarke, die der Beobachter durch die Linse in weiter Ferne sieht und dadurch seine Augenachsen parallel stellt. Im Pupillenabstandsmesser von Z e i s s sind zwei Keratometer miteinander vereinigt (Abb. 310). Man hat in diesem Meßgerät telezentrischen Strahlengang im Dingraum und kann infolgedessen bei verschieden großer

Entfernung der Teilung vor den Pupillen keinen Meßfehler machen. Das Instrument wird ebenfalls mit Hilfe eines Sattels auf den Nasenrücken des Prüflings aufgesetzt. Mit dem rechten Auge A_r beobachtet der Messende, auf welchem Teilstrich sich die Pupillenmitte des linken Auges des Prüflings P_l projiziert. Dabei wird das rechte Prüflingsauge durch die Schieberblende B ausgeschaltet. Nach Umschalten dieser Blende wird der Abstand des rechten Auges des Prüflings durch das linke Beobachterauge gemessen. Die Messung des Abstandes der rechten und linken Pupille von der Mitte der Nasenwurzel aus erfolgt hier unabhängig voneinander. Das hat den Vorteil, daß auch dann noch durch die Messung des Pupillenabstandes der Augendrehpunktsabstand erhalten wird, wenn es sich um schielende Augen handelt. Jedem Auge des Prüflings wird einzeln eine scheinbar im Unendlichen liegende Marke dargeboten, die oberhalb der Blenden D_r und D_l liegt. Dadurch läuft in jedem Falle die Augenachse des Patienten der optischen Achse der Linse L_r oder L_l parallel.

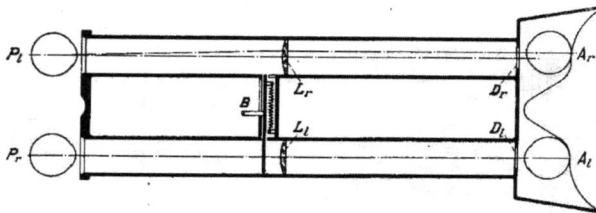

Abb. 310. Der Zeissische Augenabstandsmesser im Schnitt gezeichnet.

Hat man mit Hilfe einer solchen Einrichtung den Abstand der beiden Pupillenmitten und somit den Abstand der beiden Augendrehpunkte bestimmt und zwar unter Berücksichtigung der Lage des Nasenrückens zwischen beiden Augen, so kann der Optiker ein Gestell so herrichten,, daß die richtige Lage der beiden Gläser vor den Augen gewährleistet wird. Daß der Nasenrücken, auf dem der Brillensteg ruht, nicht in der Mitte zwischen den Augen liegt, ist sehr häufig der Fall und muß unbedingt bei der Anpassung des Gestells berücksichtigt werden. Bei kleinen Asymmetrien genügt ein entsprechendes Verbiegen des Gestells, bei größeren Ungleichheiten ist es besser die Gläser zu dezentrieren, um den Fehler im Gesichtsbau nicht auffällig werden zu lassen, und der Brille nicht ein unschönes Aussehen zu geben. Jedenfalls ist immer dafür zu sorgen, daß die beiden Gläserachsen parallel verlaufen und ihre Verlängerung die Augendrehpunkte treffen.

Es fragt sich, mit welcher Genauigkeit diese Forderungen durch eine Brille erfüllt werden müssen. Wäre eine Brille so beschaffen, daß der Abstand der Gläserachsen von dem Abstand der Augen-

drehpunkte abweichen würde, so müßte ein Auge eine Schielstellung
einnehmen, um einen weit entfernten Punkt, der gerade auf der
Achse des anderen Auges liegt, beidäugig sehen zu können (Abb. 311)..
Kleine Schielablenkungen können verhältnismäßig leicht ertragen
werden, besonders wenn es sich um Einwärtsschielen also um eine
schwache Konvergenzstellung handelt. Viel unangenehmer ist es dagegen, wenn dem Augenpaar zugemutet wird, eine Divergenzstellung
beim Beobachten durch die Brille anzunehmen. Als berechtigt darf
man wohl die Forderung ansehen, daß eine Brille dem Augenabstand
stets so genau angepaßt sein soll, daß beim Beobachten weit entfernter Dinge durch die Brille keine Ablenkungen entstehen, die mehr
als eine halbe Prismendioptrie betragen. Die Genauigkeit, mit der
der Abstand der beiden Gläserachsen gegenüber dem Abstand der

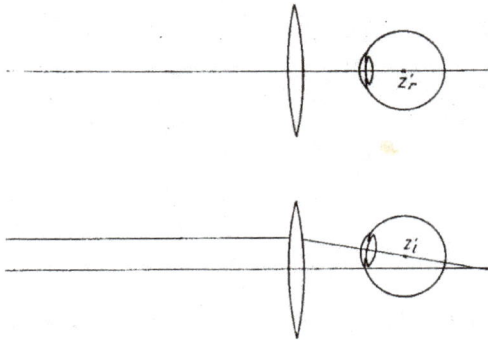

Abb. 311. Die Stellung der Augenachsen bei der Beobachtung eines entfernten
Dingpunktes durch eine Brille mit Sammelgläsern, die einen zu großen Achsenabstand haben.

beiden Augendrehpunkte eingehalten werden muß, wächst mit der
Stärke der Gläser. Da nach der gefundenen Regel eine Dezentration von 10 mm eine Ablenkung von so viel Prismendioptrien
einführt, als das Glas Brechkraftsdioptrien hat, so muß beispielsweise der Abstand der Gläserachsen bei einer Brille mit Gläsern
von 10 dptr Brechkraft auf 0,5 mm genau sein; bei einer Brille
mit Gläsern von 20 dptr Brechkraft sollte der Fehler nicht mehr als
0,25 mm betragen. Dagegen braucht der Achsenabstand bei Brillen
mit schwachen Gläsern nicht so genau eingehalten zu werden. So
dürfte er nach unserer Fehlergrenze z. B bei einer Brille mit Gläsern
von 3 dptr Brechkraft 1,7 mm vom Drehpunktsabstand abweichen.
Wenn man schon einen Fehler zuläßt, so soll man wenigstens darauf
achten, daß er nicht in ungünstigem Sinne wirkt, d. h. in diesem
Falle, das Augenpaar nicht zum Divergieren veranlaßt. Das würde

notwendig sein, wenn man Brillen mit Sammelgläsern in einem Gestell mit zu geringem Abstand der Gläsermitten einsetzte, wie
Abb. 312 zeigt, aus der deutlich hervorgeht, daß dieses Augenpaar
hinter der Brille divergieren muß, um weit entfernte Dinge beidäugig
zu sehen. Bei parallel gestellten Augenachsen würde, wie die punktierten Strahlen zeigen, ein im Endlichen gelegener Punkt beidäugig
gesehen werden. Bei Brillen mit Zerstreuungsgläsern ist es gerade
umgekehrt. Daraus ergibt sich die Regel, für Sammelgläser
eher Gestelle mit etwas zu großem, und für Zerstreuungsgläser eher Gestelle mit etwas zu kleinem
Pupillenabstand zu verwenden.

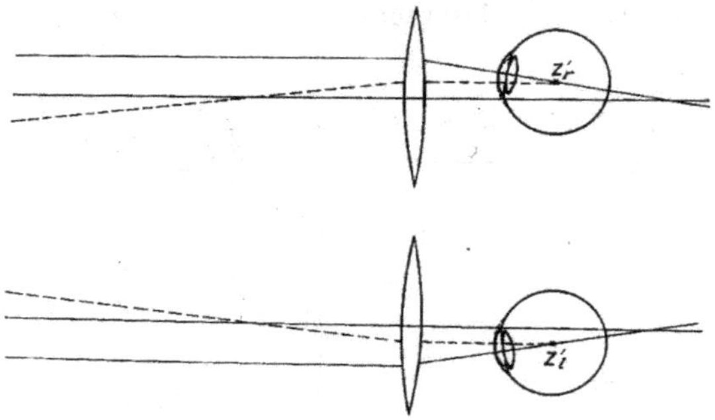

Abb. 312. Die Stellung der Augenachsen bei beidäugiger Beobachtung durch eine
Brille mit Sammelgläsern, die zu kleinen Achsenabstand haben.

Anisometropbrillen.

Schwieriger ist das beidäugige Sehen durch die Brille, wenn
die beiden Gläser verschiedene Brechkraft haben, wenn es sich also
um eine Ungleichheit der Fehlsichtigkeit, eine Anisometropie
der beiden Augen handelt. Ganz abgesehen davon, daß dadurch
schon die Bilder auf den beiden Netzhautmitten verschieden groß
werden, wenn nicht die Hauptpunkte der Brillengläser mit den
vorderen Brennpunkten der beiden Augen zusammenfallen, so ist
es sehr unangenehm, daß sich die beiden Augen beim Blicken nach
seitlich gelegenen Dingpunkten um verschiedene Beträge drehen
müssen, weil infolge der verschiedenen Brechkraft die scheinbaren
Augendrehpunkte an verschiedenen Stellen liegen. Geringe Unterschiede zwischen den Drehwinkeln beider Augen können über-
wunden werden, so daß auch hier beidäugiges Sehen möglich ist.
Wie Hegner festgestellt hat, kann man durch Uebung Unterschiede
der Augendrehwinkel von etwa 3,5° überwinden, auch wenn es sich
um Unterschiede der Erhebungswinkel handelt; die der Seiten-

wendungswinkel können noch größer sein; denn gegen Höhenabweichungen ist das Augenpaar viel empfindlicher als gegen Seitenabweichungen. Nimmt man diese Winkelabweichung von 3,5° als überwindbar an, so läßt sich ausrechnen, wie groß die Verschiedenheit der Brechkräfte eines Gläserpaares sein darf, damit der Unterschied der Erhebungswinkel bei einem bestimmten Drehwinkel die angegebene Größe nicht übersteigt. Um ein genügend großes beidäugiges Blickfeld zu haben, soll dieser Winkelunterschied erst bei etwa 30° Blickdrehung eintreten. Für die Rechnung setzen wir verzeichnungsfreie Gläser, ein rechtsichtiges und ein kurzsichtiges Auge voraus. Der Abstand der bildseitigen Hauptebene vom Augendrehpunkt sei 25 mm groß. Für das rechtsichtige Auge kommt die Blicklinie bei einer Drehung um 30° in die Lage BZ′ und es wird (Abb. 313): $AB = AZ′$ tg w. Setzen wir $AB = h$ und $AZ′ = b$, so ist

$$h = b \cdot tg\ w = 25 \cdot tg\ 30° = 25 \cdot 0{,}5774\ mm = 14{,}4\ mm.$$

Das andere, kurzsichtige Auge muß sich hinter dem zerstreuenden Brillenglase um kleinere Winkel w′ drehen als das rechtsichtige, wenn es dasselbe seitlich gelegene Ding anblickt. Soll der Unterschied der Drehwinkel 3,5° betragen, so muß also der augenseitige Drehwinkel des kurzsichtigen Auges 26,5° groß sein, wenn sich das rechtsichtige um 30° aus seiner Hauptblickrichtung gedreht hat. Es fragt sich also, welches zerstreuende Glas bei 25 mm Abstand vom Drehpunkt einen augenseitigen Drehwinkel von 26,5° erfordert, wenn der dingseitige Blickwinkel 30° groß ist. Der Winkel w′ (Abb. 314) ist 26,5°, die Strecke $H′Z′ = b = 25$ mm; daraus folgt $H′P′ = H′Z′ \cdot tg\ w′$, oder wenn wir $H′P′ = h$ setzen: $h = b \cdot tg\ w′$. Ferner ergibt sich aus dem rechtwinkligen Dreieck HPZ, daß $HP = HZ \cdot tg\ w$. Da $HP = H′P′ = h$ ist, und $HZ = a$ gesetzt wird, ist $h = a \cdot tg\ w$. Wir erhalten so zwei Werte für h, die wir einander gleichsetzen können: $a \cdot tg\ w = b \cdot tg\ w′$. Also ist

$$a = \frac{b \cdot tg\ w′}{tg\ w} = \frac{25 \cdot tg\ 26{,}5°}{tg\ 30°}\ mm = \frac{25 \cdot 0{,}4986}{0{,}5774}\ mm = 21{,}59\ mm.$$

Der bildseitige Drehpunkt Z′ ist das Bild des dingseitigen Z. Es fragt sich also, welches Zerstreuungsglas den Punkt Z nach Z′ abbildet. Aus der Gleichung

$$D = B - A = \frac{1}{b} - \frac{1}{a} = \frac{1}{0{,}025\ m} - \frac{1}{0{,}02159\ m} = 40\ dptr - 46{,}32\ dptr$$
$$= -6{,}32\ dptr$$

erhalten wir die gesuchte Brechkraft.

Nehmen wir als zweiten Fall an, daß das andere Auge übersichtig ist, dann muß der bildseitige Drehwinkel w′ größer als der dingseitige sein. Es wird also $w′ = 33{,}5°$ und $w = 30°$. Wir erhalten dann (Abb. 315) aus dem Dreieck H'P'Z', daß $h = b \cdot \operatorname{tg} w'$ und aus dem Dreieck HPZ, daß $h = a \cdot \operatorname{tg} w$, und damit

$$a = \frac{b \cdot \operatorname{tg} w'}{\operatorname{tg} w} = \frac{25 \cdot \operatorname{tg} 33{,}5^0}{\operatorname{tg} 30^0} \text{ mm} = \frac{25 \cdot 0{,}6619}{0{,}5774} \text{ mm} = 28{,}66 \text{ mm.}$$

Die Brechkraft des Sammelglases, das den 28,66 mm von der Hauptebene entfernten dingseitigen Drehpunkt Z in den bildseitigen Z' abbildet, ergibt sich zu

$$D = B - A = \frac{1}{b} = \frac{1}{a} = \frac{1}{0{,}025 \text{ m}} - \frac{1}{0{,}02866 \text{ m}} = 40 \text{ dptr} - 34{,}89 \text{ dptr}$$
$$= 5{,}11 \text{ dptr.}$$

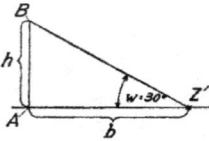 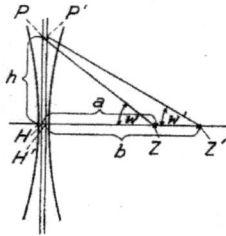 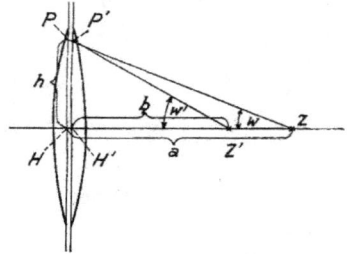

Abb. 313.   Abb. 314.   Abb. 315.

Abb. 313—315.   Zur Berechnung der überwindbaren Unterschiede der Korrektionswerte.

Daraus ergibt sich also, daß etwa Gläser mit einem Unterschied der Brechkräfte von 5,5 dptr in einem Blickfeld von $2 \cdot 30^0$ zum beidäugigen Sehen noch brauchbar sind. Nicht immer trifft das zu, aber teilweise werden noch stärkere Ungleichheiten vertragen, doch den größeren Ungleichheiten entsprechend ist das beidäugige Sehen, dann meist nur in einem kleineren Blickfeld möglich.

Wohl am stärksten zeigt sich diese Ungleichheit der Drehwinkel, wenn es sich um ein Augenpaar handelt, das aus einem Vollauge und einem linsenlosen Auge besteht. Das korrigierte linsenlose Auge entwirft infolge seiner geringeren Brechkraft von den Dingen größere Bilder als das Vollauge, und muß sich auch um ganz andere Beträge drehen, wenn es bestimmte seitlich gelegene Dinge erblicken will. Obwohl es manchem Menschen gelingt, in der Hauptblickrichtung verschieden große Bilder, wie sie ein Vollauge und ein korrigiertes linsenloses Auge von ein und demselben Ding entwerfen, zu einem Eindruck zu verschmelzen, so gelingt es ihm nicht, beim Blicken nach der Seite einen einheitlichen Eindruck zu erhalten, wenn die beiden Augen so verschiedene Drehungen ausführen müssen, wie das bei einem solchen Augenpaar nötig ist. Schon bei kleinen Drehwinkeln hört das beidäugige Sehen auf. Die

Folge davon ist, daß das Bild eines Auges unterdrückt wird. Die Kuppelung, die zwischen den Bewegungen beider Augen bestand, bevor die Linse aus einem entfernt wurde, wird allmählich lockerer so daß es öfters vorkommt, daß ein Auge abweicht und eine Schielstellung einnimmt. Die von ihm gesehenen Dinge werden nicht mehr zum Bewußtsein gebracht. Damit hört natürlich auch das räumliche Sehen auf. Ein solcher Mensch sieht nicht besser als ein Einäugiger. Es gibt ein Mittel, diesem unangenehmen Zustand vorzubeugen. Das ist ein optisches System, das die Korrektion des linsenlosen Auges ohne eine Vergrößerung des Bildes und ohne Aenderung der augenseitigen Blickwinkel den dingseitigen gegenüber herbeiführt. Derartige Bedingungen kann ein einfaches Glas natürlich nicht erfüllen, sondern nur ein zusammengesetztes Linsensystem. Dieses sogenannte Anisometropsystem wurde von M. v. Rohr berechnet und besteht aus 3 in einer Metallfassung gehaltenen Linsen (Abb. 316). Um das System nicht zu schwer werden zu lassen, muß

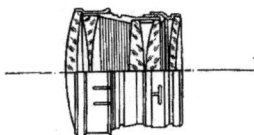

Abb. 316. Ein Anisometropsystem mit ding- und augenseitigem Aufsteckglas.

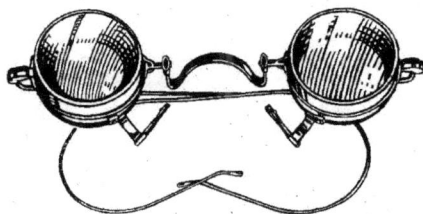

Abb. 317. Eine Anisometropbrille.

man mit einem kleineren Blickfeld zufrieden sein, als es ein einfaches Starglas gewährt. Zur Herstellung des Gleichgewichts und eines erträglichen Aussehens der Brille, ist auch für das Vollauge ein System vorgesehen, das äußerlich dem für das linsenlose Auge gleicht, aber anders wirkt. In Abb. 317 ist eine Anisometropbrille dargestellt. Im allgemeinen werden mit der Anisometropbrille dann Erfolge beobachtet, wenn sie bald nach der Entfernung der Linse angewandt wird. Liegt ein längerer Zeitraum zwischen der Operation und der Anwendung der Brille, so ist in den meisten Fällen kein Erfolg zu erzielen. Die Kuppelung der beiden Augen ist dann bereits gelöst und läßt sich nicht wieder herstellen. Entweder wird das Bild des einen oder des anderen Auges zum Bewußtsein gebracht, aber ein Verschmelzen beider Bilder zu einem räumlichen Eindruck ist nur in sehr seltenen Fällen möglich.

Da das linsenlose Auge nicht mehr akkommodieren kann, muß das Anisometropsystem, wenn die Brille zum Beobachten naher Dinge verwendet werden soll, mit einem dingseitigen Aufsteckglas versehen werden. Das dingseitige Aufsteckglas wirkt gerade so, wie das bei

der Fernrohrbrille und Fernrohrlupe angewandte; und ermöglicht —
was für den Anisometropen besonders wichtig ist — das beidäugige
Sehen naher Dinge.

Nahebrillen.

Der Fehlsichtige muß, wenn er beidäugig nahe Gegenstände durch
die Fernbrille beobachtet, etwas anders konvergieren und akkommodieren als der Rechtsichtige. Es fragt sich nun, ob man bei reinen

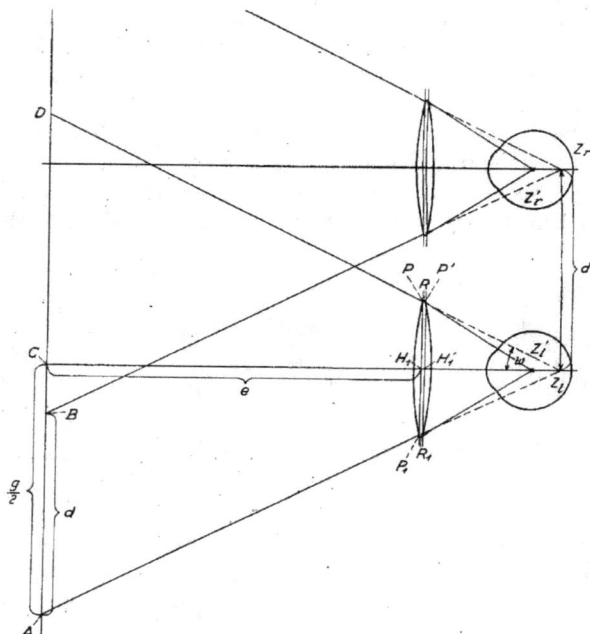

Abb. 318. Die Blickfelder einer Nahebrille, bei der die Gläser wie in einer Fernbrille vor den Augen sitzen.

Nahebrillen, die für Alterssichtige bestimmt sind, die für die Fernbrillen geltende Gläseranordnung beibehalten soll. Der Alterssichtige
ist natürlich imstande zu konvergieren, ohne daß er dem Konvergenzwinkel entsprechend akkommodiert. Diese Fähigkeit hat er
ja gerade verloren, und sie wird durch die Brillengläser ersetzt.
Nehmen wir einmal an, ein Alterssichtiger benutzt eine Brille mit
Gläsern von + 4 dptr Brechkraft, um Dinge in 25 cm Abstand
deutlich zu sehen. Die beiden Gläser seien wie bei einer Fernbrille
gefaßt (s. Abb. 318), so daß ihre optischen Achsen parallel verlaufen
und die Augendrehpunkte treffen. Dann muß der Brillenträger stärker

konvergieren als es ein Rechtsichtiger mit gleichem Augenabstand nötig hätte, der ein Ding in gleicher Entfernung betrachtete. (Vergleiche die Besprechung der Abb. 307 auf S. 288.)

Das Blickfeld eines Brillenträgers wird durch die Fassung des Glases begrenzt. Bei richtig angepaßten Fernbrillen, bei denen die parallelen Gläserachsen die Augendrehpunkte treffen, fallen die beiden Fernblickfelder zusammen. Werden so angepaßte Brillen zum Nahesehen verwendet, so fallen die beiden Naheblickfelder nicht völlig zusammen, wie die Abb. 318 zeigt. Ist RR_1 die Oeffnung des Brillenglases, Z der dingseitige Augendrehpunkt und e der Abstand der Lesefläche, so ist der Durchmesser des dingseitigen Blickfeldes des linken Auges die Strecke $AD = g$. Der Durchmesser des rechten Feldes ist gleich groß, und das Feld beginnt bei B. Der Durchmesser des gemeinsamen Feldes ist die Strecke BD. Sie ist gleich dem Durchmesser des Feldes eines Glases, vermindert um den Augenabstand; denn

$$BD = AD - AB = g - d.$$

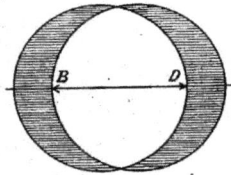

Abb. 319. Das beidäugige Blickfeld einer Nahebrille, bei der die Gläser wie in einer Fernbrille vor den Augen sitzen.

Werden runde Gläserfassungen verwendet, so daß auch das dingseitige Blickfeld eines Glases kreisrund ist, so hat das gemeinsame Blickfeld die Form eines Kreiszweiecks, wie es in Abb. 319 dargestellt ist. Die schraffierten Teile der Felder werden nur von einem Auge überbⅼickt.

Da wir Gläser von $+ 4$ dptr Brechkraft annehmen, so liegt der scheinbare Augendrehpunkt Z 27,8 mm hinter dem Hauptpunkt H_1; denn es ist

$$A = B - D = 40 \text{ dptr} - 4 \text{ dptr} = 36 \text{ dptr, also } a = \frac{1}{A} = \frac{1}{36 \text{ dptr}}$$

$$= 0{,}0278 \text{ m} = 27{,}8 \text{ mm}.$$

Setzen wir runde Brillengläser mit einem freien Durchmesser von 38 mm voraus, so ergibt sich der Durchmesser des dingseitigen Blickfeldes aus der Aehnlichkeit der Dreiecke ADZ_1 und $P_1 P Z_1$. Es verhält sich $AD : P_1 P = C Z_1 : H_1 Z_1$, also ist

$$AD = \frac{P_1 P \cdot C Z_1}{H_1 Z_1} = \frac{38 \cdot 277{,}8}{27{,}8} \text{ mm} = 380 \text{ mm}.$$

Der Durchmesser des beidäugigen Feldes ist demnach:
$$BD = g - d = (380 - 65) \text{ mm} = 315 \text{ mm}.$$ Das gemeinsame Feld ist also auch bei dieser Anordnung der Brillengläser genügend groß.

Um auf beiden Seiten nicht das in Abb. 319 schraffierte Stück für das beidäugige Sehen zu verlieren, wählt man für Nahebrillen Gestelle mit einem Gläserabstand aus, der geringer als der Dreh-

pnnktsabstand ist. Dabei werden, wie in Abb. 320, die Gläser vielfach
so eingesetzt, daß ihre optischen Achsen zwar parallel laufen, aber
der seitliche Abstand der Gläserachsen, die Strecke $H_{1r}H_{1l}$ einfach
einige Millimeter kleiner ist, als er für eine Fernbrille desselben
Trägers nötig wäre. Zuweilen wird auch der Abstand der Gläserachsen so ausgerechnet, daß die Augenachsen beim Anblicken
des mittleren Punktes 0 der Arbeitsfläche durch die optischen
Mittelpunkte der Gläser verlaufen, wie das in Abb. 320 dargestellt

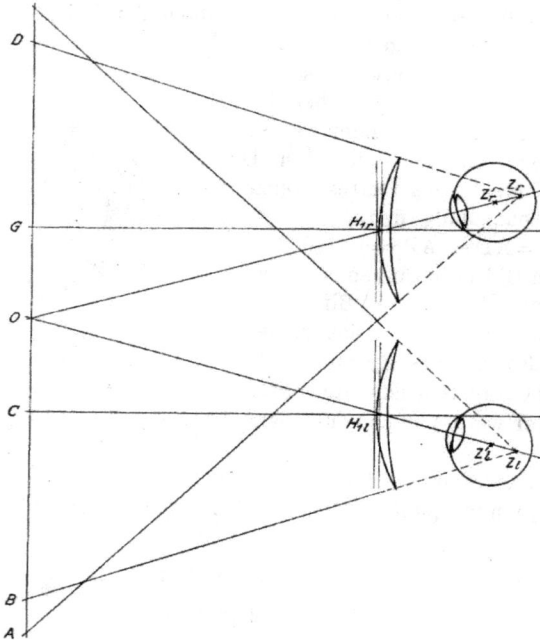

Abb. 320. Unrichtige Anordnung von Nahegläsern, wobei zwar die Blickfelder zusammenfallen, die Gläser aber nicht zentrisch vor den Augen sitzen.

ist. Wohl fallen dann die beiden dingseitigen Blickfelder fast vollständig zusammen, aber die Brillengläser werden auf diese Weise
ganz falsch benützt. Die optischen Achsen CH_{1l} und GH_{1r} treffen
die Augendrehpunkte Z'_1 und Z'_r nicht, die Gläser sind also gar nicht
zentriert und können deshalb auch nicht die besten Bilder erzeugen.
   Will man mit einer Nahebrille das größtmögliche gemeinsame Blickfeld erreichen und die Gläser gleichzeitig zentrisch benützen, so muß
man sie durch das Gestell so vor den Augen anordnen, daß ihre
Achsen konvergent verlaufen, sich in der Mitte des dingseitigen Blick-

feldes (bei 0 in Abb. 321) schneiden und auf ihrer Verlängerung die Augendrehpunkte Z'_r und Z'_l treffen. Das Augenpaar hat dann genau denselben Konvergenzwinkel einzuschließen, wie das eines Rechtsichtigen mit genügendem Akkommodationsvermögen und dem gleichen Drehpunktsabstand, das ein Ding in derselben Entfernung beobachtet. Ist der Abstand der beiden Drehpunkte Z'_r und Z'_l gleich 65 mm, der Dingabstand, die Strecke OH_{1r} oder OH_{1l} gleich 250 mm, die Strecke $H_1S'_1 = 3$ mm und der Abstand des inneren Brillenscheitels

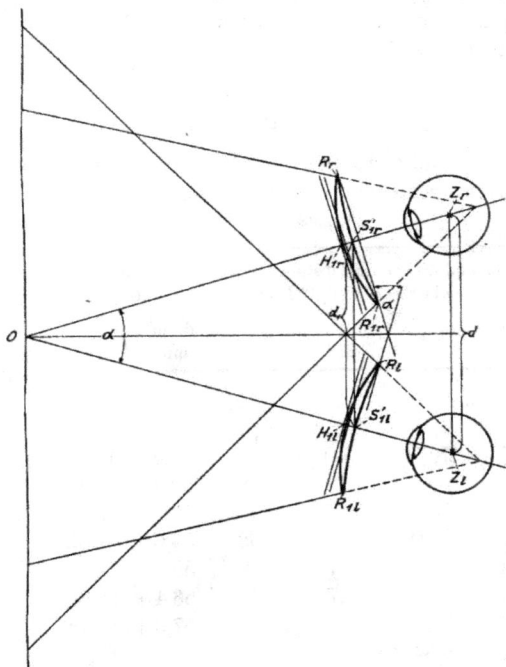

Abb. 321. Zentrisch vor den Augen stehende Nahegläser mit zusammenfallenden Blickfeldern.

vom Drehpunkt $Z' = 25$ mm, so ist $\sin\dfrac{\alpha}{2} = \dfrac{Z'_rZ'_l}{2\cdot OZ'_r} = \dfrac{65}{2\cdot 278} = 0{,}117$,

woraus sich $\dfrac{\alpha}{2} = 6{,}7^0$, $\alpha = 13{,}4^0$ ergibt. Freilich müssen dann die Fassungsebenen R_rR_{1r} und R_lR_{1l}, wie aus der Abbildung hervorgeht, so zueinander geneigt sein, daß sie den Konvergenzwinkel α miteinander einschließen. Der Abstand der beiden Brillenglasscheitel $S'_{1r}S'_{1l}$, die Strecke d_1 muß natürlich kleiner sein als der Augendrehpunktsabstand d. Er ergibt sich aus der Aehnlichkeit der beiden Dreiecke $OS'_{1l}S'_{1l}$ und $OZ'_rZ'_l$; denn es ist:

$S'_{1r}S'_{1l} : Z'_r Z'_l = OS'_{1r} : OZ'_r$ und also $S'_{1r}S'_{1l} = \dfrac{OS'_{1r} \cdot Z'_r Z'_l}{OZ'_r}$. In unserem

Fall wird also $S'_{1r}S'_{1l} = d_1 = \dfrac{253 \cdot 65}{278}$ mm $= 59{,}2$ mm. Die Konvergenzwinkel α, die die beiden Fassungsebenen einschließen müssen, und die Abstände der augenseitigen Brillenscheitel sind für die verschiedenen Augenabstände und für einige gebräuchliche Arbeitsabstände in der folgenden Tabelle 27 zusammengestellt. Dabei ist immer vorausgesetzt, daß der innere Brillenscheitel 25 mm vom Augendrehpunkt entfernt ist. Mit einem einfachen Winkelmeßinstrument -- dem Konvergenzwinkelmesser — (Abb. 322) kann man die richtige

Tabelle 27.

Gegenseitige Scheitelabstände d_1 und Konvergenzwinkel α von Nahebrillen für verschiedene Drehpunktsabstände d und verschiedene Leseentfernungen.

d in mm	Leseabstand 40 cm +2,5 dptr Naheglas		Leseabstand 33,3 cm + 3 dptr Naheglas		Leseabstand 25 cm + 4 dptr Naheglas		Leseabstand 20 cm + 5 dptr Naheglas	
	d_1 in mm	α^0	d_1 in mm	α^0	d_1 in mm	α^0	d_1 in mm	α^0
55	51,8	7,42	51,2	8,81	50,0	11,48	48,9	14,04
56	52,7	7,55	52,1	8,97	50,9	11,69	49,8	14,30
57	53,7	7,69	53,0	9,13	51,8	11,90	50,7	14,56
58	54,6	7,83	53,9	9,29	52,7	12,11	51,6	14,81
59	55,5	7,96	54,9	9,46	53,6	12,32	52,5	15,07
60	56,5	8,10	55,8	9,62	54,6	12,53	53,4	15,33
61	57,4	8,23	56,7	9,78	55,5	12,73	54,2	15,58
62	58,4	8,37	57,7	9,94	56,4	12,94	55,1	15,84
63	59,3	8,50	58,6	10,10	57,3	13,15	56,0	16,09
64	60,2	8,64	59,5	10,26	58,2	13,36	56,9	16,35
65	61,2	8,77	60,5	10,42	59,1	13,57	57,8	16,61
66	62,1	8,91	61,4	10,58	60,0	13,78	58,7	16,87
67	63,1	9,04	62,3	10,74	60,9	13,99	59,6	17,13
68	64,0	9,18	63,2	10,90	61,8	14,20	60,5	17,38
69	64,9	9,31	64,2	11,06	62,7	14,41	61,3	17,64
70	65,9	9,45	65,1	11,22	63,6	14,62	62,2	17,90
71	66,8	9,58	66,0	11,38	64,6	14,83	63,1	18,16
72	67,8	9,72	67,0	11,54	65,5	15,04	64,0	18,41
73	68,7	9,85	67,9	11,70	66,4	15,25	64,9	18,67
74	69,7	9,99	68,8	11,86	67,3	15,46	65,8	18,93
75	70,6	10,12	69,8	12,02	68,2	15,88	66,7	19,19

Konvergenz der beiden Nahebrillengläser genügend gut prüfen, indem man die Gestellränder an die Meßschenkel anlegt. Streng genommen kommt bei der Beobachtung durch zwei konvergent gestellte optische Systeme keine genau richtige Raumauffassung zustande. Es werden bei dieser Anordnung Ebenen nicht genau als Ebenen wiedergegeben, sondern als schwach gebogene Flächen. Aber bei einfachen Brillengläsern und auch bei schwach vergrößernden Systemen ist dieser Fehler so gering, daß er von vielen Beobachtern gar nicht bemerkt wird.

Abb. 322. Ein Konvergenzwinkelmesser.

Zweistärkenbrillen.

Im Zweistärkenglas ist das Fern- und Naheglas vereinigt. Bei der Anpassung solcher Gläser müssen deshalb die für beide Brillenarten geltenden Forderungen erfüllt werden. Es fragt sich, ob das gleichzeitig möglich ist. Die optischen Achsen der beiden Fernteile müssen natürlich im Abstande der Augendrehpunkte parallel laufen. Vielfach setzt man richtigerweise die Zweistärkengläser so in die Fassung, daß auch die optischen Achsen der Naheteile in der gegenseitigen Entfernung der beiden Drehpunkte parallel verlaufen. Der Brillenträger muß dann nur beim Betrachten naher Dinge etwas anders akkommodieren und konvergieren, und außerdem fallen die Blickfelder der beiden Naheteile nur zum Teil zusammen. Das ist bei den Zweistärkengläsern mit kleinem Naheteil ein Nachteil, weil die Blickfelder an und für sich nicht allzu groß sind. Wir nehmen einmal eine Zweistärkenbrille an, die für einen Träger mit 65 mm Drehpunktsabstand so angepaßt ist, daß auch die Achsen der Naheteile im Drehpunktsabstand parallel verlaufen. Die Naheteile haben kreisförmige Gestalt und einen Durchmesser h von 18 mm (Abb. 323). Die Brechkraft des Naheteils sei $+ 5$ dptr und der bildseitige Hauptpunkt sei 25 mm vom Augendrehpunkt Z'_1 entfernt. Dann ist der Abstand des scheinbaren Drehpunktes Z_1 vom dingseitigen Hauptpunkt H_1 die Strecke a = 28,5 mm; denn A = B — D = (40 — 5) dptr = 35 dptr

und $a = \dfrac{1}{A} = \dfrac{1}{35\ \text{dptr}} = 0,0286\ \text{m} = 28,6\ \text{mm}$. Ist nun der Dingabstand

$BH_1 = 250$ mm, dann ergibt sich der Durchmesser des dingseitigen Blickfeldes h_1 aus der Aehnlichkeit der Dreiecke ADZ_l und P_lPZ_l; denn es ist:

$$AD : P_1P = BZ_l : H_1Z_l, \quad \text{oder} \quad AD = h_1 = \frac{P_1P \cdot BZ_l}{H_1Z_l} = \frac{18 \cdot 278,6}{28,6}\, mm$$
$$= 176\ mm.$$

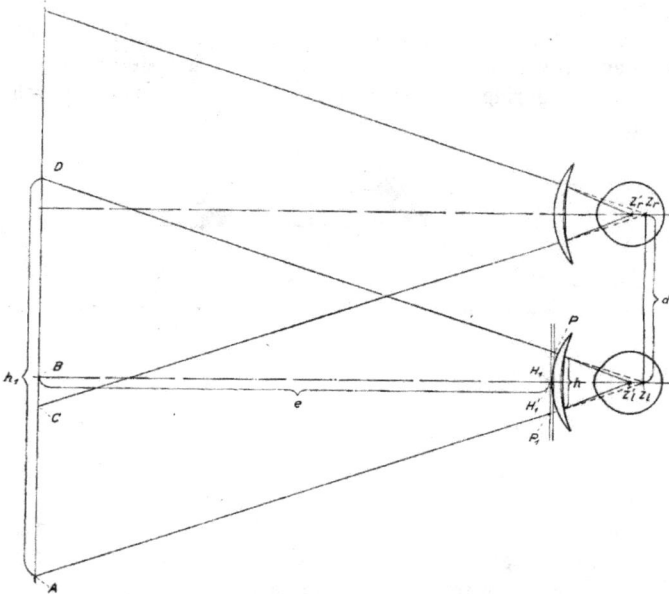

Abb. 323. Die Naheblickfelder einer Zweistärkenbrille, bei der die optischen Achsen der Naheteile im Drehpunktsabstand parallel verlaufen.

Wir setzen hier angenähert $P_1P = h$. Für das beiden Augen gemeinsame Blickfeld bleibt der Durchmesser $CD = AD - AC$ übrig. Da aber die Strecke AC gleich dem Drehpunktsabstand d, in unserem Falle gleich 65 mm groß ist, so bleibt für den Durchmesser des

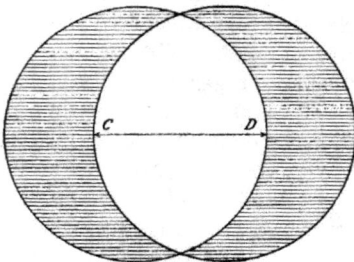

Abb. 324. Das beidäugige Naheblickfeld einer Zweistärkenbrille mit runden Naheteilen, deren Achsen parallel im Drehpunktsabstand verlaufen.

gemeinsamen Feldes $CD = (176 - 65)$ mm $= 111$ mm übrig. Das gemeinsame Feld hat wieder die Form eines Kreiszweieckes (Abb. 324). Vielfach wird es zu klein empfunden, dann werden besser Zweistärkengläser mit Naheteilen verwendet, die die Form von Kreiszweiecken haben (s. Abb. 207). Natürlich geht die Vergrößerung des Nahefeldes auf Kosten der Größe des Fernfeldes. Um dieses nicht zu verkleinern, aber das gemeinsame Nahefeld zu vergrößern, faßt man die Zweistärkengläser mit kleinem Naheteil so, daß die geometrischen Mittelpunkte der beiden Naheteile M_r und M_l (Abb. 325) einen kleineren Abstand haben, als die optischen Mittelpunkte der beiden Fernteile S_{1r} und S_{1l}. Da die optischen Achsen der Fernteile im Drehpunktsabstande parallel bleiben müssen, erreicht man den geringeren seitlichen Abstand der Naheteile, indem man die Gläser in den optischen Achsen der Fernteile um die Winkel ω nach innen dreht. Der Abstand der Naheteilmittelpunkte M_rM_l läßt sich mit Hilfe der Tabelle 27 leicht ermitteln; er muß für unser Beispiel 59 mm groß sein. während die Entfernung $S_{1r}S_{1l}$ 65 mm beträgt. Dann fallen die dingseitigen Blickfelder der beiden Naheteile zusammen.

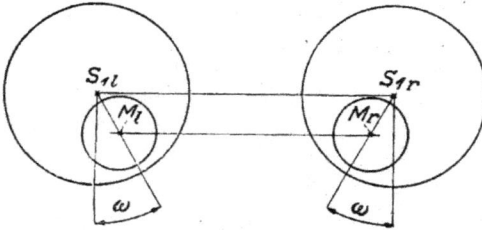

Abb. 325. Die Lage der Naheteile einer Zweistärkenbrille mit gemeinsamem Naheblickfeld.

In den meisten Fällen sind die Naheteile nicht zentriert, ihre optischen Achsen treffen die Augendrehpunkte nicht. Hat man aber so durchgebogene Gläser, daß auch die optischen Achsen der Naheteile die Augendrehpunkte treffen, so bleibt ihre Zentrierung durch die Verkleinerung des Abstandes der Naheteilmitten erhalten.

Besondere Vorsicht muß man beim Herstellen und Einsetzen astigmatischer Zweistärkengläser gebrauchen, wenn man die Naheteile enger stellen will, weil ja, wenn man nachträglich die Gläser um die Winkel ω drehen wollte, die Lage der Hauptschnitte geändert würde. Diese Drehung muß also gleich bei der Anfertigung berücksichtigt werden.

Zweistärkengläser, bei denen die Achsen des Fern- und Naheteils zusammenfallen, kann man nur mit parallelen Achsen im Abstand der Augendrehpunkte anordnen, daß also auch die Naheteilmitten denselben Abstand haben. Wollte man ihn verkleinern, ohne die Zentrierung der Naheteile zu stören, so müßte man ja die Achsen kon-

vergent stellen, dann würde aber ein richtiges Sehen durch die
Fernteile unmöglich sein.

Die Zweistärkennahegläser mit großem Nahe- und kleinem Fernteil paßt man ebenfalls am besten so an, daß die Achsen beider Teile
im Abstande der Drehpunkte parallel laufen. Das ist für die Fernteile nötig, und die Naheteile sind hier so groß, daß ein genügend
großes gemeinsames Naheblickfeld entsteht.

Vergrößernde optische Hilfsmittel für beidäugiges Sehen.

Vergrößernde optische Systeme, die zum beidäugigen Sehen in
die Ferne bestimmt sind, müssen natürlich geradeso wie einfache
Fernbrillengläser vor den Augen angeordnet sein, also so, daß ihre
parallel gerichteten optischen Achsen die Augendrehpunkte treffen.
Bei Doppelfernrohren ist die erste Bedingung, die Parallelität der
Achsen, ohne weiteres erfüllt. Um der zweiten Forderung zu genügen, müssen sie eine Einrichtung haben, um den Okularabstand
dem Augenabstand des Benutzers anzupassen. Bei den meisten kleinen
Doppelfernrohren, die für Schwachsichtige in Betracht kommen, ist das
möglich. Bei der Anpassung binokularer Fernrohrbrillen ist auf die
Erfüllung dieser beiden Bedingungen sorgfältig zu achten; denn infolge der vergrößernden Wirkung fällt jeder Anpassungsfehler doppelt
ins Gewicht. Schon kleine Unterschiede in der Richtung der beiden
optischen Achsen werden störend bemerkt, namentlich Höhenabweichungen, für die die Augen besonders empfindlich sind.

Treffen die verlängerten Systemachsen die Augendrehpunkte nicht,
so tritt bei verhältnismäßig geringen Fehlern eine merkliche Ver-
schlechterung des Bildes ein. Die Fernrohrbrillensysteme sind zwar
für eine am Orte des Augendrehpunkts zu denkende Blende frei von
Astigmatismus schiefer Büschel, von farbigen Neigungsdifferenzen und
Verzeichnung, aber nur dann, wenn der Augendrehpunkt wirklich an
der richtigen Stelle liegt, also bei guter Zentrierung. Schlecht zentrierte Fernrohrbrillensysteme zeigen infolge der dann auftretenden
Fehler verwaschene mit farbigen Säumen umgebene Bilder. Um den
dauernden guten Sitz einer solchen Brille zu gewährleisten, sind außer
einem Mittelsteg noch zwei Seitenstege angebracht (s. Abb. 172 S. 165),
die so gebogen werden müssen, daß sie seitlich der Nase fest aufliegen.
Sie helfen nicht nur das etwas größere Gewicht der Fernrohrbrille mit-
tragen, sondern sie verhindern vor allem ein seitliches Verschieben,
oder ein Herabsinken auf einer Seite.

Will man Fernrohrbrillen und auch Fernrohrlupen zum Sehen in
der Nähe verwenden, so muß man dingseitige Aufsteckgläser vor
den Objektiven anbringen. Sollen Fernrohrbrillen für beidäugigen

Gebrauch zur Nahearbeit eingerichtet sein, so dürfen die Systemachsen nicht parallel im Abstande der Augendrehpunkte verlaufen,
und zwar der kleinen Gesichtsfelder wegen. Da beispielsweise das
Gesichtsfeld einer 1,8-fach vergrößernden Fernrohrbrille für einen
Rechtsichtigen mit einem dingseitigen Aufsteckglas von $+4$ dptr
einen Durchmesser von 67 mm hat, so würden für ein Augenpaar
mit 67 mm Drehpunktsabstand die beiden Gesichtsfelder gerade an-
einanderstoßen, und ein gemeinsames Feld würde überhaupt nicht
vorhanden sein. Für Nahearbeiten müssen vielmehr die beiden Systeme
so konvergent gestellt werden, daß sich ihre optischen Achsen am Orte
des deutlich zu sehenden Dinges O schneiden und auf ihren Verlängerungen die Augendrehpunkte Z'_r und Z'_l treffen, wie das in Abb. 236
dargestellt ist. Dann fallen die Blickfelder vollständig aufeinander, es
wird beidäugiges Sehen in einem größtmöglichen Feld erreicht. Um

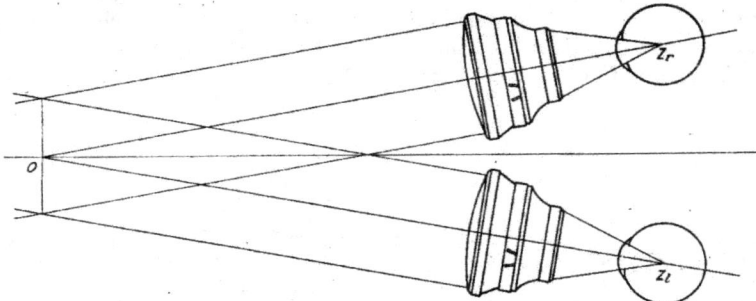

Abb. 326. Konvergent gestellte Fernrohrbrillensysteme mit dingseitigen Aufsteckgläsern für beidäugiges Beobachten naher Dinge.

den Konvergenzwinkel nicht unbequem groß werden zu lassen, darf
man im allgemeinen keinen geringeren Arbeitsabstand als 20 cm zu-
lassen, also für beidäugige Fernrohrnahebrillen keine Aufsteckgläser
benützen, die stärker als 5 dptr sind. Eine solche Fernrohrbrille
mit konvergent stehenden Achsen taugt natürlich nicht mehr zum beidäugigen Sehen in die Ferne, auch wenn man die Aufsteckgläser entfernen würde. Da bei schwachsichtigen Menschen vielfach ein Auge
besser als das andere ist, richtet man die Fernrohrbrillen häufig nur
für ein Auge zur Nahearbeit ein. Man stellt die Systemachsen im Abstande der Augendrehpunkte parallel, so daß ohne dingseitige Aufsteckgläser ferne Dinge mit einer solchen Fernrohrbrille gut beobachtet
werden können. Für Nahearbeiten wird nur ein Auge benutzt, das
andere durch Aufstecken eines Mattglases ausgeschaltet. Für stark
schwachsichtige Augen, deren geringes Sehvermögen die Verwendung
von Aufsteckgläsern über 5 dptr Brechkraft verlangt, ist sowieso nur

noch die Anbringung eines Aufsteckglases, also nur einäugige Beobachtung naher Dinge möglich, die beiden Fernrohrbrillensysteme
können dann auch parallel angeordnet werden.

Da Fernrohrnahebrillen für beidäugigen Gebrauch konvergente
Achsen haben müssen und deshalb zum Sehen in die Ferne un-
brauchbar sind, kann man für sie gleich besondere
Nahesysteme ohne dingseitiges Aufsteckglas anwenden. Die Wirkung des dingseitigen Aufsteckglases kann man durch eine stärkere Vorderlinse
erreichen, oder aber man vereinigt die zwei
vorderen Sammellinsen in einer gemeinschaftlichen
Fassung, wie das z. B. bei der Brillenlupe geschieht (Abb. 327).

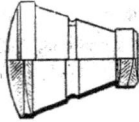

Abb. 327. Ein
Brillenlupensystem.

Diese konvergent gestellten vergrößernden Systeme für Nahearbeit erfordern ebenfalls eine sehr genaue Anpassung. Es gilt auch
hier das bereits für die Fernrohrfernbrillen Gesagte. Am einfachsten
läßt sich der richtige Sitz einer solchen Nahebrille prüfen, wenn man
den Träger auffordert, ein Auge des Prüfers zu betrachten, der dann

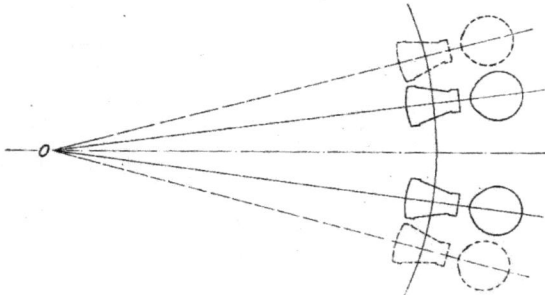

Abb. 328. Eine für verschiedene Augenabstände einstellbare Brillenlupe schematisch
dargestellt.

rasch nacheinander durch die Systeme hindurch die vergrößerten Pupillen des Brillenträgers beobachtet. Bei richtigem Sitz der vergrößernden Nahebrille müssen sie genau konzentrisch zu der kreisförmigen Systemfassung liegen. Selbst eine geringe exzentrische
Abweichung der Pupille ist leicht erkennbar. Sollen derartige vergrößernde Nahebrillen von verschiedenen Beobachtern mit verschiedenen Augenabständen gebraucht werden, so muß man die
optischen Systeme auf einen Kreisbogen verschiebbar anordnen,
dessen Mittelpunkt mit dem zu beobachtenden Ding O zusammenfällt,
wie das aus der Abb. 238 einfach zu ersehen ist.

Zur Umwandlung eines binokularen Fernrohrs in eine Fernrohrlupe für beidäugigen Gebrauch ist im allgemeinen nur ein Fernrohr

mit verkleinertem Objektivabstand brauchbar. Vor die beiden Objektive eines solchen in der Abb. 329 übersichtlich dargestellten Instruments wird eine gemeinsame Lupe L vorgeschaltet. Durch sie können Dinge, die in ihrer vorderen Brennebene FF liegen, in weiter Ferne abgebildet und dann durch das Fernrohr deutlich wahrgenommen werden. Die Achsen der beiden Fernrohre bleiben natürlich immer parallel, der Beobachter kann also mit entspannter Akkommodation durch die Fernrohrlupe nahe Dinge sehen. Infolge des einheitlichen dingseitigen Aufsteckglases L ist ein völlig gemeinsames Gesichtsfeld vorhanden.

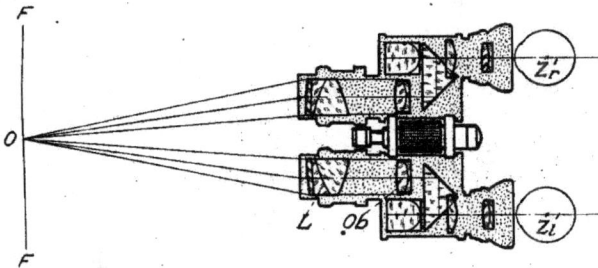

Abb. 329. Binokulare Fernrohrlupe im Schnitt dargestellt.

Vielfach können Beobachter die den beiden Augen dargebotenen Bilder nicht ohne weiteres verschmelzen, weil die meisten gewöhnt sind, bei Benutzung eines optischen Instrumentes etwas zu konvergieren und zu akkommodieren. Das kann man bei der Fernrohrlupe insofern berücksichtigen, als das Fernrohr mit Hilfe des Mitteltriebes auf etwa 2 m entfernte Dinge eingestellt werden kann. Die Beobachtung erfordert dann sowieso 0,5 dptr Akkommodation und eine schwache Konvergenz. Von der verhältnismäßig großen vorgeschalteten Lupe L — der dingseitigen Vorsatzlinse — werden nur zwei kleine Randteile benutzt, die etwa eben so groß wie die Fernrohrobjektive Ob sind. Infolgedessen werden auch nur diese beiden Randteile tatsächlich verwendet, und so vor das Fernrohr vorgeschaltet, daß sie ihre gegenseitige Stellung nicht ändern können, also durch die Fassung in richtiger Lage gehalten werden. Durch verschieden starke dingseitige Vorsatzgläser kann man gerade wie bei der unokularen Fernrohrlupe (s. S. 183) die Vergrößerung in weiten Grenzen verändern und auch bei verhältnismäßig hohen Vergrößerungen einen großen freien Dingabstand erreichen. Die dingseitigen Aufsteckgläser mittlerer und starker Brechkraft sind zusammengesetzte Linsensysteme. Bei den nötigen großen Oeffnungen würden einfache Linsen zu große Fehler zeigen.

Astigmatische Brillen.

Ist der Brillenträger beiderseitig astigmatisch, so entstehen durch eine solche Brille solange keinerlei Schwierigkeiten für das beidäugige Sehen, als die Fehlsichtigkeiten beider Augen etwa gleich und die entsprechenden Hauptschnitte etwa parallel liegen. Der Sehvorgang spielt sich unter Benutzung dieser Brille ähnlich ab, wie bei Verwendung einer Brille mit achsensymmetrischen Gläsern, nur mit dem Unterschied, daß die Drehwinkel beider Augen andere Beträge annehmen müssen, wenn sie sich in den beiden verschieden stark brechenden Hauptschnitten des Brillenglases bewegen, um einen in gleichem Winkelabstand von der Achse gelegenen Dingpunkt deutlich zu sehen. Denn der scheinbare Augendrehpunkt liegt für beide Hauptschnitte an verschiedenen Orten. Ist z. B. die Wirkung des korrigierenden Glases in einem Hauptschnitt — 3 dptr, im anderen — 6 dptr, und das Brillenglas steht 25 mm vor dem Drehpunkt Z', so liegt der scheinbare Drehpunkt Z im ersten Hauptschnitt

$$\frac{1}{43 \text{ dptr}} = 0{,}0233 \text{ m} = 23{,}3 \text{ mm}, \quad \text{im zweiten} \quad \frac{1}{46 \text{ dptr}} = 0{,}0217 \text{ m} = 21{,}7 \text{ mm}$$

hinter dem Hauptpunkt des Glases. Für die Augenbewegungen macht das aber, solange beide Augen gleiche Drehbewegungen hinter den Gläsern ausführen müssen, keine Schwierigkeiten (s. S. 288).

Anders ist es, wenn die Hauptschnitte der astigmatischen Augen nicht mehr parallel liegen. Sehr häufig liegen die Hauptschnitte symmetrisch zur Gesichtsmittellinie. Nach Knapp kommt diese Hauptschnittslage bei 86 Proz. aller Astigmatiker vor. Selbst wenn dann beide Augen durch gleich starke astigmatische Gläser ausgeglichen werden, so müssen beide Augen bei den Blickbewegungen in den meisten Meridianebenen verschiedene Drehwinkel ausführen. Liegen beispielsweise die ersten Hauptschnitte der astigmatischen Gläser rechts unter 45°, links unter 135° zur Wagerechten geneigt (Abb. 330), und es werden beiderseits Gläser mit den Scheitelbrechwerten — 3 — 6 dptr getragen, so müssen die Augen, wenn sie sich gerade in der unter 45° zur Wagerechten geneigten Ebene schräg nach oben bewegen, verschiedene Drehwinkel ausführen, um dasselbe Ding gleichzeitig auf der Netzhautgrube abzubilden. Denn während sich das rechte Auge in einem Schnitt mit der Wirkung — 3 dptr dreht, muß sich das linke Auge in einer Ebene bewegen, in der das Brillenglas die Wirkung — 6 dptr hat. Sind die Brechkraftsunterschiede der korrigierenden Gläser größer als etwa 5,5 dptr, dann hat der Brillenträger vor allem bei der Ueberwindung der verschiedenen Erhebungswinkel, nicht selten Schwierig-

keiten, um die Bilder zu vereinigen. Es kommt zuweilen vor,
daß Astigmatiker ihre Brillengläser mit symmetrisch liegenden
Zylinderachsen nicht vertragen können, obwohl die Fehlsichtigkeit
jedes einzelnen Auges durch das Glas vollständig aufgehoben wird,
nur weil das beidäugige Sehen ihnen Schwierigkeiten macht. Bei
empfindlichen Patienten muß dann auf die volle Berichtigung verzichtet werden, und es müssen astigmatische Gläser angewandt
werden, bei denen die Zylinderachsen annähernd parallel liegen.

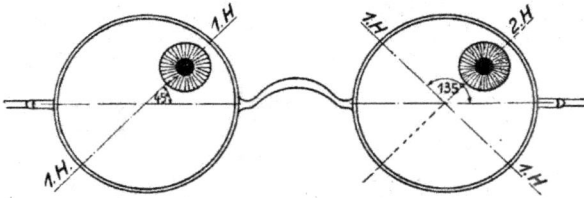

Abb. 330. Eine mögliche Lage eines Augenpaares hinter astigmatischen Brillengläsern
mit symmetrisch zur Gerichtsmittellinie liegenden Hauptschnitten.

Prismatische Brillen.

Besteht eine Störung im Muskelgleichgewicht, so daß bei entspannter Akkommodation die beiden Augenachsen nicht parallel gerichtet sind, sondern konvergieren oder divergieren, so ist es oft notwendig, diese Schielablenkungen durch prismatische Brillengläser

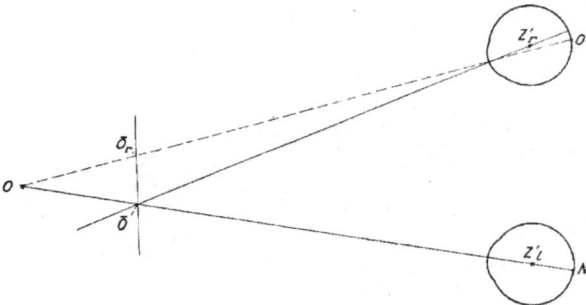

Abb. 331. Augenpaar mit einem nach innen schielenden Auge.

auszugleichen. Besteht eine Ablenkung eines Auges nach innen, so
wird der Dingpunkt O (Abb. 331) nur von einem Auge auf die Netzhautgrube N abgebildet. Im abweichenden Auge fällt das Bild von
O auf eine Stelle der Netzhaut O′, die nach innen zu verschoben ist.
Der Punkt O, den man scheinbar nach Ō, dem Kreuzungspunkt der

beiden optischen Achsen verlegt, wird vom rechten Auge, rechts davon nach $\bar{O}_r$ verlegt. Es entstehen also gleichliegende Doppelbilder.

Ist umgekehrt bei einem Augenpaar eine Divergenzstellung vorhanden (Abb. 332), so wird ein angeblickter Dingpunkt O auf dem abweichenden Auge, nicht auf der Netzhautgrube, sondern auf einer nach außen zu liegenden Stelle O′ der Netzhaut wiedergegeben, und neben dem nach dem Orte $\bar{O}$ verlegten Punkt wird er vom rechten Auge ein zweites Mal bei $\bar{O}_r$ vermutet. Hierbei entstehen also gekreuzte Doppelbilder.

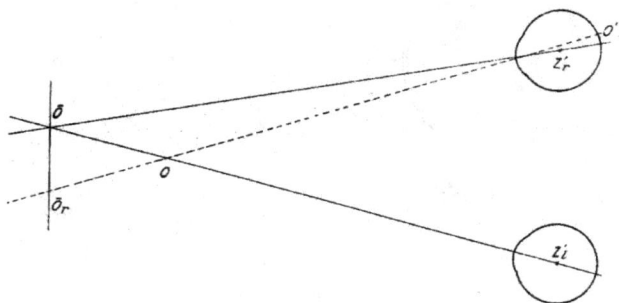

Abb. 332. Ein Augenpaar mit einem nach außen schielenden Auge.

Handelt es sich um rechtsichtige Augen, so kann man diese Ablenkungen durch einfache Prismen aufheben, und zwar wird, wie man aus der Abb. 333 deutlich sieht, ein nach innen schielendes

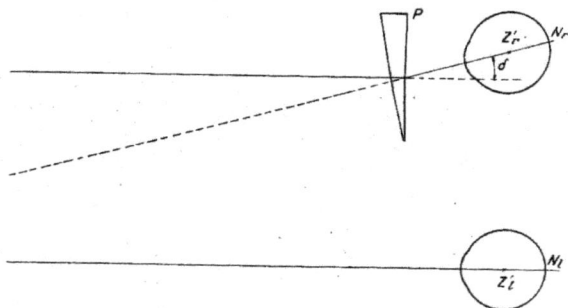

Abb. 333. Durch ein Prisma korrigiertes einwärts schielendes Auge.

Auge durch ein Prisma P mit außenliegender Basis korrigiert. Mit diesem Hilfsmittel ist auch das Augenpaar imstande, einen Dingpunkt auf die beiden Netzhautgruben N_r und N_l abzubilden und einfach zu sehen. Der Ablenkungswinkel δ, den die optische Achse

des rechten Auges bei entspannter Akkommodation mit der des linken
Auges einschließt, wird durch die Ablenkung des Prismas gerade
aufgehoben, so daß zwei im Dingraum parallele Blicklinien im
Augenraum beide Netzhautmitten treffen.

Bei einer Schielabweichung nach außen muß das Prisma P
(Abb. 334) so angebracht werden, daß die Basis innen liegt. Dann
kann in beiden Augen derselbe Dingpunkt O gleichzeitig auf den
Netzhautgruben N_r und N_l wiedergegeben werden, und infolgedessen
ein einheitlicher Eindruck von dem angeblickten Ding entstehen.
Natürlich kann man auch die nötige Ablenkung δ statt durch
ein Prisma mit Hilfe von zwei symmetrisch vor beiden Augen
angebrachten Prismen halber Stärke herbeiführen. Dadurch erhält
man eine besser aussehende Brille und kann schwächere Prismen
verwenden, die nicht so starke farbige Säume .erzeugen. Höhen-

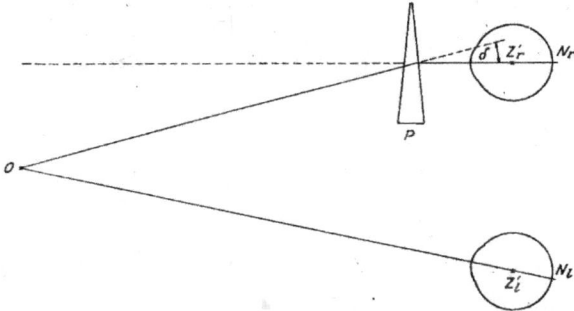

Abb. 334. Durch ein Prisma korrigiertes auswärts schielendes Auge.

abweichungen werden in ganz gleicher Weise ausgeglichen, nur
müssen dann die brechenden Kanten der Keile oben oder unten
liegen. Bei gleichzeitigem Höhen- und Seitenschielen werden Prismen
gebraucht, die in beiden Richtungen ablenken. Wie ihre Basis liegen
muß und wie man die Gesamtablenkung ermittelt, haben wir auf
S. 222 gesehen.

Ist das Augenpaar gleichzeitig fehlsichtig, so kann man die nötigen
prismatischen Ablenkungen durch Dezentration der Brillengläser erreichen (siehe S. 221). Es können auf diese Weise sowohl Abweichungen nach der Seite als auch in der Höhe ausgeglichen werden.
Besonders die letzteren müssen sehr sorgfältig korrigiert werden,
weil das Augenpaar gegen Höhenfehler sehr empfindlich ist. Um eine
vorgeschriebene prismatische Ablenkung für ein Auge herbeiführen
zu können, bringt man häufig die gesamte Ablenkung nicht allein durch
Dezentration des Brillenglases an, das vor dem schielenden Auge sitzt;

man verteilt vielmehr die verlangte prismatische Wirkung auf die beiden Brillengläser. Wenn also beispielsweise vorgeschrieben ist: Rechts + 4 dptr sph mit 3 prdptr 'Ablenkung, Basis außen und links + 4 dptr sph, so kann man die Schielablenkung auch aufheben, indem man das rechte u n d linke Glas dezentriert, aber so, daß beide Gläser nur je 1,5 prdptr Ablenkung bei außen liegender Basis aufweisen, wie das in Abb. 335 dargestellt ist, wo der gesamte Schielwinkel δ durch die Verlagerung der optischen Mitten S_{Ir} und S_{II} um die Strecken $G_r S_{Ir}$ und $G_l S_{II}$ nach außen je zur Hälfte herbeigeführt wird und das Augenpaar einen einheitlichen Eindruck durch die Brille empfängt. Durch die geringeren Dezentrationen, die man durch die Verteilung der Wirkung auf beide Gläser erreicht, bleiben die Bilder besser, als wenn man nur ein Glas dezentriert.

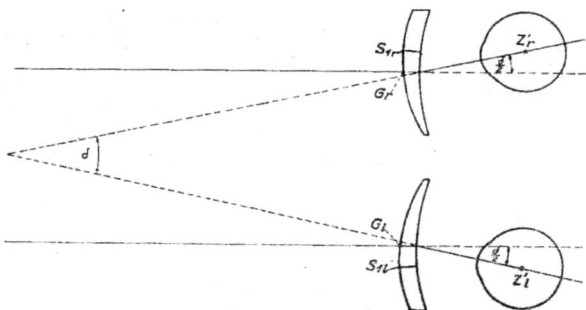

Abb. 335. Prismatische Brille, bei der die Dezentration auf beide Gläser verteilt ist.

Auch für normale Augen können Brillen mit prismatischen Ablenkungen nötig werden, nämlich dann, wenn von dem Augenpaar die Innehaltung eines Konvergenzwinkels verlangt wird, der entweder überhaupt nicht, oder nur sehr schwierig erreicht werden kann. Dieser Fall kann eintreten, wenn man eine Brille mit sehr starken Sammelgläsern, also sehr geringem Arbeitsabstand verwenden will. Die Rektavistlupenbrille der Fa. Nitsche und Günther z. B. enthält so starke Sammelgläser, daß infolge des geringen freien Dingabstandes ein sehr großer Konvergenzwinkel von den Augenachsen eingeschlossen werden müßte. Deshalb sind die in dieser Brille verwendeten Gläser stark prismatisch und ersparen dem Augenpaar den größten Teil der nötigen Konvergenz.

Schutzbrillen.

Alle Brillen, die wir bisher besprochen haben, dienen im wesentlichen dem Ausgleich verschiedener Fehlsichtigkeiten. Wenn wir im folgenden noch kurz die Schutzgläser behandeln, so wollen wir Schutzbrillen gegen mechanische Verletzungen unberücksichtigt lassen, sondern nur optische Hilfsmittel, die Schutz gegen Strahlung gewähren, besprechen.

Die Anforderungen, die man im Laufe der Zeit an Schutzgläser stellte, waren sehr verschieden. Früher wurden neben rauchgrauen vielfach blaue Schutzgläser getragen, neuerdings werden häufig solche mit gelblicher und gelbgrüner Färbung empfohlen. Da die Untersuchungen über richtig wirkende Schutzgläser noch nicht abgeschlossen sind, kann man die Schutzgläserfrage heute noch nicht endgültig beantworten. Die Schutzgläser haben die Aufgabe, ein Uebermaß von Strahlung vom Auge abzuhalten. Sie sind also einmal bei krankhaft lichtempfindlichen Augen, das andere Mal in übermäßig hellstrahlender Umgebung nötig. Das durchschnittliche Maß der Helligkeit im Freien wird in besonderen Gegenden, z. B. an der Meeresküste, im Hochgebirge, in den Tropen, durch die natürliche, dort herrschende Beleuchtung überschritten. Noch leichter wird bei Verwendung künstlicher Lichtquellen, das den Augen zuträgliche Maß an Helligkeit überschritten, so daß bei verschiedenen technischen Arbeiten unter Verwendung sehr heller Lichtquellen Schutzgläser unentbehrlich sind: z. B. beim Einregulieren von Bogenlampen, beim autogenen Schweißen von Metallen, usw.

Alle Lichtquellen, die künstlichen und die natürlichen, senden nicht nur sichtbare Strahlen aus; es gehen von ihnen vielmehr große Mengen unsichtbarer Strahlen aus, mit Wellenlängen die größer und kleiner als die des sichtbaren Lichtes sind. Die langwelligen, sogenannten ultraroten Strahlen haben Wellenlängen, die immer größer als die der dunkelsten roten Strahlen also als 800 $\mu\mu = 0,8\ \mu$ sind. Sie erzeugen besonders Wärme und heißen Wärmestrahlen. Die kurzwelligen, sogenannten ultravioletten Strahlen haben dagegen Wellenlängen, die kürzer als die des tiefsten violetten Lichts, also als 400 $\mu\mu$ sind. Sie zeigen im wesentlichen eine chemische Wirkung, und heißen deshalb auch aktinische Strahlen.

Die Menge der Strahlung, die von einer Lichtquelle in den verschiedenen Spektralbereichen ausgeschickt wird, ist sehr verschieden. Um sie darzustellen, trägt man die ausgesandten Energiemengen für die verschiedenen Wellenlängen graphisch in ein Koordinatensystem ein. Man erhält dann Strahlungskurven, wie in der Abb. 336 u. 337.

Die Abb. 336 zeigt die Energieverteilung im Sonnenspektrum. Man erkennt daraus, daß die Sonne das Maximum der Strahlung im sichtbaren grünen Teil etwa bei λ = 550 μμ aufweist. Alle künstlichen Lichtquellen haben dagegen ihr Strahlungsmaximum in Ultrarot, wie das Abb. 337 zeigt, so daß sie in Wirklichkeit viel mehr Wärme- als Lichtspender sind. Nur ein sehr kleiner Teil der aufgewandten Energie wird dabei in Licht verwandelt.

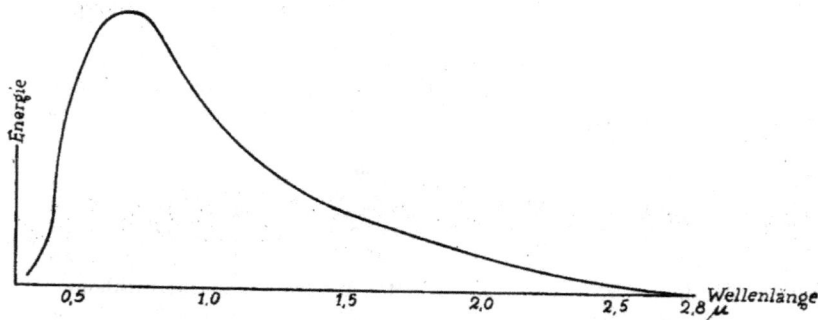

Abb. 336. Energieverteilung im Sonnenspektrum schematisch dargestellt.

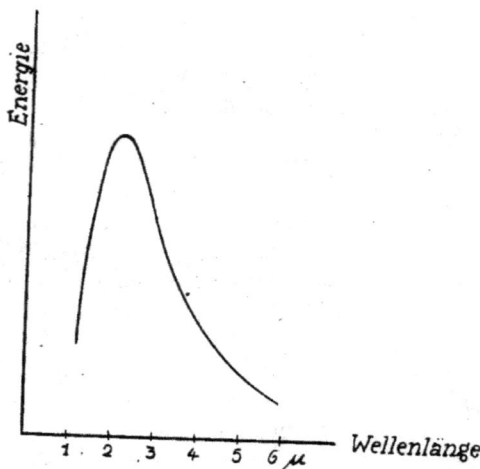

Abb. 337. Energieverteilung im Spektrum einer künstlichen Lichtquelle schematisch dargestellt.

Ebenso wie die sichtbaren Strahlen von verschiedenen Körpern zurückgehalten werden, ist ihre Durchlässigkeit für die unsichtbaren ultraroten und ultravioletten Strahlen ganz verschieden. So werden die von der Sonne ausgeschickten ultravioletten Strahlen von der Erdatmosphäre zum Teil geschwächt, zum Teil vollständig zurückgehalten, so daß im allgemeinen Strahlen unter 300 μμ in unserer Gegend die Erde nicht erreichen. Im Hochgebirge oder auf dem Meere, wo die Luft besonders staubfrei ist, wird von der Atmosphäre ein größerer Teil der ultravioletten Sonnenstrahlung durchgelassen. Auch bei bedecktem Himmel, also im zerstreuten Tageslicht, hat man etwa dieselbe Energieverteilung im Spektrum

wie im direkten Sonnenlicht, und auch die dunklen Körper,
die im reflektierten Sonnenlicht sichtbar werden, senden mehr
oder weniger alle Strahlengruppen, die von der Sonne ausgehen und
auf sie gelangen, zurück. Welche Wirkungen die verschiedenen
Strahlengruppen auf unser Auge ausüben, ist noch nicht vollständig
erforscht. Wir wissen, daß bei gleicher Intensität die kurzwelligen
Strahlen in höherem Maße zerstörend auf lebende Zellen wiiken, als
die langwelligen. Namentlich F. S c h a n z, der eifrigste Forscher auf
dem Gebiete der Schutzgläser, fordert die Zurückhaltung der ultravioletten Strahlen durch entsprechende Schutzgläser. Es ist aber durchaus möglich, daß langwellige Strahlen ebensogut unser Auge schädigend
beeinflussen können, wenn nur die Intensität genügend hoch ist. So
hat z. B. A. V o g t jetzt nachgewiesen, daß die Entstehung des Glas-
macherstars auf Rechnung der hohen ultraroten Strahlung, der die
Glasmacher ausgesetzt sind, zu setzen ist.

Daß das normale Auge für das zerstreute Tageslicht in unserer
Gegend besondere Schutzgläser nötig hätte, darf wohl bezweifelt
werden. Das Auge hat sich der natürlichen Beleuchtung entsprechend entwickelt, so daß gerade diese dem Auge am zuträg-
lichsten ist. Kommen wesentliche Abweichungen von der durchschnittlichen natürlichen Beleuchtung vor, dann sind Schutzgläser nötig.

Zur Abhaltung oder Schwächung des zu hellen natürlichen oder
künstlichen Lichts benutzt man heute verschiedene, meist gelb oder
gelbgrün gefärbte Gläser, wie das Fieuzal-, Hygat-, Hallauer- und
Euphosglas. Sie sollen in erster Linie die ultraviolette Strahlung
zurückhalten.

Strahlenfilter, die a l l e i n die ultraviolette Strahlung vollkommen
wegnehmen, gibt es nicht. Bei den meisten Filtern, vor allem aber
bei absorbierenden Glasarten, nimmt die Absorption mit abnehmender
Wellenlänge stetig, also nicht sprungweise, zu oder ab, wenn auch
diese Zu- oder Abnahme sich manchmal ziemlich rasch ändert. Will
man die ultraviolette Strahlung möglichst restlos beseitigen, so muß man
auch einen Teil des kurzwelligen sichtbaren Lichts durch das Filter mit
wegnehmen, wie das aus der Durchlässigkeitskurve für das Euphosglas
in Abb. 338 hervorgeht. Dort setzt bereits im Blaugrün ($\lambda = 480$ μμ)
die Absorption ein. Die Folge davon ist, daß solche Filter gelblich
gefärbt sind. Diesen Übelstand muß man mit in Kauf nehmen.
Neuerdings werden namentlich in England und Amerika die Crookesi-
schen Glasarten vielfach zur Herstellung von Brillengläsern verwandt. Diese Glasarten sind so gut wie ungefärbt, schwächen aber
die ultrarote und ultraviolette Strahlung. Nach dem eben Aus-
geführten können sie natürlich nicht die gesamten unsichtbaren
Strahlen zurückhalten, sondern die dem sichtbaren Spektrum am
nächsten liegenden Strahlen werden nur geschwächt. Je weiter sie

aber vom sichtbaren Spektrum abliegen, desto stärker werden sie
von diesen Schutzgläsern zurückgehalten.

Vielfach genügt es nicht, nur die unsichtbare Strahlung durch
Filter abzuhalten, es muß vielmehr auch die zu starke sichtbare
Strahlung vermindert werden. Um dieser Forderung zu entsprechen,
hat man dunkle graugrün aussehende Hallauer und Euphosgläser in
verschiedenen Durchlässigkeiten hergestellt. Zweifellos ist es besser,
für die Schwächung und Zurückhaltung der Strahlen Gläser zu verwenden, die keine Färbung zeigen, damit die Farbenwerte der
angesehenen Dinge durch die Schutzgläser nicht verändert werden,
wie das bei gelb oder grünlich gefärbten Gläsern der Fall sein muß.

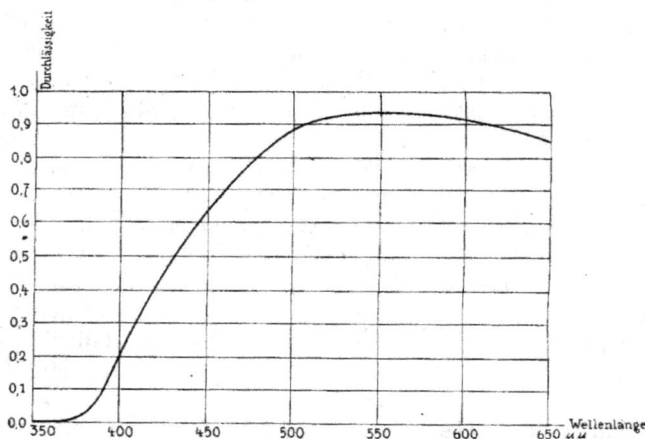

Abb. 338. Durchlässigkeitskurve für Euphosglas.

Gute Rauchgläser schwächen im ganzen sichtbaren Gebiet die Strahlen
etwa gleichmäßig ab, auch haben sie im allgemeinen noch die Eigen-
schaft, im ultravioletten Gebiet stärker zu absorbieren als im sichtbaren. Sie erfüllen also im wesentlichen alle Anforderungen, die man
an ein Schutzglas stellen muß. Am besten würden Filter wirken,
die die sichtbaren Strahlen gleichmäßig schwächten wie gute Rauchgläser und dabei die unsichtbare Strahlung so vollkommen wie möglich beseitigten. Für die verschiedenen Zwecke müßten natürlich
Gläser verschiedener Durchlässigkeitsgrade vorhanden sein, wie
auch jetzt schon verschieden dunkle Euphos-, Hallauer- und Rauchgläser gebraucht werden. Solche Rauchgläser eignen sich auch für
technische Zwecke am besten. Gerade da handelt es sich häufig
darum, eine viel zu große sichtbare Strahlung sehr stark zu schwächen.
Um beispielsweise bequem und ohne Gefahr einen Bogenlampenkrater
zu beobachten, muß man eine Schutzbrille anwenden, die etwa 99,5 Proz.

der sichtbaren Strahlung wegnimmt. Natürlich ist auch dabei nötig, daß gleichzeitig die zu große unsichtbare Strahlung auf ein unschädliches Maß herabgesetzt wird, besonders dann, wenn künstliche Lichtquellen so kurzwellige Strahlen aussenden, wie sie im zerstreuten Tageslicht nicht mehr enthalten sind. Das ist aber nicht schwierig. Jedes gewöhnliche Glas — also auch das rauchgraue Schutzglas — absorbiert sie restlos.

Vielfach wünscht man, daß ein Schutzglas gleichzeitig eine bestehende Fehlsichtigkeit aufhebt. So werden z. B. Gläser mit allen möglichen Brechkräften aus Hallauer-, Euphos- und Rauchglas u. a. hergestellt. Die meisten für Schutzgläser verwendeten Glasarten sind durchgefärbt. Die Absorption hängt aber sehr stark von der Dicke der absorbierenden Schicht ab, und sie nimmt außerordentlich rasch mit der Dicke zu oder ab. Die Folge davon muß sein, daß ein sammelndes Glas in der Mitte stark, am Rande schwach und ein zerstreuendes Glas in der Mitte schwach und am Rande stark absorbiert. Das ist natürlich ein Mangel. Ein richtig konstruiertes Schutzglas muß über das ganze Blickfeld gleichmäßig absorbieren. Das ist aber nur dann möglich, wenn eine gleichmäßig dicke absorbierende Schicht vorhanden ist, wie bei den sogenannten isochromatischen Gläsern.

Schutzgläser ohne Wirkung haben ohne weiteres im ganzen Blickfeld eine gleich starke Absorption, sind also isochromatisch. Gleichmäßig absorbierende Gläser mit einer optischen Wirkung lassen sich aber nur aus sogenanntem Ueberfangglas herstellen, bei dem eine gefärbte und eine ungefärbte Glasschicht miteinander verbunden ist. Die gefärbte Ueberfangschicht ist dann in gleicher Dicke über einer Linse aus ungefärbtem Glase angebracht, wie das aus Abb. 339 zu ersehen ist.

Abb. 339. Sammelglas mit einer gleichmäßig dicken schraffiert gezeichneten Ueberfangschicht.

Will man eine genaue Angabe über die absorbierende Wirkung eines Schutzglases haben, so muß man natürlich seine Absorptions- oder seine Durchlässigkeitskurve kennen. Eine einfache genaue Bezeichnung ist deshalb für ein gefärbtes Glas nicht ohne weiteres möglich. Die vielfach gebrauchten Bezeichnungen der Schutzgläser durch Buchstaben oder beliebige Ziffern sagen über ihre Wirkung gar nichts aus. Bei Rauchgläsern, die im sichtbaren Gebiet gleichmäßig absorbieren, ist das einfacher. Man kann durch eine Zahl angeben, welcher Teil der sichtbaren Strahlung durch diese Gläser zurückgehalten wird und hat durch diese treffende Bezeichnung sofort einen Begriff ihrer Wirkung. Deshalb bezeichnet man zweckmäßigerweise rauchgraue Schutzgläser durch die Zahl, die in Pro-

zenten den zurückgehaltenen Teil des auffallenden Lichtes angibt.
Ein 65-prozentiges Rauchglas läßt also 35 Proz. des sichtbaren Lichtes
hindurchgehen und hält 65 Proz. zurück.

Schutzgläser haben neben der hauptsächlich gewollten Wirkung,
schädliche Strahlen dem Auge fernzuhalten noch eine manchmal gar
nicht beabsichtigte günstige Wirkung für das Sehen. Unsere Augen-
medien sind natürlich auch für verschiedene Strahlen verschieden
gut durchlässig. Die sichtbaren Strahlen lassen sie im allgemeinen
so gut wie ungeschwächt hindurch. Dagegen werden die ultravioletten
Strahlen von der Augenlinse stark absorbiert und dabei z. T. in
Fluoreszenzlicht verwandelt; das gilt auch schon in geringerem Maße von
den blauen und violetten Strahlen, wie F. Schanz gezeigt hat. Wenn
man z. B. ein Auge mit ultraviolettem Licht beleuchtet, so sieht die
Linse infolge des Fluoreszenzlichtes ganz milchig trübe aus, wie
bei einem reifen Star. Wohl gelangt dadurch das ultraviolette
Licht nicht in das Innere des Auges, aber das dadurch entstehende
diffuse Fluoreszenzlicht vermindert die Klarheit des Bildes; also muß
ein Glas, das die diese Fluoreszenz erregenden Strahlen abhält, das
Netzhautbild verbessern. Das geschieht in noch höherem Maße, wenn
auch noch Gebiete des sichtbaren Spektrums abgehalten werden.
Wie wir schon früher gesehen haben, zeigt das optische System des
Auges Farbenabweichungen. Wenn man also nur Strahlen aus einem
kleineren Spektralbezirk eintreten läßt, so ist selbstverständlich die
Strahlenvereinigung im Auge besser. Die Folge davon ist, daß man
durch gefärbte Gläser deutlicher sieht, als durch weiße. Das gilt
namentlich für Gläser, die gelblich und gelblichgrün gefärbt sind,
weil die ja vornehmlich Strahlengruppen durchlassen, die gerade im
Empfindlichkeitsmaximum des Auges liegen und viele andere bild-
verschlechternde Strahlen abhalten. Deshalb werden solche Gläser
beim Sehen angenehm empfunden. Die Sehverbesserung müßte um
so größer sein, je enger der durchgelassene Spektralbezirk ist. Es
spielt aber dabei die Farbe der Umgebung des beobachteten Gegenstandes noch eine Rolle. Man kann natürlich die Sichtbarkeit eines
Gegenstandes dadurch erhöhen, daß man die von ihm und der
Umgebung gleichzeitig ausgeschickten Strahlengruppen durch
ein entsprechendes Filter abhält und sowohl die von ihm, als
auch die von seiner Umgebung allein ausgeschickten Strahlen gerade durchläßt. Auf diese Weise hebt sich dann der Gegenstand
viel deutlicher von seiner Umgebung ab und kann viel besser erkannt
werden. Solche Gläser können natürlich immer nur für bestimmte
Zwecke eingerichtet sein. Das Gebiet der Schutzbrillen und farbigen
Gläser harrt noch weiterer gründlicher Durchforschung. Vielleicht
wird bei seiner völligen Erschließung manches gefunden werden,
das unser Sehorgan zu noch besseren Leistungen befähigt.

Sachregister.

(Die Ziffern bedeuten die Seitenzahlen.)

Abbildungen durch Brillengläser bei verschiedenen Hauptstrahlneigungen.

a) Gleichseitiges
Glas von
+ 14 dptr
Scheitel-
brechwert

b) Sphärisches
Glas bester
Form von
+ 14 dptr
Scheitelbrechwert

c) Katralglas
von
+ 14 dptr
Scheitel-
brechwert

bei 0°, 10°. 20° und 30° bildseitiger Hauptstrahlneigung.

Sphärozylindrisches
Brillenglas von
+ 4 und + 7 dptr
Scheitel-
brechwert

Sphärotorisches Brillenglas
günstigster Form
(Punktalglas) von
+ 4 und + 7 dptr
Scheitelbrechwert

a und d im ersten, b und e im zweiten Hauptschnitt und c und f in einer
unter 45° zu den Hauptschnitten liegenden Meridianebene aufgenommen.

	a	*b*	*c*
0°	n r	n r	n r
10°	n r	n r	n r
20°	n r	n r	n r
30°	n r	n r	n r

	a	*b*	*c*	*d*	*e*	*f*
0°	n r	n r	n r	n r	n r	n r
10°	n r	n r	n r	n r	n r	n r
20°	n r	n r	n r	n r	n r	n r
30°	n r	n r	n r	n r	n r	n r

SEVERUS
Verlag

Bisher im SEVERUS Verlag erschienen:

Achelis. Th. Die Entwicklung der Ehe * **Andreas-Salomé, Lou** Rainer Maria Rilke * **Arenz, Karl** Die Entdeckungsreisen in Nord- und Mittelafrika von Richardson, Overweg, Barth und Vogel * **Aretz, Gertrude (Hrsg)** Napoleon I - Briefe an Frauen * **Ashburn, P.M** The ranks of death. A Medical History of the Conquest of America * **Avenarius, Richard** Kritik der reinen Erfahrung * Kritik der reinen Erfahrung, Zweiter Teil * **Bernstorff, Graf Johann Heinrich** Erinnerungen und Briefe * **Binder, Julius** Grundlegung zur Rechtsphilosophie. Mit einem Extratext zur Rechtsphilosophie Hegels * **Bliedner, Arno** Schiller. Eine pädagogische Studie * **Blümner, Hugo** Fahrendes Volk im Altertum * **Brahm, Otto** Das deutsche Ritterdrama des achtzehnten Jahrhunderts: Studien über Joseph August von Törring, seine Vorgänger und Nachfolger * **Braun, Lily** Lebenssucher * **Braun, Ferdinand** Drahtlose Telegraphie durch Wasser und Luft * **Brunnemann, Karl** Maximilian Robespierre - Ein Lebensbild nach zum Teil noch unbenutzten Quellen * **Büdinger, Max** Don Carlos Haft und Tod insbesondere nach den Auffassungen seiner Familie * **Burkamp, Wilhelm** Wirklichkeit und Sinn. Die objektive Gewordenheit des Sinns in der sinnfreien Wirklichkeit * **Caemmerer, Rudolf Karl Fritz** Die Entwicklung der strategischen Wissenschaft im 19. Jahrhundert * **Cronau, Rudolf** Drei Jahrhunderte deutschen Lebens in Amerika. Eine Geschichte der Deutschen in den Vereinigten Staaten * **Cushing, Harvey** The life of Sir William Osler, Volume 1 * The life of Sir William Osler, Volume 2 * **Dahlke, Paul** Buddhismus als Religion und Moral, Reihe ReligioSus Band IV * **Eckstein, Friedrich** Alte, unnennbare Tage. Erinnerungen aus siebzig Lehr- und Wanderjahren * Erinnerungen an Anton Bruckner * **Eiselsberg, Anton Freiherr von** Lebensweg eines Chirurgen * **Eloesser, Arthur** Thomas Mann - sein Leben und Werk * **Elsenhans, Theodor** Fries und Kant. Ein Beitrag zur Geschichte und zur systematischen Grundlegung der Erkenntnistheorie. * **Engel, Eduard** Shakespeare * Lord Byron. Eine Autobiographie nach Tagebüchern und Briefen. * **Ferenczi, Sandor** Hysterie und Pathoneurosen * **Fichte, Immanuel Hermann** Die Idee der Persönlichkeit und der individuellen Fortdauer * **Fourier, Jean Baptiste Joseph Baron** Die Auflösung der bestimmten Gleichungen * **Frimmel, Theodor von** Beethoven Studien I. Beethovens äußere Erscheinung * Beethoven Studien II. Bausteine zu einer Lebensgeschichte des Meisters * **Fülleborn, Friedrich** Über eine medizinische Studienreise nach Panama, Westindien und den Vereinigten Staaten * **Goette, Alexander** Holbeins Totentanz und seine Vorbilder * **Goldstein, Eugen** Canalstrahlen * **Griesser, Luitpold** Nietzsche und Wagner - neue Beiträge zur Geschichte und Psychologie ihrer Freundschaft * **Hartmann, Franz** Die Medizin des Theophrastus Paracelsus von Hohenheim * **Heller, August** Geschichte der Physik bis auf die neueste Zeit. Bd. 1: Von Aristoteles bis Galilei * **Helmholtz, Hermann von** Reden und Vorträge, Bd. 1 * Reden und Vorträge, Bd. 2 * **Kalkoff, Paul** Ulrich von Hutten und die Reformation. Eine kritische Geschichte seiner wichtigsten Lebenszeit und der Entscheidungsjahre der Reformation (1517 - 1523), Reihe ReligioSus Band I * **Kautsky, Karl** Terrorismus und Kommunismus: Ein Beitrag zur Naturgeschichte der Revolution * **Kerschensteiner, Georg** Theorie der Bildung * **Krömeke, Franz** Friedrich Wilhelm Sertürner - Entdecker des Morphiums * **Külz, Ludwig** Tropenarzt im afrikanischen Busch * **Leimbach, Karl Alexander** Untersuchungen über die verschiedenen Moralsysteme * **Liliencron, Rochus von / Müllenhoff, Karl** Zur Runenlehre. Zwei Abhandlungen * **Mach, Ernst** Die Principien der Wärmelehre * **Mausbach, Joseph** Die Ethik des heiligen Augustinus. Erster Band: Die sittliche Ordnung und ihre Grundlagen * **Mauthner, Fritz** Die drei Bilder der Welt - ein sprachkritischer Versuch * **Müller, Conrad** Alexander von Humboldt und das Preußische Königshaus. Briefe aus den Jahren 1835-1857 * **Oettingen, Arthur von** Die Schule der Physik * **Ostwald, Wilhelm** Erfinder und Entdecker * **Peters, Carl** Die deutsche Emin-Pascha-Expedition * **Poetter, Friedrich Christoph** Logik * **Popken, Minna** Im Kampf um die Welt des Lichts. Lebenserinnerungen und Bekenntnisse einer Ärztin * **Prutz, Hans** Neue Studien zur Geschichte der Jungfrau von Orléans * **Rank, Otto** Psychoanalytische Beiträge zur Mythenforschung. Gesammelte Studien aus den Jahren 1912 bis

www.severus-verlag.de

1914. * **Rohr, Moritz von** Joseph Fraunhofers Leben, Leistungen und Wirksamkeit *
Rubinstein, Susanna Ein individualistischer Pessimist: Beitrag zur Würdigung Philipp
Mainländers * Eine Trias von Willensmetaphysikern: Populär-philosophische Essays * **Sachs,
Eva** Die fünf platonischen Körper: Zur Geschichte der Mathematik und der Elementenlehre
Platons und der Pythagoreer * **Scheidemann, Philipp** Memoiren eines Sozialdemokraten, Erster
Band * Memoiren eines Sozialdemokraten, Zweiter Band * **Schweitzer, Christoph** Reise nach
Java und Ceylon (1675-1682). Reisebeschreibungen von deutschen Beamten und Kriegsleuten im
Dienst der niederländischen West- und Ostindischen Kompagnien 1602 - 1797. * **Stein,
Heinrich von** Giordano Bruno. Gedanken über seine Lehre und sein Leben * **Strache, Hans**
Der Eklektizismus des Antiochus von Askalon * **Thiersch, Hermann** Ludwig I von Bayern und
die Georgia Augusta * **Tyndall, John** Die Wärme betrachtet als eine Art der Bewegung, Bd. 1 *
Die Wärme betrachtet als eine Art der Bewegung, Bd. 2 * **Virchow, Rudolf** Vier Reden über
Leben und Kranksein * **Wecklein, Nikolaus** Textkritische Studien zu den griechischen
Tragikern * **Weinhold, Karl** Die heidnische Totenbestattung in Deutschland * **Wernher, Adolf**
Die Bestattung der Toten in Bezug auf Hygiene, geschichtliche Entwicklung und gesetzliche
Bestimmungen * **Weygandt, Wilhelm** Abnorme Charaktere in der dramatischen Literatur.
Shakespeare - Goethe - Ibsen - Gerhart Hauptmann * **Wlassak, Moriz** Zum römischen
Provinzialprozeß * **Wulffen, Erich** Kriminalpädagogik: Ein Erziehungsbuch * **Wundt, Wilhelm**
Reden und Aufsätze * **Zoozmann, Richard** Hans Sachs und die Reformation - In Gedichten
und Prosastücken, Reihe ReligioSus Band III